精通 C#4.0 程序设计

朱付保　段赵磊　李灿林　著

清华大学出版社
北　京

内 容 简 介

C#语言是一种简单、现代、面向对象和平台独立的高效组件编程语言，作为微软的旗舰编程语言，深受程序员喜爱。本书以 Visual Studio 2010 为开发环境，比较系统地讲述了使用 C#语言进行程序开发从入门到实战应该掌握的各项技术。

全书共分 14 章，在介绍了 C#集成开发环境和 C#语法基础的同时，还详细介绍了面向对象程序设计方法、异常处理与程序调试、Windows 窗体应用程序设计、图形设计、文件操作、多线程编程、数据库访问编程和基于组件的编程等内容，最后通过干部信息管理系统和快餐 POS 系统两个实例阐述了应用 C#程序设计语言实战开发具体项目的过程，本书配有大量的图片和翔实的设计文档及代码，便于读者对系统的深入理解和自行上机练习。

本教程面向 C#程序开发人员，内容翔实、结构合理、由浅入深、示例丰富、语言简洁流畅。适合作为高等院校本/专科计算机及其相关专业的 C#程序设计教材，同时也适合作为各种 C#编程培训班的教材及 C#程序开发人员的参考资料。

图书在版编目（CIP）数据

精通 C#4.0 程序设计 / 朱付保，段赵磊，李灿林著. —北京：清华大学出版社，2014
ISBN 978-7-302-35141-2

Ⅰ. ①精…　Ⅱ. ①朱…　②段…　①李…　Ⅲ. ①C 语言-程序设计　Ⅳ. ①TP312

中国版本图书馆 CIP 数据核字（2014）第 012434 号

责任编辑：袁金敏
封面设计：陈宇超
责任校对：徐俊伟
责任印制：王静怡

出版发行：清华大学出版社
网　　址：http://www.tup.com.cn，http://www.wqbook.com
地　　址：北京清华大学学研大厦 A 座　　邮　　编：100084
社 总 机：010-62770175　　邮　　购：010-62786544
投稿与读者服务：010-62776969，c-service@tup.tsinghua.edu.cn
质 量 反 馈：010-62772015，zhiliang@tup.tsinghua.edu.cn
印 装 者：北京密云胶印厂
经　　销：全国新华书店
开　　本：185mm×260mm　　印　　张：24.75　　字　　数：587 千字
版　　次：2014 年 6 月第 1 版　　印　　次：2014 年 6 月第 1 次印刷
印　　数：1～3500
定　　价：49.00 元

产品编号：054081-01

前　言

C#是微软公司发布的一种面向对象的、运行于.NET Framework之上的高级程序设计语言。利用C#语言和基于.NET 框架的Visual Studio 2012集成开发环境，程序员可以方便快捷地开发出各种安全可靠的Windows应用程序和Web应用程序。目前C#在应用型软件开发和城市信息化等领域已得到了广泛应用。

本书从实际应用角度出发，系统地介绍了C#编程和调试的基础知识，并通过案例介绍基于.NET 框架和C#进行项目开发的详细过程。全书共分14章：

第1章讲述了Visual Studio 2012集成开发环境的使用及创建C#应用程序的操作步骤。

第2章讲述了C#编程所需要的基本工具：数据类型、常量和变量的声明和使用、运算符和表达式的使用、流程控制语句的使用等。

第3章介绍了面向对象编程的基本思想，讲述了类的声明方式及类中数据成员和方法成员的定义方法，类的构造函数和属性、索引等基本概念。

第4章讲述了面向对象编程中的继承和派生、多态、抽象类、接口、委托和事件、泛型等高级概念及其使用技巧。

第5章讲述了异常处理语句的用法和常用的程序调试方法。

第6章介绍了窗体的属性、方法、事件和常用控件，讲述了Windows窗体应用程序的设计步骤。

第7章介绍了如何使用GDI+在Windows窗体上绘制图形和显示文字。

第8章讲述了C#中的文件和文件夹操作及数据的读写访问。

第9章介绍了进程与线程的基本概念和操作，以及如何使用多线程技术构建应用程序。

第10章介绍了基于ADO.NET的数据库访问技术。

第11章介绍了组件和控件的相关概念和开发方法。

第12章和第13章介绍了干部信息管理系统、快餐POS系统两个C#综合应用实例。

第14章介绍了Windows应用程序的部署工具Windows Installer及相关的部署流程。

本书内容翔实，图文并茂，条理清晰，通俗易懂，示例丰富，在讲解每个知识点时都配有相应的实例方便读者上机实践。本书在编写时融入了作者多年的开发经验，配有大量综合实例和练习，帮助读者在不断的实际操作中更加牢固地掌握书中讲解的内容。本书除了可用作高等院校本、专科学生的教材外，兼顾一般读者，可作为从事计算机应用开发人员在学习C#编程时的参考书。

全书由朱付保老师统稿，其中第1、2章由黄艳编写，第3、4章由段赵磊编写，第5、9章由吴雪丽编写，第6、8章由李灿林编写，第7、10章由吴庆岗编写，第11、12、13章由朱付保编写。徐显景、杨鹏、钱慎一、王辉、姚妮参与了本书其他章节内容的编写，并对全书资料的整理与内容校对付出了辛勤的汗水，在此一并表示感谢。最后感谢郑州轻工业学院教务处的大力支持。

由于编写时间仓促，加之作者水平有限，书中难免会疏漏和错误之处，恳请广大读者不吝赐教并给予批评指正。

目　录

第 1 章　概　　述

C#是微软公司推出的一种面向.NET 平台的、类型安全的面向对象编程语言，利用 C#语言和基于.NET 框架的 Visual Studio 2010 集成开发环境，程序员可以方便快捷地开发出各种安全可靠的应用程序。本章将对.NET 平台的相关内容作简单介绍，并通过图文并茂的方式介绍 Visual Studio 2010 集成开发环境及创建两种类型的 C#应用程序的操作步骤。通过本章的学习，读者会对 C#语言和 Visual Studio 2010 集成开发环境有一个初步了解，并能够顺利地创建简单的 C#应用程序。

1.1　.NET Framework 概述

2000 年 6 月 22 日，微软公司正式对外宣布了.NET 战略。同年 11 月，微软在 COMDEX 计算机大展上发布了 Visual Studio .NET 软件，全面推进了.NET 技术向市场进军的步伐。C#语言是微软公司针对.NET 平台推出的主流语言，它不但继承了 C++、Java 等面向对象语言的强大功能特性，同时还继承了 VB、Delphi 等编程语言的可视化快速开发功能，是当前第一个完全面向组件的语言。作为.NET 平台的第一语言，C#语言几乎集中了所有关于软件开发和软件工程研究的最新成果。本节主要介绍与 C#语言密切相关的.NET 平台和 Visual Studio 2010 集成开发环境。

1.1.1　.NET 平台简介

微软总裁兼首席执行官 Steve Ballmer 给.NET 下的定义为：".NET 代表一个集合，一个环境，一个可以作为平台支持下一代 Internet 的可编程结构。"，即.NET = 新平台 + 标准协议 + 统一开发工具。作为微软的集成开发平台，.NET 技术提供迅速修改、部署、处理并且使用连接的能力，提高了 WEB 服务的高效性；同时，.NET 技术也使创建稳定、可靠而又安全的 Windows 桌面应用程序更为容易。下面简单了解.NET 的发展历程。

1. .NET 平台的发展历程

2000 年 6 月 22 日，比尔・盖茨向全球宣布其下一代软件和服务，即 Microsoft .NET 平台的构想和实施步骤。2000 年微软的白皮书这样定义.NET：Microsoft .NET 是 Microsoft XML Web Services 平台。XML Web Services 允许应用程序通过 Internet 进行通信和共享数据，而不管所采用的是哪种操作系统、设备或编程语言。Microsoft.NET 平台提供创建 XML Web Services 并将这些服务集成在一起之所需。

2002 年 2 月 13 日微软正式发布了 Visual Studio.NET 2002，其中包含了.NET Framework

1.0，除了引入一门全新的语言 C#外，同时还提供了对于 Java 的支持。C#大量借鉴了 Java 的语法，同时保留了 VB 方面的诸多便利性。ASP.NET 作为平台的关键组成部分，传承了微软一直以来的可视化设计风格，允许开发人员以拖放方式开发 Web 应用。然而.NET 1.0 作为全新的平台，许多类库仍然还不成熟。

2003 年 4 月 25 日，曾被命名为 Windows .NET Server 的操作系统 Windows Server 2003 正式发布，同日还发布了 Visual Studio .NET 2003，并将.NET Framework 的版本升级到了 1.1.4322。Windows Server 2003 是微软发展史上一个非常重要的里程碑：一方面 Windows 操作系统在企业级应用的能力得到证实；另一方面.NET 终于完成了和 Windows 操作系统的无缝集成，也真正意义上为开发人员提供了一套完整的.NET 解决方案。

Visual Studio.NET 2003 为程序开发人员提供了统一的开发语言和开发界面，不管开发桌面应用，还是 Web 应用，或者是手机设备的应用，Visual Studio.NET 使开发人员能够在不同应用开发中自由切换。同时，随着.NET Framework 的稳定，微软内部越来越多的产品采用.NET 重新开发，或者提供了和.NET 的无缝对接，例如，2003 年发布的 Exchange 2003、Office 2003 及 2004 年发布的 Biztalk Server 2004，都允许开发人员使用.NET 开发应用，并且做到了无缝集成。

2005 年 10 月 27 日，微软将 Visual Studio.NET 重新命名为 Visual Studio 2005，同时将.NET Framework 的版本升级到 2.0。另外，为了方便开发人员应用，内置了一个用于开发调试的 Web 服务器，使得开发人员在开发过程可以更加方便地测试与部署。同日发布的 SQL Server 2005 完全架构在.NET 之上，并允许开发人员使用.NET 编写存储过程、函数及用户自定义类型（UDT）。

2006 年，微软将 WPF（Windows Presentation Foundation）、WCF（Windows Communication Foundation）、WWF（Windows Workflow Foundation）和 Windows Cardspace 整合成代号为“WinFX”的.NET Framework 3.0，并于 2006 年 11 月 6 日发布。.NET Framework 3.0 的发布是对.NET Framework 2.0 的一个重要补充，它弥补了微软在企业级开发的软肋。

2007 年 11 月 19 日，微软发布了 Visual Studio 2008，随同发布了.NET Framework 3.5。.NET Framework 3.5 引入了 Linq 和 XLinq 技术，Linq 和 XLinq 为开发人员带来了激动人心的编程体验。开发人员可以混合对象与数据，然后用同样的查询方式进行数据处理，更重要的是允许开发人员在任意环节进行扩展，从而帮助开发人员以一致的方式进行数据处理。

2010 年 4 月 12 日，微软发布了 Visual Studio 2010 及.NET Framework 4.0。.NET Framework 4.0 包括更好的多核心支持、后台垃圾回收和服务器上的探查器附加，增加了新的内存映射文件和数字类型，并支持新的动态数据功能，包括新的查询筛选器、实体模板、对 Entity Framework 4 更丰富的支持及可轻松应用于现有 Web 窗体的验证和模板化功能等。

2012 年 8 月 16 日，微软发布了最新版本 Visual Studio 2012 及.NET Framework 4.5。.NET Framework 4.5 是一个针对.NET Framework 4.0 的高度兼容的就地更新。.NET Framework 4.5 包括针对 C#、Visual Basic 和 F# 的重大语言和框架改进（以便程序员能够更轻松地编写异步代码）、同步代码中的控制流混合、可响应 UI 和 Web 应用程序可扩展性，并提供比.NET Framework 4.0 更高的性能、可靠性和安全性。

2. .NET 平台的组成

众所周知，微软的灵魂产品 Windows 操作系统是硬件设备和软件运行环境的平台，它消除了不同硬件设备之间的差别，使外部设备都变成了可以自由使用、无缝集成的一个整体。与 Windows 操作系统类似，微软推出的.NET 平台能够消除互连环境中不同硬件、软件、服务的差别，使不同的设备、不同的操作系统都可以相互通信，使不同的程序和服务之间都可以相互调用。

.NET 平台几乎包含了微软正在研发或已经得到广泛应用的各种软件开发技术。对.NET 程序员来说，应主要关心.NET 平台的以下几个组成部分。

（1）.NET Framework：微软推出的一种运行于各操作系统之上的新软件运行平台，提供了.NET 程序运行时支持和功能强大的类库，是其他所有.NET 技术产品的坚实基础。只要安装了.NET Framework，则从 Windows 98 到 Windows XP 都可以运行.NET 程序。

（2）.NET 编程语言：.NET 平台支持 20 多种编程语言，传统的各种编程语言有许多都已经或正在被移植到.NET 平台，目前.NET 平台支持的编程语言种类仍在不断增加。目前，由微软公司提供的.NET 编程语言主要有 Visual Basic.NET（改进过的 Visual Basic）、C++、C#和 F#。

（3）Visual Studio.NET 集成开发环境：用来开发、测试和部署应用程序。Visual Studio.NET 历经微软公司持续多年的完善，已经成为世界一流的“软件集成开发环境（Integrated Development Environment，IDE）”。

（4）.NET 软件产品：几乎微软公司所有主要软件产品都基于.NET Framework 或包容.NET 技术，包括 Windows 操作系统、SQL Server 数据库服务器、Office 商业应用开发与运行平台和 Azure 云计算平台等。

3. .NET 技术前景

从 2002 年发布.NET 1.0，历经 11 年发展，.NET 版本已经发展到了 4.5。.NET 是一个庞大而复杂的软件开发与运行平台，包含了“一堆”的子技术领域。

（1）桌面应用程序开发技术。

在很长一段时间内，Windows Form 成为.NET 桌面领域的主流技术，而且有一大批各式各样的第三方控件，其功能可谓应有尽有，使用方便。然而.NET 3.0 中出现的 WPF，在界面设计和用户体验上比 Windows Form 要强得多，比如，其强大的数据绑定、动画、依赖属性和路由事件机制等。WPF 的性能在 NET 4.0 上有了进一步的改进。WPF 相对于 Windows 客户端的开发来说，向前跨出了巨大的一步，它提供了超丰富的.NET UI 框架，集成了矢量图形，丰富的流动文字支持 flow text support，3D 视觉效果和强大无比的控件模型框架。

（2）数据存取技术。

.NET 平台融合了 ADO.NET、LINQ 和 WCF Data Service 等数据存取技术。ADO.NET 不仅提供了对 XML 的强大支持，还引入了一些新的对象，如驻于内存的数据缓冲区 DataSet、用来高效率读取数据并一个只读的记录集的 DataReader 等。LINQ（Language Integrated Query，语言集成查询）是 Visual Studio 2008 和.NET Framework 3.5 版中引入的一项创新功能，它在对象领域和数据领域之间架起了一座桥梁。LINQ 是编程语言的一个组成部分，在编写程序时可以得到很好的编译时语法检查、丰富的元数据、智能感知、静态类型等强类型语言的好处。同时，LINQ 还可以方便地对内存中的信息进行查询而不仅仅只是对外部数据源进行查询。WCF Data Service 原称 ADO.NET Data Service，体现了“数据是一种服务”的思想，让数据可以通过 HTTP 请求直接获取。WCF Data Service 设计了一套 URI 模式，可以完成投影、选择和分页等功能，用起来方便灵活。

（3）Web 开发技术。

.NET 平台底层使用 ADO.NET 实体框架或 LINQ to SQL 构造数据模型，通过提取数据模型中的元数据，动态选择合适的模板生成网页，避免了真实项目中不得不为每个数据存取任务设计不同网页的负担，而且提供了很多方式允许用户定制网站。.NET 平台的另一种 Web 应用架构代表技术 Silverlight 充分利用客户端的计算资源，大大地降低了对服务端的依赖，并且易于构造良好的用户体验。

（4）插件技术。

.NET 4.0 引入了 Managed Extensibility Framework（MEF）技术。MEF 通过简单地给代码附加“[Import]”和“[Export]”标记就可以清晰地表明组件之间的“服务消费”与“服务提供”关系，并在底层使用反射动态地完成组件识别、装配工作从而使得开发基于插件架构的应用系统变得简单。

（5）函数式编程语言 F#。

F#是微软.NET 平台上一门新兴的函数式编程语言，通过 F#，开发人员可以轻松应对多核多并发时代的并行计算和分布问题。

1.1.2 .NET Framework

.NET Framework 是.NET 平台的关键组件，提供了.NET 程序运行时支持和功能强大的类库。从开发各种应用软件的程序员角度来看，.NET Framework 用易于理解与使用的面向对象方式调用 Windows 操作系统所提供的各种系统功能。.NET Framework 在整个软件体系结构中的地位如图 1-1 所示。.NET Framework 在应用程序和操作系统之间起到承上启下的作用，向内包容着操作系统内核，向外给运行于其上的.NET 应用程序提供访问操作系统核心功能的服务。在.NET Framework 下编程，程序员不再需要与各种复杂的 Windows API 函数打交道，只需使用现成的.NET Framework 类库即可。

.NET Framework 的体系结构如图 1-2 所示，它主要由公共语言运行库（CLR，Common Language Runtime）和.NET Framework 类库构成。CLR 是.NET Framework 的核心执行环境，也称为.NET 运行库。CLR 是一个技术规范，无论程序使用什么语言编写，只要能编译成微软中间语言 MSIL（Microsoft Intermediate Language），就可以在它的支持下运行。这意味着在不久的将来，可以在 Windows 环境下运行传统的非 Windows 语言。而.NET Framework 类库是一个由 Microsoft .NET Framework SDK 中包含的类、接口和值类型组成的库，提供对系统功能的访问，是建立.NET Framework 应用程序、组件和控件的基础，该库可以完成以前要通过 Windows API 来完成的绝大多数任务。

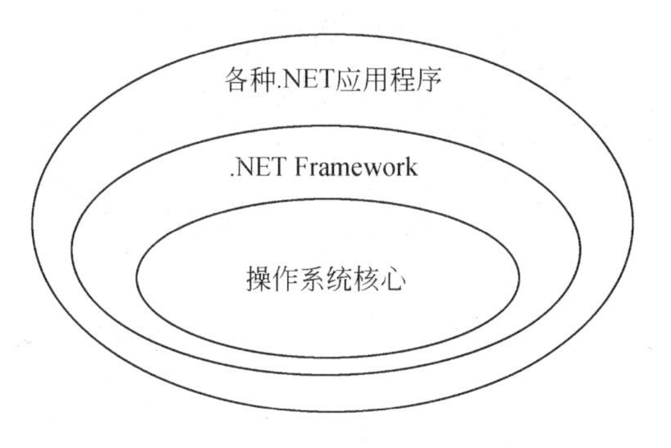

图 1-1　.NET 软件体系结构

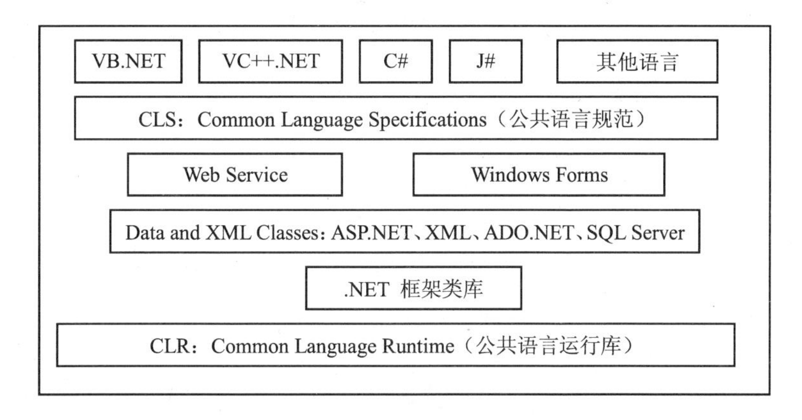

图 1-2　.NET Framework 的体系结构

1．公共语言运行库（CRL）

CLR 最早被称为下一代 Windows 服务运行时（NGWS Runtime），它是直接建立在操作系统上的一个虚拟环境，提供内存管理、线程管理和远程处理等核心服务，主要任务是管理代码的运行。CLR 支持几十种现代的编程语言，在应用程序运行之前，CLR 使用 Just-In-Time 编译器把已经编译为 MSIL 的不同编程语言程序代码转换为本地可执行代码。

CLR 通过公共类型系统（CTS，Common Type System）和公共语言规范（CLS，Common Language Specification）定义标准数据类型和语言间的互操作性规则，实现了跨语言开发和跨平台的战略目标。CTS 定义了如何在 CLR 中声明、使用和管理类型，使所有面向.NET Framework 的语言都可以生产最终基于这些类型的编译代码。任何以.NET 平台作为目标的语言必须建立其数据类型与 CTS 类型间的映射，以便通过共享 CLR 实现它们之间无缝的互操作。CLS 是 CLR 标识的一组语言特征的集合，所有.NET 语言都应该遵循此规则才能创建与其他语言可互操作的应用程序。

CLR 被认为是.NET 中编写的程序“管理器”，它能确保程序符合安全规则，并向程序提供资源，CLR 结构如图 1-3 所示。.NET Framework 所具有的许多特点都是由 CLR 提供的，如类型安全（Type Checker）、垃圾回收（Garbage Collector）、异常处理（Exception Manager）和向下兼容（COM Marshaler）等。

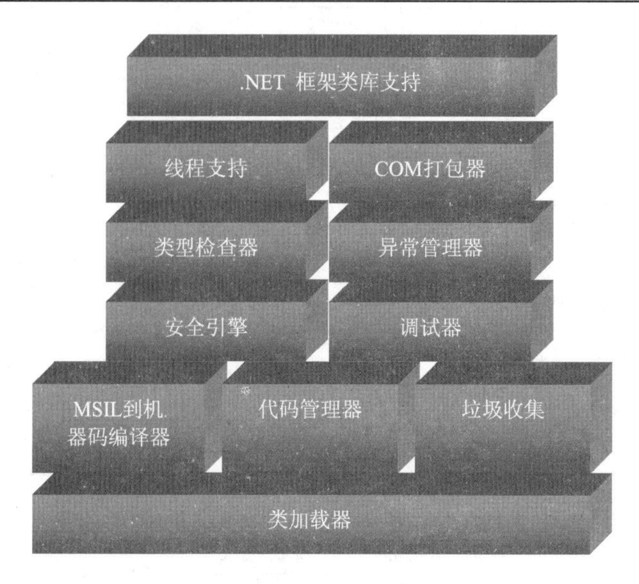

图 1-3　CLR 结构

具体来说，.NET 上的 CLR 为程序开发者提供如下的服务。

（1）与平台无关。CLR 实际上是提供了一项使用了虚拟机技术的产品，它构架在操作系统之上，并不要求程序的运行平台是 Windows 系统，只要能够支持它的运行库系统，都可以在上面运行.NET 应用。所有.NET 语言（包括我们常用的几十种现代的编码语言）都可以编写面向 CLR 的程序代码，这种代码在.NET 中被称为托管代码（Managed Code），所有的托管代码都直接运行在 CLR 上，具有与平台无关的特性。所以，一个完全由托管代码组成的应用程序，只要编译一次，就可以在任何支持.NET 的平台上运行。

（2）跨语言集成。CLR 允许开发者以任何语言开发程序，用这些语言开发的代码，可以在 CLR 环境下紧密无缝地进行交叉调用，例如，可以用 VB 声明一个基类对象，然后在 C#代码中直接创建基类的派生类。

（3）自动内存管理。CLR 提供了垃圾收集机制，可以自动管理内存。当对象或变量的生命周期结束后，CLR 会自动释放其所占用的内存。

（4）版本控制。

（5）简单的组件互操作性。

（6）自描述组件。自描述组件是指将所有数据和代码都放在一个文件中的执行文件。自描述组件可以大大简化系统的开发和配置，并且改进系统的可靠性。

（7）NET 安全。.NET 提供了一组安全方案。负责进行代码的访问安全性检查。允许用户对保护资源和操作的访问。代码需要经过身份确认和出处鉴别后才能得到不同程度的信任。安全策略是一组可配置的规则，CLR 在决定允许代码执行的操作时遵循此规则。

2. .NET Framework 类库

Microsoft .NET Framework 类库是一个综合性的类型集合，用于应用程序开发的一些支持性的通用功能。在.NET Framework 的体系结构图中，Microsoft .NET Framework 类库位于 CLR 上面，它包含从基本输入输出到数据访问等各方面的基类，提供了一个统一的面向对象的、层次化的、可扩展的编程接口。开发者可以基于.NET Framework 类库创建可重用组件，并能利用重用组件可以完成各种任务，例如，读取和写入文件、操作数据库、执行绘图操作、通过 Internet 发送和接收数据等。从.NET Framework 的体系结构中也可以看到，.NET Framework 类库可以被各种语言调用和扩展，也就是说，不管是 C#、VB.NET 还是 VC++.NET，都可以自由被调用。和 CLR 不同的是：通常情况下，CLR 对程序员而言是透明的，而类库是程序员必用的工具，熟练掌握类库是程序员的基本功。

.NET Framework 类库由命名空间组成，每个命名空间都包含可在程序中使用的类型：类、结构、枚举、委托和接口。.NET Framework 类库中定义的所有类型和用户创建的类型都被组织成层次结构，System.Object 类型（System 命名空间内）位于层次结构的最顶端，称为超类，它提供了.NET Framework 中所有类型的基本功能。

.NET Framework 类库中常用的命名空间如下。

Microsoft.CSharp：包含支持用 C#语言进行编译和代码生成的类。

Microsoft.JScript：包含支持用 JScript 语言进行编译和代码生成的类。

Microsoft.VisualBasic：包含支持用 Visual Basic .NET 语言进行编译和代码生成的类。

Microsoft.Win32：提供两种类型的类，即处理由操作系统引发的事件的类和对系统注册表进行操作的类。

System：包含用于定义常用值和引用数据类型、事件和事件处理程序、接口、属性和处理异常的基础类和基类。

System.Collections：包含定义各种对象集合（如列表、队列、位数组、哈希表和字典）的接口和类。

System.Collections.Specialized：包含专用的强类型集合，如链接表词典、位向量及只包含字符串的集合。

System.ComponentModel：提供用于实现组件和控件的运行时和设计时行为的类。此命名空间包括用于属性和类型转换器的实现、数据源绑定和组件授权的基类和接口。

System.ComponentModel.Design：包含可由开发人员用来生成自定义设计时组件行为和在设计时配置组件的用户界面的类。

System.Configuration：提供可以以编程方式访问.NET Framework 配置设置和处理配置文件（.config 文件）中的错误的类和接口。

System.Data：基本上由构成 ADO.NET 结构的类组成。ADO.NET 结构可以生成可用于有效管理来自多个数据源数据的组件。在断开连接的方案（如 Internet）中，ADO.NET 提供了一些可以在多层系统中请求、更新和协调数据的工具。ADO.NET 结构也可以在客户端应用程序（如 Windows 窗体）或 ASP.NET 创建的 HTML 页中实现。

System.Data.SqlClient：封装 SQL Server .NET Framework 数据提供程序。SQL Server .NET Framework 数据提供程序描述了用于在托管空间中访问 SQL Server 数据库的类集合。

System.Drawing：提供对 GDI+基本图形功能的访问。System.Drawing.Drawing2D、System.Drawing.Imaging 和 System.Drawing.Text 命名空间提供了更高级的功能。

System.Drawing.Design：提供了开发设计时用户界面扩展的基本框架，包含扩展设计时用户界面（UI）逻辑和绘制的类。可以进一步扩展此设计功能来创建以下对象：自定义工具箱项；类型特定的值编辑器或类型转换器；其中，类型特定的值编辑器用于编辑和以图形方式表示所支持的类型的值，类型转换器用于在特定的类型之间转换值。

System.IO：包含允许对数据流和文件进行同步和异步读写的类型。

System.Text：包含表示 ASCII、Unicode、UTF-7 和 UTF-8 字符编码的类；用于在字符块和字节块之间相互转换的抽象基类；以及不需要创建字符串的中间实例就可以操作和格式化字符串对象的帮助器类。

System.Web.Configuration：包含用于设置 ASP.NET 配置的类。

System.Web.UI：提供创建以 Web 页上的用户界面形式出现在 Web 应用程序中的控件和页的类和接口，此命名空间包括 Control 类，该类为所有控件（不论是 HTML 控件、Web 控件还是用户控件）提供一组通用功能。它还包括 Page 控件，每当对 Web 应用程序中的页发出请求时，都会自动生成此控件。另外，还提供了一些类，这些类提供 Web 窗体服务器控件数据绑定功能，保存给定控件或页的视图状态的能力，以及对可编程控件和文本控件都适用的分析功能。

1.1.3 .NET 程序的编译和执行

与传统的 Windows 应用程序相比，.NET 应用程序有很多不同之处，尤其是在编译与执行期间。传统的 Windows 应用程序会被编译器直接编译成与特定机器相关的本地应用程序，这类程序则只能在特定操作系统及硬件系统上运行，而.NET 应用程序在编译时只会被编译成 MSIL 中间代码，在运行期间被即时编译成本地指令，从而可达到跨平台的效果，使平台与上层软件完全隔离。由公共语言运行库 CLR（而不是直接由操作系统）执行的托管代码的编译和执行过程如图 1-4 所示，具体步骤如下。

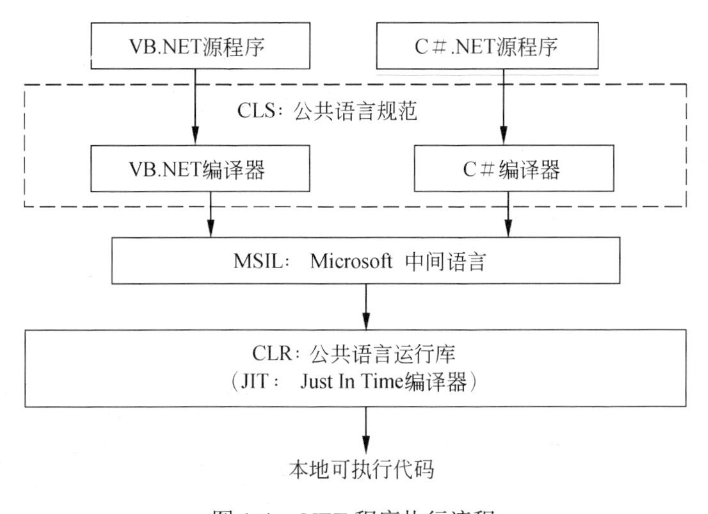

图 1-4 .NET 程序执行流程

（1）选择编译器：为获得公共语言运行库 CLR 提供的优点，必须使用一个或多个针对 CLR 的语言编译器，如 Visual Basic、C#、Visual C++、JScript 或许多第三方编译器（如 Eiffel、Perl 或 COBOL 编译器）中的某一个。

不同的编程语言往往用不同的特定术语表达相同的程序构造，想要不同语言间有最佳的相容性，以便互相调用或继承，这些面向.NET 的语言编译器就需共同遵守规范 CLS。CLS 清晰地描述了支持.NET 的编译器必须支持的最小和完全特征集，以便生成可由 CLR 承载的代码，被基于.NET 平台的其他语言用统一的方式进行访问，让由不同编程语言编写的程序能无缝融合到.NET 世界。

（2）将代码编译为 MSIL：将源代码翻译为 Microsoft 中间语言 MSIL 并生成所需的元数据。

MSIL 是一组可以有效转换为本机代码且独立于 CPU 的指令，它不仅包括用于加载、存储和初始化对象及对象调用方法的指令，还包括用于算术和逻辑运算、控制流、直接内存访问、异常处理和其他操作的指令。当编译器产生 MSIL 时，它也产生元数据。元数据描述代码中的类型，包括每种类型的定义、每种类型成员的签名、代码引用的成员和执行时使用的其他数据。MSIL 和元数据包含在一个可移植可执行（Portable Executable，PE）文件中，此文件基于并扩展过去用于可执行内容的已发布 Microsoft PE 和通用对象文件格式（COFF），使得操作系统能够识别公共语言运行库 CLR 映像。

（3）将 MSIL 翻译为本机代码：在执行时，实时编译器（JIT）将 MSIL 翻译为本机代码。

要使代码可运行，必须先将 MSIL 转换为特定于 CPU 的代码，这通常是通过实时编译器（JIT）来完成的。由于公共语言运行库 CLR 为它支持的每种计算机结构都提供了一种或多种 JIT 编译器，因此，同一组 MSIL 可以在所支持的任何结构上 JIT 编译和运行。JIT 编译考虑了在执行过程中某些代码可能永远不会被调用的可能性，它不是耗费时间和内存将 PE 文件中的所有 MSIL 都转换为本机代码，而是在执行期间根据需要转换 MSIL 并将生成的本机代码存储在内存中，以供该进程上下文中的后续调用访问。

在编译为本机代码的过程中，MSIL 代码必须通过验证过程，检查 MSIL 和元数据以确定代码是否是类型安全的。类型安全帮助将对象彼此隔离，因而可以保护其免遭无意或恶意的破坏。

（4）运行代码：公共语言运行库 CLR 提供使执行能够发生及可在执行期间使用的各种服务结构。在执行过程中，托管代码接收若干服务，这些服务涉及垃圾回收，安全性，与非托管代码的互操作性，跨语言调试支持，增强的部署及版本控制支持等。

1.1.4　C#与.NET Framework

.NET Framework 是.NET 平台的基本架构，是支持生成和运行下一代应用程序和 XML Web Services 的内部 Windows 组件，.NET Framework 旨在实现下列目标：

（1）提供一个一致的面向对象的编程环境，而无论对象代码是在本地存储和执行，还是在本地执行但在 Internet 上分布，或是在远程执行的。

（2）提供一个将软件部署和版本控制冲突最小化的代码执行环境。

（3）提供一个可提高代码（包括由未知的或不完全受信任的第三方创建的代码）执行

安全性的代码执行环境。

（4）提供一个可消除脚本环境或解释环境性能问题的代码执行环境。

（5）使开发人员的经验在面对类型大不相同的应用程序（如基于 Windows 的应用程序和基于 Web 的应用程序）时保持一致。

（6）按照工业标准生成所有通信，以确保基于.NET Framework 的代码可与任何其他代码集成。

C#是 Microsoft 专门为.NET Framework 创建的、用于开发运行在公共语言运行库 CLR 上的应用程序的语言之一。虽然 C#本身并不是.NET 的一部分，但是由于 C#语言是和.NET Framework 一起使用的，如果要使用 C#高效开发应用程序，理解.NET Framework 非常重要。.NET Framework 为 C#提供了一个强大的、易用的、逻辑结构一致的程序设计环境。在.NET 运行库的支持下，.NET 框架的各种优点在 C#中表现得淋漓尽致。C#具有如下的特点。

（1）语法简洁。

（2）面向对象设计。

（3）与 Web 紧密结合。

（4）完整的安全性和错误处理。

（5）兼容性。

（6）灵活性。

由于 C#是.NET 公共语言运行环境的内置语言，由 C#编写的所有代码总是在.NET Framework 中运行，因此，C#代码可以从公共语言运行库的服务中获益。C#的结构和方法论反映了.NET 基础方法论，在许多情况下，C#的特定语言功能取决于.NET 的功能，或依赖于.NET 基类。

截至本书写作时为止，微软对.NET Framework 进行了 7 次大的升级，但对 C#编译器只进行了 6 次大的升级，表 1-1 显示了 C#、CLR、.NET Framework 、Visual Studio.NET 和 Windows 操作系统之间不同版本的兼容性历史。C#1.0 是的第一个正式发行版本，微软团队从无到有创造了一种语言，专门为.NET 编程提供支持；C#2.0 开始支持泛型，同时.NET Framework 2.0 新增了支持泛型的库；.NET Framework 3.0 新增了一套 API 来支持分布式通信（Windows Communication Foundation，WCF）、客户端表示（Windows Presentation Foundation，WPF）、工作流（Windows Workflow，WF）及 Web 身份验证（Cardspaces）；C#3.0 添加了对 LINQ 的支持，对用于集合编程的 API 进行了大幅改进，.NET Framework 3.5 对原有的 API 进行了扩展，从而支持了 LINQ；C#4.0 添加了对动态类型的支持，对用于多线程编程的 API 进行了大幅改进，强调了多处理和多核心支持；.NET Framework 4.0 添加了对 PLINQ（parallel LINQ）、并行任务、动态语言运行库 DLR 和后台垃圾回收机制的支持；C#5.0 增加了绑定运算符、带参数的泛型构造函数和 null 类型运算等功能，.NET Framework 4.5 添加了对 Metro 风格应用程序的支持，并增加了异步文件操作、后台 JIT 编译和 WEB 套接字等功能。

表 1-1　C#、CLR、.NET Framework 和 Visual Studio.NET 之间不同版本的兼容性

C#版本	1.0	1.2	2.0	3.0	3.0	4.0	5.0
CLR	1.0	1.1	2.0	2.0	2.0	4.0	4.0
.NET Framework	1.0	1.1	2.0	3.0	3.5	4.0	4.5
Visual Studio.NET	2002	2003	2005	2008	2008	2010	2012
Windows 操作系统	XP	Server 2003	Server 2003	Vista/Server 2008	7/Server 2008 R2	7/Server 2008 R2	8/Server 2012

1.2　C#集成开发环境 VS 2010

本书讲述的对象是 C#编程语言，而 C#编程语言的开发环境是 Microsoft Visual Studio 集成开发环境（Integrated Development Environment，IDE）。Visual Studio 是由微软自行研发的一个功能强大的可自定义编程系统，可以利用它所包含的各种工具快速有效地开发功能强大的 Windows 和 Web 程序。Visual Studio 常用的版本主要有 6.0、2003（7.0）、2005（8.0）、2008（9.0）、2010（10.0），而 Visual Studio 2003（7.0）以后的版本都提供对.NET 应用程序（基于 Visual C#、Visual Basic、Visual C++和 Visual J#等语言的应用程序）开发的支持。目前 C#常用的开发环境 Visual Studio 2010（简称 VS2010）可在官方网站 http://www.microsoft.com/ visualstudio/zh-cn/products/2010-editions 免费下载。

1.2.1　启动 VS 2010 开发环境

Visual Studio 2010 是一套完整的开发工具集，提供了用于创建不同类别应用程序的多种项目模板，这些模板包括 Microsoft Windows 窗体、控制台、ASP.NET 网站、ASP.NET Web 服务及其他类型（如移动设备）的应用程序。此外，开发人员还可以根据需要选择不同的编程语言，包括 C#、Microsoft Visual Basic .NET 和托管的 C++等。

选择“开始”|“所有程序”| Microsoft Visual Studio 2010 | Microsoft Visual Studio 2010 命令，启动 Visual Studio 2010 开发环境。第一次启动 Visual Studio 2010 时，显示的是 Visual Studio 2010 的“选择默认环境设置”对话框，可以从中选择一种开发环境，例如，选择“Visual C#开发设置”选项，如图 1-5 所示，单击“启动 Visual Studio”按钮，将弹出如图 1-6 所示的加载提示窗口，用户设置加载完成后，出现如图 1-7 所示的 Visual Studio 2010 集成开发环境起始页。

图 1-5　“选择默认环境设置”对话框

图 1-6　加载提示窗口

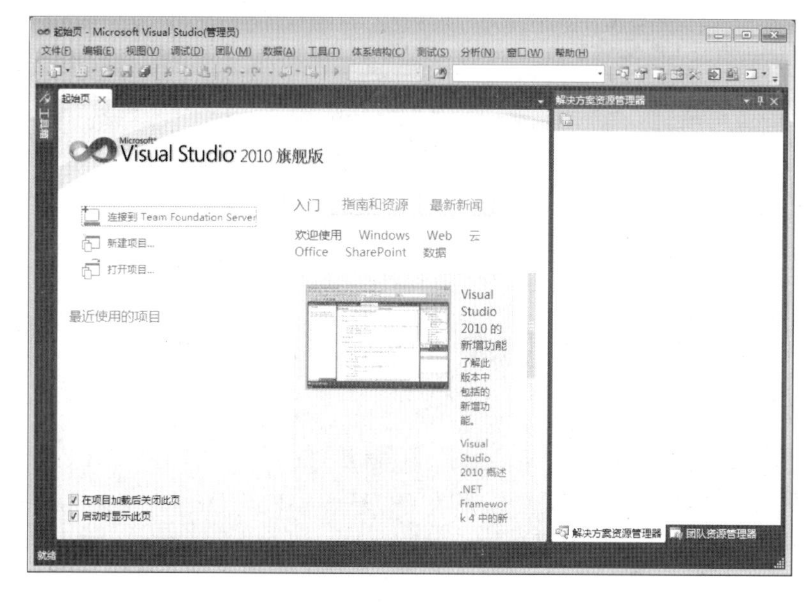

图 1-7 VS2010 起始页

1.2.2 新建项目

开发人员要使用 Visual Studio 2010 IDE 创建应用程序，可以在如图 1-7 所示的窗口中选择“文件”|“新建项目”菜单命令，或者直接选择“新建项目”选项，Visual Studio 2010 将弹出如图 1-8 所示的“新建项目”对话框。

图 1-8 “新建项目”对话框

在“新建项目”对话框左边的“已安装模板”中选择“Visual C#”选项，并从对话框中间显示出的 Visual C#应用程序类型中选择“Windows 窗体应用程序”(当然也可以选择其他类型)，然后通过对话框下方的编辑区域对创建的项目进行命名、选择保存位置、设定解决方案目录等操作，最后单击“确定”按钮，弹出如图 1-9 所示的 Visual Studio 2010 默认开发主界面，就完成了项目的创建。

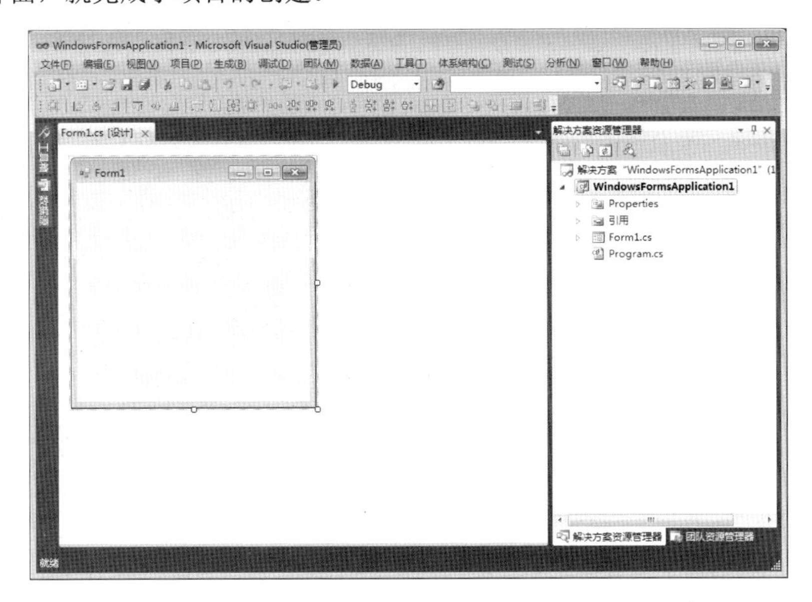

图 1-9　VS 2010 主界面

1.2.3　VS 2010 主窗口

Visual Studio 2010 集成开发环境将代码编辑器、编译器、调试器、图形界面设计器等工具和服务集成在一个环境中，能够有效地提高软件开发的效率。在 Visual Studio 2010 集成开发环境中开发的每一个程序集对应一个项目（Project），而多个相关的项目又可以组成一个解决方案（Solution）。创建项目后打开的如图 1-9 所示的默认主窗口主要包括以下几个部分。

（1）菜单栏：位于标题栏的下方，其中包含用于开发、维护、编译、运行和调试程序及配置开发环境的各项命令。Visual Studio 2010 菜单栏中所有可用的命令既可以通过单击鼠标执行，也可以通过 Alt+相应字符键执行。其中，“文件”、“编辑”和“视图”是三个比较常用的主菜单。

（2）工具栏：位于菜单栏的下方，提供了常用命令的快捷方式。为了操作更方便、快捷，Visual Studio 2010 常用的菜单命令按功能分组，被分别放入相应的工具栏中。根据当前窗体的不同类型，工具栏会动态改变。工具栏包括布局、标准、数据设计、格式设置、生成、调试和文本编辑器等选项，可通过“视图”|“工具栏”中的菜单命令打开或关闭工具栏选项，如图 1-10 所示。常用的工具栏有“标准”工具栏和“调试”工具栏。

（3）工具箱：工具箱以选项卡的形式来分组显示常用控件，包括公共控件、容器和数据等工具的集合，如图 1-11 所示。当需要某个控件时，可以通过双击所需控件直接将其添加到窗体上；也可以先单击选择需要的控件，再将其拖曳到设计窗体上。工具箱面板中的控件可以通过工具箱右键快捷菜单来实现控件的排序、删除、设置显示方式等。

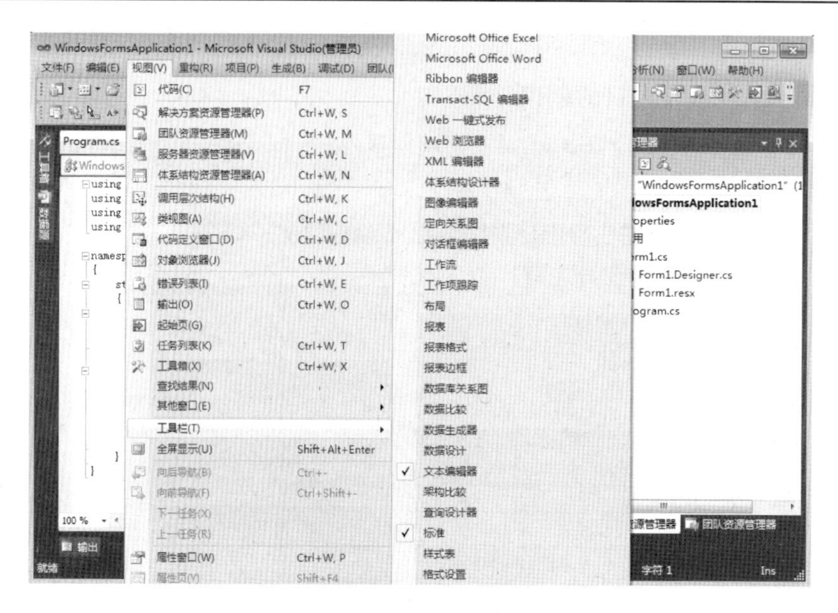

图 1-10 工具栏选项

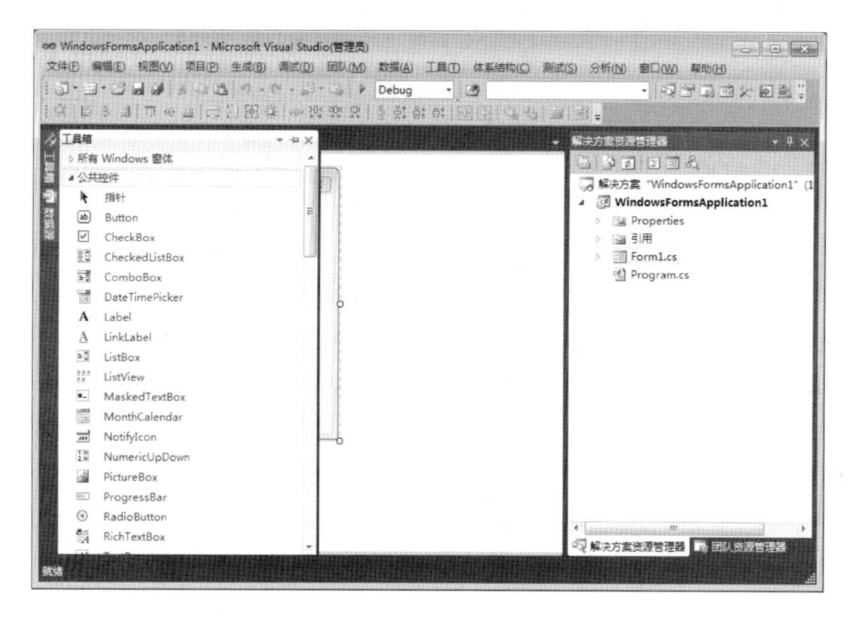

图 1-11 工具箱

（4）工作区：位于开发环境中央，用于具体项目的开发，如设计界面各控件的整体布局，事件代码的编写等。新建项目时，Visual Studio 2010 会自动添加一个窗体设计界面，如图 1-9 所示，可以根据需要把工具箱中的控件加入到窗体中设置用户界面，此时，Visual Studio 2010 会自动在源文件中添加必要的 C#代码，在项目中实例化这些控件（在.NET 中，所有的控件实际上都是特定基类的实例）。在窗体中的任意位置右键单击，在弹出菜单中选择“查看代码”命令即可切换到如图 1-12 所示的窗体代码编辑窗口。

在代码编辑窗口中，程序员可以编写 C#代码。代码编辑窗口的功能相当复杂，例如，在输入语句时，它可以自动布局代码，方法是缩进代码行、匹配代码块的左右花括号等。

同时，在输入语句时，它还能执行一些语法检查，给可能产生编译错误的代码加上下划线，这也称为设计期间的调试。另外，代码编辑窗口还提供了 IntelliSense（智能感知）功能。在开始输入时，IntelliSense 会自动显示类名、字段名或方法名。在开始输入方法的参数时，IntelliSense 也会显示可用的重载方法的参数列表。图 1-12 显示了 IntelliSense 功能，此时操作的是一个.NET 基类 Label1。当 IntelliSense 列表框因某种原因不可见时，可以按快捷键 Ctrl+Space 打开。

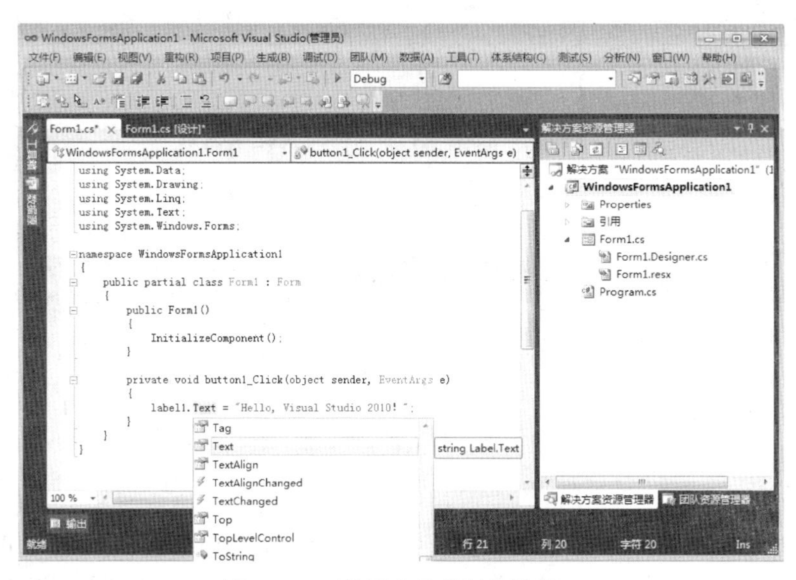

图 1-12　工作区中的代码编辑窗口

（5）解决方案资源管理器：位于开发环境的右侧，通过树形视图对当前解决方案进行管理，解决方案是树的根节点，解决方案中的每一个项目都是根节点的子节点，项目节点下则列出了该项目中使用的各种文件、引用和资源，如图 1-12 所示。

（6）状态栏：位于开发环境的底部，用于对光标位置、编辑方式等当前状态给出提示。

（7）错误列表：位于工作区的下方，用于输出当前操作的错误信息，如图 1-13 所示。如果主窗口中没有显示错误列表，可通过“视图”|“错误列表”命令打开错误列表。

（8）服务器资源管理器：位于开发环境的左侧，用于快速访问本地或网络上的各项服务器资源。如果主窗口中没有显示服务器资源管理器，可通过“视图”|“服务器资源管理器”命令打开服务器资源管理器。

（9）属性窗口：位于解决方案资源管理器的下方，用于查看或编辑当前所选元素的具体信息。窗体应用程序开发中的各个控件属性都可以通过属性窗口来设置；此外，属性窗口还提供了针对控件的事件的管理功能，方便编程时对事件的处理。如果主窗口中没有显示属性窗口，可通过“视图”|“属性窗口”命令打开属性窗口。

其他常用的窗口还有管理程序中的类及其关系的类视图、显示当前操作输出结果的输出窗口等。以上给出的是 Visual Studio 2010 各窗口的默认位置，用户可以根据需要移动、调整、打开、关闭，或是通过“视图”菜单来控制它们的显示。大部分窗口还可以通过选项卡的方式切换，如代码编辑区可一次打开多个源文件，以便能最大程度地利用有限的屏幕空间。

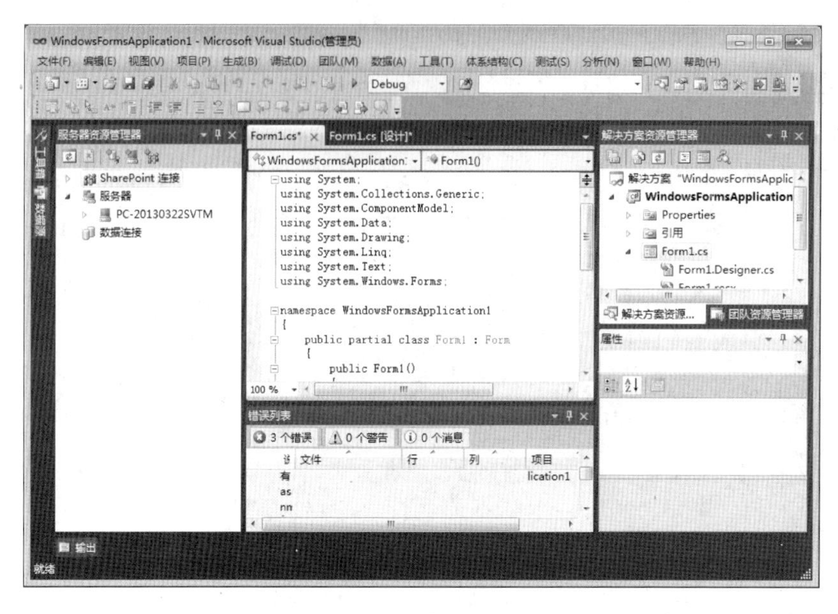

图 1-13　错误列表、服务器资源管理器和属性窗口

1.2.4　帮助系统

Visual Studio 2010 中提供了一个广泛的帮助工具，与原来版本的 MSDN Library 不同，改称为 Help Library 管理器。Help Library 管理器是开发人员最好的帮手，它包含了对 C#语言各方面知识的讲解，用户可以在其中查看任何 C#语句、类、属性、方法、编程概念及一些编程的例子。选择“开始”|“所有程序”|Visual Studio 2010|“Visual Studio 2010 文档”命令，弹出如图 1-14 所示的对话框，单击“是”按钮，即可进入 Help Library 联机帮助主界面，如图 1-15 所示；或者在菜单栏中选择“帮助”|“查看帮助”命令，也可以进入如图 1-15 所示的 Help Library 联机帮助主界面。

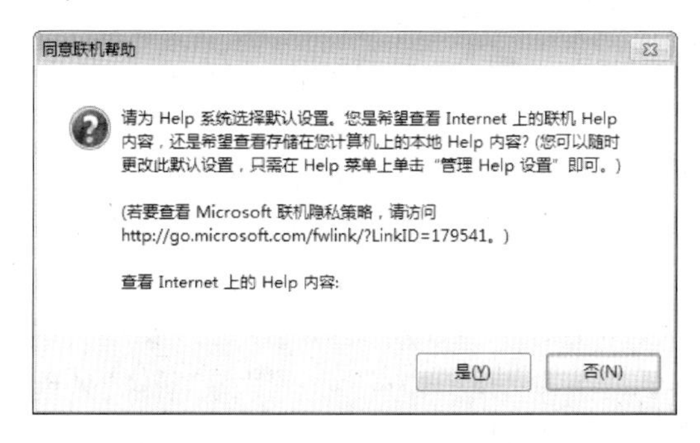

图 1-14　“同意联机帮助”对话框

Help Library 管理器实际上就是.NET 语言的超大型词典，用户可以在该词典中查找.NET 语言的结构、声明及使用方法。Help Library 管理器还是一个智能的查询软件，它为使用者提供了一种强大的搜索功能。在如图 1-15 所示的 Help Library 联机帮助主界面中单击工具栏中的“搜索”按钮，并在文本框中输入搜索的内容提要，按 Enter 键后，搜索

的结果将以概要的方式呈现在主界面中，开发人员可以根据需要选择不同的文档进行阅读，其使用示意图如图 1-16 所示。

图 1-15　Help Library 联机帮助主界面

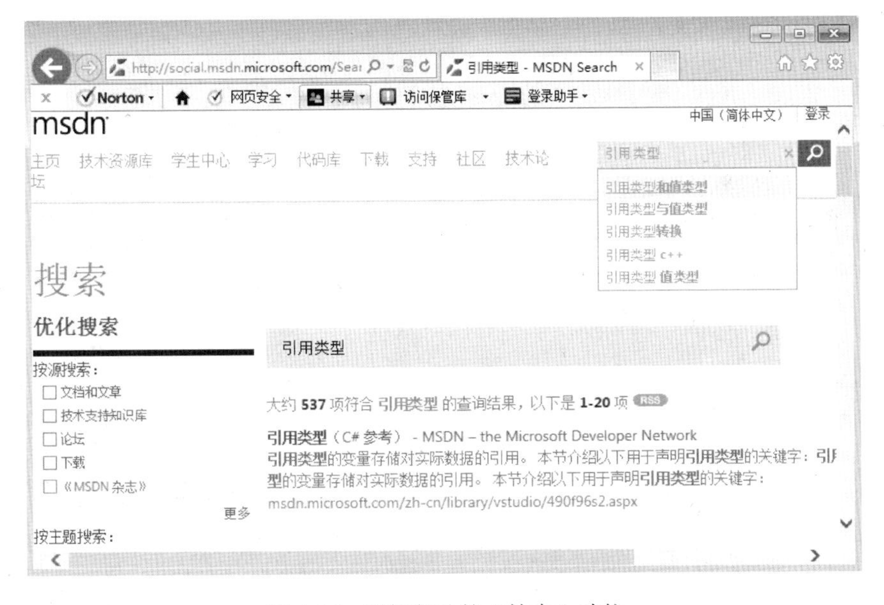

图 1-16　联机帮助的“搜索”功能

如果要使用 Help Library 管理器的本地帮助功能，需要安装 Help Library 文档。Visual Studio 2010 安装光盘中其实已配上 Help Library 文档，只需在 Visual Studio 2010 中选择“帮助”|“管理帮助设置”命令，在弹出的如图 1-17 所示的 Help Library 管理器窗口中选择“从磁盘安装内容”选项，找到安装光盘 Product Documentation 文件夹中的 HelpContentSetup.msha 文件，安装即可。Help Library 文档安装完成以后，可以在 Visual Studio 2010 中选择

“帮助”|“管理帮助设置”命令，接着在弹出的如图 1-17 所示的 Help Library 管理器窗口中选择“选择联机帮助或本地帮助”选项，弹出如图 1-18 所示的 Help Library 管理器设置窗口，选择“我要使用本地帮助”选项并单击“确定”按钮，并在返回的 Help Library 管理器窗口中单击“退出”按钮，然后重新回到 Visual Studio 2010 中选择“帮助”|“查看帮助”命令，即可打开 Help Library 管理器的本地帮助界面。

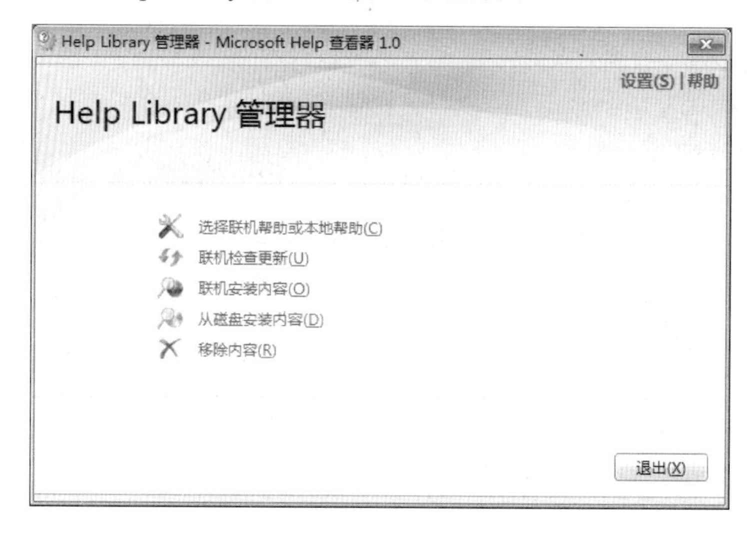

图 1-17 Help Library 管理器窗口

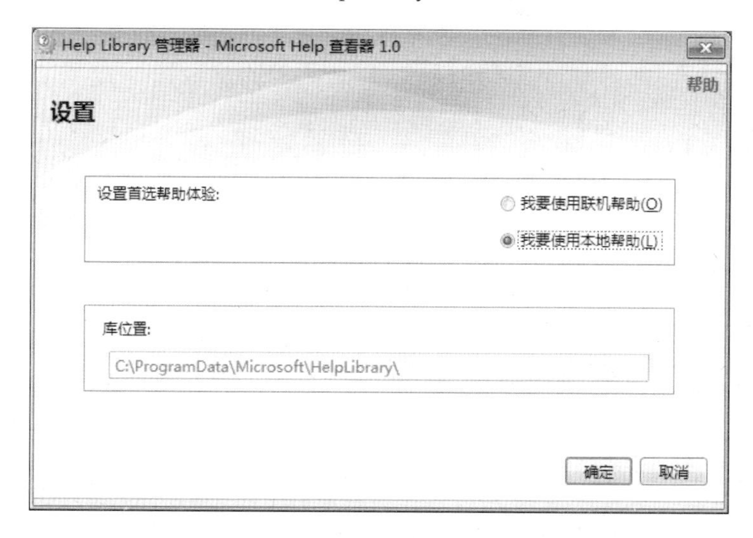

图 1-18 Help Library 管理器设置窗口

1.3 创建简单的 C#应用程序

Visual Studio 2010 可以创建两种类型的 C#应用程序：控制台应用程序与 Windows 窗体应用程序。创建 C#控制台应用程序的一般步骤：（1）新建项目。（2）编写代码。（3）运行调试程序。(4) 保存程序。创建 Windows 窗体应用程序的一般步骤：(1) 新建项目。(2) 添加控件和设置控件属性。(3) 编写代码。(4) 运行调试程序。(5) 保存程序。本节介绍使用 Visual Studio 2010 创建控制台应用程序与 Windows 窗体应用程序的方法和步骤。

1.3.1　创建简单的 C#控制台应用程序

学习了前面的内容以后，就可以开始编写属于自己的第一个 C#控制台应用程序了。本节介绍一个最简单的 C#控制台应用程序的开发过程，并给出一些开发过程中应该注意的事项。

【例 1-1】 编写 C#控制台应用程序输出字符串：Hello, Visual Studio 2010 !

(1) 启动 Visual Studio 2010 开发环境，在如图 1-7 所示的窗口中选择“文件”|“新建项目”菜单命令，或者直接选择“新建项目”选项，Visual Studio 2010 将弹出如图 1-19 所示的“新建项目”对话框。

图 1-19 “新建项目”对话框

(2) 在“新建项目”对话框左边的“已安装模板”中选择“Visual C#”选项，并从对话框中间显示出的 Visual C#应用程序类型中选择“控制台应用程序”，并指定项目名称和存放位置，单击“确定”按钮，进入如图 1-20 所示的 Visual Studio 2010 主窗口。

默认项目名称由“控制台”与“应用程序”两个英文单词加序号（ConsoleApplication1）组成。该名称既是项目名称，又是解决方案文件夹名称。必要时用户可以为应用程序重新命名或指定项目存放的位置及所属的解决方案。

(3) 在如图 1-20 所示主窗口中的代码编辑窗口中的 Main 函数中输入如下代码。

```
Console.WriteLine("Hello, Visual Studio 2010! ");
Console.ReadLine();
```

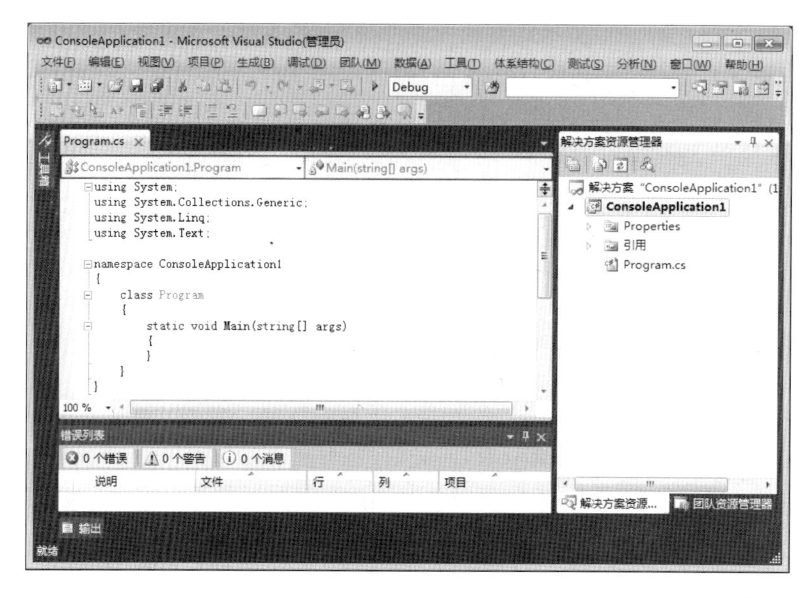

图 1-20 控制台程序主窗口

Visual Studio 2010 已经为程序自动生成了必须的代码，在默认状态下，绿色字符串为注释，蓝色字符串为关键字。上述添加代码中，“Console”是一个类，表示控制台程序标准的输入输出流和错误流，“WriteLine”与“ReadLine”是“Console”类中的两个方法，分别用于向屏幕输出一行字符和从键盘输入一行字符。

（4）单击工具栏上的“启动调试”按钮，如图 1-21 所示，将编译和运行程序，并在控制台窗口显示如图 1-22 所示的运行结果。通常只要执行启动命令编译运行程序，程序即予以保存。

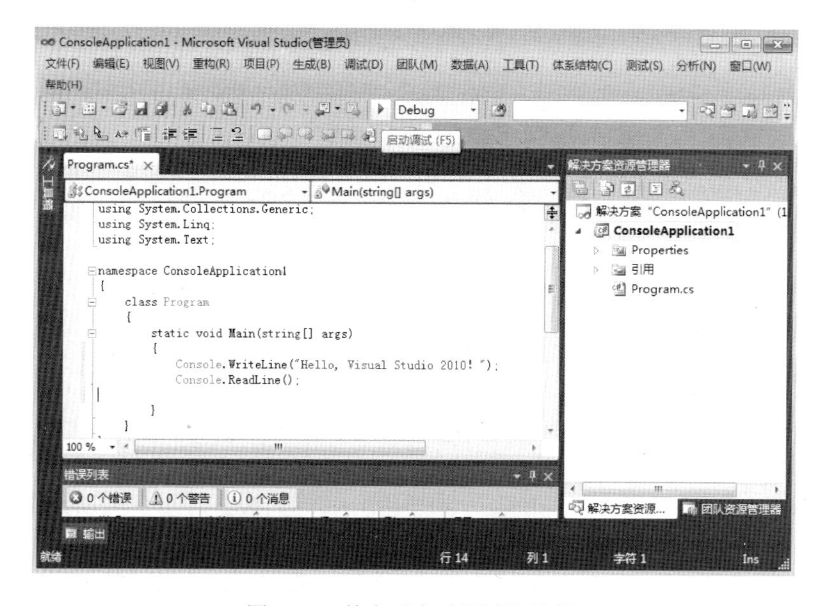

图 1-21 单击“启动调试”按钮

至此，一个简单的 C#控制台应用程序就开发成功了。

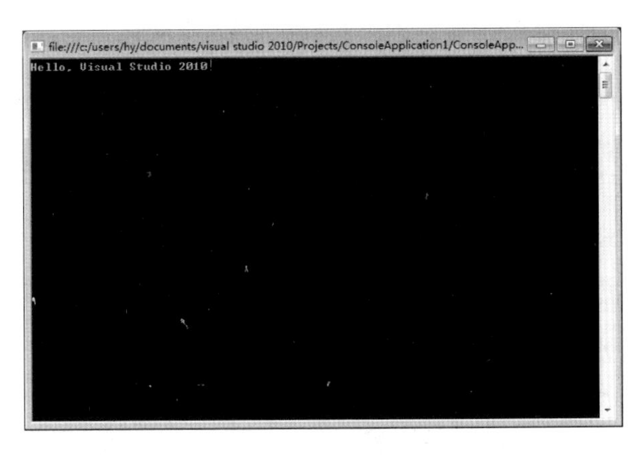

图 1-22　控制台程序运行结果

1.3.2　C#控制台应用程序的基本结构

在创建项目时，Visual Studio 2010 会自动创建一个与项目同名的文件夹。如上例中，ConsoleApplication1 解决方案目录下包含解决方案文件 ConsoleApplication1.sln 和 ConsoleApplication1 项目文件夹，如图 1-23 所示。打开 ConsoleApplication1 项目文件夹，显示如图 1-24 所示的文件夹结构，其中包括项目文件 ConsoleApplication1.csproj、应用程序文件 Program.cs 及 bin（存放可执行文件）、obj（存放项目的目标代码）和 Properties（存放项目属性）文件夹。bin 和 obj 文件夹下都有一个 Debug 子目录，其中包含可执行文件 ConsoleApplication1.exe，Properties 文件夹包含程序集属性设置文件 AssemblyInfo.cs。单击解决方案资源管理器工具栏中的“显示所有文件”按钮，也可查看 ConsoleApplication1 项目的结构。

图 1-23　ConsoleApplication1 解决方案

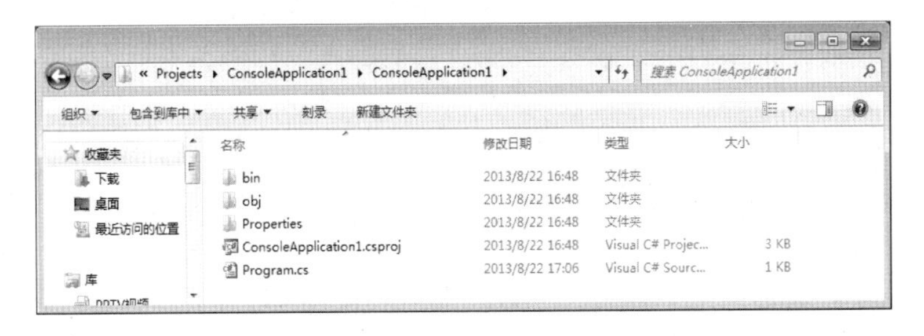

图 1-24　ConsoleApplication1 项目

创建控制台应用程序时，Microsoft Visual Studio 2010 集成开发环境会自动创建一个默认类文件，名称为“Program.cs”。分析 Program.cs，可以看出 C#控制台应用程序文件主要由以下五部分组成：导入其他系统预定义元素部分、命名空间、类、主方法及主方法中的 C#代码，如图 1-25 所示。

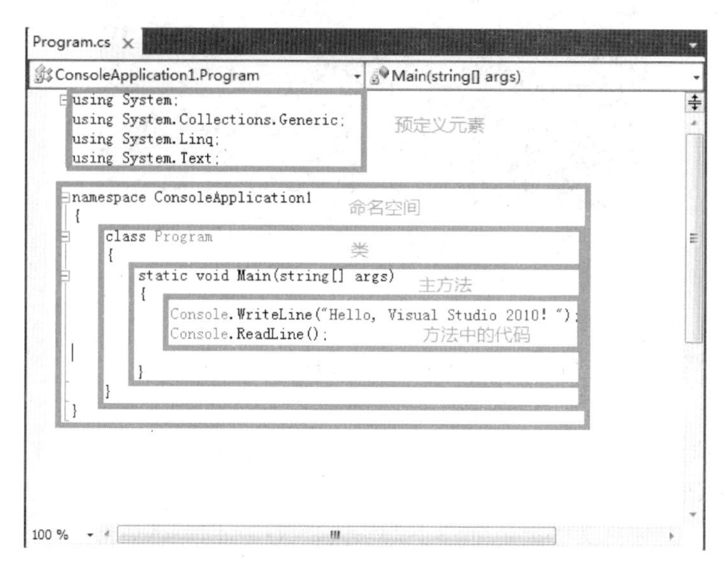

图 1-25　C#控制台应用程序结构

（1）导入其他系统预定义元素部分：高级程序设计语言总是依赖许多系统预定义元素，为了在 C#程序中能够使用这些预定义元素，需要对这些元素进行导入。

（2）命名空间：C#使用关键字 namespace 和命名空间标识符构建用户命名空间，空间的范围用一对花括号限定。C#引入命名空间的概念是为了便于类型的组织和管理，一组类型可以属于一个命名空间，而一个命名空间也可以嵌套在另一个命名空间中，从而形成一个逻辑层次结构。命名空间的组织方式和目录式的文件系统组织方式类似。

命名空间使用 using 关键字导入，上例中“Program.cs”文件的第一行通过关键字“using”引用了一个.NET 类库中的命名空间“System”，之后程序就可以自由使用该命名空间下定义的各种类型了；第六行则通过关键字“namespace”定义了一个新的与项目同名的命名空间“ConsoleApplication1”，在其后的一对大括号“{ }”中定义的所有类型都属于该命名空间。

命名空间的使用还有利于避免命名冲突。不同开发人员可能会使用同一个名称来定义不同的类型，在程序相互调用时可能会产生混淆，而将这些类型放在不同的命名空间中就可以解决此问题。

（3）类：C#要求程序中的每一个元素都要属于一个类，类的声明格式为 Class+类名（默认类名为 Program），程序的功能主要就是依靠类来完成的。类必须包含在某个命名空间中，类的范围使用一对花括号限定。

在 C#应用中，类是最为基本的一种数据类型，类的属性称为“字段”（field），类的操作称为“方法”（method）。上例中就定义了一个名为“program”的类，并为其定义了一个方法“Main”，在其中执行文本输出的功能。

（4）主方法：每个应用程序都有一个执行的入口，指明程序执行的开始点。C#应用程序中的入口点用主方法标识，主方法的名字为 Main。一个 C#应用程序必须有而且只能有一个主方法，如果一个应用程序仅由一个方法构成，这个方法的名字就只能为 Main。

我们知道，程序的功能是通过执行方法代码来实现的，每个方法都是从其第一行代码开始执行，直到执行完最后一行代码结束，期间可以通过代码来调用其他的方法，从而完成各种各样的操作。也就是说，应用程序的执行必须要有一个起点和一个终点。C#程序的起点和终点都是由 Main 主方法定义的，程序总是从 Main 主方法的第一行代码开始执行，在 Main 主方法结束时停止程序的运行。

（5）方法中的 C#代码：在方法体（方法的左右花括号之间）书写实现方法逻辑功能的代码。

上例中，主方法中的代码“Console.WriteLine("Hello, Visual Studio 2010！");”调用了 System 命名空间下 Console 类提供的方法 WriteLine，目的是向控制台输出文本“Hello, Visual Studio 2010！”。

控制台应用程序在运行时会产生一个类似 DOS 窗口的控制台窗口，System 命名空间下的 Console 类提供向控制台窗口输入和输出信息的方法。如果要直接调用 Console 类中的方法，需要在代码文件的开头加上“using System;”语句引入 System 命名空间，如图 1-25 所示；如果代码文件中没有使用“using System;”语句引入 System 命名空间，则需指出 Console 类的全称“System.Console”，上例中的代码“Console.WriteLine("Hello, Visual Studio 2010！");”需改写为的代码“System.Console.WriteLine("Hello, Visual Studio 2010！");”。

1.3.3　创建简单的 Windows 窗体应用程序

Windows 窗体应用程序是在 Windows 操作系统中以图形界面运行的程序，可以理解为在 Windows 操作系统中打开的窗口。本节介绍一个简单的 Windows 窗体应用程序的开发过程，并给出一些开发过程中应该注意的事项。

【例 1-2】 编写 Windows 窗体应用程序输出字符串：Hello, Visual Studio 2010！

（1）启动 Visual Studio 2010 开发环境，在如上图 1-7 所示的窗口中选择“文件”|“新建项目”菜单命令，或者直接选择“新建项目”选项，Visual Studio 2010 将弹出如图 1-8 所示的“新建项目”对话框。

（2）在“新建项目”对话框左边的“已安装模板”中选择“Visual C#”选项，并从对话框中间显示出的 Visual C#应用程序类型中选择“Windows 窗体应用程序”，然后单击“确定”按钮，进入如图 1-9 所示的 Visual Studio 2010 主窗口。

注意：Windows 窗体应用程序项目创建后，Visual Studio 2010 将自动打开窗体设计界面，并自动生成一个 Windows 窗体，供用户进行程序界面的设计。这个窗体是一个标准的 Windows 应用程序窗口，包含最基本的窗口组成元素，如标题栏、控制菜单、最大化按钮和关闭按钮，窗体文件名默认为窗体名称，扩展名为“cs”，解决方案中的第一个窗体的文件名默认为“Form1.cs”。

（3）在窗体设计界面中添加一个 Label 控件和一个 Button 控件，如图 1-26 所示。

注意：可以通过属性窗口修改窗体、按钮控件和标签控件的显示属性。

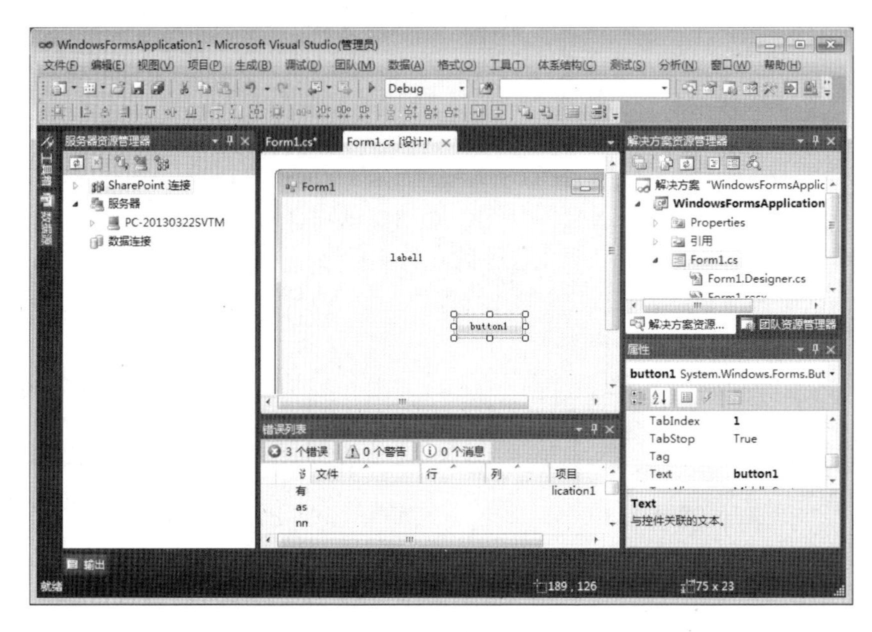

图 1-26 为窗体添加控件

（4）在窗体设计界面中双击按钮控件，打开代码编辑窗口，Visual Studio 2010 自动添加按钮控件的默认 Click（单击）事件处理方法，并把光标定位在一对大括号之间，如图 1-27 所示，直接在其中输入代码：

```
label1.Text ="Hello, Visual Studio 2010! ";
```

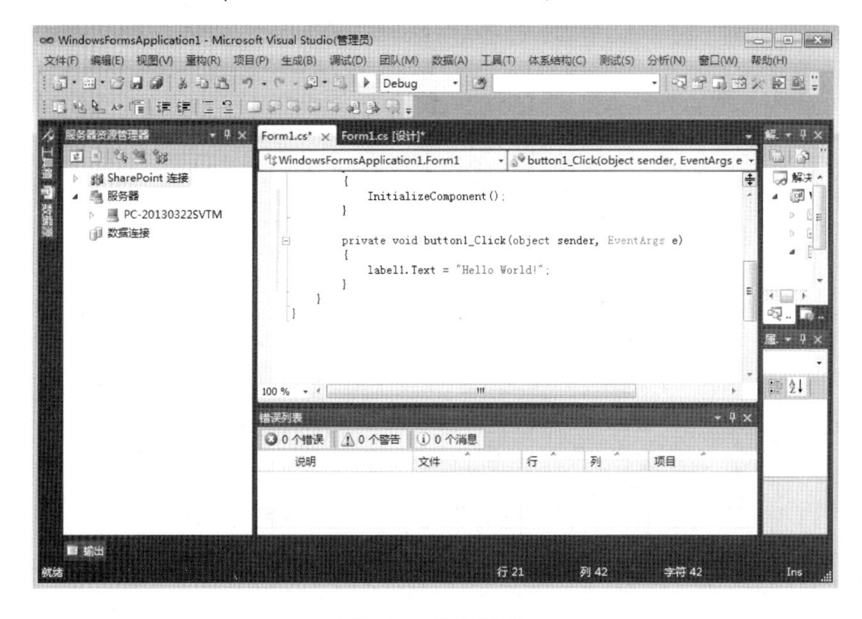

图 1-27 代码编辑

和控制台应用程序一样，当创建 Windows 应用程序及为窗体添加控件并进行设置时，Visual Studio 2010 为了快速开发程序和保证程序能够正常运行，会自动生成运行程序所必需的代码。

（5）在如图 1-27 所示的窗口工具栏上单击“启动调试”按钮，将编译和运行程序，在运行窗口中单击按钮控件，标签控件将显示字符串"Hello, Visual Studio 2010！"，效果如图 1-28 所示，此时程序也已经被自动保存。

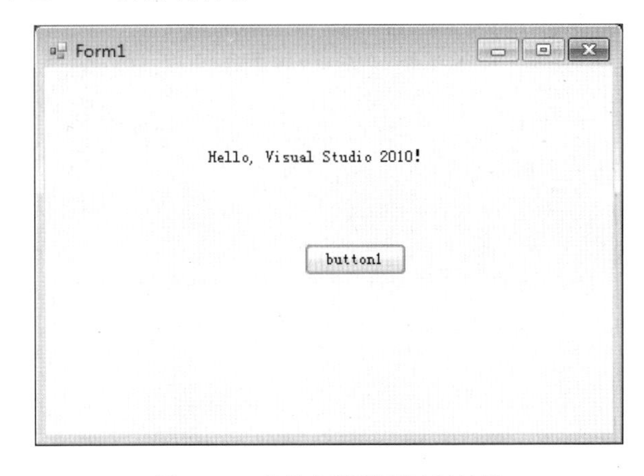

图 1-28　窗体应用程序运行结果

在整个程序设计过程中，只编写了一行代码，但程序已经可以完成特定的功能了。

1.3.4　Windows 窗体应用程序的基本结构

与控制台应用程序类似，上述例子中，WindowsFormsApplication1 解决方案目录下包含解决方案文件 WindowsFormsApplication1.sln 和一个与项目同名的文件夹 WindowsFormsApplication1，如图 1-29 所示。打开 WindowsFormsApplication1 文件夹，显示如图 1-30 所示的项目文件结构。与控制台应用程序不同，WindowsFormsApplication1 文件夹中除了包括项目文件 WindowsFormsApplication1.csproj、应用程序文件 Program.cs 及 bin、obj 和 Properties 文件夹外，还包括窗体响应代码文件 Form1.cs、窗体设计代码文件 Form1.Designer.cs 和窗体资源编辑器生成的资源文件 Form1.resx。另外，与控制台应用程序不同，Windows 窗体应用程序的 Properties 文件夹除包含程序集属性设置文件 AssemblyInfo.cs 外，还包含 XML 项目设置文件 Settings.settings、资源文件 Resources.resx 和资源设计代码文件 Resources.Designer.cs。

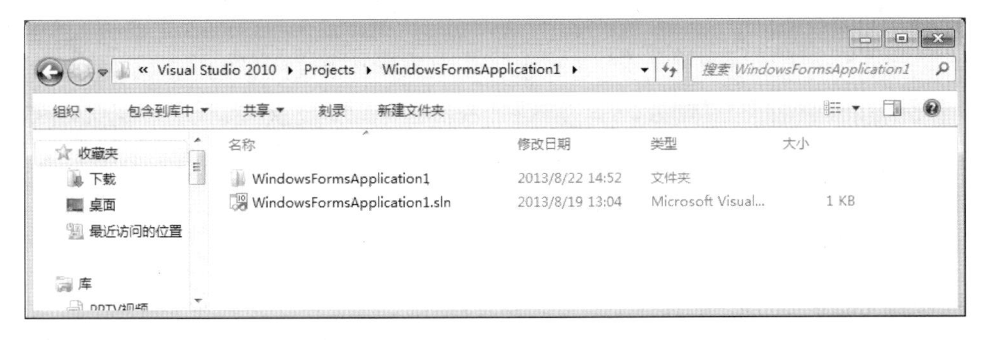

图 1-29　WindowsFormsApplication1 解决方案

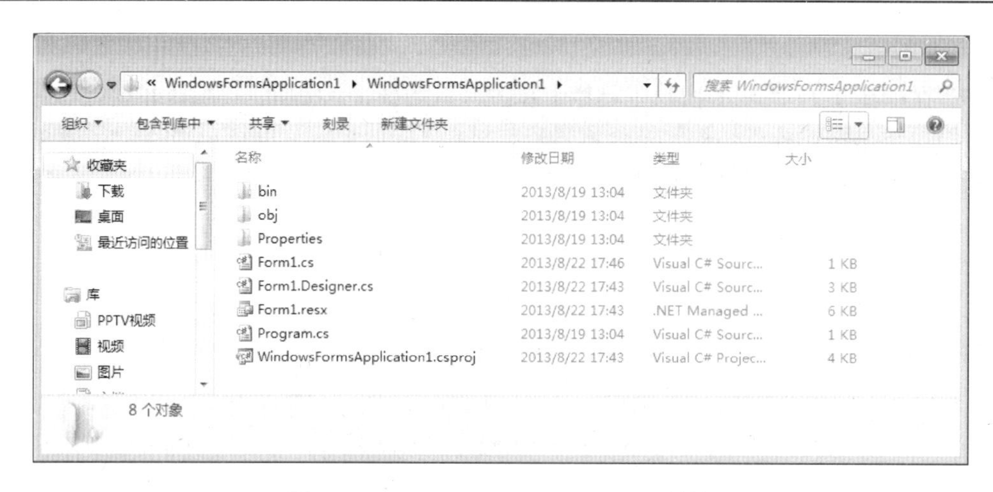

图 1-30　WindowsFormsApplication1 项目

创建 Windows 窗体应用程序时，Microsoft Visual Studio 2010 集成开发环境除自动创建一个默认类文件“Program.cs”外，还从基类 System.Windows.Forms.Form 派生出一个窗体类 Form1。Program 类包含 Main 入口主方法，如图 1-31 所示。与控制台应用程序不同，Main 方法中的语句“Application.Run(new Form1());”用来创建窗体 Form1 对象，并以其为程序界面（主框架窗口）来运行本窗体应用程序，是最重要的一条语句。

```
Program.cs ×  Form1.cs  Form1.cs [设计]
WindowsFormsApplication1.Program      Main()

using System;
using System.Collections.Generic;
using System.Linq;
using System.Windows.Forms;

namespace WindowsFormsApplication1
{
    static class Program
    {
        /// <summary>
        /// 应用程序的主入口点。
        /// </summary>
        [STAThread]
        static void Main()
        {
            Application.EnableVisualStyles();
            Application.SetCompatibleTextRenderingDefault(false);
            Application.Run(new Form1());
        }
    }
}
100 %
```

图 1-31　窗体应用程序运行结果

窗体类 Form1 被定义在两个同名的部分类中，这两个部分类分别位于 Form1.cs 和 Form1.Designer.cs 两个代码文件中。其中，窗体响应代码文件 Form1.cs 包含了窗体部分类 Form1 的一部分定义，用于程序员编写事件处理代码，也是我们今后工作的主要对象。窗体设计代码文件 Form1.Designer.cs 包含了窗体部分类 Form1 的另一部分定义，用于存放系统自动生成的窗体设计代码。在解决方案资源管理器窗口中选择“Form1.cs”项后，单击鼠标右键，在弹出的浮动菜单中选“查看代码”菜单项，将可代码方式打开该文件，选择“视图设计器”菜单项，将可视图方式打开该文件。

窗体响应代码文件 Form1.cs 的结构如图 1-32 所示。分析文件 Form1.cs 和 Program.cs，可以看出 Form1.cs 与 Program.cs 都包含系统预定义元素、命名空间和类三部分。与 Program.cs 不同的是，Form1.cs 不包含主方法，而是包含窗体初始化方法和窗体控件的事件响应处理方法，如图 1-32 所示。

Form1.cs × Form1.cs [设计]

WindowsFormsApplication1.Form1　　button1_Click(object sender, EventArgs e)

```
using System.Data;
using System.Drawing;
using System.Linq;
using System.Text;
using System.Windows.Forms;

namespace WindowsFormsApplication1
{
    public partial class Form1 : Form          窗体类
    {
        public Form1()
        {                                      窗体初始化方法
            InitializeComponent();
        }

        private void button1_Click(object sender, EventArgs e)
        {
            label1.Text = "Hello, Visual Studio 2010! ";
        }                                      控件button1的单击事件处理方法
    }
}
```

100 %

图 1-32　窗体应用程序运行结果

在.NET 窗体应用程序开发中涉及大量对象的事件响应及处理，比如，在 Windows 窗口上单击按钮或移动鼠标等都将有事件发生。在 C#编程中，事件响应方法都是以如下的形式声明：

```
private void button1_Click(object sender, System.EventArgs e)
```

一个事件响应方法包括存取权限、返回值类型、方法名称及参数列表几部分。一般情况下，事件的响应方法中都有两个参数，其中一个代表引发事件的对象即 sender，由于引发事件的对象不可预知的，因此，我们把其声明成为 object 类型，所有的对象都适用。第二个参数代表引发事件的具体信息，根据类中事件成员的说明决定。

1.4　本 章 小 结

本章首先回顾了.NET 平台的发展历程，接着介绍了.NET Framework 的组成、.NET 程序的编译和运行及 C#与.NET Framework 的关系，在此基础上，重点介绍了 C#语言的集成开发环境 Visual Studio 2010，最后通过两个简单的例子向读者介绍了两种类型的 C#应用程序的编写过程及注意事项，并简单分析了两种类型的 C#应用程序的基本结构。

习　　题

一、选择题

（1）C#源程序文件的扩展名为________。

A．.vb　B．.c　C．.cpp　D．.cs

（2）C#程序是从________函数的第一条语句开始执行，到________函数的最后一条语句结束。

A．Main 函数　B．main 函数

C．Run 函数　D．Form_Load 函数

（3）解决方案文件的扩展名是________。

A．.cs　B．.csproj　C．.sln　D．.resx

（4）________文件夹不是一个项目中必不可少的。

A．bin　B．obj　C．properties　D．resources

（5）C#语言经编译后得到的是________。

A．扩编指令 B．机器指令　C．本机指令　D．Microsoft 中间语言指令

二、简答题

（1）简述.NET 应用程序的编译和执行过程。

（2）简述 C#集成开发环境中主要有哪些窗口。

（3）简述命名空间的作用。

（4）编写一个简单的 C#程序，并在 C#集成开发环境下编译运行。

第 2 章　C#程序设计基础

C#的语法设计有很多地方与 C/C++相似。本章介绍 C#程序设计基础知识，内容包括数据类型及其转换、常量和变量、运算符和表达式、方法及重载、语句结构、控制台的输入和输出等。通过本章的学习，读者将学会使用 C#编程所需要的基本工具，如运算符和表达式的使用、流程控制语句的使用等，并能够编写简单的 C#程序。

2.1　C#数据类型

为了让计算机了解需要处理的是什么样的数据，采用哪种方式进行处理，按什么格式来保存数据等，每一种高级语言都提供了一组数据类型。根据在内存中存储位置的不同，C#中的数据类型可分为以下两类。

值类型：该类型的数据长度固定，存放于堆栈（stack）上。值类型变量直接保存变量的值，一旦离开其定义的作用域，立即就会从内存中被删除。每个值类型的变量都有自己的数据，因此，对一个该类型变量的操作不会影响到其他变量。

引用类型：该类型的数据长度可变，存放于堆（Heap）上。引用类型变量保存的是数据的引用地址，并一直被保留在内存中，直到.NET 垃圾回收器将其销毁。不同引用类型的变量可能引用同一个对象，因此，对一个引用类型变量的操作会影响到引用同一对象的另一个引用类型变量。

作为完全面向对象的语言，C#中的数据类型是统一的，任何类型都是直接或间接地从 object 类型派生来的，任何类型的值都可以被当作对象。另外，C#是个强类型的安全语言，编译器要对所有变量的数据类型作严格检查，保证存储在变量中的每个数值与变量类型一致。

2.1.1　值类型

C#的值类型是从 System.ValueType 类继承而来的类型，包括简单类型、枚举类型、结构类型和可空类型，如表 2-1 所示。

表 2-1　C#的值类型

类别		说明
简单类型	有符号整型	包括 sbyte、short、int 和 long
	无符号整型	包括 Byte、ushort、uint 和 ulong
	Unicode 字符型	char
	实数型	包括 Float、double 和 decimal
	布尔型	bool

续表

类别	说明
枚举类型	enum E {...}形式的用户定义类型
结构类型	struct S {...}形式的用户定义类型
可空类型	具有 null 值的值类型扩展，如 int? 表示可为 null 的 int 类型

1. 简单类型

简单类型是 C#预置的数据类型，具有如下特性：首先，它们都是.NET 系统类型的别名；其次，由简单类型组成的常量表达式仅在编译时而不是运行时受检测；最后，简单类型可以直接被初始化。C#简单类型又包括 13 种不同的数据类型，它们的存储空间大小、取值范围、表示精度和用途都有所区别，如表 2-2 所示。

表 2-2 C#简单类型

类型	长度	范围	预定义结构类型
sbyte	8 位	-128 ～127	System.SByte
byte	8 位	0～255	System.Byte
char	16 位	U+0000～U+ffff（Unicode 字符集中的字符）	System. Char
short	16 位	-32,768～32,767	System.Int16
ushort	16 位	0～65,535	System.UInt16
int	32 位	-2,147,483,648～2,147,483,647	System.Int32
uint	32 位	0～4,294,967,295	System.UInt32
long	64 位	-9,223,372,036,854,775,808～9,223,372,036,854,775,807	System.Int64
ulong	64 位	0～18,446,744,073,709,551,615	System.UInt64
float	32 位	1.5×10e-45～3.4×10e38	System.Single
double	64 位	5.0×10e-324～1.7×10e308	System.Double
decimal	128 位	NA	System.Decimal
bool	NA	Ture 与 False	System.Boolean

（1）整数类型。

数学上的整数可以从负无穷到正无穷，但是计算机的存储单元是有限的，所以计算机语言提供的整数类型的值总是一定范围之内的。C＃有八种数据类型：短字节型（sbyte）、字节型（byte）、短整型（short）、无符号短整型（ushort）、整型（int）、无符号整型（unit）、长整型（long）、无符号长整型（ulong）。各种类型的数值范围及所占内存空间可以参照表 2-2。

在 C#程序中，如果书写的一个十进制的数值常数不带有小数，就默认该常数的类型是整型。向整型类型变量赋值时，必须注意变量的有效表示范围。如果企图使用无符号整数类型变量保存负数，或者数值的大小超过了变量的有效表示范围，就会发生错误。

例如，通过 Visual Studio 2010 创建控制台应用程序，并编辑程序代码如下：

```
class Program
 {
      static void Main(string[] args)
      {
```

```
            short a, b, c;
            a = 3280;
            b = 10;
            c = a * b;
            Console.WriteLine(c);
            Console.Read();
        }
    }
```

程序调试运行时出现错误，如图 2-1 所示，原因是表达式 a * b 的值超出 short 数据类型的有效表达范围，代码编辑窗口中以波浪下划线标出错误发生位置。

错误列表

1 个错误 | 0 个警告 | 0 个消息

	说明	文件	行	列	项目
1	无法将类型"int"隐式转换为"short"。存在一个显式转换(是否缺少强制转换?)	Program.cs	15	17	ConsoleApplication2

图 2-1　错误列表窗口中显示的错误信息

（2）字符类型。

除了数字外，计算机处理的信息还包括字符。字符主要包括数字字符、英文字符、表达符号等。C#提供的字符类型按照国际上公认的标准，采用 Unicode 字符集。字符型数据占用两个字节的内存，可以用来存储 Unicode 字符集当中的一个字符（注意，只是一个字符，不是一个字符串）。

字符型变量可以用单引号引起来的字符常量直接赋值，例如：

```
char char1='c';
```

此外，还可以用十六进制的转义符前缀“\x”或 Unicode 表示法前缀“\u”给字符型变量赋值，例如：

```
char char2='\x0046';     //字母“A”的十六进制表示
char char3='\u0046';     //字母“A”的 Unicode 表示
```

有些特殊字符无法直接用引号引起来给字符变量赋值，需要使用转义字符表示，常用的转义字符如表 2-3 所示。

（3）实数类型。

C#有三种实数类型：float（单精度型）、double（双精度型）、decimal（十进制小数型）。其中 double 的取值范围最广，decimal 的取值范围比 double 类型的范围小很多，但它的精度最高。用 decimal 类型进行数值计算时，可以避免单精度或双精度数值计算的舍入误差，但同时也比单精度或双精度数值计算耗费更多的时间和内存空间。

（4）布尔类型。

布尔类型用来表示“真”和“假”两个概念，在 C#里用“true”和“false”来表示。注意，在 C 和 C++中，用 0 来表示“假”，用其他任何非 0 值来表示“真”。但是在 C#中，整数类型与布尔类型之间不再有任何转换，将整数类型转换成布尔型是不合法的。因此，不能将 true 值与整型非 0 值进行转换，也不能将 false 值与整型 0 值进行转换。例如，语句“bool Isloop=1;”在 C#中被认为是错误的表达式，不能通过编译。

表 2-3 C#常用转义字符

转义序列	字符	Unicode 编码（十六进制）
\'	单引号	\u0027
\"	双引号	\u0022
\\	反斜扛	\u005C
\0	空字符 null	\u0000
\a	响铃	\u0007
\b	退格（backspace）	\u0008
\f	换页（从当前位置移到下一页开头）	\u000C
\n	换行（从当前位置移到下一列开头）	\u000A
\r	回车（从当前位置移到下一行开头）	\u000D
\t	水平制表（跳到下一个 tab 位置）	\u0009
\v	垂直制表	\u000B
\x	1 到 4 位十六进制数表示的字符	
\u	4 位十六进制数表示的字符	

2．枚举类型

枚举（enum）实际上是为一组在逻辑上密不可分的整数值提供便于记忆的符号。例如，定义一个代表颜色的枚举类型的变量：

```
enum Color
{
        Red,Green,Blue
};
```

在定义的枚举类型中，每个枚举成员都有一个相对应的常量值，默认情况下 C#规定第一个枚举成员的值为 0，后面每一个枚举成员的值加 1 递增。当然，程序设计人员可以根据需要对枚举成员自行赋值。例如，默认枚举类型 Color 中成员 Red 的值为 0，Green 的值为 1，Blue 的值为 2。也可以直接对枚举成员赋值，但是为枚举类型的成员所赋的值类型限于 long、int、short 和 byte 等整数类型。如：

```
enum Color
{
        Red=10,Green=20,Blue=30
};
```

声明枚举类型变量与声明简单数据类型变量类似，采用枚举类型名称+枚举类型变量名称的方式声明，如“Color c1;”定义了一个枚举类型的变量 c1。在 C#语言中，枚举不能作为一个整体被引用，只能使用“枚举类型名.枚举成员名”的方式访问枚举中的个别成员。枚举成员本质上是一个枚举类型常量，因而不允许向其赋值，只能被读取，而且只有通过强制类型转换才能将其转换为基本类型的数据。下面的示例可以形象地展示枚举类型的用法：

```
static void Main(string[] args)
{
        Color c1;
        c1=Color.Red;
        Console.WriteLine("The selected color is "+c1);
        Console.Read();
}
```

示例程序运行的结果是：

```
The selected color is Red
```

3. 结构类型

利用简单数据类型，可以进行一些常用的数据运算、文字处理。但是日常生活中，经常要碰到一些更复杂的数据类型，比如，学生学籍记录中可以包含学生姓名、年龄、籍贯和家庭住址等信息。如果按照简单类型来管理，每一条记录都要放到三个不同的变量当中，工作量大还不够直观。

C#程序里定义了一种数据类型，它将一系列相关的变量组织为一个实体，该类型称之为结构（struct），每个变量称为结构的成员。定义结构类型的方式如下所示：

```
struct Student
{
    string name;//结构里，默认为私有（private）成员
    public int age;
    string address;
}
```

C#结构中，除了包含变量外，还可以有构造函数、常数、方法等。如上面的结构 Student 可以进一步扩展为如下形式：

```
struct Student
{
    string name;                    //结构里，默认为私有（private）变量
    public int age;
    string address;
    public Student(int a)           //与结构同名的构造函数
    {
        age = a;
        address = "";
        name = "";
     }
    public string AccessName()      //访问私有变量的成员方法
    {
        return name;
```

```
    }
}
```

C#语言中有两种方式声明结构类型的变量：可以与声明 int、double 等简单类型变量一样，采用结构名称+结构变量名称的方式声明，如“Student s1”；也可以利用 new 关键字来声明结构变量，如“Student s1= new Student();”。 下面的示例可以形象地展示结构类型的用法：

```
static void Main(string[] args)
{
      Student s1=new Student(19);
      Console.WriteLine("The age of student s1 is "+s1.age);
      Console.Read();
}
```

示例程序运行的结果是：

```
The age of student s1 is 19
```

在形式上，枚举与结构类型非常相似，不同的是枚举中每个元素之间的相隔符为逗号“，”，而结构类型一般是用分号来分隔各个成员。另外，结构是不同的类型数据组成的一个新的数据类型，结构类型的变量值由各成员的值组合而成，而枚举类型用于声明一组具有相同性质的常量，枚举类型的变量在某一时刻只能取枚举中的某一个元素的值。例如，s1 是结构类型“Student”的变量，s1 中各变量的值可以根据其声明类型随意赋值；而 c1 是枚举类型“Color”的变量，c1 在某个时刻只能代表具体的某种颜色，其值只能是 Red，Green 或 Blue 中的一个。

4. 可空类型

可空（Nullable）类型也是值类型，只是它是包含 null 的值类型。简而言之，可空类型可以表示所有基础类型的值加上 null。因此，如果声明一个可空的布尔类型变量（System.Boolean），就可以从集合{true,false,null}中进行赋值。可空类型在和关系数据库打交道时很有用，因为在数据库表中遇到未定义的列是很常见的事情。可空类型是在.NET 2.0 中引入的，有了可空数据类型的概念，在 C#中就可以用很方便的方式来表示没有值的数值数据点。

为了定义一个可空变量类型，在底层数据类型中添加问号（？）作为后缀。在 C#中，？后缀记法实际上是创建一个泛型 System.Nullable<T>结构类型实例的简写。System.Nullable<T>类型提供了一组所有可空类型都可以使用的成员。？后缀只是使用 System.NUllable<T>的一种简化表示。与非可空变量一样，局部可空变量必须赋一个初始值。例如，下面的代码声明了一些局部可空类型变量。

```
//定义一些局部可空类型变量
int? nullableInt = 1;
double? nullableDouble = 5.64;
bool? nullableBool = null;
```

```
char? nullableChar = 'a';
```

也可以用如下方式实现这些变量的声明：

```
//定义一些局部可空类型变量
Nullable<int> nullableInt  = 1;
Nullable<double> nullableDouble = 5.64;
Nullable<bool> nullableBool = null;
Nullable<char> nullableChar = 'a';
```

注意，这种语法只对值类型是合法的。如果试图创建一个可空引用类型（包括字符串），就会遇到编译时错误。例如，下面的代码将会遇到编译时错误，因为字符串是引用类型。

```
String? S = 'oops';
```

2.1.2　引用类型

引用类型和值类型不同，引用类型不存储它们所代表的实际数据，而是存储对实际数据的引用。引用类型的变量通常被称为对象，对象的实例使用 new 关键字创建，存储在堆中（堆是由系统弹性配置的内存空间，没有特定大小与存活时间，可以被弹性地运用于对象的访问）。C#中提供的引用类型包括：类、接口、数组和委托，其中类类型又包括 Object 类型、string 类型和用户自定义类型三种，如表 2-4 所示。

表 2-4　C#引用类型

类别		说明
类类型	Object	其他所有类型的基类
	string	Unicode 字符串
	自定义类型	Class C {…}形式的用户定义类型
接口类型		Interface I {…}形式的用户定义类型
数组类型		一维和多维数组
委托类型		Delegate int D {…}形式的用户定义类型

1．类类型

类是面向对象编程的基本单位，是对一组同类对象的抽象描述。类是一种包含数据成员、函数成员和嵌套类型的数据结构。类的数据成员包括常量、域和事件，函数成员包括方法、属性、索引指示器、运算器、构造函数和析构函数，本书第 3 章会有对类的详细介绍。

类和结构同样都包含了自己的成员，但它们之间最主要的区别在于：类是引用类型，而结构是值类型。另外，类支持继承机制而结构不支持，通过继承，派生类可以扩展基类的数据成员和函数方法，进而达到代码重用和设计重用的目的。因此，类一般用于定义复杂实体，结构主要用于定义小型数据结构。

（1）Object 类型。

在 C#的统一类型系统中，所有类型（预定义类型、用户定义类型、引用类型和值类型）

都是直接或间接从类 System.Object 继承的。对 Object 类型的变量声明，采用 object 关键字，这个关键字是在.NET 框架结构中提供的预定义命名空间 System 中定义的，是类 System.Object 的别名。由于 object 类型是所有其他类型的基类，可以将任何类型的值赋给 object 类型的变量。例如：

```
int x = 1;
object obj1;
obj1 = x;                //赋予对象类型变量为整型的数值
object obj2 = "B";       //赋予对象类型变量为字符值
```

（2）string 类型。

C#还定义了一个基本的类 string，专门用于对字符串的操作。类 string 也是在.NET 框架结构的命名空间 System 中定义的，是类 System.String 的别名。.NET 对 string 类型变量提供了独特的管理方式，与别的引用类型不同，不需要使用 new 关键字就能声明 string 类型的变量，因此，string 类型被看成是一个“独特”的引用类型。

C#支持两种形式的字符串：正则字符串和原义字符串。正则字符串由在双引号中的零个或多个字符组成。 如果正则字符串中包含特殊字符，需要使用转义字符表示，如“D:\\student”表示 D 盘下的 student 目录，其中“\\”是转义字符。原义字符串由@字符开头，后面是在双引号中的零个或多个字符，原义字符串中的特殊字符不需要使用转义字符表示，如“@D:\student”同样表示 D 盘下的 student 目录。

String 类型在程序中应用得非常广泛，我们将在本书第 3 章中详细介绍。

（3）用户自定义类型。

C#程序员除了使用.NET Framework 类库中系统自定义类以外，还可以使用 class 关键字自定义类类型。如上文中定义的结构类型 Student 也可以用类类型定义（把 struct 关键字替换为 class 关键字)，代码如下：

```
class Student
{
    string name;                    //结构里，默认为私有（private）变量
    public int age;
    string address;
    public Student(int a)           //与结构同名的构造函数
    {
        age = a;
        address = "";
        name = "";
     }
    public string AccessName()      //访问私有变量的成员方法
    {
       return name;
    }
}
```

用户自定义类型将在本书第 3 章中详细介绍。

2. 接口类型

C#不支持类的多重继承（指一个子类可以有一个以上的直接父类，该子类可以继承它所有直接父类的成员），但是客观世界出现多重继承的情况又比较多。为了避免传统的多重继承给程序带来的复杂性等问题，C#提出了接口的概念。通过接口可以实现多重继承的功能。

C#中的接口在语法上和抽象类（abstract class，本书第 3 章中有介绍）相似，它定义了若干个抽象方法、属性、索引和事件，形成一个抽象成员的集合，每个成员通常反映事物某方面的功能。程序中接口的用处主要体现在以下几个方面。

（1）通过接口可以实现不相关类的相同行为，而不需要考虑这些类之间的层次关系。

（2）通过接口可以指明多个类需要实现的方法。

（3）通过接口可以了解对象的交互界面，而不需了解对象所对应的类。

例如，Airplane、Bird、Superman 类都具有“飞”这个相同的行为，这时就可以将有关飞的方法 takeoff()、fly()、land()等集合到一个名为 Flyable 的接口中，而 Airplane、Bird、Superman 类都实现这个接口，也就是说实现了“飞”的功能。Airplane、Bird、Superman 类之间并没有继承关系，也不一定处于同样的层次上。

定义接口使用 interface 关键字，在接口中可以有 0 至多个成员。一个接口的成员必须是抽象的方法、属性、事件或索引，这些抽象成员都没有实现体，并且所有接口成员隐含的都是公共访问性。一个接口不能包含常数、域、操作符、构造函数、静态构造函数或嵌套类型，也不能包括任何类型的静态成员。接口本身可以带修饰符，如 public、internal，但是接口成员声明中不能使用除 new 外的任何修饰符。按照编码惯例，接口的名字都以大写字母 I 开始。例如，下面的代码定义了一个接口：

```
public interface IStudentList
{
     void Add(Student s);
     int Count = 0;
}
```

该接口中包含了一个方法和一个属性。事实上，接口定义的仅仅是某一组特定功能的对外接口和规范，接口中的方法都是抽象方法，这个功能的真正实现是在“继承”这个接口的各个类中完成的，要由这些类来具体定义接口中各方法的方法体。因而在 C#中，通常把对接口功能的“继承”称为“实现（implements）”。总之，接口把方法的定义和对它的实现区分开来，一个类可以实现多个接口来达到类似于“多重继承”的目的。接口的继承关系用冒号“:”表示，如果有多个基接口，则用逗号分开。下面例子中，类 Bird 从两个基接口 Flyable 和 Eatable 继承。

```
class Bird : Flyable, Eatable
{
    void MethodA();
    void MethodB();
}
```

接口类型将在本书第 4 章详细介绍。

3．数组类型

数组（array）是一种常用的引用数据类型，是由抽象类 System.Array 派生而来的。从字面意义上理解数组的概念，可以解释为“一组数”，但正确的理解应该为“一组元素”，即数组是由一组相同数据类型的元素构成的。在内存中，数组占用一块连续的内存，元素按顺序连续存放在一起，数组中每一个单独的元素并没有自己的名字，但是可以通过其下标（索引）进行访问或修改。不同的下标表示数组中不同的元素，配合数组的名称便可以访问数组中的所有元素。C#中，数组的下标是从 0 开始的，数组的长度定义为数组中包含元素的个数。

数组的“秩”也称数组的维数，用来确定和每个数组元素关联的索引个数，数组最多可以有 32 个维数。“秩”为 1 的数组称为一维数组。“秩”大于 1 的数组称为多维数组。维度大小确定的多维数组通常称为两维数组、三维数组等。数组的每个维度都有一个关联的长度，它是一个大于或等于零的整数。维度的长度确定了该维度索引的有效范围：对于长度为 N 的维度，索引的范围可以为 0 到 N–1（包括 0 和 N–1）。数组中的元素总数是数组中各维度长度的乘积。如果数组的一个或多个维度的长度为零，则称该数组为空。

（1）一维数组的声明。

数组声明时，主要声明数组的名称和所包含的元素类型，一般格式如下。

数组类型[] 数组名;

其中，数组类型可以是 C#中任意有效的数据类型，包括数组类型；数组名可以是 C#中任意有效的标识符。下面是数组声明的几个例子。

```
int[] Inum;
string[] Sname;
Student[] Sclass1;//Student 是已定义类类型
```

注意：数据类型[]是数组类型，变量名放在[]后面，这与 C 和 C++是不同的。

（2）一维数组的创建。

声明数组时并没有真正创建数组，可以在声明数组的同时使用 new 操作符来创建数组对象。创建数组时需要指定数组长度，便于系统为数组对象分配内存。例如，

```
int[] Inum= new int[10];
```

也可以先声明数组再创建数组，上面的代码等价于：

```
int[] Inum;
Inum =new int[10];
```

（3）一维数组的初始化。

数组的初始化就是给数组元素赋值。数组的初始化方法有以下几种。

1）在声明数组时进行数组的初始化。

声明数组时进行数组的初始化形式：数据类型[] 数组名 = new 数据类型[元素个

数]{初始值列表}，根据习惯，可以简化为数据类型[] 数组名 = new 数据类型[]{初始值列表}或数据类型[] 数组名 = {初始值列表}。以下是声明数组变量 Inum 时的几种初始化形式：

```
int[] Inum = new int[2] { 1, 2 };
int[] Inum = new int[] { 1, 2 };
int[] Inum = { 1, 2 };
```

2）在声明数组后进行数组的初始化。

声明数组后进行数组的初始化形式：数组名 = new 数据类型[元素个数]{初始值列表}，根据习惯，可以简化为数组名 = new 数据类型[]{初始值列表}。以下是声明数组变量 Inum 后的两种初始化形式：

```
int[] Inum;      //先声明数组
Inum = new int[2] { 1, 2 };
Inum = new int[] { 1, 2 };
```

注意：*在声明数组后进行数组的初始化时，new 操作符不能省略。*

3）在创建数组后进行数组的初始化。

使用 new 关键字创建的数组，如果没有初始化，则其元素都会使用 C#的默认值，例如 int 类型的默认值为 0、bool 类型为 false 等。如果想自行初始化数组元素，则创建数组后进行数组的初始化形式：数组名[索引] = 初始值。以下是建数数组变量 Inum 后的初始化形式：

```
int[] Inum = new int[2]; //先创建数组
Inum[0] = 1;  Inum[1]= 2;
```

已经建立的数组可以利用索引来存取数组元素，上面的代码即是通过逐个访问数组元素并为其赋值实现创建后数组的初始化。

（4）多维数组。

多维数组指维数大于 1 的数组，常用的是二维数组和三维数组。程序中常用二维数组用来存储二维表中的数据，C#语言支持两种类型的二维数组：一种是二维矩形数组；另一种是二维交错数组。

二维矩形数组类似于矩形网格，数组中的第一行都有相同的元素个数。例如，下面的语句声明一个 3 行 2 列的二维矩形数组：

```
int[,] Inum = new int[3,2]{{1,2},{3,4},{5,6} };
```

和一维数组一样，使用索引访问二维矩形数组的元素，如 Inum[2,1]的值为 3。

交错二维数组相当于每个元素又都是数组的一维数组，元素数组的维数和长度可以不同。例如，下面的语句声明一个包含 3 个一维数组元素的二维交错数组：

```
int[][] Inum = new int[3][]
{
    new int [] {2,4,6},
```

```
        new int [] {1,3,5},
        new int [] {8,9}
    };
```

（5）常见的数组操作。

C#中的数组是从类 System.Array 派生出来的，因此，可以使用类 System.Array 中的方法对数组进行不同的操作。

1）数组排序。

数组的排序是一个经典的问题，但 C#为开发人员提供了一个便捷的数组排序方法，即 Array.Sort()方法。开发人员在进行数组排序时直接调用此方法即可，无需自己编写排序方法的代码。下面通过实例介绍 Array.Sort()方法的使用，修改 Program.cs 文件中 Main 方法的内容如下：

```
int[] a = new int[4] { 6,4,2,1};
Console.WriteLine("排序前的数组：");
Console.Write(a[0].ToString() + "   " + a[1].ToString() + "   " + a[2]
.ToString() + "   " + a[3].ToString());
Array.Sort(a);
Console.WriteLine();
Console.WriteLine("排序后的数组：");
Console.Write(a[0].ToString() + "   " + a[1].ToString() + "   " + a[2]
.ToString() + "   " + a[3].ToString());
Console.Read();
```

按 Ctrl+F5 组合键运行程序，结果如图 2-1 所示。可以看到，数组中的元素按照从大到小的方式被重新排列。在本实例中，进行排序的代码只有一行，即 Array.Sort(a)。

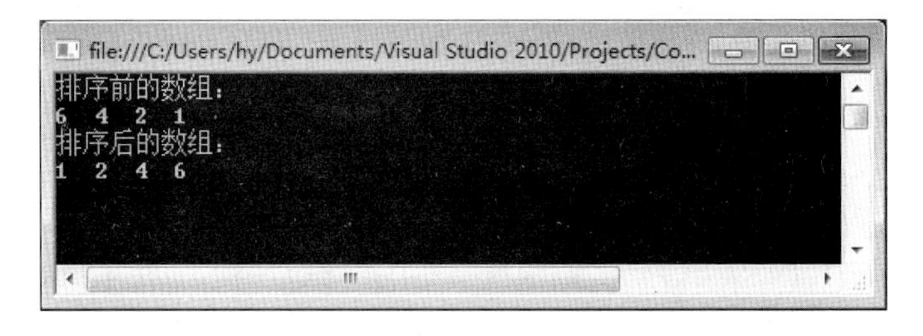

图 2-1 数组排序

2）查找数组元素。

在使用数组时，有时需要快速知道数组中是否含有某个元素，并且获得该元素的位置，这时就需要对数组中的元素进行查找。C#为开发人员提供了两种便捷查找数组元素的方法，即 Array.IndexOf()和 Array.LastIndexOf 方法。其中，Array.IndexOf()方法的作用就是找到在数组中首次出现的元素，而 Array.LastIndexOf 方法的作用就是找到在数组中元素最后一次出现的位置。下面通过实例介绍这两个方法的使用，修改 Program.cs 文件中 Main 方法的内容如下：

```
int[] a = new int[5] {2,6,4,2,1};
```

```
int b = Array.IndexOf(a,2);
Console.WriteLine("元素的首次出现位置为 a:  "+b.ToString());
int c = Array.LastIndexOf(a, 2);
Console.WriteLine("元素的首次出现位置为 a:  "+c.ToString());
Console.Read();
```

按 Ctrl+F5 组合键运行程序，结果如图 2-2 所示。可以看到，数值 2 在数组 a 中有两个，分别位于下标为 0 和 3 的位置。因此，Array.IndexOf()方法查找数值 2 时返回的位置为 0，而 Array.LastIndexOf 方法查找数值 2 时返回的位置为 3。

图 2-2　查找数组元素

3）数组逆序。

逆序也是数组的常见操作，即将数组中元素排列的顺序逆转。C#为开发人员提供了一种便捷查找数组元素的方法，即 Array.Reverse()方法。开发人员在进行数组逆序操作时直接调用此方法即可，无需自己编写代码。下面通过实例介绍 Array.Reverse()方法的使用，修改 Program.cs 文件中 Main 方法的内容如下：

```
int[] a = new int[4] { 6, 4, 2, 1 };
Console.WriteLine("逆序前的数组: ");
Console.Write(a[0].ToString() + "  " + a[1].ToString() + "  " +
a[2].ToString() + "  " + a[3].ToString());
Array.Reverse(a);
Console.WriteLine();
Console.WriteLine("逆序后的数组: ");
Console.Write(a[0].ToString() + "  " + a[1].ToString() + "  " +
a[2].ToString() + "  " + a[3].ToString());
Console.Read();
```

按 Ctrl+F5 组合键运行程序，结果如图 2-3 所示。可以看到，数组中的元素按照和原来相反的顺序重新排列。在本实例中，进行逆序操作的代码只有一行，即 Array.Reverse(a)。

图 2-3　数组的逆序操作

4）复制数组。

复制数组是一类常见的操作，即将一个数组中的内容复制到另一个数组中。C#为开发人员提供了一种便捷查找数组元素的方法，即 Array.Copy()方法。下面通过实例介绍 Array.Copy()方法的使用，修改 Program.cs 文件中 Main 方法的内容如下：

```
int[] a = new int[4] { 6, 4, 2, 1 };
int [] b =new int[5];
Array.Copy(a,b,a.Length);
Console.WriteLine("复制后的数组: ");
Console.Write(b[0].ToString() + "  " + b[1].ToString() + "  " +
b[2].ToString() + "  " + b[3].ToString());
Console.Read();
```

按 Ctrl+F5 组合键运行程序，结果如图 2-4 所示。可以看到，a 数组中的所有元素都被复制到 b 数组中。在本实例中，进行数组复制操作的代码只有一行，即 Array.Copy(a,b, a.Length)，其中“a.Length”通过数组的 Length 属性获得数组 a 的元素个数。

图 2-4 数组的逆序操作

4. 委托类型

委托是用来处理其他语言（如 C++、Pascal 和 Modula）需用函数指针来处理的情况。不过与 C++函数指针不同，委托是完全面向对象的和类型安全的。另外，C++指针仅指向成员函数，而委托同时封装了对象实例和方法。委托声明定义一个从 System.Delegate 类派生的类，在声明委托类型时，只需要指定委托指向的原型的类型，它不能有返回值，也不能带有输出类型的参数。委托实例封装了一个调用列表，该列表列出了一个或多个方法，每个方法称为一个可调用实体。对于实例方法，可调用实体由该方法和一个相关联的实例组成。对于静态方法，可调用实体仅由一个方法组成。用一个适当的参数集来调用一个委托实例，就是用此给定的参数集来调用该委托实例的每个可调用实体。委托类型将在本书第 4 章详细介绍。

2.1.3 数据类型转换

在高级语言中，数据类型是很重要的一个概念，只有具有相同数据类型的对象才能够互相操作。很多时候，为了进行不同类型数据的运算（如整数和浮点数的运算等），需要把数据从一种类型转换为另一种类型，即进行类型转换。

如果是一种值类型转换为另一种值类型，或者是一种引用类型转换为另一种引用类型，有两种转换方式：隐式转换和显式转换。如果是值类型与引用类型之间的转换，需要使用装箱和拆箱技术来实现。

1. 隐式转换

隐式转换就是系统默认的、无需指明的转换。进行隐式转换时，编译器不需要进行检查就能自动将操作数转换为相同的类型。隐式转换只允许发生在从值范围较小的数据类型到值范围较大的数据类型的转换，转换后的数值大小不受影响，这是因为值范围较大的数据具有足够的空间存放值范围较小的数据。下面的代码执行时将发生隐式转换：

```
int i = 1;               //声明一个 int 类型变量并初始化
long result= i;          //int 类型隐式转换为 long 类型
```

注意：从 int、uint、long、ulong 到 float，以及从 long、ulong 到 double 的转换可能导致精度损失，但不会影响它的数量级。

2. 显式转换

显式类型转换，又称强制类型转换，它需要在代码中明确声明要转换的类型。当需要把值范围较大的数据类型转换为值范围较小的数据类型时，不能使用隐式转换，而必须使用显式转换。当然，所有的隐式转换也都可以采用显式转换的形式来表示。

下面的代码进行了不同数据类型间的显式转换：

```
int i = 1;                  //声明一个 int 类型变量并初始化
long result= (long)i;       //int 类型显式转换为 long 类型
double m = 5.6;             //声明一个 double 类型变量并初始化
int n =(int)m;              //double 类型显式转换为 int 类型
```

显式转换在把值范围较大的数据类型转换为值范围较小的数据类型时，可能会导致溢出错误。例如：

```
double m = 2222222222.6;
int n =(int)m;
```

上述语句执行后，得到的 n 值为-2147483648，显然是不正确的，这是因为上述语句中，double 类型变量 m 的值比 int 类型的最大值还要大，发生了溢出错误。因此，在进行显式类型转换时，通常使用 checked 运算符来检查转换是否安全。如上述语句可以改写为：

```
double m = 2222222222.6;
int n = checked((int)m);
```

这时再执行上述语句，系统会抛出一个异常，提示“算术运算导致溢出”。

3. 装箱和拆箱

装箱和拆箱允许值类型变量和引用类型变量相互转换。装箱是将值类型转换为引用类型，拆箱是将引用类型转换为值类型。

对值类型进行装箱转换时，会在内存堆中分配一个对象实例，并将该值复制到该对象中。例如，修改 Program.cs 文件中 Main 方法的内容如下：

```
int i = 123;
object o = i;            //装箱转换
i = 456;                 //改变 i 的内容
Console.WriteLine("值类型的值为{0}", i);
Console.WriteLine("引用类型的值为{0}", o);
Console.Read();
```

按 Ctrl+F5 组合键运行程序，结果如图 2-5 所示。可以看到，将 int 类型变量 i 装箱转换为 Object 类型的变量 O 后，修改变量 i 的值，变量 O 的值保持不变。

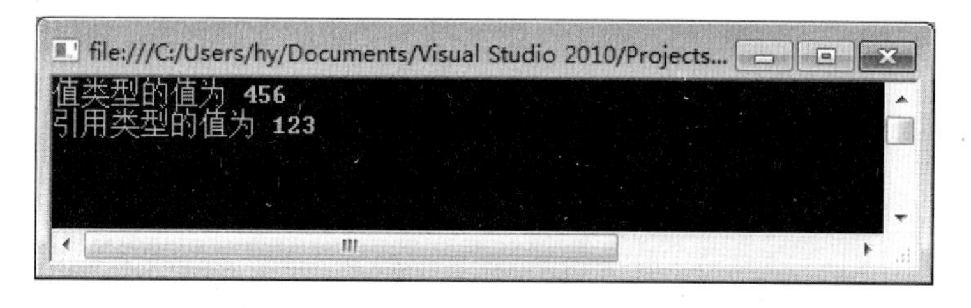

图 2-5 装箱转换

对引用类型进行拆箱转换时，需要使用强制操作符，将存放在堆中的引用类型的值复制到栈中形成值类型。拆箱转换的执行过程分两个阶段。

（1）检查引用类型变量，确认它是否包装了值类型的数；

（2）把引用类型变量的值复制到值类型的变量中。

例如，修改 Program.cs 文件中 Main 方法的内容如下：

```
int i = 123;
Console.WriteLine("装箱前 i 的值为{0}", i);
object o = i;         //装箱转换
o = 456;              //改变 o 的内容
i = (int)o;           //拆箱转换
Console.WriteLine("拆箱后 i 的值为{0}", i);
Console.Read();
```

按 Ctrl+F5 组合键运行程序，结果如图 2-6 所示。将 int 类型变量 i 装箱转换为 Object 类型的变量 O 后，修改变量 O 的值，再将 Object 类型变量 O 拆箱的值赋给变量 i，i 的值发生了变化。可以看出，拆箱转换正好是装箱转换的逆过程。

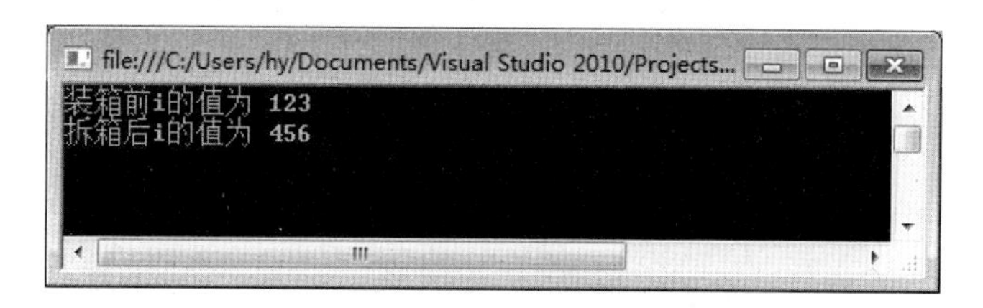

图 2-6 拆箱转换

注意：在执行拆箱转换时，要遵循类型一致的原则。比如，上例中将一个 int 类型变量进行了装箱转换，那么在对其进行拆箱转换时，一定也要拆箱为 int 类型变量，否则会出现异常。

4. Convert 类

Convert 类用于将一个基本数据类型转换为另一个基本数据类型，返回与指定类型的值等效的类型。受支持的基类型有 Boolean、Char、SByte、Byte、Int16、Int32、Int64、UInt16、UInt32、UInt64、Single、Double、Decimal、DateTime 和 String。可根据不同的需要使用 Convert 类的公共方法实现不同数据类型的转换。Convert 类所执行的实际转换操作分为以下 3 类。

（1）从某类型到它本身的转换只返回该类型，不实际执行任何转换。

（2）无法产生有意义的结果的转换引发 InvalidCastException，不实际执行任何转换。下列转换会引发异常：从 Char 类型与 Boolean、Single、Double、Decimal、DateTime 类型之间的转换，以及 DateTime 类型与除 String 之外的任何类型之间的转换。

（3）某种基类型与其他基类型的相互转换（引发 InvalidCastException 的除外）。

Convert 类的所有方法都是静态的，因此，可以直接调用。Convert 类中方法的形式都为 ToXXX(xxx)，即实现把参数 xxx 转换为 XXX 类型。下面通过实例介绍 Convert 类方法的使用，修改 Program.cs 文件中 Main 方法的内容如下：

```
string str1 = "123";
int i = Convert.ToInt32(str1);
Console.WriteLine("i 的值为{0}", i);
Console.Read();
```

按 Ctrl+F5 组合键运行程序，结果如图 2-7 所示。可以看到，通过使用 Convert.ToInt32()方法，string 类型变量被转换为 int 类型变量。

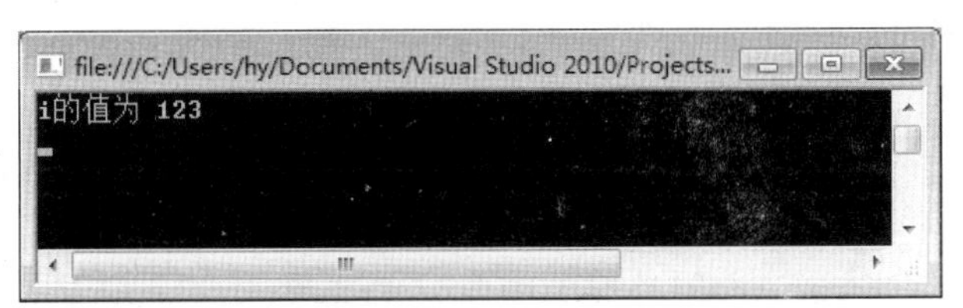

图 2-7　Convert 类的使用

2.2　变量和常量

在程序执行过程中，称数值发生变化的量为变量，数值始终不变的量称之为常量。变量通常用来表示一个数值、一个字符串值或一个实例对象，变量存储的值可能会发生改变，但变量名称保持不变。常量存储的值固定不变，而且常量的值在编译时就已经确定了。

2.2.1 变量的声明和使用

变量通常用来保存程序执行过程中的输入数据、计算获得的中间结果和最终结果等。变量被定义后，在程序执行阶段会一直存储在内存中。变量的值可根据指定运算符或增、或减来改变。声明变量时，需要指明变量的名称和类型。通过声明变量，可以在内存中为该变量申请存储空间。声明变量时指明的变量名称必须符合 C#变量命名规则，具体如下。

（1）必须以字母或下划线开头；

（2）只能由字母、数字、下划线组成，不能包含空格、标点符号和运算符等特殊符号；

（3）不能与 C#关键字（如 class、new 等）同名；

（4）在变量的作用域内不能再定义同名的变量。

C#变量在使用之前必须已经被初始化，否则编译时会报错。可以在变量声明的同时进行变量的初始化，也可以在变量声明后使用前进行变量的初始化。例如语句：

```
string str1 = "123";
```

与语句：

```
string str1;
str1 = "123";
```

的作用是等价的。下面的示例演示了变量的声明和使用。这段代码中声明了三个变量，其中变量 b 和 x 在声明时直接进行了赋值，变量 i 在声明后使用变量 b 和 x 进行赋值。

```
char b='a';
int x=3;
int i;
i = b+x;
Console.WriteLine("b+x 的值为{0}", i);
```

2.2.2 变量的分类

C#语言中，主要定义了几种类型的变量：静态变量（static variable）、非静态变量（instance variable）、数组元素（array element）、局部变量（local variable）、值参数（value parameters）、引用参数（reference parameters）和输出参数（output parameters）。这里只介绍常用的数据类型：静态变量、非静态变量和局部变量。

（1）静态变量。

带有“static”修饰符声明的变量称为静态变量。静态变量只需创建一次，在后面的程序中就可以多次引用。一旦静态变量所属的类被装载，直到包含该类的程序运行结束时，它将一直存在。静态变量的初始值就是该变量类型的默认值，不需要建立其所属类的对象，便可直接存取这个变量。例如，可以在类中书写如下代码声明一个静态变量：

```
static int i;
```

（2）非静态变量。

不带有“static”修饰符声明的变量便称为非静态变量，也称普通变量。非静态变量一定要在建立变量所属类型的对象后，才开始存在于内存里。如果变量被定义在类中，那么只有当类的对象被建立时，变量才随之诞生；对象消失，变量也随之消失。如果变量定义在结构里，那么结构存在多久，变量也存在多久。

下面的示例代码展示了静态变量与非静态变量的主要区别：静态变量 name 和 age 都可以使用所属类直接调用，即“VariableInclude.name”、“VariableInclude.age”；而非静态变量 country 在使用前必须先声明其所属类的实例 vi1，即“VariableInclude vi1 = new VariableInclude();”，再通过实例 vi1 进行调用，即“vi1.country”。

```
public class VariableInclude
{
     public static string name = "AndyLau";     //定义了静态字符串变量
     public static int age = 40;                //定义了静态整型变量
     public string country = "china-Honkong";   //定义了非静态变量
 }
class Program
{
   static void Main(string[] args)
   {
       //静态变量不用定义实例对象，可直接调用
       Console.WriteLine(VariableInclude.name);
       Console.WriteLine(VariableInclude.age);
       //非静态变量不能直接调用，编译报错
       //Console.WriteLine(VariableInclude.country);
       //定义类的对象后，才能调用非静态变量
       VariableInclude vi1 = new VariableInclude();
       Console.WriteLine(vi1.country);
       Console.Read();
      }
}
```

（3）局部变量。

局部变量是指在一个独立的程序块中（如一个 for 语句、switch 语句或者一个方法）声明的变量，它只在该范围中有效。当程序运行到这一范围时，该变量开始生效，程序离开时，变量就失效了，例如：

```
for(int i=1;i<9;i++)
{
     Console.WriteLine(i);  //正确的代码，因为此时还在有效范围内
 }
 Console.WriteLine(i);      //错误的代码，因为此时局部变量 i 已经失效了
```

注意：局部变量不会自动被初始化，所以也就不存在默认值，必须被赋值后才能使用。

2.2.3 常量

同变量一样，常量也用来存储数据，但常量通常用来表示有意义的固定数值。常量和变量的区别在于，常量一旦被初始化就不再发生变化，可以理解为符号化的常数。使用常量可以使程序变得更加灵活易读，例如，可以用常量 PI 来代替 3.1415926，一方面程序变得易读，另一方面，需要修改 PI 精度时无需在每一处都修改，只需在代码中改变 PI 的初始值即可。

常量的声明和变量类似，需要指定其数据类型、常量名和初始值，但是常量的声明需要使用 const 关键字，且必须在声明时进行初始化。常量总是静态的，但声明时不必包含 static 修饰符。在对程序进行编译时，编译器会把所有常量全部替换为初始化的常数。常量的声明如：

```
const double PI = 3.1415;
```

2.3 常用运算符和表达式

运算符在 C#程序中应用广泛，尤其在计算功能中，常常需要大量的运算符。运算符结合操作数，便形成了表达式，并返回运算结果。

2.3.1 运算符

运算符是一种专门用来处理数据运算的特殊符号，用来指挥计算机进行某种操作。接受一个操作数的运算符称为一元运算符（如“new”、“++”），接受两个操作数的运算符称为二元运算符（“+”、“－”），接受三个操作数的运算符称为三元运算符（“？：”是 C#中唯一的三元运算符）。下面介绍 C#中常见的运算符。

1. 算术运算符

算术运算符用来对数值型数据进行计算。C#提供的算术运算符如表 2-5 所示。

表 2-5 算术运算符

运算符	+	-	*	/	%	++	--
含义	加法	减法	乘法	除法	求模	自增	自减
示例	8+2	8-2	8*2	8/2	8%2	8++,++8	8--,--8
结果	10	6	16	4	0	9	7

在 C#语言中，根据两个操作数的类型特点，加法运算符具有多重作用，规则如下。

（1）两个操作数均为数字，相加的结果为两个操作数之和。

（2）两个操作数均为字符串，把两个字符串连接在一起。

（3）两个操作数分别为数字和字符串，则先把数字转换成字符串，然后连接在一起。

（4）两个操作数分别为数字和字符，则先把字符转换成 Unicode 代码值，然后求和。

算术运算符中的求模运算（%）本质上也是一种除法运算，只不过它舍弃商而把小于除数的未除尽部分（即余数）作为运算结果，又称为取余运算。

2. 关系运算符

关系运算符又称为比较运算符，用来比较两个操作数的大小，或者判断两个操作数是否相等，运算的结果为 True 或 False。C#提供的关系运算符如表 2-6 所示。

表 2-6　关系运算符

运算符	==	!=	>	<	>=	<=
含义	相等	不相等	大于	小于	大于或等于	小于或等于
示例	8==2	8!=2	8>2	8<2	8>=2	8<=8
结果	False	True	True	False	True	True

关系运算符中，==和!=用来判断两个操作数是否相等，操作数可以是值类型的数据，也可以是引用类型的数据。而<、<=、>、>=用来比较两个操作数的大小，操作数只能是值类型的数据。

3. 逻辑运算符

逻辑运算符对操作数或表达式执行布尔逻辑运算，常见的逻辑运算符如表 2-7 所示。

表 2-7　逻辑运算符

运算符	!	&	|	^	&&	||
含义	逻辑非	逻辑与	逻辑或	逻辑异或	条件与	条件或
示例	!(8>2)	8&2	8 | 2	8^2	(8>2)&&(3>4)	(8>2)||(3>4)
结果	False	0	10	10	False	True

逻辑非（!）运算结果是操作数原有逻辑值的反值。逻辑与（&）、逻辑或（|）和逻辑异或（^）三个运算符都是比较两个整数的相应位。只有当两个整数的对应位都是 1 时，逻辑与（&）运算符才返回结果 1，否则，返回结果 0；当两个整数的对应位都是 0 时，逻辑或（|）运算符才返回结果 0，否则，返回结果 1；当两个整数的对应位 1 个是 1 而另外 1 个是 0 时，逻辑异或（^）运算符才返回结果 1，否则，返回结果 0。条件与（&&）与条件或（||）运算符用于计算两个条件表达式的值，当两个条件表达式的结果都是真时，条件与（&&）运算符才返回结果真，否则，返回结果假；当两个条件表达式的结果都是假时，条件或（||）运算符才返回结果假，否则，返回结果真。

4. 赋值运算符

赋值运算符的作用是把某个常量、变量或表达式的值赋值给另一个变量。除了简单赋值运算符“=”外，常见的赋值运算符如表 2-8 所示。

表 2-8 赋值运算符

运算符	+=	-=	*=	/=	%=
含义	加法赋值	减法赋值	乘法赋值	除法赋值	取模赋值
示例	8+=2	8-=2	8*=2	8/=2	8%=2
结果	10	6	16	4	0

从表 2-8 中的示例可以看出，复合赋值运算符实际上是特殊赋值运算的一种缩写形式，目的是使对变量的改变更为简洁。

5. 其他特殊运算符

C#还有一些运算符比较特殊，不能简单地归到某个类型，下面对一些常用的特殊运算符进行简单介绍。

（1）is 运算符。

is 运算符用于检查变量是否为指定的类型，如果是返回真，否则返回假。例如，下面的语句将返回 true。

```
bool b = 8 is int;
```

（2）as 运算符。

as 运算符用于在相互兼容的引用类型之间执行转换操作，如果无法进行转换则返回 null 值。例如，下面的语句将把 string 类型的常量"a string"转换为 object 类型的变量 temp1。

```
object temp1 = "a string" as object;
```

（3）条件运算符。

条件运算符（?:）根据条件表达式的取值返回两个可选值中的一个：如果条件取值为 true，则返回第 1 个可选值，如果条件取值为 false，则返回第 2 个可选值。例如，下面的语句将返回 true。

```
bool b= (3<5)?true:false;
```

（4）new 运算符。

new 运算符用于创建一个新的类型实例，包括创建值类型、类类型、数组类型和委托类型的实例。例如，下面的语句用来创建一个数组类型的实例。

```
int [] a= new int [5];
```

（5）typeof 运算符。

typeof 运算符用于返回特定类型的 System.Type 对象，并可通过 Type 对象访问基类及本类的一些信息。例如，下面的语句将返回 System.Int32，表明 int 值类型的 System.Type 对象是 System.Int32。

```
System.Type t = typeof(int);
```

6. 运算符的优先级

当表达式中包含一个以上的运算符时，程序会根据运算符的优先级进行运算，优先级高的运算符会比优先级低的运算符先被执行。在表达式中，也可以通过括号()来调整运算符的运算顺序，将想要优先运算的运算符放置在()中，当程序开始执行时，()内的运算符会被优先执行。如表 2-9 所示为常见运算符的优先级。表 2-9 中，位于同一行中的运算符优先级相同。当一个表达式中出现两个或两个以上相同优先级的运算符时，按照运算符的出现顺序从左到右执行。

表 2-9　常用运算符的优先级（由高到低）

<table>
<tr><th>分类</th><th>运算符</th></tr>
<tr><td>特殊</td><td>new、typeof</td></tr>
<tr><td>一元</td><td>+(正)、-(负)、！、++、--</td></tr>
<tr><td>乘除</td><td>*、/、%</td></tr>
<tr><td>加减</td><td>+、-</td></tr>
<tr><td>关系</td><td>>、<、>=、<=、is、as</td></tr>
<tr><td>关系</td><td>==、!=</td></tr>
<tr><td>逻辑与</td><td>&</td></tr>
<tr><td>逻辑异或</td><td>^</td></tr>
<tr><td>逻辑或</td><td>|</td></tr>
<tr><td>条件与</td><td>&&</td></tr>
<tr><td>条件或</td><td>||</td></tr>
<tr><td>条件</td><td>?:</td></tr>
<tr><td>赋值</td><td>+=、-=、*=、/=、%=</td></tr>
</table>

2.3.2　表达式

表达式由操作数（变量、常量、函数）、运算符和括号()按一定规则组成。表达式通过运算产生结果，运算结果的类型由操作数和运算符共同决定。表达式即可以很简单，也可以非常复杂。例如：

```
int i = 127;
int j = 36;
Console.WriteLine(Math.Sin(i*i+j*j));
```

上述代码中，表达式“i*i+j*j”作为 Math.Sin()方法的参数使用，而同时，表达式“Math.Sin(i*i+j*j)”还是 Console.WriteLine()方法的参数。

2.4　C#方法及其重载

通过前面内容的学习，读者对 C#方法应该不陌生了。例如，前面内容用到的 Main()方法、toString()方法和 Console.WriteLine()方法等。本节将介绍 C#方法及其重载的相关知识。

2.4.1 方法的定义

方法是指在类的内部定义的，并且可以在类或类的实例上运行的具有某个特定功能的模块。C#方法必须包含以下 3 个部分：

（1）方法的名称。

（2）方法返回值的类型。

（3）方法的主体。

定义方法的语法如下：

```
[访问修饰符] 返回值的类型 方法名（[参数列表]）
{
//方法体
}
```

1．访问修饰符

方法的访问修饰符控制方法的访问权限，public 表示公共的，private 表示私有的。在程序中，如果将变量或者方法声明为 public，就表示其他类可以访问该方法，如果声明为 private，那么就只能在其所属类里面使用。

2．方法的返回类型

方法是供别人调用的，调用后可以返回一个值，这个返回值的数据类型就是方法的返回类型，可以是 int、float、double、bool、string 等。如果方法不返回任何值，就使用 void。

3．方法名

方法名主要在调用这个方法时用，命名方法就像命名变量、类一样，要遵守一定的规则。方法名一般使用 Pascal 命名法，就是组成方法名的单词直接相连，每个单词的首字母大写，如 WriteLine()、ReadLine()。

方法的名称应该有明确意义，这样别人在使用时，就能清楚地知道这个方法能做什么，比如在前面反复出现的 Console.WriteLine()方法，一看就知道是写一行的意思。因此，方法名要有实际的意义，最好使用动宾短语，表示做一件事。

4．参数列表

方法中可以传递参数，这些参数就组成参数列表，如果没有参数就不用参数列表。参数列表中的每个参数都是“类型 参数名”的形式，各个参数之间用逗号分开。

方法传递参数的方式有两种：值传递和引用传递。采用值传递方式时，即使方法的执行过程中改变了参数的值，参数值在方法执行后也不发生改变；采用引用传递方式时，只要方法的执行过程中改变了参数的值，参数值在方法执行后就会发生改变。

下面的示例代码说明了值传递方式的应用，修改 Program.cs 文件的内容如下：

```
public static void Swap(int n1, int n2)
{
    int temp;
    temp = n1;
    n1 = n2;
    n2 = temp;
}
static void Main(string[] args)
{
    int s1 = 1, s2 = 10;
    Console.WriteLine("交换前两个整数的值分别为: " + s1+"  "+s2);
    Swap(s1, s2);
    Console.WriteLine("交换后两个整数的值分别为: " + s1+"  "+s2);
    Console.Read();
}
```

按 Ctrl+F5 组合键运行程序，结果如图 2-8 所示。可以看到，调用 Swap()方法并没有达到交换两个变量值的目的。这是因为采用值传递方式传递参数 s1 和 s2 时，尽管方法执行时交换了两个参数的值，但是方法执行结束后这种修改并没有被保留。

图 2-8　值传递结果

要想使参数按照引用传递方式传递，需要在方法声明和调用时使用 ref 关键字修饰参数。下面的示例代码说明了引用传递方式的应用，修改 Program.cs 文件的内容如下：

```
public static void Swap(ref int n1, ref int n2)
{
    int temp;
    temp = n1;
    n1 = n2;
    n2 = temp;
}
static void Main(string[] args)
{
    int s1 = 1, s2 = 10;
    Console.WriteLine("交换前两个整数的值分别为: " + s1+"  "+s2);
    Swap(ref s1, ref s2);
    Console.WriteLine("交换后两个整数的值分别为: " + s1+"  "+s2);
    Console.Read();
}
```

按 Ctrl+F5 组合键运行程序，结果如图 2-9 所示。可以看到，调用 Swap()方法达到了交换两个变量值的目的。这是因为采用引用传递方式传递参数 s1 和 s2 时，方法执行时交换了两个参数的值，方法执行结束后这种修改被保留。

图 2-9 引用传递结果

还有一种参数也可以保留修改后的结果，那就是输出参数。输出参数以 out 修饰符声明。和 ref 类似，在方法声明和调用时都必须明确指定 out 关键字。但和 ref 不同，out 参数声明方式不需要变量在传递给方法前进行初始化，因为其含义只是用作输出目的。out 参数通常用在需要多个返回值的方法中。

5. 方法的主体

方法的主体部分就是该方法要执行的代码了。在编写自己的方法时，应该先写明方法的声明，包括访问修饰符、返回类型、方法名和参数列表，然后写方法的主体。

2.4.2 方法的调用

方法就像一个“黑匣子”，完成某个功能，并且可能在执行完后返回一个结果。在方法的主体内，如果方法具有返回类型，则必须使用关键字 return 返回值。

在程序中使用方法的名称，可以执行该方法中包含的语句，这个过程就称为方法调用。方法调用的一般形式如下：

```
对象名.方法名();
```

例如，下面的这句代码中，对象名是 Console 类名，方法名是 WriteLine。关于方法调用的内容将在后面的章节中进一步补充。

```
Console.WriteLine("这是一个方法调用);
```

如果定义方法时添加了 static 关键字，则表明该方法是静态方法，调用该方法时直接用所属类名调用，如上述语句中就直接使用 WriteLine()方法的所属类名 Console 调用；否则，需要先生成该方法所属类的一个实例，再由实例名调用（第 3 章中将详细介绍）。

2.4.3 方法的重载

方法重载即在同一个类的内部可以定义同名方法，但这些同名方法的参数列表必须不同，以便在用户调用方法时系统能够自动识别应调用的方法。

例如，要编程实现面积的计算功能，要求既可以计算圆的面积，也可以计算矩形的面积，还可以计算三角形的面积，则通过使用方法重载实现的代码如下：

```
class CalcArea
{
    //计算圆的面积
    public static double Area(double r)
    {
        return (Math.PI*r*r);
    }
    //计算矩形的面积
    public static double Area(double a,double b)
    {
        return (a * b);
    }
    //计算三角开的面积
    public static double Area(double a, double b,double c)
    {
        double l;
        l = (a + b + c) / 2;
        return (Math.Sqrt(l*(l-a)*(l-b)*(l-c)));
    }
}
```

下面的三条语句调用 Area 方法时带有不同的参数，也就执行不同的 Area 方法。

```
Console.WriteLine("圆的面积是：" + Convert.ToInt32(CalcArea.Area(5)));
Console.WriteLine("矩形的面积是：" + Convert.ToInt32(CalcArea.Area(6,10)));
Console.WriteLine("三角形的面积是：" + Convert.ToInt32(CalcArea.Area(4,5,6)));
```

2.5　C#流程控制语句

在程序设计过程中，有时为了需要，经常要转移或者改变程序的执行顺序，达到这目的的语句叫作流程控制语句。C#中主要的流程控制语句有条件分支语句、循环控制语句和跳转语句。

2.5.1　条件分支语句

在 C#领域里，要根据条件来做流程选择控制时，可以利用 if 或 switch 这两种命令。

1. if 语句

if 语句是最常用的选择语句，它根据布尔表达式的值来判断是否执行后面的内嵌语句。其格式一般如下：

```
if(布尔表达式)
    {
       //语句块;
    }
    else
    {
       //语句块
    }
```

当布尔表达式的值为真时，则执行 if 后面的表达语句；如果为假，则执行 else 后面的嵌套语句。如果 if 或 else 之后的大括号内的表达语句只有一条执行语句，则嵌套部分的大括号可以省略；如果包含了两条以上的执行语句，则一定要加上大括号。

当程序的逻辑判断关系比较复杂时，可以采用条件判断嵌套语句，即 if 语句可以嵌套使用，在判断中，再进行判断，例如如下格式的 if 语句：

```
if(布尔表达式)
{
    if(布尔表达式)
    {……}
    else
    {……}
}
```

下面的代码展示了 if 语句的用法：

```
int a=35, b=89,max;
if (a>b)
    max=a;
else
    max=b;
```

2. swith 语句

if 语句每次判断后，只能实现两条分支，如果要实现多种选择的功能，可以采用 switch 语句。switch 语句根据一个控制表达式的值，来选择一个内嵌语句分支来执行。它的一般格式如下。

```
switch(表达式)
{
    case 常量 1:
        语句块 1;
        Break;
    case 常量 2:
        语句块 2;
        Break;
    ……
```

```
    [default:
        语句块 n+1;
            Break;]
    }
```

switch 语句在使用过程中，需要注意下列几点。

（1）控制表达式的数据类型可以是 sbyte、byte、short、ushort、unit、long、ulong、char、string 或者枚举类型。

（2）每个 case 标签中常量表达式必须属于或能隐式转换成控制类型。

（3）每个 case 标签中的常量表达式不能相同，否则编译会出错。

（4）switch 语句中最多只能有一个 default 标签。

（5）每个标签项后面使用 break 语句或者跳转语句。

下面的代码展示了 switch 语句的用法：

```
int result;
Console.WriteLine("请输入运算符(+、-、*、/): ");
string opr = Console.ReadLine();
switch (opr)
{
      case "+": result = 3 + 2; break;
      case "-": result = 3 - 2; break;
      case "*": result = 3 * 2; break;
      case "/": result = 3 / 2; break;
      default: Console.WriteLine("输入的不是一个合法的运算符！"); break;
 }
```

2.5.2　循环控制语句

循环语句可以实现一个程序模块的重复执行，这对于简化程序，组织算法有着重要的意义。C#总共提供了四种循环语句：while 语句、do-while 语句、for 语句和 foreach 语句。

1. while 语句

while 语句是 C#用于循环控制的形式最简单的语句，在具有明确的运算目标，但循环次数难以预知的情况下特别有效。while 语句形式如下：

```
while(表达式)
{
    循环体;
}
```

while 语句只限定条件，只有满足条件才执行内嵌表达式，否则离开循环，继续执行后面的语句。由于 while 语句是“先判断后执行”，因此，有可能连一次也不执行循环体中的程序代码就直接退出循环。另外，使用 while 语句，循环体中必须具有这样的控制机制，使之能在有限次数的重复执行之后条件表达式的值变为 false，否则就会成为无休止的循环，空耗计算机资源。下面的代码展示了 while 语句的用法：

```
int x=0;
int[] a=new int[3]{166,173,171};
while (x < a.Length)
{
    if (a[x] == 171)
    Console.WriteLine(x);
    x++;
}
```

2. do-while 语句

do-while 语句的功能特点与 while 语句相似，语法格式如下：

```
do
{
    循环体;
} while(表达式);
```

与 while 语句相比，do-while 语句的最主要不同点就是条件表达式出现在循环体后面。程序执行到 do 语句时，不作任何条件判断，因此，无论如何也会先执行一次循环体，然后遇到 while 时判断条件表达式的值是否为 true。若条件表达式的值为 true，则跳转到 do，再执行一次循环；若条件表达式的值为 false，则结束循环，执行 while 之后的下一语句。下面的代码展示了 do-while 语句的用法：

```
int x=0;
int[] a=new int[3]{166,173,171};
do
{
    if (a[x] == 171)
    Console.WriteLine(x);
    x++;
} while (x < a.Length) ;
```

3. for 语句

for 语句是计数型循环语句，适用于求解循环次数可以预知的问题，一般格式为：

```
for(循环变量初始化; 循环条件; 循环变量值)
{
    //for 循环语句
}
```

for 循环语句是先判断后执行。如果第一次判断时循环变量的值已经不满足继续执行循环的条件，则循环体一次也不执行，直接跳转到后续语句。下面的代码展示了 for 语句的用法：

```
for(int i=0;i<5;i++)
{
    Console.Write (i);
}
```

for 语句还可以嵌套使用，以完成大量重复性、规律性的工作。例如：

```
for(int i=0;i<5;i++)
{
    for(int j=0;j<5;j++)
    {
        Console.Write (i+j);
    }
}
```

4．foreach 语句

foreach 语句特别适合对集合对象的存取，例如，可以使用 foreach 语句逐个提取数组中的元素，并对每个元素执行相应的操作。下面的代码展示了 foreach 语句的用法：

```
int[] a=new int[5]{23,34,45,56,67};
foreach(int i in a)
{
    Console.WriteLine(i);
}
```

上述代码在使用 foreach 语句时，并不需要知道数组里有多少个元素，通过“in 数组名称”的方式，便会将数组里的元素值逐一赋予变量 i，之后再输出。foreach 语句一般在不确定数组的元素个数时使用。

2.5.3　跳转语句

程序设计里，为了让程序拥有更大的灵活性，通常都会加上中断或跳转等程序控制。C#语言中可能用来实现跳跃功能的命令主要有 break 语句、continue 语句和 goto 语句。

1．break 语句

在前面介绍 switch 语句的章节里，已经使用过 break 命令，用于退出 switch 分支。事实上，break 不仅可以使用在 switch 判断语句里，还可以用在循环语句中，作用是退出当前循环。下面的代码展示了 goto 语句在循环里的运用：

```
int[] a=new int[3]{1,3,5};
for(int i=1;i<a.Length;i++)
{
    if(a[i]==3)
        break;
```

```
    a[i]++;
}
//当 a[i]=3 时，跳转到此
```

2．continue 语句

continue 语句的作用在于可以提前结束一次循环过程中执行的循环体，直接进入下一次循环。下面的代码展示了 continue 语句的用法：

```
for(int i=1;i<10;i++)      //跳转至此
{
    if(i%2==0) continue;
    Console.Write (i+"  " );
}
```

上述代码中，如果变量 i 为偶数，则不执行后面的输出表达式，而是直接跳回起点，重新加 1 后继续执行。程序输出结果为 1　3　5　7　9。

3．goto 语句

与 C 语言一样，C#也提供了一个 goto 命令，只要给予一个标记，它可以将程序跳转到标记所在的位置。下面的代码展示了 goto 语句的用法：

```
for(int i=1;i<10;i++)
{
    if(i%2==0) goto OutLabel;
    Console.WriteLine(i);
}
OutLabel:                //跳转至此
Console.WriteLine("Here,out now!");
```

2.6　控制台的输入和输出

在控制台应用程序中，人机交互操作主要是通过输入输出语句进行的。System.Console 类的静态方法 Read()和 ReadLine()用来实现控制台输入，静态方法 Write()和 WriteLine()用来实现控制台输出。下面分别予以介绍。

1．Read()和 ReadLine()方法

Read()方法每次通过控制台标准输入设备（实际上就是键盘）接收一个字符，直到接收到 Enter 键才返回。如果通过控制台输入的是多个字符，也只接收第一个字符。Read()方法接收的是一个字符，但它的返回值却是 int 类型，即接收的是字符的 Unicode 代码。如果需要把返回值当作一个字符来使用，则必须进行显式类型转换。

ReadLine()方法通过控制台标准输入设备接收一个字符串，直到接收到 Enter 键才返回。

ReadLine()方法的返回值是一个字符串，所以接收该返回值的变量必须是字符串类型。如果需要把返回值当作别的内容来使用，则必须进行显式类型转换。

这个字符的 Unicode 代码是如下。

请通过键盘输入一个字符：

2. Write()和 WriteLine()方法

Write()方法通过控制台标准输出设备（实际上就是显示器）输出一段信息，并且光标仍在输出信息的末尾。WriteLine()方法的作用与方法 Write()相似，也是通过控制台标准输出设备输出一段信息，其主要区别就是方法在输出信息之后，自动将光标移到下一行的开头。

Write()和 WriteLine()方法的调用格式相同，以 Write()方法为例，其两种调用格式如下。

```
//直接输出表达式的值
Console.Write(表达式);
//按控制字符串规定的格式输出
Console.Write("格式控制字符串", 输出数据项列表);
```

其中，控制字符串是一个包含静态文本和形式参数{0}{1}{2}…{n}的字符串，变量列表是用逗号分隔的一组变量或表达式。下面介绍如何通过控制字符串控制输出格式。

3. 输出格式控制

数据输出时，对数据的表达格式加以控制或修饰，是十分必要的。例如，金额 100 万元，如果直接输出为 1 000 000，用户很难一眼看出到底是多少。但如果表示成规范的货币格式￥1,000,000.00，就十分直观了。在控制台应用程序的 Write()和 WriteLine()方法中，可以用格式控制字符串来修饰数据输出格式，调用形式如下：

```
Console.Write("格式控制字符串", 输出数据项列表);
```

在 Windows 窗体应用程序中，可以通过 String 类的静态方法的调用形式 String.Format("格式控制字符串", 输出数据项列表)实现输出格式控制。

格式控制字符串由静态文本和格式控制项组成，其中，静态文本在方法执行时照原样输出，格式控制项由一对花括号括起来，每个格式控制项对应一个输出数据项列表中的数据，格式控制项的一般形式如下：

```
{p:mn}
```

其中：p 为格式对应的输出数据项序号，从 0 开始编号；m 为格式控制字符（如表 2-10 所示）；n 为数据项输出时所占的宽度，当指定的宽度小于数据的实际需要时，则按实际需要输出，对于实型数据项则用来指定输出的小数位数。

表 2-10　格式控制字符

格式控制符	解释	应用举例	输出结果
d 或 D	Decimal（限整数）	Console.Write("{0:D8}",10);	00000010

续表

格式控制符	解释	应用举例	输出结果
x 或 X	Hexadecimal（限整数）	Console.Write("{0:x}",10);	A
c 或 C	Currency	Console.Write("{0:c}",10.45);	￥10.45
e 或 E	Scientific	Console.Write("{0:e}",10.45);	1.045000e+001
f 或 F	Fixed point	Console.Write("{0:f1}",10.45);	10.5
g 或 G	General	Console.Write("{0:g1}",110.45);	1.1e+02
n 或 N	Number	Console.Write("{0:n2}",10.456);	10.46
p 或 P	Percent	Console.Write("{0:p2}",10.45);	1,045.00%

4．实例

通过控制台窗口输入和输出信息，是 C#初学者必须掌握的基本技能之一。本实例主要演示如何使用 System.Console 类的静态方法 ReadLine()和 WriteLine()来实现控制台的输入和输出。修改 Program.cs 文件的内容如下。

```
static void Main(string[] args)
{
    int a, b;
    Console.Write("请输入长方形的长和宽，以空格隔开，以回车结束：");
    string str = Console.ReadLine();
    string[] result = str.Split(' ');
    a = Convert.ToInt32(result[0]);
    b = Convert.ToInt32(result[1]);
    Console.WriteLine("长为{0}宽为{1}的面积为{2}", a, b, a*b);
    Console.ReadKey();
}
```

按 Ctrl+F5 组合键运行程序，结果如图 2-10 所示。

图 2-10　引用传递结果

2.7　常见的预处理指令

所谓的预处理指令，就是用来控制编译器工作的一些指令。预处理指令从来不会转化为可执行代码中的命令，但会影响编译过程的各个方面。例如，使用预处理器指令可以禁止编译器编译代码的某一部分。如果计划发布两个版本的代码，即基本版本和有更多功能的企业版本，就可以使用这些预处理器指令。在编译软件的基本版本时，使用预处理器指令还可以禁止编译器编译与额外功能相关的代码。另外，在编写提供调试信息的代码时，也可以使用预处理器指令。所有的C#预处理指令都是以符号#开头的，常见的C#预处理指令如下：

1. #define 和 #undef

#define 指令告诉编译器存在给定名称的符号，这个符号不是实际代码的一部分，而只在编译器编译代码时存在。例如：

```
#define DEBUG
```

#undef 指令和#define 指令正好相反，用来删除#define 指令对符号的定义，例如：

```
#undef DEBUG
```

如果符号不存在，#undef 就没有任何作用。同样，如果符号已经存在，#define 也不起作用。

必须把#define 和#undef 命令放在 C#源代码的开头，在声明要编译的任何对象的代码之前。#define 和#undef 指令本身并没有什么用，但与其他预处理器指令（特别是#if）结合使用时，其功能就非常强大了。

注意：预处理器指令不用分号结束，一般一行上只有一个命令。这是因为对于预处理器指令，C#不再要求命令用分号结束。如果它遇到一个预处理器指令，就会假定下一个命令在下一行上。

2. #if, #elif, #else 和#endif

#if, #elif, #else 和#endif 指令告诉编译器是否需要编译某个代码块。例如：

```
#if Debug
        Console.WriteLine("#IF 预处理器指令");
#else
        Console.WriteLine("#ELSE 预处理器指令");
#endif
```

如果在 C#源代码的开头声明了#define Debug 则会输出：

```
#IF 预处理器指令
```

如果是#undef Debug，则输出：

```
#ELSE 预处理器指令
```

3. #warning 和#error

当编译器遇到#warning 和 # error 指令时，会分别产生警告或错误。如果编译器遇到#warning 指令，会给用户显示#warning 指令后面的文本，之后编译继续进行。如果编译器遇到#error 指令，就会给用户显示后面的文本，作为一个编译错误信息，然后会立即退出编译，不会生成 IL 代码。

使用#error 指令指令可以检查#define 语句是不是做错了什么事，使用#warning 语句可以让程序员想起做过什么事。例如：

```
#if DEBUG && RELEASE
#error "You've defined DEBUG and RELEASE simultaneously! "
#endif
#warning "Don't forget to remove this line before the boss tests the code! "
Console.WriteLine("*I hate this job*");
```

4. #line

#line 指令可以用于改变编译器在警告和错误信息中显示的文件名和行号信息。如果编写代码时，在把代码发送给编译器前，要使用某些软件包改变键入的代码，就可以使用这个指令，因为这意味着编译器报告的行号或文件名与文件中的行号或编辑的文件名不匹配。#line 指令可以用于恢复这种匹配。也可以使用语法#line default 把行号恢复为默认的行号。

5. #pragma

#pragma 指令可以抑制或恢复指定的编译警告。#pragma 指令可以在类或方法上执行，对抑制警告的内容和抑制的时间进行更精细的控制。

6. #region 和#endregion

使用#region 和#endregion 指令，可以指定一块代码在视图中隐藏并使用易懂的文字标记来标识。#region 和#endregion 指令的使用能使较长的*.cs 文件更便于管理。

2.8 本章小结

本章首先介绍了 C#语言中的两种数据类型及不同数据类型之间的转换；接着重点介绍了 C#基本编程工具的运用，主要包括常量和变量的声明和使用、常用运算符和表达式的使用、方法及重载的运用、流程控制语句的运用、控制台的输入和输出方法等；最后向读者介绍了常见的 C#预处理指令。

习 题

一、选择题

（1）以下属于 c#简单值数据类型的有________。

A．int 类型　　B．int[]类型　　C．char 类型　　D．枚举类型

（2）使用变量 age 来存储人的年龄，则将其声明为________类型最为适合。

A．sbyte　　B．byte　　C．int　　D．float

（3）以下数组声明语句中，不正确的有________。

A．int [] a;　　B．int a [] = new　int[2];

C．int [] a == {1,3};　　D．int [] a = int [] {1,3};

（4）以下拆箱转换语句中，正确的有________。

A．object　o;　　int　i =　（int）o;

B．object　o=10.5;　int　i=　（int）o;

C．object　o=10.5; float　f =　（float）o;

D．object　o=10.5; float　f=（float）（double）o;

（5）设 bool 型变量 a 和 b 的取值分别为 true 和 false，那么表达式 a&&（a||!b）和 a|（a&&b）的值分别为________。

A．true　true　B．true　false　C．false　false　D．false　true

（6）C#中，表示一个字符串的变量应使用以下________条语句定义。

A．CString str;　B．string str;　C．Dim str as string　D．char * str;

（7）下面是关于类型转换的描述，正确的有________。

A．拆箱（unboxing）是把装箱后的对象转换回值类型的过程

B．拆箱是显式转换

C．拆箱时，系统会首先检测要拆箱的对象实际是否是值类型的装箱值

D．拆箱时，系统会把对象里面的值类型的值复制到变量

（8）数据类型转换的类是________。

A．Mod　B．Convert　C．Const　D．Single

（9）在 Array 类中，可以对一维数组中的元素进行排序的方法是________。

A．Sort()　B．Clear()　C．Copy()　D．Reverse()

（10）下列关于方法重载的说法，错误的是________。

A．方法可以通过指定不同的参数个数重载

B．方法可以通过指定不同的参数类型重载

C．方法可以通过指定不同的参数传递方式重载

D．方法可以通过指定不同的返回值类型重载

二、简答题

（1）简述变量的命名规则。

（2）简述值类型与引用类型的区别。

（3）简述结构与枚举数据类型的区别。

第 3 章　面向对象编程基础

面向对象编程（Object Oriented Programming，OOP，面向对象程序设计）是一种计算机编程架构。面向对象编程的思想并不是从来就有的，它是随着计算机技术和软件工程思想的发展而产生的。

本章将结合 C#语言，介绍面向对象编程的基本思想，以及如何实现面向对象程序设计。通过本章的学习，读者将能够使用 C#语言完成基本的面向对象程序，对面向对象编程的基本概念和基本步骤有一个初步的了解。

3.1　软件开发方法

3.1.1　结构化程序设计方法

结构化程序设计（structured programming）的概念最早由 E.W.Dijikstra 在 1965 年提出的，是软件发展的一个重要的里程碑。结构化程序设计的基本思想是采用“自顶向下，逐步求精”的程序设计方法和“单入口单出口”的控制结构，使用三种基本控制结构（顺序结构、循环结构、分支结构）构造程序。结构化程序设计主要强调的是程序的易读性。C 语言就是一种典型的结构化程序设计语言。

简单地说，结构化程序设计，或者叫面向过程的程序设计，采用“模块化”的设计思路，把程序要解决的总目标分解为子目标，再进一步分解为具体的小目标，把每一个小目标称为一个模块。分析出解决问题的若干步骤，然后用模块（通常由函数实现）把这些步骤一步步实现，使用时一个个依次调用就可以了。

3.1.2　面向对象的开发方法

面向对象的软件开发方法是在面向过程的结构化程序方法基础上发展起来的。面向对象的软件开发方法是一种以对象为基础，以事件或消息来驱动对象执行处理的软件开发方法。它具有抽象性、封装性、继承性及多态性。面向对象的开发方法达到了软件工程的三个主要目标：重用性、灵活性和扩展性。

面向过程程序的控制流程由程序中预定顺序来决定；面向对象程序的控制流程由运行时各种事件的实际发生来触发，而不再由预定顺序来决定，更符合实际需要。面向对象程序设计方法将数据和对数据的操作封装在一起，作为一个整体来处理。面向对象技术具有程序结构清晰，自动生成程序框架，实现简单，可有效地减少程序的维护工作量，代码重用率高，软件开发效率高等优点。

3.1.3　面向对象程序设计方法

面向对象的方法学认为世界是由各种各样具有自己的运动规律和内部状态的对象所组成的，复杂的对象可以由简单的对象组合而成，整个世界都是由不同的对象经过层层组合构成的。因此，人们应当按照面向对象的方法学来理解世界，直接通过对象及其相互关系来反映世界。

面向对象程序设计是面向对象的方法学在软件开发方法过程中直接运用，按照面向对象的思想，使用对象描述事物，围绕对象进行软件设计。使用面向对象程序设计方法设计计算机程序，将对事物的特征和功能的抽象描述放到类的定义中，通过类的实例化创建对象，更接近于人们日常生活中的认知模式。

面向对象的程序设计方法以对象为中心，通常具备以下特征：

- 系统中一切皆为对象；
- 对象是数据和数据相关操作的封装体；
- 将同种对象进行抽象描述，称为类的定义，对象是类的实例化；
- 对象之间通过消息传递实现动态链接。

3.2　类

类是面向对象的一个基本概念，是对事物的抽象描述。类是对同一种对象的抽象描述，通过定义相关数据和函数，描述对象的特征和功能。

3.2.1　类的声明

C#中定义一个类的基本语法如下：

```
[访问修饰符 ] class 类名
{
    类成员定义
}
```

其中，访问修饰符是可选项，可以选择 public、private、protected、internal。访问饰符对类的可访问性和可继承性做出了限定，访问修饰符也可以没有，定义类时不使用访问修饰符，则默认该类是 internal 的。访问修饰符的基本含义如下：

- public：可被所属类的成员以及不属于类的成员访问。
- internal：可被当前程序集访问。
- protected：可被所属类及其派生类访问。
- private：仅所属类的成员才可以访问。

下面来看一个类定义的例子。以汽车为例，定义 Car 类，将对汽车的抽象描述放入 Car 类的定义中。

```
public class Car
{
    public  double  OilMeter;           //油表数值，单位：升
    public  double  OilVolume;          //油箱容量，单位：升
    public  double  OilCosumption;      //油耗，每百公里消耗汽油数量，单位：升
    public  double  Mileage;            //里程数，单位：公里
    public  void  Info( )
    {
        Console.WriteLine("这辆车已经行驶 {0} 公里，油箱中还有 {1} 升汽油，油耗为
        百公里{2} 升。", Mileage, OilMeter,OilCosumption);
    }
}
```

Car 类中包含 4 个 double 型的变量 OilMeter、OilVolume、OilCosumption、Mileage 和一个函数（C#中称为“方法”）Info()。OilMeter、OilVolume、OilCosumption、Mileage 分别代表车的油表数值、油箱容量、油耗和里程数，函数 Info()输出车的里程数和油表数值。

注意：Car 类的访问修饰符是 public，Car 类内部的变量和函数也都有访问修饰符，使用不同访问修饰符的区别在本章后边进行具体分析。

3.2.2 创建对象

类给出了对象的抽象描述，要在程序中使用对象，需要使用对象所属的类进行实例化。如果把类 Car 的定义看作汽车的图纸的话，创建对象就是根据图纸来生产实际的车辆。

【例 3-1】

```
using System;
using System.Collections.Generic;
using System.Linq;
using System.Text;

namespace Example3_1
{
    public class Car
    {
        public  double  OilMeter;           //油表数值，单位：升
        public  double  OilVolume;          //油箱容量，单位：升
        public  double  OilCosumption;      //油耗，每百公里消耗汽油数量，单位：升
        public  double  Mileage;            //里程数，单位：公里
        public  void  Info( )
        {
```

```
            Console.WriteLine("这辆车已经行驶 {0} 公里，油箱中还有 {1} 升汽油，油
            耗为百公里{2} 升。", Mileage, OilMeter,OilCosumption);
        }
    }
    class Program
    {
        static void Main(string[] args)
        {
            Car car1 = new Car( );
            car1.Info( );
            Console.ReadKey( );
        }
    }
}
```

程序输出结果如下。

```
这辆车已经行驶 0 公里，油箱中还有 0 升汽油，油耗为百公里 0 升。
```

例 3-1 中声明了两个类，Car 类和 Program 类。public class Car 是 Car 类的定义，Program 类是 Visual Studio 自动生成的，Program 类中自动包含 Main()方法，我们在 Main 方法中对 Car 类进行了实例化。

类的定义是对某类事物的抽象描述，可以看作是事物的图纸，对象则是实际存在的事物，实例化就是连接二者，从图纸生产出实际事物的过程。创建对象的基本语法如下。

```
类名 对象名 = new 类名 ();
```

例如：

```
Car car1 = new Car( ); //实例化了一个 Car 类的对象 car1
```

赋值运算符“=”左边定义了一个 Car 类的对象 car1，与 int a；定义整型变量类似。赋值运算符“=”右边使用 new 运算符为新建的 Car 类对象 car1 分配内存空间，后面的“类名()”调用 Car 类的构造函数，对对象 car1 的成员进行初始化，如果没有在对象所属类的构造函数中显式说明，则默认将对象中包含的 int 或 double 型变量初始化为 0。

例 3-1 中，没有显式给出 Car 类的构造函数，但创建 Car 类对象时仍然会对对象 car1 的成员进行初始化，将变量初值赋值为 0，因此当使用“car1.Info();”调用 car1 对象的 Info()方法时，输出的里程数和油表数值都是 0。

3.2.3　构造函数

考虑一下，在例 3-1 中，调用 car1.Info()输出的 OilCosumption 的值也是 0，这样显然是不合理的，不消耗汽油的车是不存在的。那么，能不能在实例化 Car 类对象 car1 的时候初始化油耗 OilCosumption 呢？

在实例化类的对象时对类中包含的变量进行初始化需要通过类的构造函数进行。构造

函数的基本格式如下：

```
类名（参数表）
{
    函数体，通常用于给类中的数据成员赋初值。
}
```

构造函数名与类名相同，不能修改，构造函数的参数表可以为空，也可以不空。定义构造函数时不需要给出返回值类型。

构造函数可以显式给出也可以不给出。无论是否显式给出构造函数，在定义类的对象时，都会调用该类的构造函数。

构造函数时一般使用访问修饰符 public。

1）自动生成的构造函数。

当定义一个类时，如果没有给出构造函数，Visual Studio 将自动生成一个没有参数的构造函数。如例 3-1 中，Car 类的构造函数为 Car()调用的即为系统自动生成的默认构造函数。

我们只需要掌握其使用方式即可，例如，例 3-1 中，在语句“Car car1 = new Car();”new 运算符之后调用了 Car 类的默认构造函数，其功能就是对 Car 类对象 car1 中的变量进行初始化。

自动生成的构造函数对对象包含的变量进行初始化时，给 int 和 double 型的变量赋初值 0，给 bool 型的变量赋初值 false，给引用类型变量赋初值 null。

2）自定义构造函数。

有时需要在实例化类的对象时为对象中的某个变量赋值，例如，给 double 型变量 OilCosumption 赋初值为 8.0，这是使用自动生成的构造函数无法实现的。这时，需要自定义一个构造函数。例如：

```
public class Car
 {
    ……
    public Car( )
    {
        OilCosumption = 8.0;
    }
 }
```

自定义的构造函数函数名与类名相同，使用访问修饰符 public，将上面代码中的自定义构造函数添加到例 3-1 的 Car 类的定义中，则输出结果变为：

```
这辆车已经行驶 0 公里，油箱中还有 0 升汽油，油耗为百公里 8 升。
```

当我们给出一个没有参数的自定义构造函数时，也就是自定义构造函数的函数头与系统自动生成的构造函数完全相同时，系统将不再自动生成构造函数。

为了增加程序的灵活性，可以同时定义多个自定义构造函数，多个构造函数的函数名完全相同，但参数表必须不同，这种情况称为构造函数重载。

【例 3-2】

```
using System;
using System.Collections.Generic;
using System.Linq;
using System.Text;

namespace Example3_2
{
    public class Car
    {
        public  double  OilMeter;          //油表数值，单位：升
        public  double  OilVolume;         //油箱容量，单位：升
        public  double  OilCosumption;     //油耗，每百公里消耗汽油数量，单位：升
        public  double  Mileage;           //里程数，单位：公里
        public  void  Info( )
        {
            Console.WriteLine("这辆车已经行驶 {0} 公里，油箱中还有 {1} 升汽油，油
            耗为百公里{2} 升。", Mileage, OilMeter,OilCosumption);
        }
        public Car()
        {
            OilCosumption = 8.0;
        }
        public Car(double x,double y,double z)
        {
            Mileage = x;
            OilMeter = y;
            OilCosumption = z;
        }
    }
    class Program
    {
        static void Main(string[] args)
        {
            Car car1 = new Car( );
            car1.Info( );
            Car car2 = new Car(1000,30,12);
            car2.Info( );
            Console.ReadKey( );
        }
    }
}
```

程序输出结果为：

```
这辆车已经行驶 0 公里，油箱中还有 0 升汽油，油耗为百公里 8 升。
这辆车已经行驶 1000 公里，油箱中还有 30 升汽油，油耗为百公里 12 升。
```

一个类有两个或更多的构造函数，其参数表互不相同，则在定义该类的对象时，系统将根据 new 运算符后边的构造函数的参数类型和个数来选择调用哪个构造函数为对象的变量进行初始化。

例 3-2 的 Main()方法中，对象 car1 调用了没有参数的构造函数，对象 car2 调用了有参数的构造函数，从而在调用 Info()方法输出对象的信息时，car1.Info()和 car1.Info()得到不同的输出结果。

如果只显式给出一个有参数的构造函数，则系统将不会自动生成一个无参数的构造函数，此时，在定义对象时将不能调用无参数的构造函数，因为该构造函数不存在。也就是说，要实现构造函数重载，必须显式给出所有构造函数的定义。此外，除了定义对象时调用构造函数初始化对象中的数据，在程序的其他位置不能调用构造函数。

3.3 类的成员

类是对事物特征和功能的抽象，对应地，类的定义中包含有变量和函数。在 C#中，这些变量和函数统称为类的成员。

3.3.1 类的数据成员

类的数据成员指的是类中定义的常量和变量，其中的变量又称为“字段”。注意，在类中的某一个函数中定义的变量不是类的数据成员。类的数据成员是在类的代码内定义的，并且不包含在类的任何一个函数内。例如，下面的代码在 Example 类中定义了两个 int 型数据成员 a、b，两个 double 型的数据成员 c、d。而 Test()函数中定义的变量 temp 不是类的数据成员。

```
public class Example
    {
        public  int  a;
        public  int  b;
        public  double  c;
        public  double  d;
        public  void  Test( )
        {
            int temp;
        }
    }
```

类的数据成员定义的格式与一般变量类似，注意，可以把一个类的对象作为另外一个类的数据成员。定义格式如下：

[访问修饰符] 类型名 数据成员名

类的数据成员在定义时通常需要给出访问修饰符，如果没有显式给出，则系统默认访问修饰符为 private，即只有类内的函数可以访问该数据成员。如果数据成员的访问修饰符使用 public，则允许类的数据成员在类定义之外被访问。

类的数据成员可以是任意类型，一个类的实例可以作为另一个类的数据成员。

类的数据成员可以在类的构造函数中进行初始化。

类的数据成员可以分为静态数据成员和非静态数据成员。与静态变量类似，静态数据成员使用关键字 static 修饰。例如，public static int x。

没有使用关键字 static 修饰的数据成员都是非静态数据成员。静态数据成员和非静态数据成员在类定义中都很常用。我们需要掌握的是二者的区别和使用方法。简单地说，静态数据成员是类的所有实例共有的，独立于实例存在，可以在类的多个实例直接传递信息。非静态数据成员是类的每个实例私有的，是实例的一部分。下面通过例 3-3 说明静态数据成员和非静态数据成员的区别。

【例 3-3】

```
using System;
using System.Collections.Generic;
using System.Linq;
using System.Text;

namespace Example3_3
{
    public class Car
    {
        public  double  OilMeter;          //油表数值，单位：升
        public  double  OilVolume;         //油箱容量，单位：升
        public  double  OilCosumption;     //油耗，每百公里消耗汽油数量，单位：升
        public  double  Mileage;           //里程数，单位：公里
        static public int count;
        public Car()
        {
            count++;
        }

    }
    class Program
    {
        static void Main(string[] args)
        {
            Car car1 = new Car();
            Car car2 = new Car();
            car1.OilVolume = 50;
            car2.OilVolume = 100;
```

```
            Console.WriteLine("car1 的油耗: {0}", car1.OilVolume);
            Console.WriteLine("car2 的油耗: {0}", car2.OilVolume);
            Console.WriteLine("Car 类的实例个数: {0}", Car.count);
            Console.ReadKey();
        }
    }
}
```

程序输出结果为：

```
car1 的油耗: 50
car2 的油耗: 100
Car 类的实例个数: 2
```

例 3-3 中，Car 类中，数据成员 OilVolume 为非静态数据成员，在 Main 方法中需要先定义 Car 类对象 car1，然后使用 car1. OilVolume 引用非静态数据成员 OilVolume。

- 非静态数据成员的引用格式如下。

```
对象名.数据成员名;
```

例如：

```
car1. OilVolume=50; /*修改对象 car1 的数据成员 OilVolume 的值*/
```

- 静态数据成员的引用格式则为：

```
类名.数据成员名;
```

在 Car 类的构造函数中使静态数据成员 count 自增，也就是每调用一次构造函数，count 就会加一。count 的作用是记录 Car 类实例的个数，可以认为 count 是一个计数器，记录工厂生产汽车的辆数。

静态数据成员 count，类型为 double 型，默认其初始值为 0，也可以在定义静态数据成员时为其赋初值。例如：

```
static public int count=10;
```

3.3.2 类的方法成员

在类的代码中，除了有数据成员的定义外，还有函数的定义，这些函数称为类的方法成员。例如，例 3-1 中 Car 类的方法成员 Info()。

在类的方法成员中，通常对类的数据成员进行输入输出操作，也可以对类的数据成员进行各种运算。其定义格式如下。

```
[访问修饰符] 返回值类型 方法名(参数表)
{
    语句序列;
}
```

参数表可以为空，为空时方法名后面若参数表不为空，则格式为：类型 参数 1，类型 参数 2，……

如果方法成员的实现代码中使用“return 表达式;”返回，则方法成员定义中返回值类型应该与 return 语句中的表达式类型一致；如果没有 return 语句，或者使用“return:”，语句中没有给出返回值，则法成员定义中返回值类型应为 void，即无返回值。

例 3-4 在 Car 类中添加一个方法成员 Fule()，该方法成员有一个 int 型参数，无返回值。

【例 3-4】

```
using System;
using System.Collections.Generic;
using System.Linq;
using System.Text;

namespace Example3_4
{
    public class Car
    {
        public  double  OilMeter;          //油表数值，单位：升
        public  double  OilVolume;         //油箱容量，单位：升
        public  double  OilCosumption;     //油耗，每百公里消耗汽油数量，单位：升
        public  double  Mileage;           //里程数，单位：公里
        public Car( )
        {
            OilMeter = 0;
            OilVolume = 50;
            OilCosumption = 9;
            Mileage = 0;
        }
        public  void  Info( )
        {
            Console.WriteLine("这辆车已经行驶 {0} 公里，油箱中还有 {1} 升汽油，油
            耗为百公里{2} 升。;", Mileage, OilMeter,OilCosumption);
        }
    public void Fule(int x)//加油
        {
            if(OilMeter+x <= OilVolume)
            {
                OilMeter = OilMeter+x;
                Console.WriteLine("向油箱中加入 {0} 升汽油， 油箱中现有 {1} 升汽
                油。", x, OilMeter);
            }
            else
            {
```

```
                Console.WriteLine ("油箱已满，加入 {0} 升汽油。", OilVolume-
                OilMeter);
                OilMeter = OilVolume;
            }
        }
    }
    class Program
    {
        static void Main(string[] args)
        {
            Car car1 = new Car();
            car1.Info();
            car1.Fule(10);
            car1.Fule(100);
            car1.Info();
            Console.ReadKey();
        }
    }
}
```

程序输出结果为：

```
这辆车已经行驶 0 公里，油箱中还有 0 升汽油，油耗为百公里 9 升。
向油箱中加入 10 升汽油， 油箱中现有 10 升汽油。
油箱已满，加入 40 升汽油。
这辆车已经行驶 0 公里，油箱中还有 50 升汽油，油耗为百公里 9 升。
```

我们在 Main 方法中调用类的方法成员，格式为如下。

对象名.方法名(参数表);

调用方法成员时的参数表中的参数个数与方法成员定义中的参数表中参数个数必须相同，两个参数表中对应参数的类型应相同。

如果定义方法成员时在方法成员的访问修饰符前加上 static，则定义的就是静态方法成员。与静态数据成员类似，调用静态方法成员必须使用如下形式：

类名.方法名(参数表);

也就是说，调用非静态方法成员。必须先定义类的实例，而调用静态方法成员，可以直接调用。

在 C#中，类的定义中允许出现同名方法成员，这种情况称为重载。重载的概念在构造函数部分已经见到过，重载可以推广到类的方法成员：在一个类中定义两个或以上的同名方法成员，要求任意两个同名方法成员的参数表都不相同（或者参数个数不同，或者参数类型不同），返回值类型可以相同也可以不同。根据调用方法成员时的参数个数和类型，决定执行哪个方法成员。

例如，下面代码中，类 Test 中定义了两个同名的方法成员 public void FuncA()和 public

void FuncA(int x)。

```
class Test
{
public void FuncA( )
        {
            Console.WriteLine("这是无参数的 FuncA( )!");
        }
        public void FuncA(int x)
        {
            Console.WriteLine("这是有参数的 FuncA( ), 参数为{0}!", x);
        }
}
class Program
{
        static void Main(string[] args)
        {
            Test t = new Test( );
            t.FuncA( );
            t.FuncA(5);
        }
}
```

程序输出结果为：

```
这是无参数的 FuncA( )!
这是有参数的 FuncA( ), 参数为 5!
```

3.3.3　类的属性成员

除了数据成员和方法成员外，类中还有属性成员。属性成员可以看作一种特殊的数据成员，使用属性成员可以限制外部代码对类的数据成员的访问。

考虑一下，我们的日常生活中，很多电子产品都有质保标签，禁止用户打开产品外壳查看内部原理。在程序设计中也是如此，我们希望隐藏具体实现细节，可以把类看成一个黑盒，只有设计者掌握类的内部结构，使用者只能按照类的设计者规定好的方式访问类的数据成员。

如果要完全禁止外部代码对类中的某个数据成员的访问，只要将该数据成员的访问修饰符设置为 private 即可。例如：

```
public class Car
    {
        ……
        private  double  OilVolume;//油箱容量，单位：升
        ……
    }
```

```
    class Program
    {
        static void Main(string[] args)
        {
            Car car1 = new Car();
            car1.OilVolume = 50;
            ……
        }
    }
}
```

将例 3-4 中 Car 类的数据成员 OilVolume 的访问修饰符改为 private，则在 Main 方法中使用语句“car1.OilVolume = 50;”Visual Studio 将提示 Car. OilVolume 不可访问，因为它受保护级别限制。注意，在类 Car 的构造函数和方法成员中，依然可以访问数据成员 OilVolume。这个例子可以理解为在汽车生产出来以后就不允许用户改变油箱的大小，这种方式严格限制了在类 Car 的定义之外，完全不能访问数据成员 OilVolume。

有时，只是需要限制数据成员的访问，而不是完全不允许数据成员被访问。例如，希望允许在 Car 类之外，在 Main 方法中可以读出数据成员 OilVolume 的值，但是不能修改，也就是说允许查看车辆油箱的大小但不能更换油箱，这种情况下需要对数据成员 OilVolume 实现只读访问。

要实现这种访问控制，需要引入类的属性成员。例 3-5 给出了一个属性成员例子。

【例 3-5】

```
using System;
using System.Collections.Generic;
using System.Linq;
using System.Text;

namespace Example3_5
{
    public class Car
    {
        public  double  OilMeter;          //油表数值，单位：升
        public  double  OilVolume;         //油箱容量，单位：升
        public  double  OilCosumption;     //油耗，每百公里消耗汽油数量，单位：升
        public  double  Mileage;           //里程数，单位：公里
        public Car()
        {
            OilMeter = 0;
            OilVolume = 50;
            OilCosumption = 9;
            Mileage = 0;
        }
        public double OVolume
```

```
        {
            set
            {
            }
            get
            {
                return OilVolume;
            }
        }
    }
    class Program
    {
        static void Main(string[] args)
        {
            Car car1 = new Car();
            car1.OVolume = 100;
            Console.WriteLine("这辆车¦的油箱容积为{0} 升",car1.OVolume);
            Console.ReadKey();
        }
    }
}
```

程序输出结果为：

```
这辆车的油箱中容积为 50 升。
```

考虑一下一下为什么输出结果不是 100，而是 50？这是由属性成员的特性决定的。

在类中定义属性成员的格式如下。

```
public 类型 属性名
{
    set
      {
      }
    get
      {
      }
}
```

属性定义中，访问修饰符通常为 public，因为属性需要在类的定义之外被访问。属性的定义中包含一个 set 访问器和一个 get 访问器。

属性的引用格式为：

```
对象名.属性名;
```

例 3-5 中，属性 OVolume 的定义中，set 访问器为空，get 访问器中包含语句“return OilVolume;”，在 Main()方法中，引用 Car 类对象 car1 的属性 car1.OVolume，实际上执行了属性 OVolume 的 get 访问器中的代码，即“return OilVolume;”，因此，输出对象 car1 的数据成员 OilVolume 的值。语句“car1.OVolume = 100;”并未实现赋值，因为给对象的属性赋值，将调用属性的 set 访问器，而属性 OVolume 的 set 访问器为空，因此，实质上语句“car1.OVolume = 100;”没有任何效果。

注意：如果属性定义中没有给出 set 访问器，而只有 get 访问器，则该属性称为只读属性，这时为属性赋值将出错。类似地，属性定义中没有给出 get 访问器，而只有 set 访问器，则该属性称为只写属性，这时试图引用属性值将出错。也可以在 set 访问器之前加上访问修饰符 private，如 private set{ }，使得属性变成只读。

将例 3-5 的属性定义修改如下。

```
public double OVolume
{
    set
    {
        OilVolume = value;
    }
    get
    {
        return OilVolume;
    }
}
```

则程序输出结果为：

```
这辆车的油箱中容积为 100 升。
```

此时，语句“car1.OVolume = 100;”调用属性的 set 访问器，系统将使用一个变量 valule，自动将 100 赋给变量 value，只需在 set 访问器中将变量 value 赋给数据成员 OilVolume。

例 3-5 中属性 OVolume 与数据成员 OilVolume 存在对应关系，通过 get、set 访问器控制对数据成员的访问。

非空的 get 访问器中通常包含一个 return 语句，在类定义之外引用属性值，得到的就是该 return 语句的返回值。get 访问器可以在 return 语句之前进行运算，然后在 return 语句中返回运算结果。例如，Car 类中的油箱容积单位为升，在属性 OVolume 的 get 访问器中将容积单位换算为立方，然后使用 return 返回换算后的重量。

```
get
{
    return Func(OilVolume);    //Func(OilVolume)实现换算
}
```

非空的 set 访问器中，系统会自动产生一个变量 value，给属性赋值实际上就是给变量 value 赋值，可以在 set 访问器中判断 value 的范围是否合法，例如，是否在[0，100]，然后决定是否使用该值修改属性对应的数据成员。

```
set
{
    if( 0 <= value && value <= 100) OilVolume = value;
}
```

此外，还存在一种更为简便的属性使用方式。例如：

```
int Age{ get;  set; }
```

这种方式称为自动实现的属性，可以直接使用，无需为属性定义对应的 private 的数据成员。如果需要将属性设为只读或只写，只需要在 set 或 get 前加上 private 即可。

3.3.4　索引指示器

当类中的数据成员是一个集合或者数组时，索引指示器将大大简化对数组或集合成员的存取操作。索引与属性类似，可以对访问方式进行控制。

索引指示器的定义方式与属性类似格式如下。

```
[访问修饰符] 数据类型 this[索引类型 index]
{
    get
      {
      }
    set
      {
      }
}
```

示例如例 3-6 所示。

【例 3-6】

```
using System;
using System.Collections.Generic;
using System.Linq;
using System.Text;

namespace Example 3_6
{
    class Test
    {
        int[] a={1,2,3,4,5};
        public int this[int index]
        {
            get
            {
                return a[index];
            }
```

```
            set
            {
                a[index] = value;
            }
        }

    }
    class Program
    {
        static void Main(string[] args)
        {
            Test t = new Test( );
            Console.WriteLine(t[1]);
            Console.ReadKey( );
        }
    }
}
```

程序输出结果为：

```
2
```

也就是说，使用对象名 t 加上索引值，可以调用索引定义中的 get 访问器，访问对象 t 中的数组元素。类似地，也可以使用语句“t[1]=9;”调用 set 访问器，为数组元素赋值。

注意：不能定义两个相同数据类型的索引器，但是可以定义不同数据类型的索引器，其返回值可以相同。

【例 3-7】

```
using System;
using System.Collections.Generic;
using System.Linq;
using System.Text;

namespace Example 3_7
{
    class Test
    {
        string[] s = { "张三", "李四", "王五" };
        public int this[string str]
        {
            get
            {
                int i = 0;
                foreach (string temp in s)
                {
```

```
                if (temp == str) return i;
                i++;
            }
            return -1;
        }
    }

}
class Program
{
    static void Main(string[] args)
    {
        Test t = new Test();
        Console.WriteLine(t["张三"]);
        Console.WriteLine(t["小明"]);
        Console.ReadKey();
    }
}
}
```

程序输出结果为：

```
0
-1
```

索引指示器的参数可以选择非 int 型，例 3-7 中使用索引指示器查找给定字符串在对象中字符串数组内的位置，如果没有找到给定字符串则返回-1。要查找的字符串放在对象名之后的方括号内，如 t["张三"]。

3.3.5　析构函数

我们已经知道，在对类实例化时，也就是定义类对象时，需要调用类的构造函数为对象中的成员进行初始化。此外，如果有需要，构造函数中也可以为对象分配内存空间等资源。对应于构造函数，类的定义中有析构函数，析构函数当对象结束时执行，用于释放对象所占资源，其定义格式如下。

```
~类名( )
{
}
```

在类名前加波浪线作为析构函数的名字，无返回值，无参数，无访问修饰符，示例如例 3-8。

【例 3-8】

```
using System;
using System.Collections.Generic;
using System.Linq;
```

```
using System.Text;

namespace Example 3_8
{
    class Test
    {

        public Test( )
        {
            Console.WriteLine("这是构造函数");
        }
        ~Test( )
        {
            Console.WriteLine("这是析构函数");
        }

    }
    class Program
    {
        static void Main(string[] args)
        {
            Test t = new Test( );
            Console.ReadKey();
        }
    }
}
```

程序输出结果为：

```
这是构造函数!
```

程序员无法控制何时调用析构函数，因为这是由垃圾回收器（GC，Garbage Collector）决定的。垃圾回收器检查是否存在应用程序不再使用的对象。如果垃圾回收器认为某个对象符合回收条件，则调用析构函数（如果有）并回收用来存储此对象的内存。但这时程序已经结束，因此无法看到析构函数的输出。

3.4 C#常用类操作

C#提供了许多可以直接使用的类代码，下面介绍几种 C#常用类。

3.4.1 Convert 类

Convert 类提供了很多静态方法成员，用于实现数据类型的转换。表 3-1 列出了 Convert

类的常用方法。

表 3-1　Convert 类常用方法

方法	功能
Convert.ToBoolean(value)	将 value 转换为 bool 类型
Convert.ToByte(value)	将 value 转换为 byte 类型
Convert.ToChar(value)	将 value 转换为 char 类型
Convert.ToDateTime(value)	将 value 转换为 DateTime 类型
Convert.ToDecimal(value)	将 value 转换为 decimal 类型
Convert.ToDouble(value)	将 value 转换为 double 类型
Convert.ToInt16(value)	将 value 转换为 Int16 类型
Convert.ToInt32(value)	将 value 转换为 Int32 类型
Convert.ToInt64(value)	将 value 转换为 Int64 类型
Convert.ToUInt16(value)	将 value 转换为 UInt16 类型
Convert.ToUInt32(value)	将 value 转换为 UInt32 类型
Convert.ToUInt64(value)	将 value 转换为 UInt64 类型
Convert.ToSByte(value)	将 value 转换为 sbyte 类型
Convert.ToSingle(value)	将 value 转换为 single 类型
Convert.ToString(value)	将 value 转换为 string 类型

注意：Covert 类提供的方法都是静态方法，调用格式如下。

```
Convert.方法名(参数表);
```

在使用 Convert 类的方法进行类型转换过程中，可能会造成数据精度损失。例如：

```
double value = 3.14;
Console.WriteLine(Convert.ToInt16(value));
```

程序输出结果为：

```
3
```

被转换的数值可能超出新类型的取值范围，从而引发异常。例如：

```
double value= 32769;
Console.WriteLine(Convert.ToInt16(value));
```

这时，Visual Studio 将提示“值对于 Int16 太大或太小”。

因此，使用 Convert 类的方法进行类型转换前，需要考虑可能出现的问题并进行处理，避免影响到程序的正常执行。

3.4.2　string 类和 StringBuilder 类

字符串是 C#中的一种重要数据类型，在项目开发中，离不开字符串操作。C#提供了 String 类实现字符串操作。与 Convert 类相似，String 类中的方法有静态方法和非静态方法。

注意，在 C#中 String 和 string 可以认为是等同的，为了书写简便，统一采用小写 string。

1. 静态方法

使用“string.方法名”格式调用。

（1）字符串比较。

格式：string.Compare(str1, str2)

比较两个字符串 str1 和 str2 大小，若 str1 大于 str2 则返回 1，若 str1 小于 str2 则返回 -1，相等则返回 0。例如：

```
string str1 = "test";
string str2 = "t";
Console.WriteLine(String.Compare(str1,str2));
```

程序输出结果为：

```
1
```

两个字符串比较，字符串中第一个不相同字符的 ASCII 码大的字符串较大。

（2）字符串复制。

格式：string.Copy(str)

创建一个与指定字符串具有相同值的新字符串实例。使用 string.Copy(str)是在内存中开辟新的存储空间，并复制字符串 str，得到一个新的字符串实例。例如：

```
string str1 = "test";
string str2 = String.Copy(str1);
Console.WriteLine(str2);
```

程序输出结果为：

```
test
```

注意：下面的代码也是合法的，执行完毕后 str1，str2 指向内存中的同一个字符串。

```
string str1 = "test";
string str2 = str1;
```

（3）字符串判等。

格式：string.Equals(str1,str2)

判断两个字符串 str1 和 str2 是否相等，相等则返回 true，否则返回 false。

注意：string.Equals(str1,str2) 与 str1 == str2 的作用相同。

（4）字符串合并。

格式：string.Join(separator, arr)

其中 separator 为字符串，arr 为字符串数组。

将字符串数组 arr 中的所有字符串合并成一个字符串，相邻字符串之间添加分隔符。例如：

```
string[] a = { "hello", "world" };
Console.WriteLine(string.Join(",",a));
```

程序输出结果为：

```
hello, world
```

2. 非静态方法

使用“对象名.方法名”格式调用。

（1）字符串比较。

对象名.CompareTo(string str)

比较字符串对象与字符串 str 的大小，返回值规则与 String.Compare()相同。例如：

```
string str1 = "test";
string str2 = "hello";
Console.WriteLine(str1.CompareTo(str2));
```

程序输出结果为：

```
1
```

（2）判断是否包含给定子串。

对象名. Contains(str)

判断字符串对象中是否包含子字符串 str，是则返回 true，否则返回 false。例如：

```
string str1 = "hello world";
string str2 = "hello";
Console.WriteLine(str1.Contains(str2));
```

程序输出结果为：

```
True
```

（3）查找给定子串位置。

对象名.IndexOf(str)

查找字符串对象中给定子字符串 str 首次出现的位置，如果子字符在字符串对象中不存在，则返回-1。例如：

```
string str1 = "hello world";
string str2 = "world";
Console.WriteLine(str1.IndexOf(str2));
```

程序输出结果为：

```
6
```

也可以指定在字符串对象中查找子串的起始位置：

```
Console.WriteLine(str1.IndexOf(str2,7));
                        /*从字符串数组 str1 中下标为 7 的字符开始查找*/
```

则输出变为-1。

（4）查找字符串是否包含给定字符数组中的字符。

对象名.IndexOfAny(arr)，其中 arr 为字符数组。

查找字符串对象中是否包含字符数组 arr 中的任一字符元素，如果有则返回第一个出现的字符元素的位置，如果未能在字符串对象中找到字符数组中的任意一个字符，则返回-1。例如：

```
string str1 = "hello world";
char[] s = { 'a', 'b', 'c', 'd' };
Console.WriteLine(str1.IndexOfAny(s));
```

程序输出结果为：

```
10
```

（5）插入子串。

对象名.Insert(startindex, str)，其中 startindex 为整型值，str 为字符串。

在字符串对象的给定位置（startindex）插入子串 str。例如：

```
string str1 = "hello world";
Console.WriteLine(str1.Insert(1,"test"));
```

程序输出结果为：

```
htestello world
```

（6）删除子串。

对象名.Remove(startindex)，其中 startindex 为整型值。

删除此字符串从指定位置到最后位置的所有字符。

对象名.Remove(startindex，count)，其中 startindex、count 为整型值。

删除此字符串从指定位置开始的 count 个字符。

例如：

```
string str1 = "hello world";
Console.WriteLine(str1.Remove(6));
Console.WriteLine(str1.Remove(0,6));
```

程序输出结果为：

```
hello
world
```

（7）替换子串。

对象名.Replace(substr1，substr2)，其中 substr1，substr2 为字符串。

将字符串中的所有子串 substr1 替换为 substr2。

对象名.Replace(char1，char2)，其中 char1，char2 为字符型数据。

将字符串中的所有字符 char1 替换为字符 char2。

例如：

```
string str1 = "hello world";
Console.WriteLine(str1.Replace("world","China"));
string str2 = "Like";
Console.WriteLine(str2.Replace('L', 'N'));
```

程序输出结果为：

```
hello China
Nike
```

（8）拆分字符串。

对象名.Split(chararr)，其中 chararr 为字符数组。

将字符串拆分成若干子字符串，存入一个字符串数组，以字符数组 chararr 中的字符作为分隔符，遇到分隔符则产生一个新的字符串。例如：

```
string str1 = "3.14,6 17";
char[] c = { '.', ',', ' ' };//分隔符包括英文句号，逗号，空格
string[] arr = str1.Split(c);
foreach (string str in arr)
  Console.WriteLine(str);
```

程序输出结果为：

```
3
14
6
17
```

将字符串拆分成为四个子字符串。

（9）去空格。

对象名.Trim()

去掉字符串首尾的空格，字符串中间的空格不受影响。

对象名.TrimEnd()

去掉字符串尾部的空格。

对象名.TrimStart()

去掉字符串首部的空格。

3. StringBuilder 类

String 类在进行字符串运算时（如赋值、字符串连接等）会产生一个新的字符串实例，需要为新的字符串实例分配内存空间，相关的系统开销可能会非常昂贵。如果要修改字符串而不创建新的对象，且操作次数非常多，则可以使用 StringBuilder 类，例如，当在一个循环中将许多字符串连接在一起时。StringBuilder 类在原有字符串的内存空间上进行操作，使用 StringBuilder 类可以提升性能。例如：

```
StringBuilder str1 = new StringBuilder("hello");
str1.Append(" ");
str1.Append("world");
str1.Append("!");
Console.WriteLine(str1);
```

程序输出结果为：

```
hello world!
```

3.4.3 DateTime 类和 TimeSpan 类

日期时间数据是项目设计过程中经常需要处理的信息，C#提供了 DateTime 类和 TimeSpan 类来处理日期时间数据。下面通过例 3-9 说明 DateTime 类和 TimeSpan 类的使用。

【例 3-9】

```
using System;
using System.Collections.Generic;
using System.Linq;
using System.Text;

namespace Example3_9
{
    class Program
    {
        static void Main(string[] args)
        {

        /*初始化 DateTime 类对象的 7 个整型参数，年，月，日，时，分，秒，毫秒*/
            DateTime t1 = new DateTime(2013, 9, 5, 18, 7, 30, 200);
            DateTime t2 = new DateTime(2010, 9, 1);//也可以只给出年月日
            TimeSpan ts = t1 - t2;//ts 是 DateTime 数据 t1、t2 之间的时间间隔
            Console.WriteLine(t1.ToString());
            Console.WriteLine("t1-t2 = "+ts.ToString( ));
            Console.WriteLine("t1={0}年{1}月{2}日{3}时{4}分{5}秒{6}毫秒",
            t1.Year,t1.Month,t1.Day,t1.Hour,t1.Minute,t1.Second,t1.
            Millisecond);
            Console.WriteLine("t2 是{0}年的第{1}天,是{2}", t2.Year,
            t2.DayOfYear,t2.DayOfWeek);
            Console.WriteLine("t1 的时间部分为：{0}", t1.TimeOfDay);
            Console.WriteLine("当前时间为"+DateTime.Now.ToString());
            Console.ReadKey();
        }
    }
}
```

程序输出结果为：

```
2013/9/5 18:07:30
t1-t2 = 1100.18:07:30.2000000
t1=2013年9月5日18时30秒200毫秒
t2是2013/9/5 年的第243天，是Thursday
t1的时间部分为：18:07:30.2000000
当前时间为2013/9/6 9:16:38
```

3.4.4　Math 类

数学函数时编程中经常用到的，C#中的 Math 类包含了常用的数学方法。表 3-2 给出了 Math 的常用数学方法。

表 3-2　Math 类常用方法

方法	功能
Math.Abs(x)	求 x 的绝对值
Math.Acos(x)	返回余弦值为 x 的角度，x 为 double 型
Math.Asin(x)	返回正弦值为 x 的角度，x 为 double 型
Math.Atan(x)	返回正切值为 x 的角度，x 为 double 型
Math.Cos(x)	返回指定角度 x 的余弦值
Math.sin(x)	返回指定角度 x 的正弦值
Math.tan(x)	返回指定角度 x 的正切值
Math.Exp(x)	返回 e 的 x 次幂
Math.BigMul(x,y)	生成两个 32 位数的完整乘积
Math.Ceiling(x)	返回大于或等于指定的双精度浮点数 x 的最小整数值
Math.Floor(x)	返回小于或等于指定的双精度浮点数 x 的最大整数值
Math.Log(x,y)	返回 x 以 y 为底的对数
Math.Log10(x)	返回 x 以 10 为底的对数
Math.Max(x,y)	返回 x、y 中较大的数
Math.Min(x,y)	返回 x、y 中较小的数
Math.Pow(x,y)	返回 x 的 y 次幂
Math.Round(x)	将双精度浮点数 x 舍入为最接近的整数值
Math.Sign(x)	返回数字 x 的符号，x 为负返回-1，x 为 0 返回 0，x 为正返回 1
Math.Sqrt(x)	返回指定非负数的平方根
Math.Truncate(x)	计算指定双精度浮点数 x 的整数部分

3.5　本 章 小 结

本章介绍了面向对象程序设计的基本思想，分析了结构化程序设计与面向对象程序设计的区别，带领大家初步了解了面向对象的程序设计方法。

本章将结合 C#语言，引入了面向对象的基本概念，介绍面向对象编程的基本思想，以及如何实现面向对象程序设计。通过本章的学习，大家将能够使用 C#语言完成基本的面向对象程序，掌握类的声明方式及类中数据成员和方法成员的定义方法，理解类的构造函数和属性、索引等基本概念，对面向对象编程的基本概念和基本步骤有一个初步的了解。

本章还介绍了 C#下的常用类：Convert 类、String 类、DateTime 类、TimeSpan 类和 Math 类，通过掌握常用类的使用，能够更进一步提升大家的面向对象程序设计水平。

习　　题

一、选择题

（1）构造函数何时被调用？_____

A．创建对象时　　B．类定义时

C．使用对象的方法时　　D．使用对象的属性时

（2）在类的定义中中能够通过直接使用该类的_____成员名进行访问。

A．私有 private　　B．公用 public　　C．保护 protected　　D．任何

（3）如果一个类命名为 myclass，则 myclass 的默认构造函数是______。

A．new myclass ()　　B．public class myclass

C．public myclass() {}　　D．myclass{}

（4）下列说法哪个正确？ ______

A．不需要定义类，就能创建对象　　B．对象中必须有属性和方法

C．类的定义中必须有静态方法　　D．必须先定义类，再创建类的对象

（5）C#中 MyClass 为一自定义类,其中有以下方法定义 public void Hello(){..}
使用以下语句创建了该类的对象,并使变量 obj 引用该对象：

```
MyClass obj = new MyClass();
```

那么，访问类 MyClass 的 Hello 方法是语句______。

A．obj.Hello();　　B．obj::Hello();

C．MyClass.Hello();　　D．MyClass::Hello();

（6）分析下列程序：

```
public class MyClass
{
  private string _sData = "";
  public string sData
  {
    set
    {_sData = value;}
  }
}
```

在 Main 函数中，在成功创建该类的对象，并将其引用保存到变量 obj 后，下列合法的语句有______。

A．obj.sData = "It is funny!";　　B．Console.WriteLine(obj.sData);

C．obj._sData = 100;　　D．obj.set(obj.sData);

二、简答题

（1）描述 C#中索引器的实现过程，是否只能根据数字进行索引？

（2）解释类的静态成员和非静态成员的区别，说明如何引用静态成员和非静态成员。

（3）说明 String 类和 String Builder 类的区别。

第 4 章　面向对象高级编程

本章结合 C#语言，介绍面向对象编程的高级编程技术。通过本章的学习，读者能够使用 C#语言，应用面向对象高级编程技术，实现相对复杂的高级面向对象程序设计。

4.1　继承与派生

封装、继承、多态是面向对象编程的三大特征。封装就是把客观事物封装成抽象的类，隐藏实现细节，实现代码复用。继承和多态是面向对象的高级编程技术。本节主要介绍继承与派生的概念和使用方法。

4.1.1　继承现象

与日常生活中的事物一样，面向对象的编程中，类与类之间可以存在着一定的关联。如图 4-1 所示。

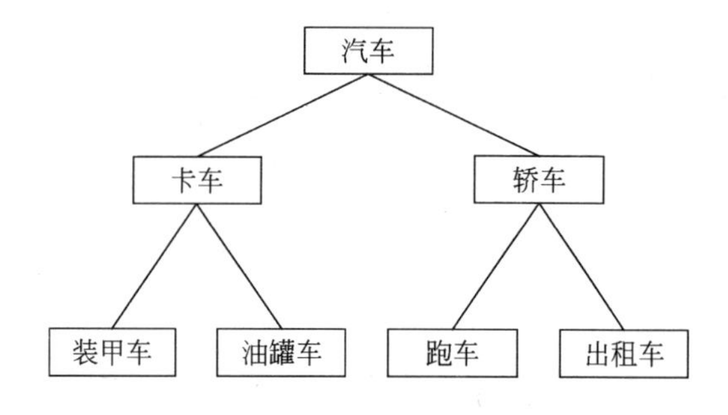

图 4-1　实际生活中的继承现象

继承是面向对象程序设计中的重要机制。就像我们可以在一款现有汽车车型的基础上修改设计，得到一款新车型一样，继承使得程序员可以在一个已经存在的类 A 的基础上快速建立一个新的类 B，而不用每次都从头开始给出类的全部定义。事实上，我们只需要修改已有类的定义，就可以很方便地得到所需要的新类。在结构化程序设计中，我们也可以在已有代码（例如一个函数）的基础上通过修改部分代码实现新的功能。面向对象程序设计中的继承是这种思路的进一步发展。

当在类 A 的基础上构建类 B，称之为类 B 继承了类 A，类 A 是类 B 的基类（Base Class，也叫父类），类 B 是类 A 的派生类（Derived Class，也叫子类）。继承思路的一个重要特点就是，如果修改了基类，那么，这些修改将自动被传递到其派生类。这一特点极大地方便了面向对象程序设计，能够有效提高软件项目的效率。

继承的语法格式如下。

```
[访问修饰符] 派生类名：基类名
{
    类的定义
}
```

要实现类的继承，只需要在定义派生类时，在派生类类名后加上冒号，然后给出该类的基类名即可。下面通过一个简单的例子 4-1 说明继承机制的工作原理。

【例 4-1】

```
using System;
using System.Collections.Generic;
using System.Linq;
using System.Text;

namespace Example4_1
{
    class Father
    {
        public int x;
        public void FuncA()
        {
            Console.WriteLine("这是类 Father 的方法成员 FuncA( )");
        }
    }
    class Son:Father
    {
        public int y;
        public void FuncB()
        {
            Console.WriteLine("这是类 Son 的方法成员 FuncB( )");
        }
    }
    class Program
    {
        static void Main(string[] args)
        {
            Son s1 = new Son();
            s1.x = 1;
            s1.y = 5;
            s1.FuncA();
            s1.FuncB();
            Console.WriteLine("s1.x = {0}, s1.y = {1}",s1.x,s1.y);
            Console.ReadKey();
        }
```

```
    }
}
```

程序输出结果为：

```
这是类 Father 的方法成员 FuncA( )
这是类 Son 的方法成员 FuncB( )
s1.x = 1, s1.y = 5
```

例 4-1 中，派生类 Son 中没有定义数据成员 x 和方法成员 FuncA，但是因为类 Son 是类 Father 的派生类，继承了类 Father，因此，类 Son 的对象 s1 可以调用类 Father 中定义的数据成员 x 和方法成员 FuncA()。此外，类 Son 还可以定义新的数据成员 y 和方法成员 FuncB()。

4.1.2 隐藏基类成员

当派生类从基类继承时，不一定希望派生类继承基类的全部成员，这时需要对基类的每个成员都进行继承控制，使用不同的访问修饰符标明是否允许基类成员成员被派生类继承。

基本原则如下。

- 如果基类成员使用 public 修饰符，则该成员能够被派生类继承，且能在类定义之外被访问；
- 如果基类成员使用 protected 修饰符，则该成员能够被派生类继承，但不能在类定义之外被访问；
- 如果基类成员使用 private 访问修饰符，则该成员不能被派生类继承，且不能在类定义之外被访问。

如果将例 4-1 中类 Father 的定义里面 FuncA()方法改为：

```
private void FuncA()
{
Console.WriteLine("这是类 Father 的方法成员 FuncA( )");
}
```

则运行例 4-1 时，Visual Studio 将提示出错“Father.FuncA()不可访问，因为它受保护级别限制”。访问修饰符为 private 的基类成员不能被派生类继承，因此，语句“s1.FuncA();”出错，这里派生类的对象 s1 试图调用基类的方法成员 FuncA()，而该成员是 private 的。

也可以使用 protected 修饰基类成员，这时该成员能够被派生类继承，但不能在基类或派生类的定义之外被访问，如例 4-2 所示。

【例 4-2】

```
using System;
using System.Collections.Generic;
using System.Linq;
using System.Text;
```

```
namespace Example4_2
{
    class Father
    {
        public int x;
        protected void FuncA()
        {
            Console.WriteLine("这是类 Father 的方法成员 FuncA( )");
        }
    }
    class Son : Father
    {
        public int y;
        public void FuncB()
        {
            FuncA();
            Console.WriteLine("这是类 Son 的方法成员 FuncB( )");
        }
    }
    class Program
    {
        static void Main(string[] args)
        {
            Son s1 = new Son();
            s1.x = 1;
            s1.y = 5;
            s1.FuncB();
            Console.WriteLine("s1.x = {0}, s1.y = {1}", s1.x, s1.y);
            Console.ReadKey();
        }
    }
}
```

程序输出结果与例 4-1 相同。例 4-2 中类 Father 的方法成员 FuncA()是 protected，意味着该成员能够被派生类继承，对于派生类来说，protected 等同于 public。但是在类 Father 和类 Son 的定义之外，protected 修饰的 FuncA()不能被调用，在 Main 方法中使用语句“s1.FuncA()”将出错，此时 protected 等同于 private。例 4-2 中，我们看到的 FuncA()的输出是由于派生类的方法成员 FuncB()中调用了基类的方法 FuncA()。

4.1.3　派生类的构造函数

继承机制需要解决的另一个问题就是构造函数的问题。虽然基类的构造函数通常是 public 的，但派生类并不继承基类的构造函数，构造函数的处理要相对复杂一些。简单地说，就是派生类有自己的构造函数，负责初始化派生类中新定义的成员，如果成员是从基类继承来的，则沿继承关系向上，根据需要自动调用基类的构造函数的相关部分初始化该成员。如果派生类只是简单继承基类构造函数的全部内容，则有可能出现这种情况：基类存在一个 private 成员，该成员未被派生类继承，但派生类的构造函数是继承自基类，其中存在语句要对 private 成员进行初始化，这意味着在派生类中，构造函数要初始化在派生类中不存在的成员。

例如，下面代码中 Main 方法中定义了派生类对象 s1，调用派生类 Son 的构造函数 Son()初始化派生类中定义的数据成员 y，然后调用基类 Father 的构造函数 Father()初始化派生类的数据成员 y，该成员是从基类继承而来的。

```
class Father
{
    public int x;
}
class Son : Father
{
   public int y;
}
class Program
{
    static void Main(string[] args)
    {
        Son s1 = new Son( );
    }
}
```

上面代码中，基类和派生类都使用了自动生成的构造函数。

例 4-3 给出了一个更复杂的继承过程中构造函数处理的例子。

【例 4-3】

```
using System;
using System.Collections.Generic;
using System.Linq;
using System.Text;

namespace Example4_3
{
    class Father
    {
        public int x;
        public Father(int a)
        {
            x = a;
        }
```

```
    }
    class Son : Father
    {
        public int y;
        public Son(int a,int b):base(a)
        {
            y = b;
        }
    }
    class Program
    {
        static void Main(string[] args)
        {
            Son s1 = new Son(10,20);
            Console.WriteLine("s1.x = {0}, s1.y = {1}", s1.x, s1.y);
            Console.ReadKey();
        }
    }
}
```

程序输出结果为：

```
s1.x = 10, s1.y = 20
```

例 4-3 中，构造函数处理的基本原则与前面相同，但派生类的构造函数函数头如下。

```
public Son(int a,int b):base(a)
```

在构造函数参数表之后增加冒号，然后使用“base(a)”将派生类构造函数的第一个参数 a 传递给基类的构造函数，这是因为基类中不存在无参数的构造函数，基类构造函数需要一个整型参数。

在处理继承过程中的构造函数时，如果需要调用基类的构造函数，且基类构造函数有参数，则必须在定义派生类构造函数时向基类构造函数传递参数，传递的参数类型和个数应与基类构造函数一致。

4.2　多　态　性

4.2.1　多态性的重要性

多态性是面向对象程序设计的一个强大机制，为名称相同的方法提供不同实现方式，继承自同一基类的不同派生类可以为同名方法定义不同的功能，同一方法作用于不同类的对象，可以有不同的解释，产生不同的执行结果。直到程序运行时，才根据实际情况决定实现何种操作。

例如，我们通常使用“Father　f1 = new Father();”的形式定义并初始化一个新的对象。事实上，如果类 Son 是类 Father 的派生类，也可以使用“Father　s1 = new Son();”，初始化一个派生类的对象并赋给基类指针 s1，也就是说基类指针可以指向派生类的对象。如果基类 Father 有许多派生类，并且基类 Father 和这些派生类都有一个同名方法 FuncA()，每个类中对 FuncA()都不相同，则运行“s1.FuncA();”时必须动态判断 s1 指向的是哪个类的对象，然后选择对象所属类 FuncA()方法去执行。

使用多态性的一个主要目的是为了接口重用。简单地说，在方法参数和集合或数组等位置，派生类的对象可以作为基类的对象处理，可以把方法的参数定义为基类类型，而使用派生类的对象作为实际参数调用方法，而不必为每一种派生类定义一个新的同名方法。也可以把数组元素定义为基类类型，将同一基类的不同派生类的对象作为数组元素。

C#中运行时的多态性是通过继承关系中基类和派生类使用虚方法和重写来实现的。

4.2.2 虚方法

如果基类中定义了一个方法成员，我们希望在基类的派生类在继承该方法的同时改变该方法的具体实现，则需要将基类中的该方法成员定义为虚方法，然后在派生类中重写同名方法成员，从而实现多态性。

只有虚方法才能被派生类重写；虚方法必须能够被派生类继承，因此其访问修饰符不能是 private，可以是 public 或 protected；虚方法必须是非静态方法，因为多态性是实现在对象层次的，而静态方法是实现在类层次的。

基类中使用关键词 virtual 将方法成员定义虚方法，派生类中使用 override 关键词重写基类的虚方法，基类和派生类中对应方法成员的方法名、返回值类型、参数个数和类型必须完全相同。下面通过例 4-4 说明如何使用虚方法和重写在 C#中实现多态性。

【例 4-4】

```
using System;
using System.Collections.Generic;
using System.Linq;
using System.Text;

namespace Example4_4
{
    class Father
    {
        public virtual void FuncA( )
        {
            Console.WriteLine("这是基类 Father 的方法成员 FuncA( )! ");
        }
    }
    class Son : Father
    {
         public override void FuncA( )
```

```
        {
            base.FuncA(); //调用基类的 FuncA( )
            Console.WriteLine("这是派生类 Son 重写的方法成员 FuncA( )! ");
        }
    }
    class Program
    {
        static void Main(string[] args)
        {
            Father f1 = new Father();
            f1.FuncA();
            Son s1 = new Son();
            s1.FuncA( );
            Father f2 = new Son();
            f2.FuncA();
            Console.ReadKey();
        }
    }
}
```

程序输出结果为：

```
这是基类 Father 的方法成员 FuncA( )!
这是基类 Father 的方法成员 FuncA( )!
这是派生类 Son 重写的方法成员 FuncA( )!
这是基类 Father 的方法成员 FuncA( )!
这是派生类 Son 重写的方法成员 FuncA( )!
```

如果派生类 Son 中 FuncA()之前不加 override，则结果的第三行为“这是基类 Father 的方法成员 FuncA()!”，这种情况下并未实现多态性。在派生类中可以使用“base.方法名()”的格式调用基类中的方法，前提是该方法不能是 private 方法。

4.2.3 多态的实例

【例 4-5】

```
using System;
using System.Collections.Generic;
using System.Linq;
using System.Text;

namespace Example4_5
{
    class Father
    {
        public virtual void FuncA( )
```

```
        {
            Console.WriteLine("这是基类 Father 的方法成员 FuncA( )! ");
        }
    }
    class Son : Father
    {
         public override void FuncA( )
        {
            Console.WriteLine("这是派生类 Son 重写的方法成员 FuncA( )! ");
        }
    }
    class Program
    {
        static public void FuncT(Father a)
        {
            a.FuncA( );
        }
        static void Main(string[] args)
        {
            Father f1 = new Father();
            FuncT(f1);
            Father f2 = new Son();
            FuncT(f2);
            Console.ReadKey();
        }
    }
}
```

程序输出结果为：

```
这是基类 Father 的方法成员 FuncA( )!
这是派生类 Son 重写的方法成员 FuncA( )!
```

例 4-5 中，在 Program 类中定义一个静态方法 FuncT(Father a)，参数为 Father 类的对象，在 Main()方法中定义了 Father 类的对象 f1，以及指向派生类 Son 对象的指针 f2，使用 f1，f2 作为参数调用 FuncT()方法，在 FuncT()方法执行方法成员 a.FuncA()，得到了不同的结果，实现了多态性，实现了定义一次方法 FuncT()即可使用 Father 类的对象以及 Father 类的所有派生类的对象作为参数调用方法 FuncT()的目的。

4.3 抽象类与抽象方法

4.3.1 抽象类

C#中，可以定义抽象类作为基类。抽象类是指只能作为基类使用的类。抽象类用于创建派生类，本身不能实例化，也就是不能创建对象。抽象类使用关键字 abstract 修饰，其定义格式如下：

```
abstract class 类名
{
类成员定义
}
```

抽象类中的成员可以是抽象成员也可以是非抽象成员。可以从抽象类派生出新的非抽象类，也可以派生出非抽象类。如果派生类是非抽象类，则该派生类必须实现基类中的所有抽象成员。

4.3.2　抽象方法

抽象方法只存在于抽象类的定义中，非抽象类中不能包含抽象方法。

抽象方法的定义格式如下。

```
访问修饰符　abstract　返回值类型　方法名(参数表);
```

抽象方法使用关键字 abstract 修饰，只需要给出方法的函数头部分，以分号结束。注意，抽象方法定义不包含实现部分，没有函数体的花括号部分，如果给出花括号，则出错。具体如例 4-6 所示。

【例 4-6】

```
using System;
using System.Collections.Generic;
using System.Linq;
using System.Text;

namespace Example4_6
{
    abstract class T
    {
        public abstract void Test(int x);
    }
    class S:T
    {
        public override void Test(int x)
        {
            Console.WriteLine("x= {0}",x);
        }
    }

    class Program
    {
        static void Main(string[] args)
```

```
        {
            S s1 = new S();
            s1.Test(3);
            Console.ReadKey();
        }
    }
}
```

程序输出结果为：

```
x=3
```

派生类 S 中需要重写抽象类中的抽象方法 Test，因此，使用 override 关键字。类 T 是抽象类，使用“new T()”将出错。

如果希望基类的某个方法包含在所有派生类中，可以将基类定义为抽象类，将该方法定义为抽象方法，则基类的所有派生类的定义中都必须重写实现该方法。

4.4 密封类与密封方法

4.4.1 密封类

如果不希望一个类被其他类继承，可以将该类定义为密封类，即不能作为基类的类。密封类定义格式如下：

```
sealed class 类名
{
    类成员定义
}
```

4.4.2 密封方法

如果允许某个类作为基类，同时希望类中的某个方法能够被派生类继承但不能被派生类重写，可以将不允许被派生类重写的方法定义为密封方法。密封方法定义格式如下。

```
访问修饰符 sealed 返回值类型 方法名(参数表)
{
}
```

【例 4-7】

```
using System;
using System.Collections.Generic;
using System.Linq;
```

```
using System.Text;

namespace Example4_7
{
    class T
    {
        public virtual void Test()
        {
            Console.WriteLine("这是类 T 虚拟方法 Test( )! ");
        }
    }
    class S : T
    {
        public sealed override void Test()
        {
            Console.WriteLine("这是类 S 重写的密封方法 Test( )! ");
        }
    }
    class W : S
    {

    }
    class Program
    {
        static void Main(string[] args)
        {
            W w1 = new W();
            w1.Test( );
            Console.ReadKey();
        }
    }
}
```

程序输出结果为：

```
这是类 S 重写的密封方法 Test()!
```

注意：只有被重写的方法才能定义为密封方法，例 4-7 中类 T 包含一个虚拟方法 Test()，类 T 的派生类 S 重写了方法 Test()，为了防止类 S 的派生类 W 再次重写方法 Test()，在类 S 中给方法 Test()的定义加上了 sealed，密封了该方法，因此，类 S 的派生类 W 只能继承类 S 重写过的方法 Test()，而不能再次重写。

4.5　接　　口

接口是方法的抽象，如果同样的方法成员在不同的类里面都有出现，可使用接口给出方法成员的声明，需要该方法成员的类都继承这一接口。例如：

```
public interface Irun
{
    void Run();
}
class Human : Irun
{
    public void Run()
    {
        Console.WriteLine("人类用双脚直立行走！");
    }
}
class Fish : Irun
{
    public void Run()
    {
        Console.WriteLine("鱼用鳍游动！");
    }
}
class Car : Irun
{
    public void Run()
    {
        Console.WriteLine("汽车用车轮前进！");
    }
}
```

从接口的定义方面来说，接口其实就是类和类之间的一种协定、一种约束。以上面的例子来说，所有继承了 Irun 接口的类中必需实现 Run()方法，那么，从使用类的用户角度来看，如果知道某个类继承了 Irun 接口，那么就可以放心大胆地调用 Run 方法而不用管 Run()方法具体是如何实现的。当然，每个类中对于 Run()方法的实现有所不同，根据对象的不同，调用 Run()方法将执行不同的操作。

从设计的角度来看，一个项目中用若干个类需要去编写，由于这些类比较复杂，工作量比较大，这样每个类就需要占用一个工作人员进行编写。通过接口对使用同一方法的不同类进行一种约束，让其都继承于同一接口，既方便统一管理.又是方便调用。

4.5.1 接口的声明

接口的声明格式如下：

```
[访问修饰符] interface 接口名
{
    接口成员声明
}
```

访问修饰符通常使用 public，接口名称一般都以“I”作为首字母；接口成员声明不包括数据成员，只能包含方法、属性、事件、索引等成员；接口中只能声明抽象成员，即只包含接口成员的声明，不包含实现，接口的实现必须在接口被继承后，由继承接口的派生类完成。

4.5.2　接口成员的声明

接口中方法成员的声明格式如下。

```
返回值类型 方法名(参数表)
```

例如：

```
void Run();
```

接口中属性成员的声明格式如下：

```
类型 属性名 { get; set; }
```

接口成员的访问修饰符默认是 public，在声明时不能再为接口成员指定任何访问修饰符，否则编译器会报错。接口成员不能有 static、abstract、override、virtual 修饰符，使用 new 修饰符不会报错，但会给出警告说不需要关键字 new。

4.5.3　接口成员的访问

要访问接口的成员，首先要有一个类继承该接口，创建类的对象，使用“对象名.成员名”的格式访问接口成员。这是因为在被继承之前，接口的成员都是抽象的，无法访问，必须在继承接口的类实现接口成员之后，通过该类的对象来访问接口成员。

4.5.4　接口的实现

接口的实现由继承接口的类来完成，接口的实现过程中，实现接口的类必须严格遵守接口成员的声明来实现接口的所有成员。接口一旦开始被使用，就不能再随意修改，否则就破坏了类和类之间的约定。可以根据需要增加新的接口，满足新的需要，也可以修改接口成员的实现代码，调整接口成员的功能。

一个类可以继承多个接口，如例 4-8 所示。

【例 4-8】

```
using System;
using System.Collections.Generic;
using System.Linq;
using System.Text;

namespace Example4_8
```

```
{
    public interface Iname
    {
        string Name { get; set; }
    }
    public interface Ising
    {
        void Sing();
    }
    public interface Idance
    {
        void Dance();
    }
    class Test : Iname,Ising, Idance
    {
        private string name;
        public string Name
        {
            get
            {
                return name;
            }
            set
            {
                name = value;
            }
        }
        public void Sing()
        {
            Console.WriteLine("我会唱歌！");
        }
        public void Dance()
        {
            Console.WriteLine("我能跳舞！");
        }
        public void Myname()
        {
            Console.WriteLine("我的名字叫{0}!", name);
        }
    }
    class Program
    {
        static void Main(string[] args)
        {
            Test t = new Test();
```

```
            t.Name = "小明";
            t.Myname();
            t.Sing();
            t.Dance();
            Console.ReadKey();

        }
    }
}
```

程序输出结果为：

```
我的名字叫小明！
我会唱歌！
我能跳舞！
```

4.6　委托与事件

4.6.1　委托

委托相当于 C++中的函数指针，但它是类型安全的。定义一个委托实际上是定义了一个类型，可以把委托看成一种特殊的对象类型，委托可以用于调用与委托返回值类型、参数个数、参数类型完全相同的方法。

使用委托的基本步骤如下。

（1）定义一个委托类型，假设委托类型名 MyDelegate，指出委托类型所指向的方法的返回值类型和参数列表。委托类型的定义和类的方法成员的定义类似，只是在前面加了一个 delegate 关键字，委托类型的定义格式如下：

```
访问修饰符 delegate 返回值类型 委托类型名(参数列表);
```

注意：委托类型的定义中不包含函数体。

（2）新建委托类型 MyDelegate 的对象 delegate1，指向某个方法 A()，该方法的返回值类型和参数列表应与委托类型完全一致。例如：

```
MyDelegate delegate1 = new MyDelegate(A);
```

使用方法 A()的方法名作为参数初始化委托类型 MyDelegate 的对象 delegate1，现在，委托对象 delegate1 指向了方法 A()。

（3）定义委托处理方法 T()，其参数包含委托类型 MyDelegate 的对象，方法 T()的函数体中通过委托类型 MyDelegate 的对象调用了其指向的方法。

（4）使用委托类型 MyDelegate 的对象 delegate1 作为参数调用委托处理方法 T()。

例 4-9 演示了委托的基本实现过程。

【例 4-9】

```
using System;
using System.Collections.Generic;
using System.Linq;
using System.Text;

namespace Example4_9
{
    public delegate void MyDelegate(string name);
    class Program
    {
        public static void ChineseGreeting(string name)
        {
            Console.WriteLine("早上好, " + name);
        }
        public static void EnglishGreeting(string name)
        {
            Console.WriteLine("Good morning, " + name);
        }
        public static void Greeting(string name,MyDelegate wt)
        {
            wt(name);
        }
        static void Main(string[] args)
        {
            MyDelegate delegate1 = new MyDelegate(ChineseGreeting);
            MyDelegate delegate2 = new MyDelegate(EnglishGreeting);
            Greeting("张三", delegate1);
            Greeting("李四", delegate2);
            Console.ReadKey();
        }
    }
}
```

程序输出结果为：

```
早上好, 张三
Good morning, 李四
```

例 4-9 中，委托对象指向的方法，委托处理方法都定义为静态方法，也可以使用非静态方法，但需要先定义对象，使用“对象名.方法名”的形式进行引用。程序的基本执行过程为 Greeting("张三", a);使用两个参数，一个是字符串“张三”，另一个是委托对象 delegate1，来调用委托处理方法 Greeting()，在委托处理方法中实际执行了 a(张三)，委托对象 delegate1 指向了方法 ChineseGreeting()，因此，等于调用了 ChineseGreeting（张三），所以输出“早上好, 张三”。

可以将多个方法赋给同一个委托，或者叫将多个方法绑定到同一个委托，当调用这个委托时，将依次调用其所绑定的方法。例如，将例 4-9 的 Main 方法修改如下。

```
static void Main(string[] args)
{
    MyDelegate delegate1 ;
    MyDelegate delegate1 = new MyDelegate(ChineseGreeting);
    delegate1 += EnglishGreeting;
    Greeting("张三", delegate1);
    Greeting("李四", delegate1);
    Console.ReadKey();
}
```

程序输出结果为：

```
早上好, 张三
Good morning, 张三
早上好, 李四
Good morning, 李四
```

委托对象 delegate1 指向了两个方法，ChineseGreeting()和 EnglishGreeting()，执行“Greeting(张三, delegate1);”将调用 ChineseGreeting(张三)，然后调用 EnglishGreeting(张三)，执行次序与方法绑定到委托对象的次序相同。使用“delegate1 -= EnglishGreeting;”可以解除方法到委托对象的绑定。

4.6.2 事件

事件的定义是基于委托的，也就是说需要先定义一个委托类型，然后在委托类型的定义之上定义一个事件。事件的定义格式为：

```
访问修饰符 delegate 返回值类型 委托类型名(参数列表);
访问修饰符 event 委托类型名 事件名;
```

每个事件都有一个调用列表，当事件被引发，调用列表中的方法将依次被执行。事件调用列表中的方法都需要事先添加到事件中，如同添加多个方法到同一委托对象一样，可以添加多个方法到同一事件的调用列表，当然，也可以从事件调用列表移除一个方法。

事件可以看作一个特殊的委托对象，存在一个与事件同名的方法，当事件被引发时，调用与事件同名的方法，该方法依次执行事件调用列表中的所有方法，实现事件的处理。

例 4-10 给出了一个事件的例子。

【例 4-10】

```
using System;
using System.Collections.Generic;
using System.Linq;
using System.Text;
```

```
namespace Example4_10
{
    public delegate void MyDelegate(string name);
class Test
    {
        public event MyDelegate MakeGreet;
        public void Greeting(string name)
        {
            MakeGreet(name);
        }
    }
    class Program
    {
        public static void ChineseGreeting(string name)
        {
            Console.WriteLine("早上好, " + name);
        }
        public static void EnglishGreeting(string name)
        {
            Console.WriteLine("Good morning, " + name);
        }

        static void Main(string[] args)
        {
            Test t = new Test();
            t.MakeGreet += ChineseGreeting;
            t.MakeGreet += EnglishGreeting;
            t.Greeting("张三");
            Console.ReadKey();
        }
    }
}
```

程序输出结果为：

```
早上好, 张三
Good morning, 张三
```

4.7 序列化与反序列化

编写应用程序时有时需要将程序的数据写入某个文件或是将它传输到网络中的另一台计算机上，这时需要使用序列化和反序列化。序列化（Serialization）就是把程序中对象的相关数据保存到文件中去，反序列化（Deserialization）就是在需要时根据保存在文件中数据得到原来对象的精确副本。序列化的目的：一是以某种存储形式使自定义对象持久化；二是将对象从一个地方传递到另一个地方。序列化和反序列化的；一个重要前提就是要将对象的类声明为可以序列化。在 C#中，可以将序列化的对象数据存储在二进制文件中，也可以存储在 XML 文件中。

4.7.1　二进制序列化

可以将对象数据保存在二进制文件中。

【例 4-11】

```
using System;
using System.Collections.Generic;
using System.Linq;
using System.Text;
using System.IO;
using System.Runtime.Serialization;
using System.Runtime.Serialization.Formatters.Binary;

namespace Example4_11
{
    [Serializable]
    public class Car
    {
    public  double  OilMeter;          //油表数值，单位：升
    public  double  OilVolume;         //油箱容量，单位：升
    public  double  OilCosumption;     //油耗，每百公里消耗汽油数量，单位：升
    public  double  Mileage;           //里程数，单位：公里
    public void Info()
        {
          Console.WriteLine("这辆车已经行驶 {0} 公里，油箱容积 {1} 升，油箱中还
         有 {2} 升汽油，油耗为百公里{3} 升。", Mileage,OilVolume,OilMeter,
         OilCosumption);
        }
    }
    class Program
    {
        static void Main(string[] args)
        {
            Car car1 = new Car();
            car1.OilMeter = 10;
            car1.OilVolume = 50;
            car1.OilCosumption = 8.5;
            car1.Mileage = 0;
            IFormatter formatter = new BinaryFormatter();
```

```
            Stream stream = new FileStream("MyFile.bin", FileMode.Create,
            FileAccess.Write, FileShare.None);
            formatter.Serialize(stream, car1);
            stream.Close();

            stream = new FileStream("MyFile.bin",FileMode.Open,FileAccess.Read,
            FileShare.None);
            Car car2 = (Car)formatter.Deserialize(stream);
            stream.Close();

            car2.Info();
            Console.ReadKey();
        }
    }
}
```

程序输出结果为：

```
这辆车已经行驶 0 公里，油箱容积 50 升，油箱中还有 10 升汽油，油耗为百公里 8.5 升。
```

打开例 4-11 所在文件夹下的/bin/debug 文件夹，存在一个 MyFile.bin 文件。注意，为实现序列化，类 Car 的定义之前需要加上“[Serializable]”。

4.7.2 XML 序列化

如例 4-12 所示，将例 4-11 的 Main 方法修改为下面的代码，即可将对象数据保存到 XML 文件中。

【例 4-12】

```
using System;
using System.Collections.Generic;
using System.Linq;
using System.Text;
using System.IO;
using System.Xml.Serialization;

namespace Example4_12
{
    [Serializable]
    public class Car
    {
    public double OilMeter;         //油表数值，单位：升
    public double OilVolume;        //油箱容量，单位：升
    public double OilCosumption;    //油耗，每百公里消耗汽油数量，单位：升
    public double Mileage;          //里程数，单位：公里
    public void Info()
        {
```

```
            Console.WriteLine("这辆车已经行驶 {0} 公里，油箱容积 {1} 升，油箱中还
            有 {2} 升汽油，油耗为百公里{3} 升。", Mileage,OilVolume,OilMeter,
            OilCosumption);
        }
    }
    class Program
    {
        static void Main(string[] args)
        {
            Car car1 = new Car();
            car1.OilMeter = 10;
            car1.OilVolume = 50;
            car1.OilCosumption = 8.5;
            car1.Mileage = 0;
            XmlSerializer formatter = new XmlSerializer(typeof(Car));
            FileStream fs = new FileStream("MyFile.xml", FileMode.Create);
            formatter.Serialize(fs, car1);
            fs.Close();

            fs = new FileStream("MyFile.xml", FileMode.Open);
            Car car2 = (Car)formatter.Deserialize(fs);
            fs.Close();

            car2.Info();
            Console.ReadKey();
        }
    }
}
```

程序的输出结果与例4-11相同。需要注意采用xml序列化的方式只能保存public的数据成员和可读写的属性，对于private等类型的数据成员不能进行序列化。

4.8 泛型处理

泛型是C#中的一种通用数据类型，通过使用泛型，可以极大地提高代码的重用度，避免了隐式的装箱、拆箱，在一定程度上提升了应用程序的性能。泛型类就类似于一个模板，可以在需要时为这个模板传入任何需要的类型。

4.8.1 泛型类的定义

要使用泛型，必须定义泛型类，然后将使用泛型的方法定义为泛型类的方法成员。泛型类的定义格式为：

```
访问修饰符 class 类名<T>
{
   泛型类成员定义
}
```

其中，T 为泛型占位符，创建泛型类对象时可以使用任何一种数据类型替换 T。

创建泛型类对象与创建一般类的对象类似，但不能使用占位符 T，必须明确指定一种数据类型替换掉 T，例如，定义 int 类型的泛型类对象，格式为：

```
泛型类名<int> 对象名 =new 泛型类名<int>( );
```

泛型类成员定义中可以使用 T 类型的参数或变量。例如：

```
public void MpSort(T[] a)
```

在创建泛型类对象时，这些成员中的 T 会自动替换为创建对象是制定的数据类型。

4.8.2 泛型的引用

使用泛型实现一个基本的冒泡排序算法，如例 4-13 所示。

【例 4-13】

```
using System;
using System.Collections.Generic;
using System.Linq;
using System.Text;

namespace Example4_13
{
   public class Sort<T> where T : IComparable
   {
      public void MpSort(T[] a)
      {
         int i, j, n;
         n = a.Length;
         T temp;
         for (i = 1; i < n; i++)
            for (j = 0; j <= n - i - 1; j++)
               if (a[j].CompareTo(a[j + 1])>0)
               {
                  temp = a[j]; a[j] = a[j + 1]; a[j + 1] = temp;
               }
      }
   }
   class Program
```

```
    {
        static void Main(string[] args)
        {
            Sort<int> st = new Sort<int>( );
            int[] b = {2,1,5,3,1};
            st.MpSort(b);
           foreach(int x in b)
               Console.Write("  {0}",x);
            Console.ReadKey();
        }
    }
}
```

程序输出结果为：

```
1 1 2 3 5
```

为保证冒泡排序算法的正常工作，要求数据必须能够比较大小，因此，包含冒泡排序方法 MpSort()的类 Sort 的定义中限定了类型参数 T 必须实现 IComparable 接口，即类型 T 的数据可以使用 CompareTo 方法比较大小。

在 Main 方法中，“Sort<int> st = new Sort<int>();”使用 int 类型替换类型参数 T，创建 Sort 类对象 st，调用 st.MpSort()方法对 int 数组 b 进行排序。

使用泛型编写类型通用的程序，必须考虑到程序中对数据的操作是否能够在所有可能的数据类型上实现，如果不能，则需要选择替代运算，同时可能需要对类型参数 T 做出限定。总之，要保证程序对于所有可能替换类型参数 T 的数据类型都能够正常工作。

4.8.3　常用泛型

C#中提供了一系列的泛型集合类，保存在 System.Collections.Generic 命名空间下。主要包括 List<T>、Queue<T>、Stack<T>、LinkedList<T>、SortedList<T >、Dictionary<T>等。例 4-14 演示了泛型集合类 List<T>的使用。

【例 4-14】

```
using System;
using System.Collections.Generic;
using System.Linq;
using System.Text;

namespace Example4_14
{
    public class Stu
    {
        public string name;
        public int age;
```

```
        public void Info()
        {
            Console.WriteLine("姓名 = {0}, 年龄 = {1}", name, age);
        }
    }
    class Program
    {
        static void Main(string[] args)
        {
            List<Stu> list1 = new List<Stu>();
            Stu stu1 = new Stu();
            stu1.name = "小明";
            stu1.age = 5;
            list1.Add(stu1);
            Stu stu2 = new Stu();
            stu2.name = "小丽";
            stu2.age = 4;
            list1.Add(stu2);
            foreach (Stu stutemp in list1)
                stutemp.Info();
            Console.ReadKey();

        }
    }
}
```

程序输出结果为：

```
姓名 = 小明，年龄 = 5
姓名 = 小丽，年龄 = 4
```

4.9 本章小结

本章介绍了面向对象程序设计中的重要思想：继承和多态。分析了继承的基本原理，阐述了多态性在面向对象编程中的重要性。说明了如何从基类构建派生类，以及如何在使用虚方法和重写在类的继承过程中实现多态性。

介绍了抽象类和抽象方法、密封类和密封方法的概念，并通过实例说明了抽象类和抽象方法、密封类和密封方法的使用技巧。

介绍了接口的概念，分析了接口的作用及实现方法。阐述了委托和事件原理，给出了委托和事件定义的基本步骤，为后续章节使用事件机制做了理论支撑。

给出了序列化和反序列化的实现。引入了泛型和泛型类的概念，介绍了泛型的基本使用技巧和常用的泛型类。

习　题

一、选择题

（1）可以在一个类中定义多个同名的方法，但只有使用的参数类型或者参数个数不同，编译器便知道在何种情况下应该调用哪个方法，这是______。

A．虚方法　B．运算符重载　C．抽象方法　D．方法重载

（2）下列关于 C#中继承的描述，错误的是______。

A．一个派生类可以有多个基类

B．通过继承可以实现代码重用

C．派生类还可以添加新的特征或修改已有的特性以满足特定的要求

D．继承是指基于已有类创建新类

（3）在 C#中定义接口时，使用的关键字是______。

A．interface　B．class　C．abstract　D．override

（4）下列关于抽象类的说法错误的是______。

A．抽象类可以实例化

B．抽象类可以包含抽象方法

C．抽象类可以包含非抽象成员

D．抽象类可以派生出新的抽象类

（5）以下关于继承的说法错误的是______。

A．一个类只能继承一个基类

B．派生类不能直接访问基类的私有成员

C．protected 修饰符既有公有成员的特点，又有私有成员的特点

D．基类对象不能引用派生类对象

（6）继承具有______，即当基类本身也是某一类的派生类时，派生类会自动继承间接基类的成员。

A．规律性　B．传递性　C．重复性　D．多样性

（7）下面有关事件的描述中，正确的是______。

A．方法一旦被添加到事件的调用列表后，就不能被撤消

B．事件一次只能调用一个方法

C．创建事件的关键字是 delagate

D．创建事件的关键字是 event

（8）下面那个不是面向对象程序设计的三大特性______。

A．多态　B．接口　C．继承　D．封装

二、简答题

（1）C#中的委托是什么？事件是不是一种委托？

（2）override 和重载的区别是什么？

（3）概述序列化的原理和作用。

第 5 章　异常处理与程序调试

在开发应用程序的过程中，不可避免地会出现错误。程序错误主要分为三类，包括语法错误、异常和逻辑错误。这些错误都可以通过 Visual Studio 开发环境所提供的生成和调试工具来查找。语法错误是指在编写程序代码时没有遵循编程语言的语法规则导致的错误。在生成应用程序时，生成工具可以检测语法错误，并在“错误列表”窗口中输出这些错误的位置和原因。但是异常和逻辑错误比较隐蔽，所以发现并修复这些错误显得相对复杂。

本章将对 .NET Framework 的异常处理机制、C# 中常用的异常类、自定义异常类、如何捕获异常，以及如何设置断点并跟踪调试等内容进行介绍。通过本章的学习，读者将会使用 throw、try、catch 和 finally 语句抛出并处理异常，并能掌握常用的程序调试方法。

5.1　异 常 处 理

在编写程序时，不仅要关心程序的正常运行状况，还应该考虑到程序运行时可能发生的各种意外的情况，比如，网络资源不可用、读写磁盘出错和内存申请失败等。异常是指在程序执行过程中出现的错误情况或意外行为。在 .NET Framework 中，用于处理应用程序可能产生的错误或其他可以中断程序执行的异常情况的机制就是异常处理。

5.1.1　为什么需要异常处理

异常处理实际上就相当于在大楼失火（发生异常）时，烟雾感应器检测到烟雾（捕获异常），将启动自动喷淋系统（处理异常）。这是生活中的一个异常，那么程序中的异常又是什么样的呢？

【例 5-1】 未处理异常的程序。

```
using System;
class Program
{
    static void Main(string[] args)
    {
        int x, y, z;
        x = 5;
        y = 0;
        z = x / y;
        Console.WriteLine("{0}/{1}={2}", x, y, z);
    }
```

```
    }
/*------------------------------------------------------------------*/
```

程序例 5-1 语法没错，编译也可以通过，但是运行时会强行中断，并提示如图 5-1 所示的错误信息。提示的错误信息是“试图除以零”。在执行除法运算之前，程序员应确保分母（变量 y）的值不为零，才能确保例 5-1 不会抛出异常 DividedByZeroException。如果希望以一种更加友好的方式提示错误信息，而不是使程序崩溃，那么就需要异常处理。

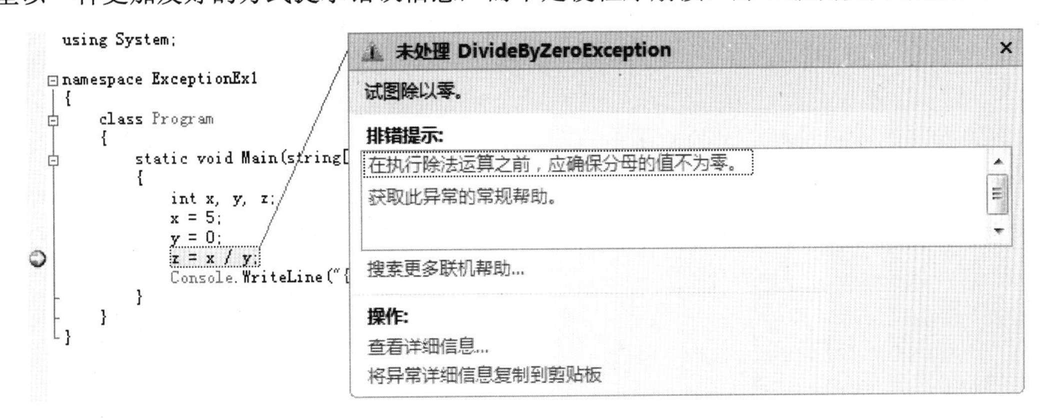

图 5-1　程序发生异常

5.1.2　异常处理机制

在程序运行过程中，经常可能发生各种不可预测的意外情况，也就是异常。异常处理是为了识别和捕获运行时的错误。当程序引发异常时，如果没有适当的异常处理机制，程序将会终止，并使所有已分配的资源保持不变，这样会导致资源泄露。要阻止此类情况的发生，需要一个有效的异常处理机制。

.NET Framework 用于异常处理的流程如图 5-2 所示。一旦引发异常，已抛出的异常被捕获后，运行异常处理部分；未被捕获的异常由系统提供的通用异常处理程序处理。

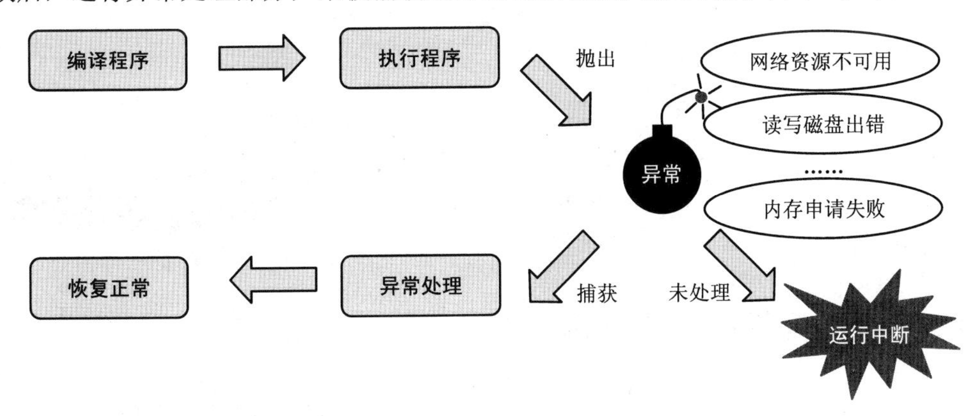

图 5-2　程序异常处理流程

在程序例 5-1 中，因为除法运算可能遇到除零的情况，所以需要进行异常处理。在该程序中的异常处理需要识别并捕获试图用零作除数时引发的异常，并将程序结构修改如下。

```
尝试（try 语句）
{
    做除法运算（try 语句块）
}
捕获异常（catch 语句）
{
    处理异常（catch 语句块）
}
```

按照异常处理的逻辑，添加捕获并处理异常的代码，重新组织代码如例 5-2 所示。

【例 5-2】 进行处理异常的程序。

```
using System;
class Program
{
    static void Main(string[] args)
    {
        int x, y, z;
        x = 5;
        y = 0;
        try
        {                                       //try 语句块包含可能抛出异常的语句
            z = x / y;
            Console.WriteLine("{0}/{1}={2}", x, y, z);
        }
        catch (Exception ex)                    //catch 语句捕获异常
        {                                       //catch 语句块包含异常恢复代码
            Console.WriteLine("异常：{0}", ex.Message);
        }
    }
}
/*-------------------------------------------------------------*/
```

运行此程序，结果如图 5-3 所示。运行结果说明程序并没有崩溃，而是捕获到了异常 DividedByZeroException，并从异常状态中恢复。

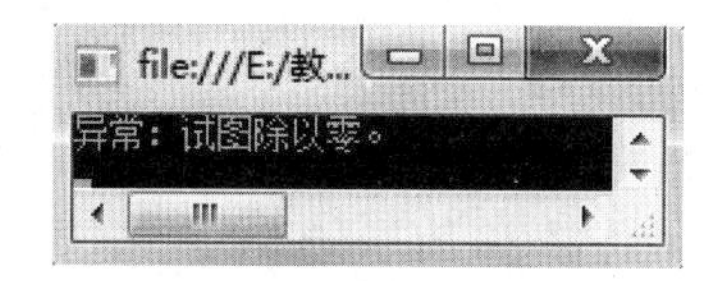

图 5-3　程序异常恢复

5.1.3　系统的异常类及其使用

在 .NET Framework 类库中，提供了针对各种异常情况所定义的异常类，这些类包含了异常的相关信息。配合异常处理语句，应用程序能轻易地避免程序执行时可能中断应用程序的各种错误。异常类继承的层次结构如图 5-4 所示。

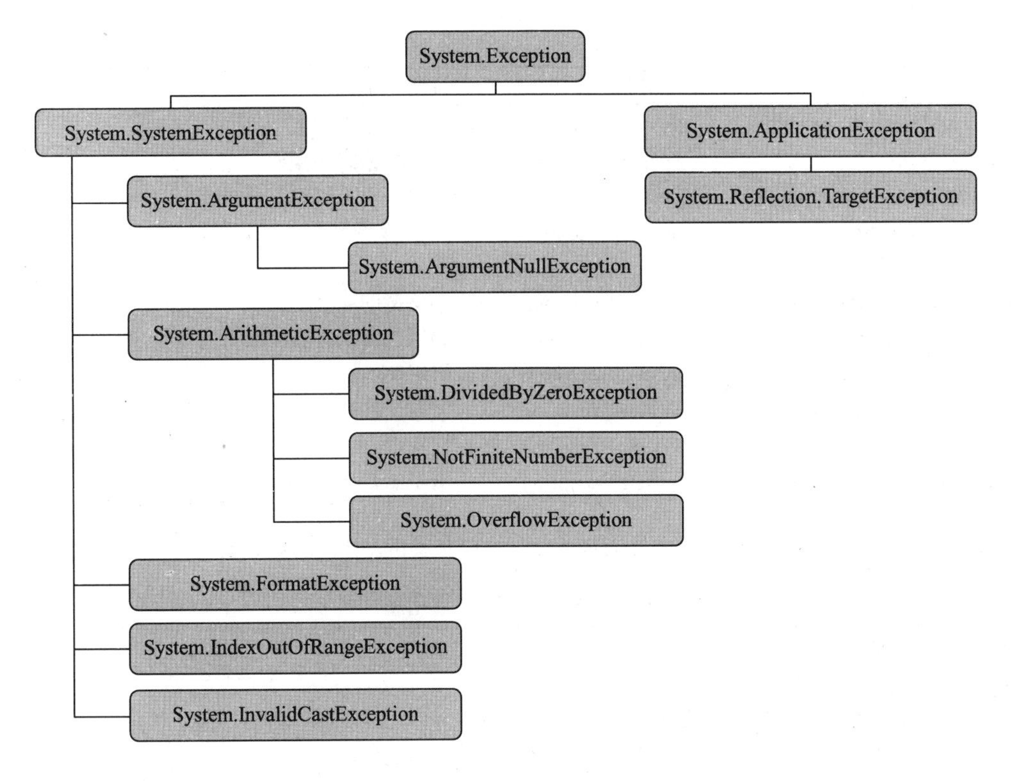

图 5-4　System.Exception 类继承层次结构图

.NET Framework 类库中有两种类型的异常：由执行程序生成的异常和由公共语言运行库生成的异常。Exception 是异常的基类，若干个异常类直接从 Exception 继承，其中包括 ApplicationException 和 SystemException，这两个类构成几乎所有运行库异常的基础。

除了 Exception 类以外，还定义了很多其他的派生类。在异常捕获时，可按某些条件对异常进行筛选，仅捕捉特定类型的异常。在异常处理中，尽量使用接近的异常类去捕获。比如，遇到可能会发生数组下标越界的情况，使用 IndexOutOfRangeException 类去捕获，而不是一律使用 Exception 类。表 5-1 列举了常见的异常类及引发异常的条件。

表 5-1　常用异常类及其说明

异常类	基类	说明
Exception	Object	所有异常的基类
SystemException	Exception	所有运行时生成的错误的基类
ArgumentException	SystemException	参数错误：方法的参数无效
ArgumentNullException	ArgumentException	参数错误：传递一个不可接受的空参数
ArithmeticException	SystemException	数学计算错误：由数学运算导致的异常
DividedByZeroException	ArithmeticException	试图用零除整数值或十进制数值时引发的异常
NotFiniteNumberException	ArithmeticException	当浮点值为无穷大或非数字时引发的异常
OverflowException	ArithmeticException	算术运算、类型转换或转换操作溢出时引发的异常

续表

异常类	基类	说明
ArrayTypeMismatchException	SystemException	数组类型不匹配
FormatException	SystemException	参数的格式不正确
IndexOutOfRangeException	SystemException	索引超出范围引发的异常
InvalidCastException	SystemException	非法强制转换，在显示转换失败时引发的异常
MulticastNotSupportedException	SystemException	不支持的组播
NotSupportedException	SystemException	调用的方法在类中没有实现
NullReferenceException	SystemException	引用空引用对象时引发的异常
OutOfMemoryException	SystemException	没有足够的内存继续执行程序时引发的异常
StackOverflowException	SystemException	栈溢出
TypeInitializationException	SystemException	错误的初始化类型

Exception 类包含详细描述异常的属性。其中重要的属性定义如表 5-2 所示。

表 5-2 Exception 类常用属性

属性	说明
Message	描述当前异常的详细信息
HelpLink	获取或设置指向此异常所关联帮助文档的链接，该文档提供有关异常起因的大量信息
Data	获取一个提供用户定义的其他异常信息的键/值对的集合
Source	获取或设置导致错误的应用程序或对象的名称

5.1.4 try / catch / finally 语句块

因为应用程序在执行时可能出现各种意外情况，所以设计良好的异常处理代码可使程序更可靠并且不容易崩溃。C# 为处理在程序执行期间可能出现的异常提供内置支持。这些异常由正常控制流之外的代码处理，使用 try / catch / finally 形式的结构化异常处理。C# 支持的异常处理主题包括 try-catch、try-catch-finally 和 throw 等。

1. 使用 try-catch 语句块捕获异常

try-catch 语句块由一个 try 块后跟一个或多个 catch 块构成。程序例 5-3 的异常处理代码由一个 try 块和一个 catch 块组成，如图 5-5 所示。

try 块是一系列以关键字 try 开头的语句。try 块包含可能导致异常的保护代码。该块一直执行到引发异常或成功完成为止。例如，执行程序例 5-3 时，try 块中的 int i = (int) o 语句会引发 NullReferenceException 异常，其后的语句则不会执行。

catch 块是一系列以关键字 catch 开头的语句。catch 块捕获 try 块抛出的异常。catch 块包含捕获的异常类型和处理异常的代码。如果 try 块没有抛出异常，那么就不执行 catch 块。例如，执行程序例 5-3 时，catch 块捕获到 NullReferenceException 异常后，执行 catch 块中的处理异常的代码，在控制台显示异常消息，如图 5-6 所示。

catch 子句使用时可以不带任何参数，这种情况下它捕获任何类型的异常，并被称为一般 catch 子句。

```
using System;

namespace ExceptionEx3
{
    class Program
    {
        static void Main(string[] args)
        {
            object o = null;
            try
            {
                int i = (int) o;
                Console.WriteLine("i = {0}", i);
            }
            catch (NullReferenceException ex)
            {
                Console.WriteLine("异常: {0}", ex.Message);
            }
        }
    }
}
```

try 块

catch 块

图 5-5　程序例 5-3 的 try-catch 语句块示例

图 5-6　异常被 catch 块捕获

2. 在 catch 语句块中使用特定异常

在同一个 try-catch 语句中可以使用一个以上的 catch 子句。程序例 5-4 的异常处理代码由一个 try 块和两个 catch 块组成，如图 5-7 所示。第一个 catch 块是特定 catch 块，只能捕获 NullReferenceException 异常；第二个 catch 块是常规 catch 块，能捕获所有异常。

```
using System;

namespace ExceptionEx4
{
    class Program
    {
        static void Main(string[] args)
        {
            object o = "string";
            try
            {
                int i = (int)o;
                Console.WriteLine("i = {0}", i);
            }
            catch (NullReferenceException ex)
            {
                Console.WriteLine("异常: {0}", ex.Message);
            }
            catch (Exception ex)
            {
                Console.WriteLine("异常: {0}", ex.Message);
            }
        }
    }
}
```

try 块

特定 catch 块

常规 catch 块

图 5-7　程序例 5-4 的 try-catch 语句块示例

因为被抛出的异常会按先后顺序匹配 catch 块，所以 catch 块的顺序很重要。如果没有特定 Catch 块匹配，则由常规 Catch 块捕捉异常。应将针对特定异常的 catch 块放在常规 catch 块的前面。例如，执行程序例 5-4 时，try 块抛出 InvalidCastException 异常后，第一个 catch 块无法捕获该异常，第二个 catch 块捕获到异常后，执行 catch 块中的处理异常的代码，在控制台显示异常消息，如图 5-8 所示。

```
file:...
异常：指定的转换无效。
```

图 5-8 异常被常规 catch 块捕获

3. 使用 finally 执行清理代码

try-catch-finally 语句块的常见使用方式：在 try 块中获取并使用资源，在 catch 块中处理异常情况，并在 finally 块中释放资源。无论 try 块的退出方式如何，finally 块包含的代码是保证会执行。程序例 5-5 的异常处理代码由一个 try 块、一个 catch 块和一个 finally 块组成，如图 5-9 所示。

```
using System;
using System.IO;

namespace ExceptionEx5
{
    class Program
    {
        static void Main(string[] args)
        {
            FileStream file = null;
            FileInfo fileInfo = null;

            try
            {
                fileInfo = new FileInfo("C:\\file.txt");

                file = fileInfo.OpenWrite();
                file.WriteByte(0xF);
            }                                          → try 块
            catch (UnauthorizedAccessException e)
            {
                Console.WriteLine(e.Message);
            }                                          → catch 块
            finally
            {
                if (file != null)
                {
                    file.Close();
                }
            }                                          → finally 块
        }
    }
}
```

图 5-9 程序例 5-5 的 try-catch-finally 语句块示例

例如，执行程序例 5-5 时，无论 try 块是否引发异常，finally 块包含的代码是保证会执行的，所以释放资源的代码应当放在 finally 块中。例如，程序例 5-3 的 finally 块负责关闭文件。执行该程序时，如果 try 块抛出的异常没有被 catch 捕获，finally 块也会执行，文件也保证会被关闭。如果将释放资源的代码应当放在 finally 块之后，那么如果抛出的异常未被捕获，该语句就无法执行，造成文件保持在打开状态（直到下一次垃圾回收）。

另外，finally 块中的条件判断语句可以确保 finally 块能够关闭文件并且不会抛出异常。因为 try 块中的三条语句都可能抛出异常。如果 try 块抛出异常时没有打开文件，则 finally 块不会尝试关闭它。如果在 try 块中成功打开该文件，则 finally 块将关闭已打开的文件。

5.1.5　抛出异常

前面介绍了如何使用 try/catch/finally 语句块来尝试执行可能未成功的操作、处理异常，以及在事后清理资源。异常可以由公共语言运行库（CLR）、第三方库或使用 throw 关键字的应用程序抛出。

当程序存在无法完成指定任务的情况时，就应该引发异常。throw 语句用于发出在程序执行期间出现异常的信号。通常 throw 语句与 try/catch /finally 语句一起使用。当引发异常时，程序查找处理此异常的 catch 语句。throw 语句的基本语法格式如下。

```
throw exObject
```

其中，exObject 表示要抛出的异常对象，它是派生自 System.Exception 类的对象。程序例 5-6 的 ThrowException 方法使用 throw 语句显示地抛出一个异常。

【例 5-6】 显示抛出异常的程序。

```
using System;
namespace ExceptionEx7
{
    class Program
    {
        static void Main(string[] args)
        {
            try
            {
                ThrowException();
            }
            catch(DivideByZeroException ex)
            {
                Console.WriteLine(ex.Message);
            }
        }
        static void ThrowException()
        {
            DivideByZeroException ex = new DivideByZeroException();
            throw ex;
        }
    }
}
/*-------------------------------------------------------------*/
```

例如，执行程序例 5-6 时，执行到 ThrowException 方法中的 throw 语句时，会显示地抛出 DivideByZeroException 异常，这个异常将被 Main 方法中的 catch 块捕获，在控制台显示异常消息。

5.2 程序调试

逻辑错误表现为程序语法正确，编译运行也没有出现任何异常，但程序运行后产生的结果与程序的所需要完成的功能不一样。

在一般情况下，首先要分析某一逻辑错误发生的大概位置，在可能产生错误的代码处设置断点；然后运行程序，程序执行到断电处中断运行，并分析执行这条语句后的运行结果，直到找到逻辑错误。

5.2.1 断点设置

断点是一个信号，它通知调试器在某个特定点上中断应用程序并暂停执行。当程序执行到某个断点处挂起时，处于中断模式，并可以在任何时候继续执行。Visual Studio 调试器提供了许多设置断点的方法。下面介绍简单断点的插入、删除和编辑的基本方法。

1. 插入断点

插入断点的方法有三种。

- 在代码编辑器中，单击需要插入断点的行左侧的灰色空白处。
- 在代码编辑器中，选定需要插入断点的行，按下 F9 键。
- 在代码编辑器中，选定需要插入断点的行，单击鼠标右键，在弹出菜单中选择“断点”|“插入断点”命令。

断点在代码编辑器的左侧灰色空白处显示为一个深红色实心圆点，如图 5-10 所示。

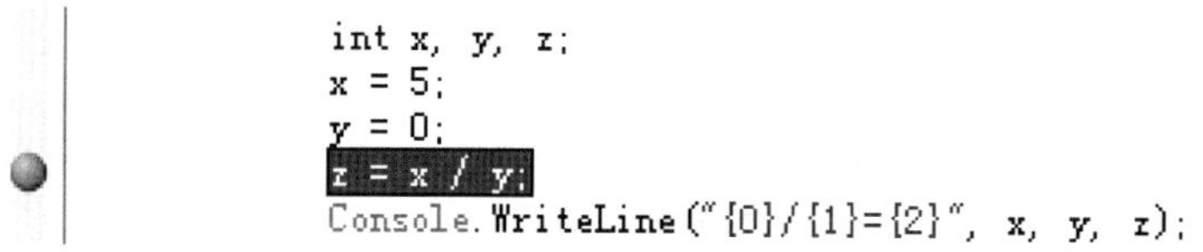

```
int x, y, z;
x = 5;
y = 0;
z = x / y;
Console.WriteLine("{0}/{1}={2}", x, y, z);
```

图 5-10 断点显示为一个深红色实心圆点

2. 删除断点

删除断点的方法有三种。

- 在代码编辑器中，单击需要删除断点的行左侧的深红色圆点。
- 在代码编辑器中，选定需要删除断点的行，按下 F9 键。
- 在代码编辑器中，选定需要删除断点的行，单击鼠标右键，在弹出菜单中选择“断点”|“删除断点”命令。

3. 编辑断点

默认情况下，每次命中断点时执行都中断。如果用户不希望程序每次命中断点处时都中断，可以通过编辑断点的属性来实现。

如果用户希望满足一定条件时才中断，那么可以设置断点条件。在代码编辑器中，右键单击断点，在弹出菜单中选择“条件”命令，弹出“断点条件”对话框，如图 5-11 所示。用户可以在文本框中输入一个逻辑表达式，例如，y == 0。当程序执行到该断点处，如果 y = 0 为 true，那么就中断运行，否则继续运行程序。

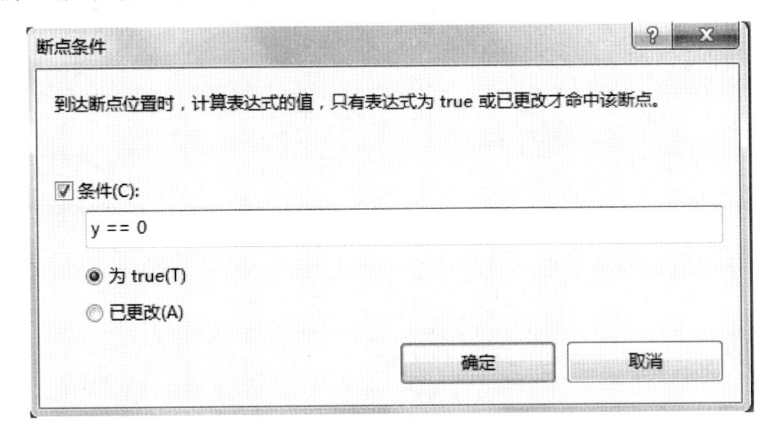

图 5-11　“断点条件”对话框

设置了条件等高级属性的断点，断点标识符的中心会添加一个“+”符号，如图 5-12 所示。

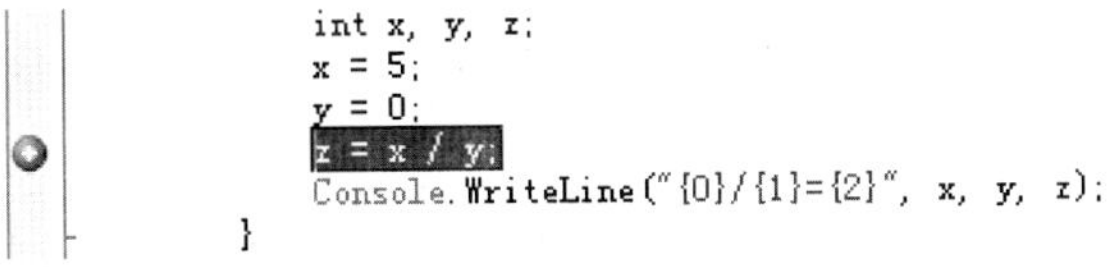

```
int x, y, z;
x = 5;
y = 0;
z = x / y;
Console.WriteLine("{0}/{1}={2}", x, y, z);
}
```

图 5-12　设置了高级属性的断点显示为一个带有白色加号的深红色实心圆点

如果用户希望命中一定次数后才中断，那么可以设置断点命中次数。在代码编辑器中，右键单击断点，在弹出菜单中选择“命中次数”命令，弹出“断点命中次数”对话框，如图 5-13 所示。

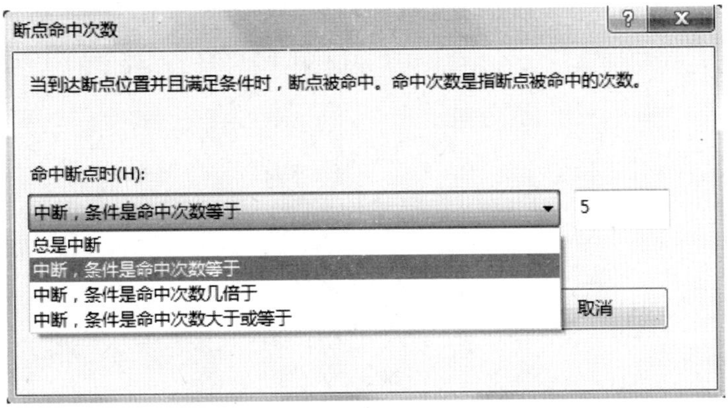

图 5-13　“断点命中次数”对话框

默认情况下，每次命中断点时执行都中断。用户可以设定为命中次数等于指定值时中断、命中次数等于指定值的倍数时中断、命中次数大于或等于指定值时中断。如果用户设定为命中次数等于 5 时中断，那么当程序执行到该断点处，前 4 次都继续运行程序，直到第 5 次才中断运行，之后执行到该断点处，都不会中断运行。

如果要跟踪断点的命中次数但不希望中断执行，可以将命中次数设置为一个很高的值，以便不中断程序执行。

5.2.2 启动、中断、继续和停止程序调试

当断点设置完毕时，可以对程序进行调试。可以使用开始、中断、继续和停止等操作控制调试状态。调试器还提供了多种灵活调试程序的方式，帮助用户可以更快地发现逻辑错误。

1. 启动调试

启动调试时最基本的调试功能之一。启动调试的常用方法有三种：

- 从“调试”菜单中选择“启动调试”命令。
- 按下 F5 键。
- 单击标准工具栏中的“启动调试” 按钮，如图 5-14 所示。

图 5-14 标准工具栏中的启动调试按钮

启动调试应用程序后，调试器会在断点处中断应用程序并暂停执行。

2. 中断调试

当程序执行到某个断点或引发未捕获的异常时，调试器将中断程序的运行。当程序在某个中断点处挂起时，程序处于中断模式，并在代码编辑器的左侧灰色空白处显示一个黄色箭头指示中断点的位置，如图 5-15 所示。进入中断模式并不会终止或结束程序的执行。程序可以在任何时候继续执行。在中断模式下，用户可以检查程序的状态，以查看是否存在冲突或 bug。

```
int x, y, z;
x = 5;
y = 0;
try
{                                          // try 语句块包含可能抛出异常的语句
    z = x / y;
    Console.WriteLine("{0}/{1}={2}", x, y, z);
}
catch (Exception ex)                       // catch 语句捕获指定的异常
{                                          //catch 语句块包含异常恢复代码
    Console.WriteLine("异常: {0}", ex.Message);
}
```

图 5-15 程序运行到断点处中断执行

3．继续调试

在调试过程中，处于中断模式的进程可以在任何时候从中断点继续执行。继续调试程序的常用方法有三种：

- 从“调试”菜单中选择“继续”命令。
- 按下 F5 键。
- 单击标准工具栏中的“继续” 按钮，如图 5-16 所示。

图 5-16　标准工具栏中的继续按钮

继续调试应用程序后，调试器会在下一个断点处中断应用程序并暂停执行。

4．停止调试

停止调试意味着终止正在调试的进程。停止调试的常用方法有三种：

- 从“调试”菜单中选择“停止调试”命令。
- 按下 Shift + F5 组合键。
- 单击调试工具栏中的“停止调试” 按钮，如图 5-17 所示。

图 5-17　标准工具栏中的停止调试按钮

5．单步调试

单步执行是最常见的调试方式之一。调试器提供了三种单步调试的方式：逐语句、逐过程和跳出。

“逐语句”和“逐过程”的差异仅在于其处理函数调用的方式不同，这两个命令都指示调试器执行下一行的代码。如果某一行包含函数调用，“逐语句”仅执行调用本身，然后在函数内的第一个代码行处停止。而“逐过程”执行整个函数，然后在函数外的第一行处停止。如果要查看函数调用的内容，请使用“逐语句”。若要避免单步执行函数，请使用“逐过程”。位于函数调用的内部并想返回到调用函数时，请使用“跳出”。“跳出”将一直执行代码，直到函数返回，然后在调用函数中的返回点处中断。

逐语句调试的常用方法有三种：

- 从“调试”菜单中选择“逐语句”命令。
- 按下 F11 键。
- 单击调试工具栏中的“逐语句” 按钮，如图 5-17 所示。

逐过程调试的常用方法有三种：

- 从“调试”菜单中选择“逐过程”命令。
- 按下 F10 键。

- 单击调试工具栏中的“逐过程” 按钮，如图 5-17 所示。

跳出调试的常用方法有三种：

- 从“调试”菜单中选择“跳出”命令。
- 按下 Shift + F11 组合键。
- 单击调试工具栏中的“跳出” 按钮，如图 5-18 所示。

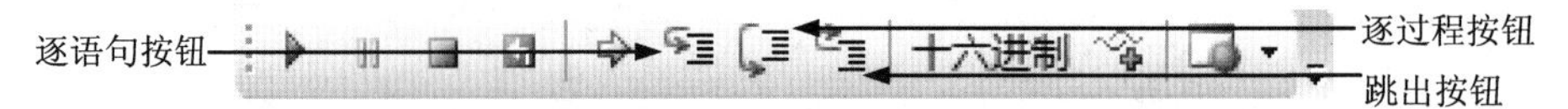

图 5-18　调试工具栏中的单步调试功能的相关按钮

6. 执行到指定位置

在调试程序时，如果用户希望在没有设置端点的语句处中断执行，可以使用“运行到光标处”的方式，使程序在指定位置中断运行。如果右键单击代码编辑器中的某一条语句，在弹出菜单中选择“运行到光标处”命令，那么调试器就会执行程序置光标所在的语句，并中断执行，如图 5-19 所示。

```
int x, y, z;
x = 5;
y = 0;
z = x / y;
Console.WriteLine("{0}/{1}={2}", x, y, z);
```

图 5-19　程序运行到光标处中断执行

5.2.3　监视调试状态

在中断模式下，用户可以检查变量的值、寄存器的值、内存空间的情况、断点的命中次数和线程的状态等信息，以查看是否存在冲突或 bug。本节仅介绍监视变量和表达式的方法。调试器提供了提示文本和窗口等方法显示变量和表达式。

1. 提示文本

在中断模式下，将鼠标指针移动到某一变量或对象上，调试器会把该变量或对象的状态以一个提示文本的方式显示出来，如图 5-20 所示。

```
int x, y, z;
x = 5;
y = 0;
try
{                                        // try 语句块包含可能抛出异常的语句
    z = x / y;
    Console.Wr  y|0  ("{0}/{1}={2}", x, y, z);
}
catch (Exception ex)                     // catch 语句捕获指定的异常
{                                        //catch 语句块包含异常恢复代码
    Console.WriteLine("异常: {0}", ex.Message);
}
```

图 5-20　以提示文本的方式显示变量的值

2．局部变量窗口

在中断模式下，从“调试”菜单中选择“窗口”|“局部变量”命令，调试器在局部变量窗口中显示对于当前上下文或范围来说位于本地的变量或对象，如图 5-21 所示。

局部变量

名称	值	类型
args	{string[0]}	string[]
x	5	int
y	0	int
z	0	int

图 5-21　局部变量窗口

3．自动窗口

在中断模式下，从“调试”菜单中选择“窗口”|“自动窗口”命令，调试器在自动窗口中显示中断点处的语句和上一条语句中使用的变量或对象。

4．监视窗口

在中断模式下，从“调试”菜单中选择“窗口”|“监视窗口”|“监视 1”命令，调试器在监视窗口中显示用户设定的变量和表达式的状态，如图 5-22 所示。

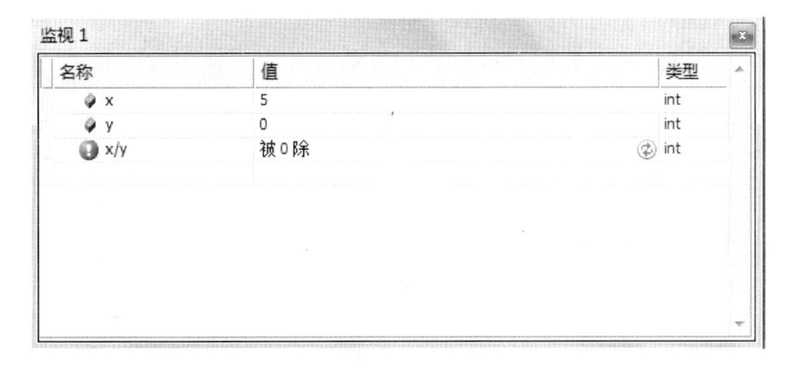

图 5-22　监视窗口

5.3　本 章 小 结

本章主要介绍了异常处理的基本概念、异常处理语句、程序调试的基本概念及如何进行程序调试。在此基础上，重点介绍了异常处理语句的用法和常用的程序调试方法。在开发应用程序的过程中，不可避免地会出现不可预知的异常和逻辑错误。使用异常处理，捕获各种可能引发的异常，抛出异常，并处理这些异常，可以使程序更强壮。熟练使用常用的程序调试方法可以发现潜在的逻辑错误，使程序开发更加快速、准确。

习　题

一、选择题

（1）为了能够在程序中捕获所有的异常，在 catch 语句的括号中使用的类名为______。

A．ApplicationException　　B．SystemException

C．Exception　　D．AllException

（2）若发生空引用，通常会引发______异常。

A．NotFiniteNumberException　　B．ArgumentNullExceptio

C．InvalidCastException　　D．IndexOutOfRangeException

（3）断点在代码编辑器的左侧灰色空白处显示为一个______。

A．深红色实心圆点　　B．黄色实心箭头

C．黄色空心箭头　　D．深红色空心圆点

二、简答题

（1）简述为什么要进行异常处理。

（2）简述逐语句和逐过程两种调试方式的区别。

三、操作题

（1）编写一个程序，使用两种不同类型数据进行加法运算，并使用异常处理语句捕获由于数据类型转换和算数运算错误而引发的异常。

（2）编写一个程序，使用两种不同类型数据进行除法运算，并使用异常处理语句抛出除数为零的异常，并捕获由于数据类型转换和算数运算错误而引发的异常。

第 6 章　Windows 窗体应用程序设计

Windows 系统中主流的应用程序都是窗体应用程序。Windows 窗体应用程序拥有图形化的界面，相比控制台应用程序，其对用户更为友好、操作起来也更为方便。借助.NET Framework 框架及 Visual Studio .NET 强大的可视化设计功能，开发人员可以快速设计基于 C#的 Windows 窗体应用程序。窗体和控件是设计这类应用程序、实现图形化界面的基础，其中窗体又是由一些控件组合而成的，熟练掌握各种控件及其属性设置是有效地进行 Windows 窗体应用程序设计的重要前提。本章对 Windows 窗体和常用控件进行详细讲解。通过本章的学习，读者将会掌握如何使用各种常用控件构造窗体、设计 Windows 窗体应用程序。

6.1　窗体与控件

在 Windows 窗体应用程序中，窗体是与用户交互的基本方式，是向用户显示信息的图形界面，窗体是 Windows 窗体应用程序的基本单元，一个 Windows 窗体应用程序可以包含一个窗体或多个窗体。窗体是存放各种控件的容器，一个 Windows 窗体包含了各种控件，如标签、文本框、按钮、下拉框和单选按钮等，这些控件是相对独立的用户界面元素，用来显示数据或接收数据输入，或者响应用户操作。窗体也是对象，窗体类定义了生成窗体的模板，每实例化一个窗体类，就产生了一个窗体。.NET 框架类库的 System.Windows.Forms 命名空间中定义的 Form 类是所有窗体类的基类，Form 类被认为是对 Windows 窗体的抽象。每个窗体都具有自己的属性特征，开发人员可以通过编程来进行设置，但更为直观方便的做法是使用可视化的窗体设计器来设计窗体，以便借助这种所见即所得的设计方式，快速开发窗体应用程序。

本节主要介绍窗体的常用属性、方法和事件，并简要概述一下主要的窗体控件。

6.1.1　窗体的常用属性

Windows 窗体的属性决定了窗体的布局、样式、外观、行为等可视化特征。通过代码可以对这些属性进行设置和修改，但更方便、常用的做法是在 Visual Studio 的“属性”编辑器窗口中直接设置和修改，如图 6-1 所示。下面按照分类顺序对常用的窗体属性进行说明。

1. 常用布局属性

常用布局属性介绍如下。

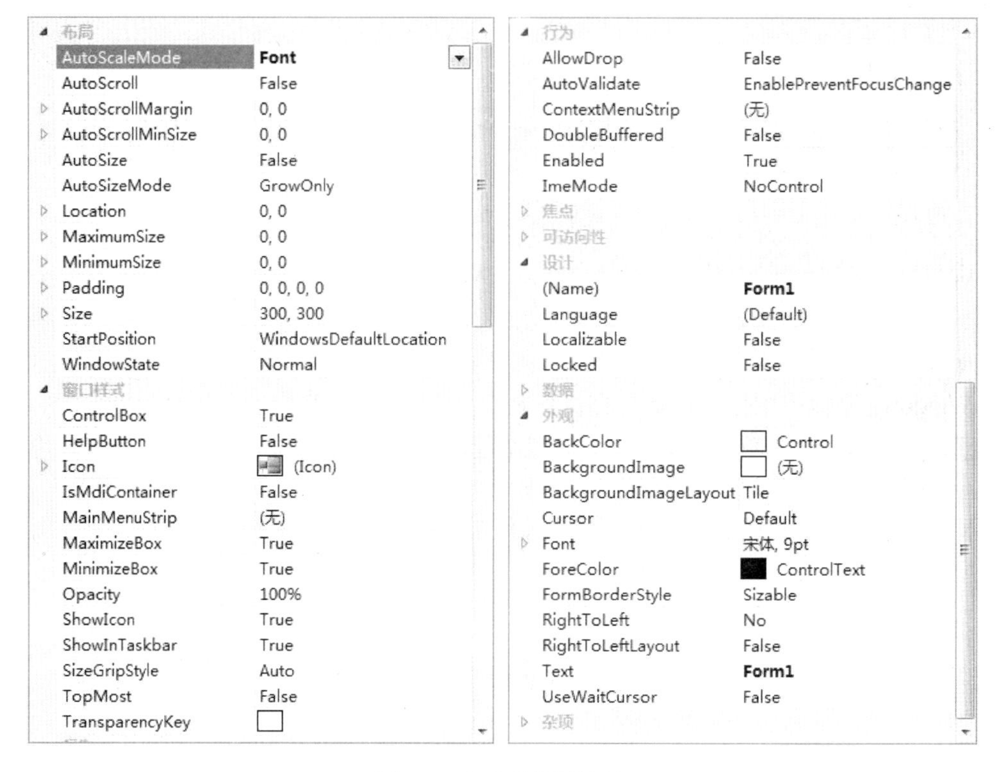

图 6-1　窗体的常用属性

- StartPosition 属性：用来获取或设置程序运行时窗体的初始显示位置，该属性有 5 个可选属性值，如表 6-1 所示，默认值为 WindowsDefaultLocation。

表 6-1　StartPosition 属性值及其说明

属性值	说明
Manual	窗体的初始显示位置由 Location 属性决定
CenterScreen	窗体在当前显示屏幕窗口中居中，其尺寸在窗体大小 Size 中指定
WindowsDefaultLocation	窗体定位在 Windows 默认位置，其尺寸在窗体大小 Size 中指定
WindowsDefaultBounds	窗体定位在 Windows 默认位置，其边界也由 Windows 默认指定
CenterParent	窗体在其父窗体中居中显示

- Location 属性：获取或设置窗体显示时其左上角在桌面上的坐标，默认值为（0,0）。
- 三个与窗体尺寸有关的属性：Size、MaximizeSize、MinimizeSize，分别表示窗体正常显示、最大化、最小化时的尺寸，它们分别都包含窗体宽度 Width 和高度 Height 两个子项。
- WindowState 属性：用来获取或设置窗体显示时的初始状态。可选属性取值有三种：Normal 表示窗体正常显示，Minimized、Maximized 分别表示窗体以最小化和最大化形式显示，默认为 Normal。
- AutoScroll 属性：用来获取或设置一个值，该值指示当任何控件位于窗体工作区之外时，是否会在该窗体上自动显示滚动条，默认值为 false。
- AutoSize 属性：指示当无法全部显示窗体中的控件时是否自动调整窗体大小，默认值为 False。

2. 常用样式属性

窗体中有多个与标题栏有关的样式属性，它们大多为布尔类型。

- ControlBox 属性：用来获取或设置一个值，该值指示在该窗体的标题栏中、窗口左角处是否显示控制菜单，值为 true 时将显示该控制菜单、为 false 时不显示，默认值为 true。
- MaximizeBox 属性：用来获取或设置一个值，该值指示是否在窗体的标题栏中显示最大化按钮，值为 true 时将显示该按钮、为 false 时不显示，默认值为 true。
- MinimizeBox 属性：用来获取或设置一个值，该值指示是否在窗体的标题栏中显示最小化按钮，值为 true 时将显示该按钮、为 false 时不显示，默认值为 true。
- HelpButton 属性：用来获取或设置一个值，该值指示是否在窗体的标题栏中显示帮助按钮，值为 true 时将显示该按钮、为 false 时不显示，默认值为 false。
- ShowIcon 属性：用来获取或设置一个值，该值指示在该窗体的标题栏中是否显示图标，值为 true 时将显示图标、为 false 时不显示，默认值为 true。
- Icon 属性：获取或设置窗体标题栏中的图标。

窗体中其他常用样式属性如下。

- ShowInTaskbar 属性：用来获取或设置一个值，该值指示是否在 Windows 任务栏中显示窗体，默认值为 true。
- TopMost 属性：获取或设置一个值，指示该窗体是否为最顶层窗体。最顶层窗体始终显示在桌面的最上层，即使该窗体不是当前活动窗体，默认值为 false。
- IsMdiContainer 属性：获取或设置一个值，该值指示窗体是否为多文档界面（MDI）中的子窗体的容器。值为 true 时，是子窗体的容器，值为 false 时，不是子窗体的容器，默认值为 false。
- Opacity 属性：获取或设置窗体的不透明度，默认为 100%，实际应用中，可以通过该属性给窗体增加一些类似半透明等的特殊效果。
- MainMenuStrip 属性：设置窗体的主菜单，在窗体中添加 MenuStrip 控件时，Visual Studio .NET 会自动完成该属性设置。

3. 常用外观属性

常用外观属性介绍如下。

- Text 属性：该属性是一个字符串属性，用来设置或返回在窗口标题栏中显示的文字。
- BackColor 属性：用来获取或设置窗体的背景色。
- BackgroundImage 属性：用来获取或设置窗体的背景图像。
- BackgroundImageLayout 属性：设置背景图的显示布局，可选属性值为平铺 Tile、居中 Center、拉伸 Stretch 和放大 Zoom，默认为 Tile。
- ForeColor 属性：用来获取或设置控件的前景色。
- Font 属性：获取或设置窗体中显示的文字的字体。
- Cursor 属性：获取或设置当鼠标指针位于窗体上时显示的光标。

- FormBorderStyle 属性：获取或设置窗体的边框样式，该属性有 7 个可选属性值，如表 6-2 所示，默认值为 Sizable。开发人员可以通过设置该属性为 None，实现隐藏窗体标题栏功能。

表 6-2 FormBorderStyle 属性值及其说明

属性值	说明
None	窗体无边框
FixedSingle	固定的单行边框
Fixed3D	固定的三维边框
FixedDialog	固定的对话框样式的粗边框
Sizable	可调整大小的边框
FixedToolWindow	固定大小的工具窗口边框
SizableToolWindow	可调整大小的工具窗口边框

【例 6-1】 设置窗体的背景图片。

功能实现：将窗体的背景设置为一幅图片，其运行结果如图 6-2 所示。

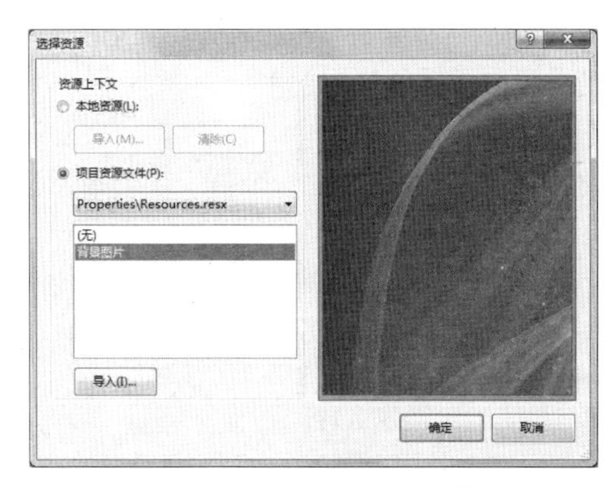

图 6-2 “选择资源”对话框

设计流程：创建一个空白的 Windows 窗体应用程序，为了设置窗体的背景，在窗体的“属性窗口”中找到 BackgroundImage 属性，单击其右侧的省略号按钮，出现“选择资源”对话框，选择“导入”命令，在出现的“打开”对话框中选择一个背景图像文件“背景图片.jpg”，如图 6-2 所示，单击“确定”按钮。之后将 BackgroundImageLayout 属性更改为 Stretch 拉伸模式，此时，窗体的背景设置为所选择的图片，程序运行结果如图 6-3 所示。

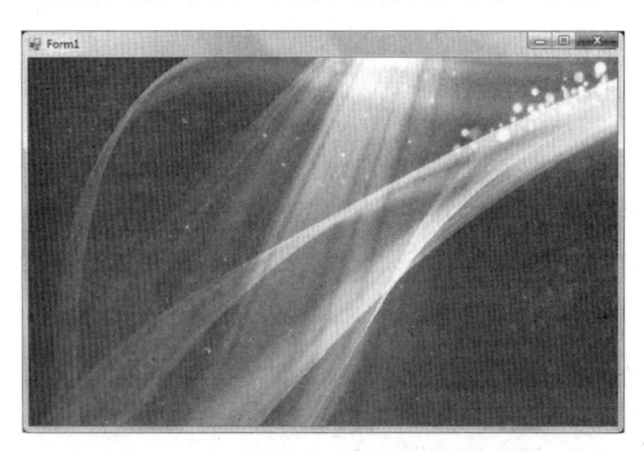

图 6-3 设置窗体背景图片后的效果

4. 常用行为属性

常用行为属性介绍如下。

- Enabled 属性：用来获取或设置一个值，该值指示窗体是否可使用、即是否可以对用户交互作出响应。默认值为 true。
- ContextMenuStrip 属性：设置窗体的右键快捷菜单，需要先添加 ContextMenuStrip 控件时，才能设置该属性。
- AllowDrop 属性：获取或设置一个值，该值指示窗体是否可以接受用户拖放到它上面的数据，默认为 false。
- ImeMode 属性：获取或设置控件的输入法编辑器 IME 模式。

5. 其他属性

其他常用属性介绍如下。

- AcceptButton 属性：该属性用来获取或设置一个值，该值是一个按钮的名称，当按 Enter 键时就相当于单击了窗体上的该按钮。
- CancelButton 属性：该属性用来获取或设置一个值，该值是一个按钮的名称，当按 Esc 键时就相当于单击了窗体上的该按钮。
- KeyPreview 属性：用来获取或设置一个值，该值指示在将按键事件传递到具有焦点的控件前，窗体是否将接收该事件。值为 true 时，窗体将接收按键事件，值为 false 时，窗体不接收按键事件。

6.1.2 窗体的常用方法和事件

1. 常用方法

下面介绍一些窗体的常用方法。

- Show 方法：该方法的作用是让窗体显示出来，其调用格式窗体名.Show(); ，其中窗体名是要显示的窗体名称。例如，通过使用 Show 方法显示 Form1 窗体，代码如下。

```
Form1  frm = new Form1( );
frm.Show( );
```

- ShowDialog 方法：该方法的作用是将窗体显示为模式对话框，其调用格式为窗体名.ShowDialog();，其中，窗体名是要显示的窗体名称。
- Hide 方法：该方法的作用是把窗体隐藏出来，但不销毁窗体、也不释放资源，可使用 Show 方法重新显示。其调用格式为窗体名.Hide();，其中，窗体名是要隐藏的窗体名称。
- Close 方法：该方法的作用是关闭窗体。其调用格式为窗体名.Close();，其中，窗体名是要关闭的窗体名称。

- Refresh 方法：该方法的作用是刷新并重画窗体，其调用格式为窗体名.Refresh();，其中，窗体名是要刷新的窗体名称。
- Activate 方法：该方法的作用是激活窗体并给予它焦点。其调用格式为窗体名.Activate();，其中，窗体名是要激活的窗体名称。

2. 常用事件

与窗体有关的事件有很多，Visual Studio 的“属性”编辑器窗口中“事件”选项页列出了所有这些事件。其中，与窗体行为和操作有关的常用事件如下。

- Load 事件：窗体在首次启动、加载到内存时将引发该事件，即在第一次显示窗体前发生。
- FormClosing 事件：窗体关闭过程中引发该事件。
- FormClosed 事件：窗体关闭后引发该事件。
- Click 事件：用户单击该窗体时引发该事件。
- DoubleClick 事件：用户双击该窗体时发生引发该事件。
- MouseClick 事件：单击该窗体时引发该事件。
- MouseDoubleClick 事件：双击该窗体时发生引发该事件。

与窗体布局、外观和焦点有关的常用事件如下。

- Resize 事件：窗体大小改变时引发该事件。
- Paint 事件：重绘窗体时引发该事件。
- Activated 事件：窗体得到焦点后，即窗体激活时引发该事件。
- Deactivate 事件：窗体失去焦点成为不活动窗体时引发该事件。

窗体的一些属性被修改时也会引发相应的事件如下。

- TextChanged 事件：窗体的标题文本被改变时将引发该事件。
- LocationChanged 事件：窗体位置被改变时将引发该事件。
- SizeChanged 事件：窗体大小被改变时将引发该事件。
- BackColorChanged 事件：窗体背景颜色被改变时将引发该事件。
- FontChanged 事件：窗体字体被改变时将引发该事件。

窗体有关的事件被引发后，程序将转入执行与该事件对应的事件响应函数。开发人员可以通过双击“属性”编辑器窗口中某事件后面的空白框，让 Visual Studio 自动生成该事件对应的事件响应函数，生成的函数初始是空白的，开发人员可以向其中添加一些功能代码实现相应的功能。

6.1.3 主要的窗体控件概述

控件是包含在窗体上的对象，是构成用户界面的基本元素。控件也是设计 Windows 窗体应用程序的重要工具，使用控件可以减少程序设计中大量重复性的工作，有效提高设计效率。控件通常用来完成特定的输入输出功能。例如，按钮控件 Button 响应用户的单击事件，文本框控件接收用户的输入等。在.NET Framework 中，窗体控件几乎都派生于 System.Windows.Forms.Control 类，该类定义了控件的基本功能。

1．主要控件概述

工具箱中包含了建立应用程序的各种控件，根据控件的不同用途分为若干类，如公共控件、容器控件、菜单和工具栏控件、对话框控件等。其中，公共控件根据其功能也可以分为按钮与标签控件、文本控件、选择控件、列表控件和高级列表选择控件等。表 6-3 列出了一些常见的 Windows 窗体控件。

表 6-3　常见的窗体控件

功能与分类	控件/组件	说明
按钮与标签控件	Button	按钮控件，响应用户的单击事件
	Label	标签控件，显示用户无法直接编辑的文本
	LinkLabel	超链接标签控件，除提供超链接外，其他同 Label
文本控件	Textbox	文本框控件，通常用来接收用户的文本输入
	RichTextbox	富文本框控件，使文本能够以纯文本或 RTF 格式显示
选择控件	Checkbox	复选框控件，显示一个复选框和一个文本标签，通常用来设置选项
	RadioButton	单选按钮控件，多个选项中选且仅选一个
列表控件	ListBox	列表框控件，显示一个文本和图形列表
	ComboBox	组合框控件，显示一个下拉式选项列表
	CheckedListbox	复选框列表控件，显示一组选项，每个选项旁边都有一个复选框
容器控件	GroupBox	分组框控件，通常用来构造选项组
	Panel	面板控件，将一组控件分组到未标记、可滚动的面板中
	TabControl	选项卡控件，提供一个选项卡，以有效组织和访问已分组对象
高级列表选择控件	TreeView	树形视图控件，构造一个可操作的树形结构层次视图
	ListView	列表视图控件，构造列表视图，其中，每个列表项可以是纯文本的选项，也可以是带小图标或大图标的文本选项
菜单和工具栏控件	MenuStrip	下拉式菜单控件，用于创建自定义的菜单栏
	ContextMenuStrip	弹出式菜单控件，用于创建自定义的上下文快捷菜单
	ToolStrip	工具栏控件，用于创建自定义的工具栏
	StatusStrip	状态栏控件，用于创建自定义的状态栏
对话框控件	OpenFileDialog	打开文件对话框控件，允许用户定位和选择文件
	SaveFileDialog	保存文件对话框控件，允许用户保存文件
	FolderBrowserDialog	浏览文件夹对话框控件，用来浏览、创建及最终选择文件夹
	FontDialog	字体对话框控件，允许用户设置字体及其属性
	ColorDialog	颜色对话框控件，允许用户通过调色板选择并设置界面元素的颜色

2．控件常见的通用属性

Control 类是包含 Form 类在内的所有 Windows 控件的基类，它的许多属性在各种控件中都是通用的，比如，决定控件的外观和行为，如控件的大小、颜色、位置及控件使用方式等的一些属性就是通用的。常见的通用属性如下。

- Name 属性：表示控件的名称。

- AutoSize 属性：表示控件是否随着其内容而自动调整大小。
- Size 属性：表示控件的尺寸大小，包含 Width 和 Height 两个子项。
- Location 属性：表示控件的位置，即控件左上角相对于其所在容器左上角的坐标。
- BackColor 属性：表示控件的背景色。
- ForeColor 属性：表示控件的前景色。
- Text 属性：表示与此控件关联的文本。
- Font 属性：表示控件上显示的文本的字体。
- Cursor 属性：表示当鼠标指针位于控件上时显示的光标。
- Enabled 属性：表示控件是否可以对用户交互做出响应。
- Visible 属性：表示控件是否可见，即是否显示该控件。
- TabIndex 属性：表示控件的 Tab 键顺序。
- TabStop 属性：表示用户能否使用 Tab 键将焦点放到该控件上。

除通用属性外，每个控件还有它专门的属性。在.NET Framework 中，系统为每个控件的各属性都提供了默认的属性值。大多数默认值设置比较合理，能满足一般情况下的需求。通常，在使用控件时，只有少数的属性值需要修改。

6.2 基本控件

本节对常见的窗体控件进行介绍，比如，按钮与标签控件、文本控件、选择控件、列表控件、容器控件等。

6.2.1 按钮与标签控件

1．按钮控件 Button

Button 控件是 Windows 应用程序设计最常使用的控件之一，常用来接收用户的鼠标或键盘操作，激发相应的事件，例如，用 Button 控件来执行“确定”或者“取消”之类的操作。Button 控件使用 Button 类进行封装，Button 类表示简单的命令按钮，派生自 ButtonBase 类。Button 控件支持的操作包括鼠标的单击操作，以及键盘的 Enter 或空格键单击操作。如果按钮具有焦点，就可以通过这些操作来触发该按钮的 Click 事件。在设计时，先添加 Button 控件到窗体设计区，然后双击它，即可编写 Click 事件代码。在执行程序时，只要通过鼠标或键盘单击该按钮，就会执行 Click 事件中的代码。

（1）常用属性。

Button 控件除了具有许多诸如 Text、ForeColor、Enabled 等的控件通用属性外，还具有一些有特色的常用属性。如下。

- DialogResult 属性：当使用 ShowDialog 方法显示窗体时，可以使用该属性设置当用户按了该按钮后，ShowDialog 方法的返回值。值有 OK、Cancel、Abort、Retry、Ignore、Yes、No 等。

- Image 属性：用来设置显示在按钮上的图像。
- ImageAlign 属性：指定图像的对齐方式。实际上，Text 和 Image 都包含 Align 属性，用以对齐按钮上的文本和图像。Align 属性使用 ContentAlignment 枚举的值。文本或图像可以与按钮的左、右、上、下边界对齐。
- FlatStyle 属性：用来设置按钮的外观，即定义如何绘制控件的边缘，是一个枚举类型，可选值有 Flat（平面的）、PopUp（由平面到凸起）、Standard（三维边界）和 System（根据操作系统决定）。

（2）常用方法和事件。

对于 Button 控件，一般不使用其方法，Button 控件的常用事件如下。

- Click 事件：Button 控件最常用的事件，当用户单击按钮控件时，将发生该事件。事件发生后，程序流程将转入执行处理该事件的代码。比如，下面是处理 Click 事件的代码，在单击名称为 btnTest 的按钮时，会弹出一个显示按钮名称的消息框。

```
private void btnTest_Click(object sender, System.EventArgs e)
{
MessageBox.Show(((Button)sender).Name + " was clicked.");
}
```

Button 控件没有 DoubleClick 双击事件，如果用户尝试双击 Button 控件，将分别以两次单击单独处理。

- MouseDown 事件：当用户在按钮控件上按下鼠标按钮时，将发生该事件。
- MouseUp 事件：当用户在按钮控件上释放鼠标按钮时，将发生该事件。

（3）设置窗体的默认“接受”或“取消”按钮。

通过设置 Button 按钮所在窗体的 AcceptButton 或 CancelButton 属性，无论该按钮是否有焦点，都可以使用户通过按 Enter 或 Esc 键来触发该按钮的 Click 事件，也就是可以设置窗体的默认“接受”或默认“取消”按钮。在窗体设计器中设置默认“接受”按钮的方法：选择按钮所驻留的窗体，在“属性”窗口中将窗体的 AcceptButton 属性设置为某个 Button 控件的名称。也可以用编程方式设置默认“接受”按钮，在代码中将窗体的 AcceptButton 属性设置为某个 Button 控件。例如：

```
private void SetDefault(Button myDefaultBtn)
{
   this.AcceptButton = myDefaultBtn;
}
```

每当用户按 Enter 键时，即单击该默认“接受”按钮，而不管当前窗体上其他哪个控件具有焦点。相似地，在窗体设计器中设置默认“取消”按钮的方法：选择按钮所驻留的窗体后，在“属性”窗口中将窗体的 CancelButton 属性设置为某个 Button 控件的名称。也可以用编程方式设置默认“取消”按钮，将窗体的 CancelButton 属性设置为某个 Button 控件。例如：

```
private void SetCancelButton(Button myCancelBtn)
{
```

```
    this.CancelButton = myCancelBtn;
}
```

每当用户按 Esc 键时，即单击该默认“取消”按钮，而不管窗体上其他哪个控件具有焦点。通过设计、指定这样的按钮，可以允许用户快速退出而无须执行任何动作。

【例 6-2】 按钮 Button 的应用。

功能实现：创建一个 Windows 应用程序，在默认窗体中添加 4 个 Button 控件，然后通过设置这 4 个 Button 控件的样式来制作 4 个不同的按钮。关键代码如下，运行结果如图 6-4 所示。

```
/*********************************************************/
private void Form1_Load(object sender, EventArgs e)
{
    button1.BackgroundImage = Properties.Resources.j_1;
                                                //设置 button1 控件的背景
    button1.BackgroundImageLayout = ImageLayout.Stretch;
                                            //设置 button1 控件的背景布局方式
    button2.Image = Properties.Resources.j_1;  //设置 button2 控件显示图像
    button2.ImageAlign = ContentAlignment.MiddleLeft;  //设置图像对齐方式
    button2.Text = "解锁";                      //设置 button2 控件的文本
    button3.FlatStyle = FlatStyle.Flat;         //设置 button3 控件的外观样式
    button3.Text = "确定";                      //设置 button3 控件的文本
    button4.TextAlign = ContentAlignment.MiddleRight;  //设置文本对齐方式
    button4.Text = "确定";                      //设置 button4 控件的文本
}
/*-------------------------------------------------------*/
```

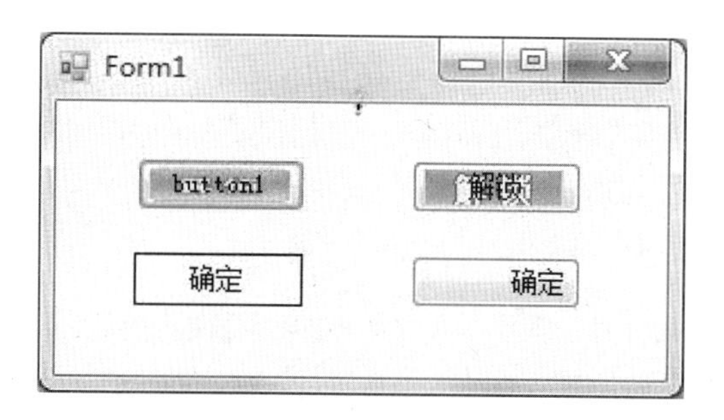

图 6-4 使用 Button 控件制作不同样式的按钮

2．标签控件 Label

Label 标签控件使用 Label 类进行封装，一般用于给用户提供描述文本，即用于显示用户不能编辑的静态文本或图像，为其他控件显示描述性信息或根据应用程序的状态显示相应的提示信息。例如，可使用 Label 为 TextBox 控件添加描述性文字，以便将控件中所需的数据类型通知用户。可将 Label 添加到 Form 的顶部，为用户提供关于如何将数据输入窗体中的控件内的说明。Label 控件还可用于显示有关应用程序状态的运行时信息。例如，可将 Label 控件添加到窗体，以便在处理一列文件时显示每个文件的状态。

Label 标签中显示的文本包含在 Text 属性中。标签控件总是只读的，用户不能修改 Text 属性的字符串值。但是，可以在代码中修改 Text 属性。文本在标签内的对齐方式通过 Alignment 属性设置。除了显示文本外，Label 控件还可使用 Image 属性显示图像，或使用 ImageIndex 和 ImageList 属性组合显示图像。

Label 标签参与窗体的 Tab 键顺序，但不接收焦点，它会将焦点按 Tab 键的控制次序传递给下一个控件。也就是将 UseMnemonic 属性设置为 true 之后，在 Text 属性中，给一个字符前面加上宏符号&时，标签控件中的该字母就会加上下划线，按下 Alt 键和带有下划线的字母键就会把焦点移动到 tab 顺序的下一个控件上。例如，textBox1 为 label1 在 Tab 键顺序中的下一个控件，则 label1.Text = "输入名字(&N):"；那么按下 Alt + N 将焦点切换到 textBox1。该功能为窗体提供键盘导航。

标签控件具有与其他控件相同的许多属性，但是它通常都作为静态控件使用，在程序中一般很少直接对其进行编程，一般也不需要对标签进行事件处理。用到的主要属性如下。

- Text 属性：用来设置或返回标签控件中显示的文本信息。
- Size 属性：设置标签大小。
- AutoSize 属性：指定标签中的说明文字是否可以动态变化。默认值为 true，表示 Label 将忽略 Size 属性，根据字号和内容自动调整大小。
- BorderStyle 属性：用来设置或返回控件的边框样式，其值为 BorderStyle 枚举值。有三种选择，BorderStyle.None 为无边框（默认），BorderStyle.FixedSingle 为固定单边框，BorderStyle.Fixed3D 为三维边框。
- TabIndex 属性：用来设置或返回对象的 Tab 键顺序。

【例 6-3】 标签控件 Label 的应用。

功能实现：创建一个 Windows 应用程序，在默认窗体中添加两个 Label 控件，分别用来使用不同的字体和颜色显示文字。关键代码如下，运行结果如图 6-5 所示。

```
/************************************************************/
private void Form1_Load(object sender, EventArgs e)
{
    label1.Font = new Font("楷体", 12);          //设置 label1 控件的字体
    label1.Text = "《C#从入门到实战》";          //设置 label1 控件显示的文字
    label2.ForeColor = Color.Red;               //设置 label2 控件的字体颜色
    label2.Text = "希望能给大家打造良好的 C#编程基础！";//设置 label2 控件显示的文字
}
/*---------------------------------------------------------*/
```

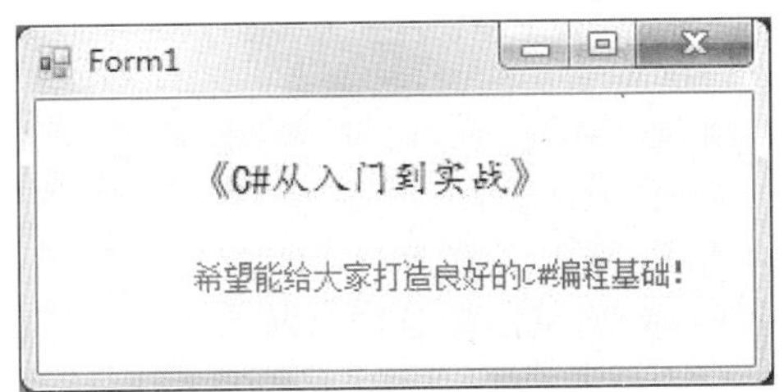

图 6-5　使用 Label 控件显示文字

3．超链接标签控件 LinkLabel

LinkLabel 控件以超链接方式显示文本，可用来设置超链接，并可在用户单击该特殊文本时触发事件，打开到另一个窗口或网站的链接。超链接标签控件 LinkLabel 用 LinkLabel 类进行封装，LinkLabel 类从 Label 类派生而来，于是，LinkLabel 控件除了可显示超链接以外，它与 Label 控件类似，凡是使用 Label 控件的地方，都可以使用 LinkLabel 控件。LinkLabel 控件的外观和操作方式都和网页中的超链接类似，常用于提供到相关网页的链接，或者作为使用网页类用户界面的窗体的浏览控件。在控件的文本中可以指定多个超链接。每个超链接可在应用程序内执行不同的任务。例如，可使用超链接在 Microsoft Internet Explorer 中显示网站或加载与应用程序关联的日志文件。

除了具有 Label 控件的所有属性、方法和事件以外，LinkLabel 控件还有用于超级链接的属性和事件。

（1）常用属性。

- ActiveLinkColor 属性：用于指定链接在被单击的过程中的颜色，默认为 Red。
- DisabledLinkColor 属性：用于指定链接被禁用时的颜色，把控件的 Enabled 属性设置为 false 即可禁用链接。
- LinkColor 属性：用于指定链接在普通状态下（被点击或访问前）的颜色，默认为 Blue。
- VisitedLinkColor 属性：用于指定访问过的链接的颜色，访问过的链接通过 LinkVisited 属性指定，默认为 Purple。
- LinkArea 属性：设置激活链接的文本区域。默认情况下，链接标签的 Text 属性中的内容都被当作超级链接，整个控件是可单击的。还可以通过 LinkArea 属性来定义 Text 中的部分内容为超链接，这样使用 LinkArea 类来设置，比如 linkLabel1.LinkArea = new System.Windows.Forms.LinkArea(8,4); //8 为起始位置，4 为长度。
- LinkBehavior 属性：定义与超链接关联的下划线的显示方式。
- Links 属性：保存链接标签中的多个超链接。

（2）常用事件。

最常用的事件是 LinkClicked 事件，在单击链接标签中超链接时就触发这一事件。LinkClicked 事件处理程序确定单击超链接文本后将要进行的操作。比如，要打开超链接文本相关的网页，可使用来自 System.Diagnostics 命名空间的 Process.Start()方法。

```
Private void linkLabel1_LinkClicked(object sender, LinkLabelLinkClicked
EventArgs e)
{
    System.Diagnostics.Process.Start( "http://www.microsoft.com" );
}
```

这里 Process.Start 方法将打开浏览器浏览指定网页。

在链接标签对象中并没有内建的功能用于了解一个链接是否被访问过。因为对控件的浏览操作实际上是由 LinkClicked 事件处理器实现的，所以应该自行编写代码来指定链接是否被访问。通过在 LinkClicked 事件处理器中修改 LinkVisited 属性为 true，这就将根据链接的被访问状态显示不同颜色。如果不想为访问过的链接标签提供不同的颜色显示，只需要取消对 LinkVisited 属性的设置即可。

【例 6-4】 超链接标签控件 LinkLabel 的应用。

功能实现：创建一个 Windows 窗体应用程序，向其中添加一个超链接标签控件，程序运行时，单击其中的 LinkLabel 控件，将打开相应的网页 www.baidu.com。关键代码如下，运行结果如图 6-6、图 6-7 所示。

```
/*********************************************************/
private void Form1_Load(object sender, EventArgs e)
{
    linkLabel1.LinkColor = Color.Blue;
    linkLabel1.ActiveLinkColor = Color.Green;
}
private void linkLabel1_LinkClicked(object sender, LinkLabelLinkClicked
EventArgs e)
{
    System.Diagnostics.Process.Start("http://www.baidu.com");
}
/*-------------------------------------------------------*/
```

图 6-6　使用 LinkLabel 控件打开网页链接

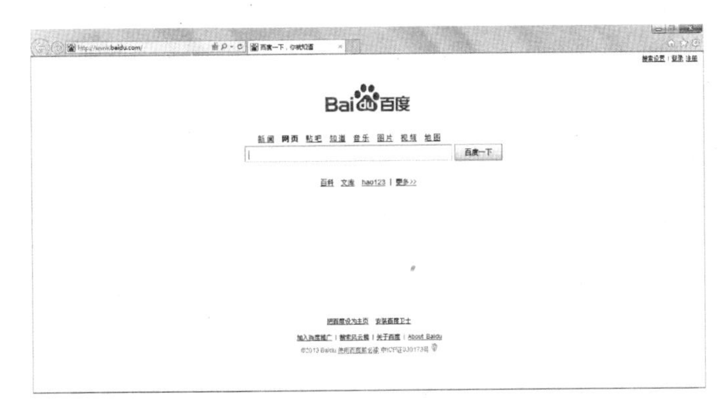

图 6-7　打开的网页

6.2.2　文本控件

1. 文本框控件 Textbox

TextBox 文本框控件用于获取用户输入的文本或显示文本，其应用很广。用 TextBox

控件可编辑文本，不过也可使其成为只读控件。文本框可以显示多行，这时它对文本换行使其符合控件的大小。TextBox 控件只能对显示或输入的文本提供单一格式化样式。若要显示多种类型的带格式文本，可以使用 RichTextBox 控件。控件显示的文本包含在 Text 属性中。默认情况下，最多可在一个文本框中输入 2048 个字符。如果将 MultiLine 属性设置为 true，则最多可输入 32 KB 的文本。Text 属性可以在设计时的“属性”窗口设置，也可在运行时用代码设置，或者在运行时通过用户输入来设置。在运行时通过读取 Text 属性得到文本框的当前内容。TextBox 文本框控件支持密码输入模式：当指定了 PasswordChar 属性时，文本框为密码输入模式，此时无论用户输入什么文本，系统只显示密码字符。

文本框控件 TextBox 的主要属性、方法和事件如下。

（1）主要属性。

- Text 属性：Text 属性是文本框最重要的属性，因为要显示的文本就包含在 Text 属性中。默认情况下，最多可在一个文本框中输入 2048 个字符。如果将 MultiLine 属性设置为 true，则最多可输入 32KB 的文本。
- MaxLength 属性：用来设置文本框允许输入字符的最大长度，该属性值为 0 时，不限制输入的字符数。如果超过了最大长度，系统会发出声响，且文本框不再接受任何字符。注意，用户可能不想设置此属性，因为黑客可能会利用密码的最大长度来试图猜测密码。
- MultiLine 属性：用来设置文本框中的文本是否可以输入多行并以多行显示。值为 true 时，允许多行显示。值为 false 时不允许多行显示，一旦文本超过文本框宽度时，超过部分不显示。
- HideSelection 属性：用来决定当焦点离开文本框后，选中的文本是否还以选中的方式显示，值为 true，则不以选中的方式显示，值为 false 将依旧以选中的方式显示。
- ReadOnly 属性：用来获取或设置一个值，该值指示文本框中的文本是否为只读。值为 true 时为只读，值为 false 时可读可写。
- PasswordChar 属性：是一个字符串类型，允许设置一个字符，运行程序时，将输入到 Text 的内容全部显示为该属性值，从而起到保密作用，通常用来输入口令或密码。例如，如果希望在密码文本框中显示星号，则在“属性”窗口中将 PasswordChar 属性指定为“*”。运行时，无论用户在文本框中输入什么字符，都显示为星号。
- ScrollBars 属性：用来设置滚动条模式，有四种选择，ScrollBars.None（无滚动条），ScrollBars.Horizontal（水平滚动条），ScrollBars.Vertical（垂直滚动条），ScrollBars.Both（水平和垂直滚动条）。注意，只有当 MultiLine 属性为 true 时，该属性值才有效。
- SelectionLength 属性：用来获取或设置文本框中选定的字符数。只能在代码中使用，值为 0 时，表示未选中任何字符。
- SelectionStart 属性：用来获取或设置文本框中选定的文本起始点。只能在代码中使用，第一个字符的位置为 0，第二个字符的位置为 1，依此类推。
- SelectedText 属性：用来获取或设置一个字符串，该字符串指示控件中当前选定的文本。只能在代码中使用。
- Lines 属性：该属性是一个数组属性，用来获取或设置文本框控件中的文本行。即文本框中的每一行存放在 Lines 数组的一个元素中。

- Modified 属性：用来获取或设置一个值，该值指示自创建文本框控件或上次设置该控件的内容后，用户是否修改了该控件的内容。值为 true 表示修改过，值为 false 表示没有修改过。
- TextLength 属性：用来获取控件中文本的长度。

（2）常用方法。

- AppendText 方法：把一个字符串添加到文件框中文本的后面，调用的一般格式如下，文本框对象.AppendText(str)，参数 str 是要添加的字符串。
- Clear 方法：从文本框控件中清除所有文本。调用的一般格式如下，文本框对象.Clear()，该方法无参数。
- Focus 方法：是为文本框设置焦点。如果焦点设置成功，值为 true，否则为 false。调用的一般格式如下，文本框对象.Focus()，该方法无参数。
- Copy 方法：将文本框中的当前选定内容复制到剪贴板上。调用的一般格式如下，文本框对象.Copy()，该方法无参数。
- Cut 方法：将文本框中的当前选定内容移动到剪贴板上。调用的一般格式如下，文本框对象.Cut()，该方法无参数。
- Paste 方法：用剪贴板的内容替换文本框中的当前选定内容。调用的一般格式如下，文本框对象.Paste()，该方法无参数。
- Undo 方法：撤销文本框中的上一个编辑操作。调用的一般格式如下，文本框对象.Undo()，该方法无参数。
- ClearUndo 方法：从该文本框的撤销缓冲区中清除关于最近操作的信息，根据应用程序的状态，可以使用此方法防止重复执行撤销操作。调用的一般格式如下，文本框对象.ClearUndo()，该方法无参数。
- Select 方法：用来在文本框中设置选定文本。调用的一般格式如下，文本框对象.Select(start,length)，该方法有两个参数，第一个参数 start 用来设定文本框中当前选定文本的第一个字符的位置，第二个参数 length 用来设定要选择的字符数。
- SelectAll 方法：用来选定文本框中的所有文本。调用的一般格式如下，文本框对象.SelectAll()，该方法无参数。

（3）常用事件。

- GotFocus 事件：该事件在文本框接收焦点时发生。
- LostFocus 事件：该事件在文本框失去焦点时发生。
- TextChanged 事件：该事件在 Text 属性值更改时发生。无论是通过编程修改还是用户交互更改文本框的 Text 属性值，均会引发此事件。

【例 6-5】 创建密码文本框。

功能实现：创建一个 Windows 窗体应用程序，使用 PasswordChar 属性将密码文本框中字符自定义显示为“@”，同时将 UseSystem PasswordChar 属性设置为 true，使第二个密码文本框的字符显示为“*”。关键代码如下，运行结果如图 6-8 所示。

```
/***********************************************************/
```

```
    private void Form1_Load(object sender, EventArgs e)
    {
        textBox1.PasswordChar = '@';  //设置文本框的 PasswordChar 属性为字符@
        //设置文本框的 UseSystemPasswordChar 属性设置为 true
        textBox2.UseSystemPasswordChar = true;
    }
/*------------------------------------------------------------*/
```

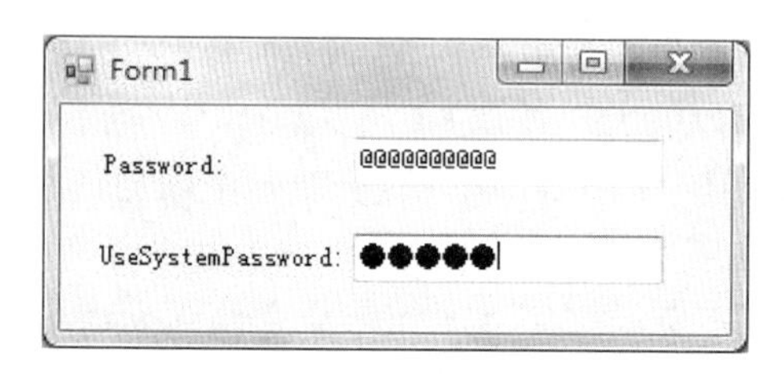

图 6-8 设置密码文本框

2. 富文本框控件 RichTextbox

RichTextBox 控件类似 Microsoft Word 能够输入、显示或处理多种类型的带格式文本，与 TextBox 控件相比，RichTextBox 控件的文字处理功能更加丰富，不仅可以设定文字的颜色、字体，还具有字符串检索功能。另外，RichTextBox 控件还可以打开、编辑和存储.rtf 格式文件、ASCII 文本格式文件及 Unicode 编码格式的文件。与 TextBox 控件相同，RichTextBox 控件可以显示滚动条；但不同的是，RichTextBox 控件的默认设置是水平和垂直滚动条均根据需要显示，并且拥有更多的滚动条设置。

（1）常用属性。

上面介绍的 TextBox 控件所具有的属性，RichTextBox 控件基本上都具有，此外，该控件还具有一些其他属性。

- RightMargin 属性：用来设置或获取右侧空白的大小，单位是像素。通过该属性可以设置右侧空白，如希望右侧空白为 50 像素，可使用如下语句。

```
RichTextBox1.RightMargin=RichTextBox1.Width-50;
```

- Rtf 属性：用来获取或设置 RichTextBox 控件中的文本，包括所有 RTF 格式代码。可以使用此属性将 RTF 格式文本放到控件中以进行显示，或提取控件中的 RTF 格式文本。此属性通常用于在 RichTextBox 控件和其他 RTF 源（如 MicrosoftWord 或 Windows 写字板）之间交换信息。
- SelectedRtf 属性：用来获取或设置控件中当前选定的 RTF 格式的格式文本。此属性使用户得以获取控件中的选定文本，包括 RTF 格式代码。如果当前未选定任何文本，给该属性赋值将把所赋的文本插入到插入点处。如果选定了文本，则给该属性所赋的文本值将替换掉选定文本。
- SelectionColor 属性：用来获取或设置当前选定文本或插入点处的文本颜色。
- SelectionFont 属性：用来获取或设置当前选定文本或插入点处的字体。
- SelectionProtected 属性：使得以保护控件内的文本不被用户操作。当控件中有受保护的文本时，可以处理 Protected 事件以确定用户何时曾试图修改受保护的文本，并提醒用户该文本是受保护的，或向用户提供标准方式供其操作受保护的文本。

- 还可以通过设置 SelectionIndent、SelectionRightIndent 和 SelectionHangingIndent 属性调整段落格式设置。

（2）常用方法。

前面介绍的 TextBox 控件所具有的方法，RichTextBox 控件基本上都具有，此外，该控件还具有一些其他方法。

- Redo 方法：用来重做上次被撤销的操作。调用的一般格式如下，RichTextBox 对象.Redo()，该方法无参数。
- Find 方法：用来从 RichTextBox 控件中查找指定的字符串。经常使用的基本调用格式如下为 RichTextBox 对象.Find(str) ，其功能是在指定的 RichTextBox 控件中查找字符串 str，并返回搜索文本的第一个字符在控件内的位置。如果未找到 str 或者 str 参数指定的搜索字符串为空，则返回值为 1。
- LoadFile 方法：使用 LoadFile 方法可以将文本文件、RTF 文件装入 RichTextBox 控件。常用的调用格式有两种，其一：RichTextBox 对象名.LoadFile(文件名)，功能是将 RTF 格式文件或标准 ASCII 文本文件加载到 RichTextBox 控件中。 其二：RichTextBox 对象名.LoadFile(文件名,文件类型)，功能是将特定类型的文件加载到 RichTextBox 控件中。

注意，文件类型格式取值如下。

PlainText：用空格代替对象链接与嵌入（OLE）对象的纯文本流。

RichNoOleObjs：用空格代替对象链接与嵌入（OLE）对象的 RTF 格式流，该值只在用于 RichtextBox 控件的 SaveFile 方法时有效。

RichText：RTF 格式流。

TextOleObjs：具有 OLE 对象的文本表示形式的纯文本流，该值只在用于 RichtextBox 控件的 SaveFile 方法时有效。

UnicodePlainText：用空格代替对象链接与嵌入（OLE）对象的文本流，该文本采用 Unicode 编码。

- SaveFile 方法：用来把 RichTextBox 中的信息保存到指定的文件中，常用的调用格式也有两种，其一：RichTextBox 对象名.SaveFile(文件名)，功能是将 RichTextBox 控件中的内容保存到 RTF 格式文件中。其二：RichTextBox 对象名.SaveFile(文件名,文件类型)，功能是将 RichTextBox 控件中的内容保存到“文件类型”指定的格式文件中。
- Clear 方法：将富文本框内的文本清空。

（3）常用事件。

- SelectionChanged 事件：控件内的选定文本更改时发生。
- TextChanged 事件：控件内的内容有任何改变都会引发该事件。

【例 6-6】 富文本框 RichTextBox 的使用。

功能实现：设计一个窗体，在其中添加一个富文本框控件，并加载一个文件到该控件中。关键代码如下，运行结果如图 6-9 所示。

```
/******************************************************/
    private void Form1_Load(object sender, EventArgs e)
    {
        richTextBox1.LoadFile("E:\\file.RTF",RichTextBoxStreamType.Rich Text);
    }
/*----------------------------------------------------------*/
```

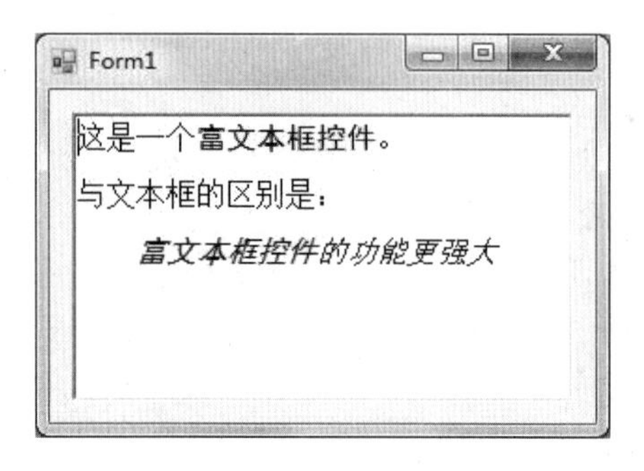

图 6-9　在富文本框中打开文件

6.2.3 选择控件

1. 复选框控件 CheckBox

复选框控件 CheckBox 用 CheckBox 类进行封装，属于选择类控件，用来设置需要或不需要某一选项功能。在运行时，如果用户用鼠标单击复选框左边的方框，方框中就会出现一个“√”符号，表示已选取这个功能了。复选框的功能是独立的，如果在同一窗体上有多个复选框，用户可根据需要选取零个或几个。

CheckBox 控件的常用属性和事件如下。

（1）常用属性。

- ThreeState 属性：用来返回或设置复选框是否能表示三种状态，如果属性值为 true 时，表示可以表示三种状态—选中、没选中和中间态（CheckState.Checked、CheckState.Unchecked 和 CheckState.Indeterminate），属性值为 false 时，只能表示两种状态——选中和没选中。
- Checked 属性：用来设置或返回复选框是否被选中，值为 true 时，表示复选框被选中，值为 false 时，表示复选框没被选中。当 ThreeState 属性值为 true 时，中间态也表示选中。
- CheckState 属性：用来设置或返回复选框的状态。在 ThreeState 属性值为 false 时，取值有 CheckState.Checked 或 CheckState.Unchecked。在 ThreeState 属性值被设置为 true 时，CheckState 还可以取值 CheckState.Indeterminate，未被选中也未被清除，且显示禁用复选标记，此时，复选框显示为浅灰色选中状态，该状态通常表示该选项下的多个子选项未完全选中。
- TextAlign 属性：用来设置控件中文字的对齐方式。该属性的默认值为 ContentAlignment.MiddleLeft，即文字左对齐、居控件垂直方向中央。

（2）常用事件。

- CheckedChanged 事件：改变复选框 Checked 属性时触发。在设计器中双击相应的复选框将进入代码编辑器中这一事件的定义部分。
- CheckStateChanged 事件：改变复选框 CheckedState 属性时触发。在属性窗口中选择这一事件双击进入其代码编辑。

【例 6-7】 复选框控件 CheckBox 的应用。

功能实现：创建一个 Windows 窗体应用程序，向窗体中分别添加一个 GroupBox 和一个 Button，并在 GroupBox 中放置四个复选框 CheckBox 控件，从上到下分别为 checkBox1 到 checkBox4，针对 Button 的 click 事件添加如下的事件处理代码，程序运行时，单击 checkBox2 和 checkBox4，再单击“确定”按钮，表示答对了，运行结果如图 6-10 所示。

```
/**************************************************************/
    private void button1_Click(object sender, EventArgs e)
    {
        if  ( checkBox2.Checked && checkBox4.Checked
                          && !checkBox1.Checked && !checkBox3.Checked )
           MessageBox.Show("您答对了,真的很棒!!!", "信息提示", MessageBox
           Buttons.OK);
        else
           MessageBox.Show("您答错了,继续努力吧!", "信息提示", MessageBox
           Buttons.OK);
    }
/*-------------------------------------------------------------*/
```

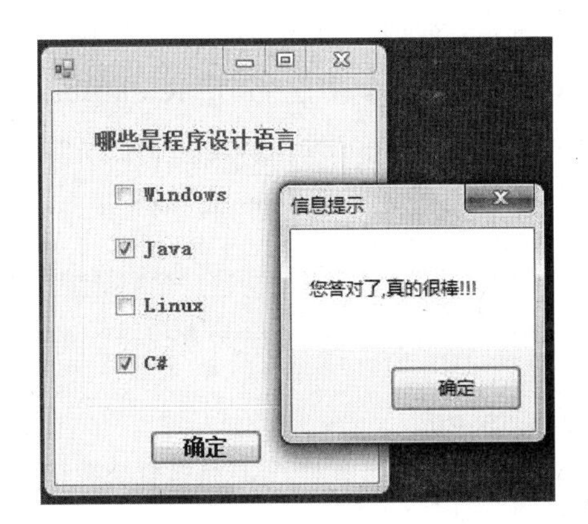

图 6-10　CheckBox 的应用

2. 单选按钮控件 RadioButton

单选按钮 RadioButton 使用 RadioButton 类封装，它与复选框 CheckBox 控件的功能极为相似，都提供用户可以选择或清除的选项。只是单选按钮通常成组出现，用于提供两个或多个互斥选项，即在一组单选按钮中只能选择一个。实际使用中，经常将单选按钮放在一个分组框 GroupBox 或面板 Panel 中构成一个选项组。

单选按钮 RadioButton 控件的常用属性和事件如下。

（1）常用属性。

- Checked 属性：用来设置或返回单选按钮是否被选中，选中时值为 true，没有选中时值为 false。
- AutoCheck 属性：如果 AutoCheck 属性被设置为 true（默认），那么当选择该单选按钮时，将自动清除该组中所有其他单选按钮。对一般用户来说，不需改变该属性，采用默认值（true）即可。
- Text 属性：用来设置或返回单选按钮控件内显示的文本，该属性也可以包含快捷键，即前面带有“&”符号的字母，这样，用户就可以通过同时按 Alt 键和快捷键来选中控件。
- Appearance 属性：用来获取或设置单选按钮控件的外观。当其取值为 Appearance.Button 时，将使单选按钮的外观像命令按钮一样。当选定它时，它看似已被按下。当取值为 Appearance.Normal 时，就是默认的单选按钮的外观。

（2）常用事件。

- Click 事件：当单击单选按钮时，将把单选按钮的 Checked 属性值设置为 true，同时发生 Click 事件。
- CheckedChanged 事件：当 Checked 属性值更改时，将触发 CheckedChanged 事件，可以使用这个事件根据单选按钮的状态变化进行适当操作。在设计器中双击单选按钮将进入代码编辑器中相应事件处理程序的定义部分。

【例 6-8】 单选按钮控件 RadioButton 的应用。

功能实现：创建一个 Windows 窗体应用程序，向窗体中分别添加一个 GroupBox 和一个 Button，并在 GroupBox 中放置四个单选按钮 RadioButton 控件，从上到下分别为 radioButton1 到 radioButton4，针对 Button 的 click 事件添加如下的事件处理代码，程序运行时，单击 radioButton3，再单击“确定”按钮，表示答对了，运行结果如图 6-11 所示。

```
/*******************************************************/
    private void button1_Click(object sender, EventArgs e)
    {
        if (radioButton3.Checked)
            MessageBox.Show("您选对了,这是微软公司开发的操作系统", "信息提示",
            MessageBoxButtons.OK);
        else if (radioButton1.Checked || radioButton4.Checked)
            MessageBox.Show("您选错了,这是程序设计语言", "信息提示", Message
            BoxButtons.OK);
        else
            MessageBox.Show("您选错了,这是数据库管理系统", "信息提示", Message
            BoxButtons.OK);
    }
/*-------------------------------------------------------*/
```

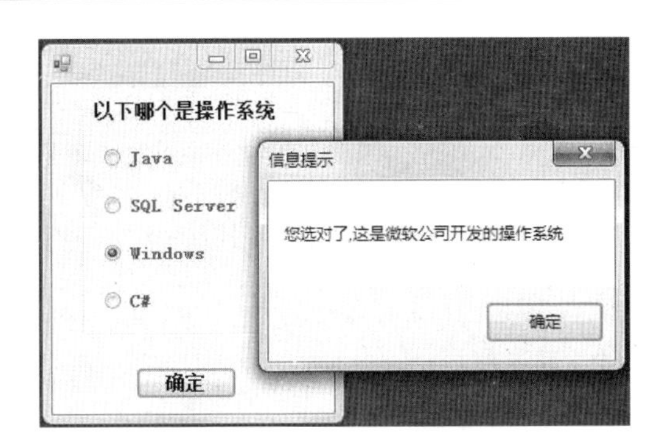

图 6-11　RadioButton 的应用

6.2.4　列表控件

1. 列表框控件 ListBox

列表框 ListBox 控件用 ListBox 类封装，是一个为用户提供选择的列表，用户可从列表框列出的一组选项中选取一个或多个所需的选项。如果有较多的选择项，超出规定的区域而不能一次全部显示时，C#会自动加上滚动条。

列表框的常用属性如表 6-4 所示。

表 6-4　列表框控件 ListBox 的常用属性

属性	说明
SelectionMode	用来获取或设置在 ListBox 控件中选择列表项的方法。当 SelectionMode 属性设置为 SelectionMode.MultiExtended 时，按下 Shift 键的同时单击或同时按 Shift 键和箭头键之一（上、下、左和右箭头键），会将选定内容从前一选定项扩展到当前项。按 Ctrl 键的同时单击将选择或撤销选择列表中的某项；当该属性设置为 SelectionMode.MultiSimple 时，鼠标单击或按空格键将选择或撤销选择列表中的某项；该属性的默认值为 SelectionMode.One，则只能选择一项；当该属性设置为 None 时，不能在列表框中选择
SelectedIndex	用来获取或设置 ListBox 控件中当前选定项的从零开始的索引。如果未选定任何项，则返回值为 1。对于只能选择一项的 ListBox 控件，可使用此属性确定 ListBox 中选定的项的索引。如果 ListBox 控件的 SelectionMode 属性设置为 SelectionMode. MultiSimple 或 SelectionMode.MultiExtended，并在该列表中选定多个项，此时应用 SelectedIndices 来获取选定项的索引
SelectedIndices	该属性用来获取一个集合，该集合包含 ListBox 控件中所有选定项的从零开始的索引
SelectedItem	获取或设置 ListBox 中的当前选定项
SelectedItems	获取 ListBox 控件中选定项的集合，通常在 ListBox 控件的 SelectionMode 属性值设置为 SelectionMode.MultiSimple 或 SelectionMode.MultiExtended（它指示多重选择 ListBox）时使用
Items	用于存放列表框中的列表项，是一个集合。通过该属性，可以添加列表项、移除列表项和获得列表项的数目
ItemsCount	该属性用来返回列表项的数目
Text	该属性用来获取或搜索 ListBox 控件中当前选定项的文本。当把此属性值设置为字符串值时，ListBox 控件将在列表内搜索与指定文本匹配的项并选择该项。若在列表中选择了一项或多项，该属性将返回第一个选定项的文本

续表

属性	说明
Sorted	获取或设置一个值，该值指示 ListBox 控件中的列表项是否按字母顺序排序。如果列表项按字母排序，该属性值为 true；如果列表项不按字母排序，该属性值为 false。默认值为 false。在向已排序的 ListBox 控件中添加项时，这些项会移动到排序列表中适当的位置
MultiColumn	获取或设置列表框控件是否支持多列。设置为 true，则支持多列，设置为 false（默认值），则不支持多列
ColumnWidth	用来获取或设置多列 ListBox 控件中列的宽度

Items 属性是列表框 ListBox 中最重要的属性之一，对 ListBox 控件的操作主要集中在对该属性的操作，也就是通过它来处理列表项，Items 属性的常用方法如表 6-5。

表 6-5 列表框 Items 属性中常用的方法

方法	说明
Add	用来向列表框中增添一个列表项，添加的项通常放在列表的底部，调用格式为： ListBox 对象.Items.Add(s); 把参数 s 添加到“listBox 对象”指定的列表框的列表项中
AddRange	用来添加多个项。调用格式为： ListBox 对象.Items.AddRange(new string[] {“A”,”B”}); 或 ListBox 对象 1.Items.AddRange(ListBox 对象 2.Items);
Insert	用来在列表框中指定位置插入一个列表项，调用格式为： ListBox 对象.Items.Insert(n,s); 参数 n 代表要插入的项的位置索引，参数 s 代表要插入的项，其功能是把 s 插入到“listBox 对象”指定的列表框的索引为 n 的位置处
Remove	来从列表框中删除一个列表项，调用格式为： ListBox 对象.Items.Remove(k); 从 ListBox 对象的列表框中删除指定列表项 k
RemoveAt	用来删除指定索引对应的项，调用格式为： ListBox 对象.Items.RemoveAt(index); 从 ListBox 对象的列表框中删除指定索引 index 对应的列表项
Clear	用来清除列表框中的所有项。其调用格式如下： ListBox 对象.Items.Clear();

列表框的常用方法如表 6-6 所示。

表 6-6 列表框控件 ListBox 的常用方法

方法	说明
FindString	用来查找列表项中以指定字符串开始的第一个项，基本调用格式为： ListBox 对象.FindString(s); 功能为在“ListBox 对象”指定的列表框中查找字符串 s，如果找到则返回该项从零开始的索引；如果找不到匹配项，则返回 ListBox.NoMatches
SetSelected	用来选中某一项或取消对某一项的选择，调用格式为： ListBox 对象.SetSelected(n,l); 如果参数 l 的值是 true，则在 ListBox 对象指定的列表框中选中索引为 n 的列表项，如果参数 l 的值是 false，则索引为 n 的列表项未被选中

续表

方法	说明
BeginUpdate/ EndUpdate	这两个方法的作用是保证使用 Items.Add 方法向列表框中添加列表项时，不重绘列表框。即在向列表框添加项之前，调用 BeginUpdate 方法，以防止每次向列表框中添加项时都重新绘制 ListBox 控件。完成向列表框中添加项的任务后，再调用 EndUpdate 方法使 ListBox 控件重新绘制。调用格式为： ListBox 对象.BeginUpdate(); ListBox 对象.EndUpdate(); 这两个方法均无参数

BeginUpdate 和 EndUpdate 是两个防止在更新列表框时重新绘制的方法，将修改操作放在这两个方法之间，可使得在所有修改完成后再来刷新列表框。比如，mString 为已定义并初始化的字符串数组，其中包含要添加的列表项。

```
listBox1.BeginUpdate( );
foreach (string s in mString)
    { listBox1.Items.Add(s); }
listBox1.EndUpdate( );
```

当向列表框中添加大量的列表项时，使用这种方法添加项可以防止在绘制 ListBox 时的闪烁现象。一个例子程序如下。

```
public void AddToMyListBox( )
{  listBox1.BeginUpdate();
   for(intx=1;x<5000;x++)
   {  listBox1.Items.Add("Item"+x.ToString( ));   }
   listBox1.EndUpdate();
}
```

列表框的常用事件如表 6-7 所示。

表 6-7　列表框控件 ListBox 的常用事件

事件	说明
Click	在单击控件时发生
SelectedIndexChanged/SelectedValueChanged	在列表框中改变选中项，即选择或取消项目时触发这两个事件
DoubleClick	对列表框的项双击时触发这个事件。一般用这个事件来显示一个关于该项信息的提示窗体

2. 组合框控件 ComboBox

ComboBox 控件又称组合框，使用 ComboBox 类进行封装。默认情况下，组合框分两个部分显示，顶部是一个允许输入文本的文本框，下面的列表框则显示列表项，可以在文本框中直接输入也可以从下拉列表中选择选项。可以认为 ComboBox 就是文本框与列表框的组合，同时兼有列表框和文本框的功能，能使用这两类控件具有的大部分操作。组合框常用于这样的情况——便于从控件列表框部分的多个选项中选择一个，但不需要占用列表框所使用的空间。与列表框相比，组合框中的列表不支持多项选择，它无 SelectionMode 属性。但组合框有一个名为 DropDownStyle 的属性，该属性用来设置或获取组合框的样式。对组合框的行为风格可以控制，如列表框是否显示或文本框是否可以编辑。

组合框的常用属性如表 6-8 所示，可以看出，Items、SelectedItem、SelectedIndex 等属性，与列表框中所讲述的相同。Text、MaxLength 等属性，与文本框中所讲述的相同。

表 6-8 组合框控件 ComboBox 的属性

属性	说明
DropDownStyle	获取或设置指定组合框样式的值。可取以下值之一。 • DropDown（默认值）：文本部分可编辑。用户必须单击箭头按钮来显示列表部分。 • DropDownList：只能单击下拉按钮显示下拉列表框来进行选择，不能在文本框中编辑。 • Simple：文本部分可编辑。列表部分总可见。 各种样式的组合框如图 8-19 所示
DropDownWidth	获取或设置组合框下拉部分的宽度（以像素为单位）
DropDownHeight	获取或设置组合框下拉部分的高度（以像素为单位）
Items	表示该组合框中所包含项的集合
SelectedItem	获取或设置当前组合框中选定项的索引
SelectedText	获取或设置当前组合框中选定项的文本
Sorted	指示是否对组合框中的项进行排序
DroppedDown	指定是否显示下拉列表
MaxDropDownItems	设置下拉列表框中最多能显示的项的数目

对于组合框事件，大部分列表框和文本框事件都能在组合框中使用，常用事件如表 6-9 所示。

表 6-9 组合框控件 ComboBox 的事件

事件	说明
Click	在单击控件时发生
TextChanged	文本框中文字改变，即 Text 属性值更改时发生
SelectedIndexChanged	组合框中选择发生变化时，即 SelectedIndex 属性值改变时触发这个事件
KeyPress	在控件有焦点的情况下按下键时发生
DropDown	显示下拉列表时触发这个事件。可以使用这个事件对下拉列表框中的内容进行处理，如添加、删除项等

组合框的 Items 属性是最重要的属性，它是存放组合框中所有项的集合，对组合框的操作实际上就是对该属性即项集合的操作。Items 属性中最重要的子项属性是 count，该属性记录了 Items 中项的个数。Items 属性的常用方法如表 6-10 所示。

表 6-10 组合框 Items 属性中常用的方法

方法	说明
Add	向 ComboBox 项集合中添加一个项
AddRange	向 ComboBox 项集合中添加一个项的数组

续表

方法	说明
Clear	移除 ComboBox 项集合中的所有项
Contains	确定指定项是否在 ComboBox 项集合中
Equqls	判断是否等于当前对象
GetType	获取当前实例的 Type
Insert	将一个项插入到 ComboBox 项集合中指定的索引处
IndexOf	检索指定的项在 ComboBox 项集合中的索引
Remove	从 ComboBox 项集合中移除指定的项
RemoveAt	移除 ComboBox 项集合中指定索引处的项

【例 6-9】 列表框控件 ListBox 和组合框控件 ComboBox 的应用。

功能实现：创建一个 Windows 应用程序，模拟一个学生选课的 Windows 窗体，在默认窗体中添加一个 ComboBox 控件、一个 ListBox 控件、两个 Button 控件和一个 Label 控件，其中，窗体左侧的 ComboBox 控件包含了一组待选的课程集合，单击“加入”按钮可将其选取的课程加入到右侧的 ListBox 控件中，单击“删除”按钮则可删除 ListBox 控件中已有的课程。关键代码如下，运行结果如图 6-12 所示。

```
/*********************************************************/
        void Form1_Load(object sender, EventArgs e)
        {
            string[] courses = new string[7] { "英语", "高等数学", "数理统计",
            "大学物理", "电子电工", "计算机应用基础", "计算机语言程序设计"};
            for (int i = 0; i < 7; i++)
                comboBox1.Items.Add(courses[i]);
        }
        void button1_Click(object sender, EventArgs e)
        {
            if (comboBox1.SelectedIndex != -1)
            {
                string c1 = (string)comboBox1.SelectedItem;
                if (!listBox1.Items.Contains(c1))
                    listBox1.Items.Add(c1);
            }
        }
        void button2_Click(object sender, EventArgs e)
        {
            if (listBox1.SelectedIndex != -1)
            {
                string c1 = (string)listBox1.SelectedItem;
                listBox1.Items.Remove(c1);
            }
        }
/*-------------------------------------------------------*/
```

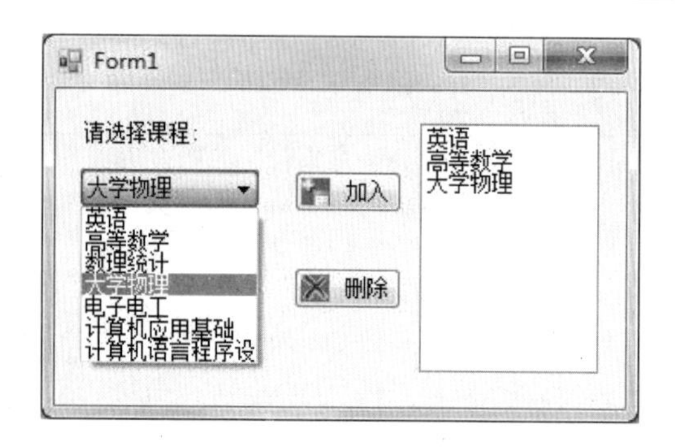

图 6-12 学生选课

3. 复选框列表控件 CheckedListbox

复选框列表 CheckedListBox 控件显示一个列表框 ListBox，并且在每个列表项的左边显示一个复选框。这样，是否选中了某个列表项就可以很清楚地表现出来。它扩展了 ListBox 控件，它几乎能完成列表框可以完成的所有任务。用户可以使用键盘或控件右侧的滚动条定位该列表，用户可以在一项或多项旁边放置选中标记，并且可以通过 CheckedListBox.CheckedItemCollection 和 CheckedListBox.CheckedIndexCollection 浏览选中项。

除具有列表框的全部属性外，它还具有以下属性。

- CheckOnClick 属性：获取或设置一个值，该值指示当某项被选定时是否应切换左侧的复选框。如果立即切换选中标记，则该属性值为 true；否则为 false。默认值为 false。
- CheckedItems 属性：该属性是复选列表框中选中项的集合，包含处于 CheckState.Checked 或 CheckState.Indeterminate 状态的那些项。
- CheckedIndices 属性：该属性代表选中项（处于选中状态或中间状态的那些项）索引的集合，该集合中的索引按升序排列。

【例 6-10】 复选框列表 CheckedListBox 控件的应用。

功能实现：创建一个 Windows 应用程序，在默认窗体中放置一个 CheckedListBox 控件、一个列表框控件、一个 Label 控件和一个 Button，实现 CheckedListBox 控件中所有选中项在 ListBox 控件中显示出来。关键代码如下，运行结果如图 6-13 所示。

```
/*******************************************************/
    private void Form1_Load(object sender, EventArgs e)
    {
        checkedListBox1.Items.Add("中国");
        checkedListBox1.Items.Add("美国");
        checkedListBox1.Items.Add("俄罗斯");
        checkedListBox1.Items.Add("英国");
        checkedListBox1.Items.Add("法国");
        checkedListBox1.CheckOnClick = true;
    }
    private void button1_Click(object sender, EventArgs e)
    {
```

```
        listBox1.Items.Clear();
        foreach (object item in checkedListBox1.CheckedItems)
            listBox1.Items.Add(item);
    }
/*-----------------------------------------------------------*/
```

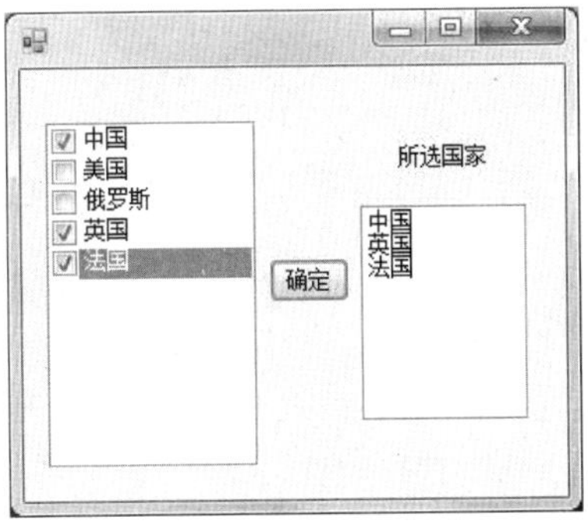

图 6-13　执行界面

6.2.5　容器控件

1．分组框控件 GroupBox

GroupBox 控件又称为分组框，使用 GroupBox 类封装，该控件常用于为其他控件提供可识别的分组，其典型的用法之一就是给 RadioButton 控件分组。可以通过分组框的 Text 属性为分组框中的控件向用户提供提示信息。设计时，向 GroupBox 控件中添加控件的方法有两种：一是直接在分组框中绘制控件；二是把已有控件放到分组框中，可以选择所有这些控件，将其剪切到剪贴板，选择 GroupBox 控件，然后将其粘贴到分组框中，也可以将它们拖到分组框中。设计中位于分组框中的所有控件随着分组框的移动而一起移动，随着分组框的删除而全部删除，分组框的 Visible 属性和 Enabled 属性也会影响到分组框中的所有控件。GroupBox 控件不能显示滚动条。

分组框 GroupBox 控件的常用属性和事件如表 6-11、表 6-12 所示。

表 6-11　分组框控件 GroupBox 的常用属性

属性	说明
Text	该属性为分组框设置标题，给出分组提示
BackColor	设置分组框背景颜色
BackgroundImage	设置分组框背景图像
TabStop	分组框一般不接收焦点，它将焦点传递给其包含控件中的第一个项，可以设置这个属性来指示分组框是否接收焦点
AutoSize	设置分组框是否可以根据其内容调整大小
AutoSizeMode	获取或设置启用 AutoSize 属性时分组框的行为方式。AutoSizeMode 属性值为枚举值 GrowAndShrink，则根据内容增大或缩小；为 GrowOnly（默认），可以根据其内容任意增大，但不会缩小至小于它的 Size 属性值
Controls	分组框中包含的控件的集合，可以使用这个属性的 Add，Clear 等方法。Add 方法即可将控件添加到 GroupBox

表 6-12 分组框控件 GroupBox 的常用事件

事件	说明
TabStopChanged	在 TabStops 属性改变时触发
AutoSizeChanged	在 AutoSize 属性发生改变时触发
KeyUp/KeyPress/KeyDowm	分组框拥有焦点同时用户松开/按下某个键时触发

2. 面板控件 Panel

面板控件 Panel 用 Panel 类封装，用于为其他控件提供组合容器。Panel 控件类似于 GroupBox 控件，但 GroupBox 控件可以显示标题，而 Panel 控件有滚动条。如下情况下经常使用面板控件 Panel：子控件要以可见的方式分开，或提供不同的 BackColor 属性，或使用滚动条以允许多个控件放置在同一个有限空间。如果 Panel 控件的 Enabled 属性设置为 false，则也会禁用包含在 Panel 中的控件。

面板控件 Panel 的常用属性如表 6-13 所示。

表 6-13 面板控件 Panel 的常用属性

属性	说明
AutoScroll	设置为 true 时，启用 Panel 控件中的滚动条，可以滚动显示 Panel 中（但不在其可视区域内）的所有控件
BackColor	此属性获取或设置控件的背景色
BackgroundImage	此属性获取或设置在控件中显示的背景图像
BorderStyle	此属性指示控件的边框样式，有 None（默认，无边框），FixedSingle（标准边框），Fixed3D（三维边框）三种。用标准或三维边框可将面板区与窗体上的其他区域区分开

【例 6-11】 面板控件 Panel 的应用。

功能实现：创建一个 Windows 应用程序，在默认窗体中添加一个 Panel 控件，用来作为容器控件，然后向该 Panel 控件中分别添加一个 Label 控件、一个 Button 控件和一个 TextBox 控件，最后在窗体加载事件中设置容器控件的边框样式及滚动条显示。添加的关键代码如下，运行结果如图 6-14 所示。

```
/*********************************************************/
    private void Form1_Load(object sender, EventArgs e)
    {
        panel1.BorderStyle = BorderStyle.FixedSingle;
                                            //设置 panel1 控件的边框样式
        panel1.AutoScroll = true;           //设置 panel1 控件自动显示滚动条
    }
/*-------------------------------------------------------*/
```

3. 选项卡控件 TabControl

选项卡控件 TabControl 使用 TabControl 类封装。在这类控件中，通常在上部有一些标签供选择，每个标签对应一个选项卡页面，这些选项卡页面由通过 TabPages 属性添加的

TabPage 对象表示。选中一个标签就会显示相应的页面而隐藏其他页面。要为添加后的特定页面添加控件，通过选项卡控件的标签切换到相应页面，再选中该页面，然后把控件拖动到页面中。通过这个方式，可以把大量的控件放在多个页面中，通过选项卡标签迅速切换。一个很常见的例子是 Windows 系统的“显示属性”对话框。

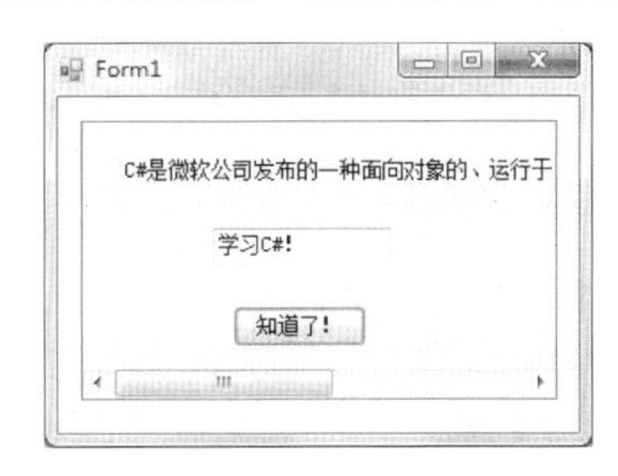

图 6-14　Panel 的应用

选项卡控件 TabControl 的常用属性、方法和事件如表 6-14、表 6-15 所示。

表 6-14　选项卡控件 TabControl 的常用属性

属性	说明
Alignment	控制选项卡 TabPage 在选项卡控件的什么位置显示，是一个 TabAlignment 枚举类型，有 Top（默认），Bottom，Left，Right 四个值。默认的位置为控件的顶部
Multiline	如果这个属性设置为 true，就可以有几行选项卡，默认情况为单行显示，在标签超出选项卡控件可视范围时自动使用箭头按钮来滚动标签
RowCount	返回当前显示的选项卡行数
SelectedIndex	返回或设置选中选项卡的索引，若没有选中项，返回–1
SelectedTab	返回或设置选中的选项卡。注意，这个属性在 TabPages 的实例上使用。若没有选中项，返回 null
TabCount	返回选项卡的总数
TabPages	这是控件中的选项卡 TabPage 对象集合，可以通过它对选项卡页面进行管理，可以添加和删除 TabPage 对象 `
Appearance	控制选项卡的显示方式，有三种风格：Buttons（一般的按钮）、FlatButtons（带有平面样式）、Normal（默认）。只有当标签位于顶部时，才可以设置 FlatButtons 风格；位于其他位置时，将显示为 Buttons
HotTrack	如果这个属性设置为 true，则当鼠标指针滑过控件上的选项卡时，其外观就会改变
SizeMode	指定标签是否自动调整大小来填充标签行。枚举类型 TabSizeMode 定义了三种取值。 Normal：根据每个标签内容调整标签的宽度 Fixed：所有标签宽度相同 FillToRight：调整标签宽度，使其填充标签行（只有在多行标签的情况下进行调整）

表 6-15　选项卡控件 TabControl 的常用方法和事件

方法和事件	说明
SelectTab 方法	使指定的选项卡成为当前选项卡
DeselectTab 方法	使指定的选项卡后面的选项卡成为当前选项卡
RemoveAll 方法	从该选项卡控件中移除所有的选项卡页和附加的控件
SelectedIndexChanged 事件	改变当前选择的标签时触发这个事件，可以在这个事件的处理中根据程序状态来激活或禁止相应页面的某些控件

此外，就选项卡页面集合 TabPages 属性而言，有如下的常用方法对其进行管理。

（1）通过提供索引访问，可以访问某一选项卡页面，如：

```
tabControl1.TabPages[0].Text = "选项卡 1"
```

（2）添加 TabPage 对象，通过 TabPages 的 Add 或者 AddRange 方法。

（3）删除 TabPage 对象，通过 TabPages 的 Remove 方法（参数为 TabPage 引用）或 RemoveAt 方法（参数为索引值）。

（4）清除所有的 TabPage 对象，通过 TabPages 的 Clear 方法。

【例 6-12】 选项卡控件 TabControl 的应用。

功能实现：创建一个 Windows 应用程序，在默认窗体中添加一个 TabControl 控件和两个 Button 控件，其中，TabControl 控件用来作为选项卡控件，Button 控件分别用来执行添加和删除选项卡操作。添加的关键代码如下，运行结果如图 6-15 所示。

```
/******************************************************/
    private void Form1_Load(object sender, EventArgs e)
    {
        tabControl1.Appearance = TabAppearance.Normal; //设置选项卡的外观样式
    }
    private void button1_Click(object sender, EventArgs e)
    {
        listBox1.Items.Clear();
        //声明一个字符串变量，用于生成新增选项卡的名称
        string Title = "新增选项卡 " + (tabControl1.TabCount + 1).ToString();
        TabPage MyTabPage = new TabPage(Title);    //实例化 TabPage
        //使用 TabControl 控件的 TabPages 属性的 Add 方法添加新的选项卡
        tabControl1.TabPages.Add(MyTabPage);
        MessageBox.Show("现有" + tabControl1.TabCount + "个选项卡");
                                                    //获取选项卡个数
    }
    private void button2_Click(object sender, EventArgs e)
    {
        listBox1.Items.Clear();
        if (tabControl1.SelectedIndex == 0)   //判断是否选择了要移除的选项卡
            MessageBox.Show("请选择要移除的选项卡");   //如果没有选择，弹出提示
        else
           //使用 TabControl 控件的 TabPages 属性的 Remove 方法移除指定的选项卡
           tabControl1.TabPages.Remove(tabControl1.SelectedTab);
    }
/*-----------------------------------------------------*/
```

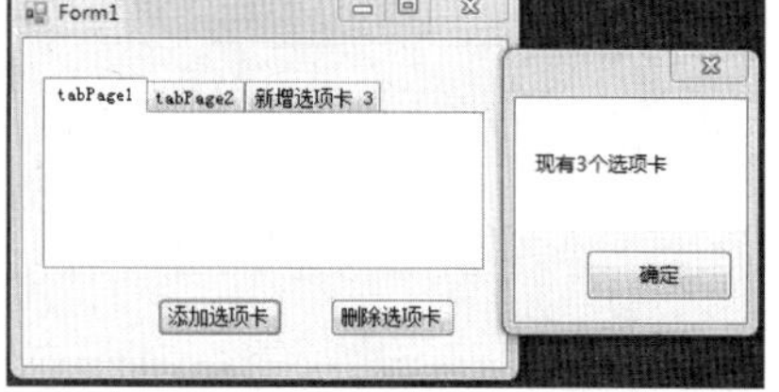

图 6-15 TabControl 的应用

6.2.6　高级列表选择控件

1．树形视图控件 TreeView

树形视图控件 TreeView 用 TreeView 类封装，主要用于显示层次结构的数据信息，如同 Windows 中显示的文件和目录。一般由项或节点 TreeNode 构成，节点还可以包含子节点，可以展开或收起节点，并且每个节点都可以包含标题和图标。

在设计阶段，可以给 TreeView 控件添加树视图节点 TreeNode：单击 TreeView 属性窗口的 Nodes 属性旁的按钮，打开“TreeNode 编辑器”对话框，如图 6-16 所示。在其中单击“添加根”按钮添加一个根节点；选中树中已有的一个节点，单击“添加子节点”按钮可以为这个节点添加一个子节点；删除按钮用来删除选择的节点。

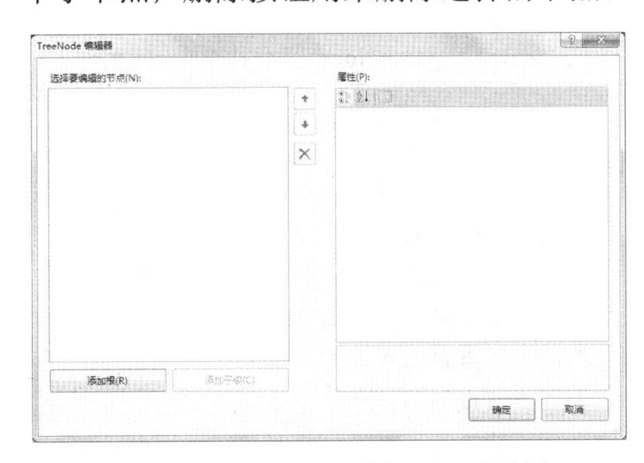

图 6-16　“TreeNode 编辑器”对话框

树形视图控件 TreeView 的常用属性、方法和事件如表 6-16～表 6-18 所示。

表 6-16　树形视图控件 TreeView 的常用属性

属性	说明
ImageIndex	此属性显示节点图像的索引
ImageList	表示可显示节点处的图像列表
Nodes	此属性可设置 TreeView 控件中的所有节点
SelectedNode	此属性表示 TreeView 控件中当前选中的节点
Showlines	此属性指定树视图的同级节点之间及树节点和根节点之间是否有线

表 6-17　树形视图控件 TreeView 的常用方法

方法	说明
CollapseAll	收起 TreeView 中的所有节点
ExpandAll	展开 TreeView 中的所有节点
GetNodeCount	返回根节点或所有节点的数目
FindNode	查找 TreeView 控件中指定值路径处的 TreeNode 节点
BeginUpdate/EndUpdate	这两个方法的作用是保证向 TreeView 中添加节点时，不重绘 TreeView。即在添加节点之前，调用 BeginUpdate 方法，以防止每次向 TreeView 中添加节点时都重新绘制该控件。完成添加节点的任务后，再调用 EndUpdate 方法使 TreeView 控件重新绘制

表 6-18 树形视图控件 TreeView 的常用事件

事件	说明
SelectedNodeChanged	当选择 TreeView 控件中的节点变化时触发该事件
BeforeCollaspe	当要收起节点时触发这个事件
AfterCollaspe	当节点收起后触发这个事件
BeforeExpand	当展开一个节点时触发这个事件
AfterExpand	当节点展开后触发这个事件
BeforeSelect	当选择一个节点时触发这个事件
AfterSelect	当节点被选择后触发这个事件

Nodes 是 TreeView 控件的一个属性，它也是一个节点集合。每个节点就是 TreeNode 对象。TreeView 控件的主要操作集中在 TreeNode 对象的操作上。树视图节点 TreeNode 的一些常用属性和方法如表 6-19、表 6-20 所示。

表 6-19 TreeNode 节点的常用属性

属性	说明
FirstNode	返回该节点的第一个节点
FullPath	返回从根节点到该节点的完整路径
Index	返回该节点在其父节点中的索引
IsExpanded	指定该节点是否处于展开状态
IsSelected	指定该节点是否处于选择状态
IsVisible	指定该节点是否可见
LastNode	返回该节点最后一个子节点
NextNode	返回该节点的下一个兄弟节点
Nodes	该节点的所有子节点的集合
Parent	返回该节点的父节点
PreNode	返回该节点的前一个兄弟节点
Text	指定该节点的标题
TreeView	返回包含该节点的树视图

表 6-20 TreeNode 节点的常用方法

方法	说明
Collapse	收起节点
Expand/ExpandAll	展开节点
GetNodeCount	返回子节点数目
Remove	在树视图中删除该节点及其子节点
Toggle	将 TreeNode 切换为展开或收起状态

【例 6-13】 树形视图控件 TreeView 的应用。

功能实现：创建一个 Windows 应用程序，在默认窗体中添加一个 TreeView 控件、一个 ImageList 控件、一个 ContextMenuStrip 和一个 Label 控件，其中，TreeView 控件用来显示部门结构，ImageList 控件用来存储 TreeView 控件中用到的图片文件，ContextMenuStrip 控件用来作为 TreeView 的快捷菜单，Label 控件用来记录所选择的项。添加的关键代码如下，运行结果如图 6-17 所示。

```
/******************************************************/
    private void Form1_Load(object sender, EventArgs e)
    {
        treeView1.ContextMenuStrip = contextMenuStrip1;//设置树控件的快捷菜单
        TreeNode TopNode = treeView1.Nodes.Add("公司");//建立一个顶级节点
        //建立 4 个第二层节点，分别表示 4 个大的部门
        TreeNode ParentNode1 = new TreeNode("人事部");
        TreeNode ParentNode2 = new TreeNode("财务部");
        TreeNode ParentNode3 = new TreeNode("基础部");
        TreeNode ParentNode4 = new TreeNode("软件开发部");
        //将 4 个第二层节点添加到第一层节点中
        TopNode.Nodes.Add(ParentNode1);
        TopNode.Nodes.Add(ParentNode2);
        TopNode.Nodes.Add(ParentNode3);
        TopNode.Nodes.Add(ParentNode4);
        //建立 6 个子节点，作为第三层节点，分别表示 6 个部门
        TreeNode ChildNode1 = new TreeNode("C#部门");
        TreeNode ChildNode2 = new TreeNode("ASP.NET 部门");
        TreeNode ChildNode3 = new TreeNode("VB 部门");
        TreeNode ChildNode4 = new TreeNode("VC 部门");
        TreeNode ChildNode5 = new TreeNode("JAVA 部门");
        TreeNode ChildNode6 = new TreeNode("PHP 部门");
        //将 6 个子节点（第三层节点）添加到对应的（第 4 个）第二层节点中
        ParentNode4.Nodes.Add(ChildNode1);
        ParentNode4.Nodes.Add(ChildNode2);
        ParentNode4.Nodes.Add(ChildNode3);
        ParentNode4.Nodes.Add(ChildNode4);
        ParentNode4.Nodes.Add(ChildNode5);
        ParentNode4.Nodes.Add(ChildNode6);
        //设置 imageList1 控件中显示的图像
        imageList1.Images.Add(Image.FromFile("1.png"));
        imageList1.Images.Add(Image.FromFile("2.png"));
        imageList1.ImageSize = new Size(16, 16);
        //设置 treeView1 的 ImageList 属性为 imageList1
        treeView1.ImageList = imageList1;
        //设置 treeView1 控件节点的图标在 imageList1 控件中的索引是 0
        treeView1.ImageIndex = 0;
        //选择某个节点后显示的图标在 imageList1 控件中的索引是 1
        treeView1.SelectedImageIndex = 1;
    }
    private void treeView1_AfterSelect(object sender, TreeViewEventArgs e)
    {
        //在 AfterSelect 事件中，获取控件中选中节点显示的文本
        label1.Text = "选择的部门：" + e.Node.Text;
    }
```

```
        private void 全部展开 ToolStripMenuItem_Click(object sender, EventArgs e)
        {
            treeView1.ExpandAll();//展开所有树节点
        }
            private void 全部折叠 ToolStripMenuItem_Click(object sender, EventArgs e)
        {
            treeView1.CollapseAll();//折叠所有树节点
        }
    /*----------------------------------------------------------*/
```

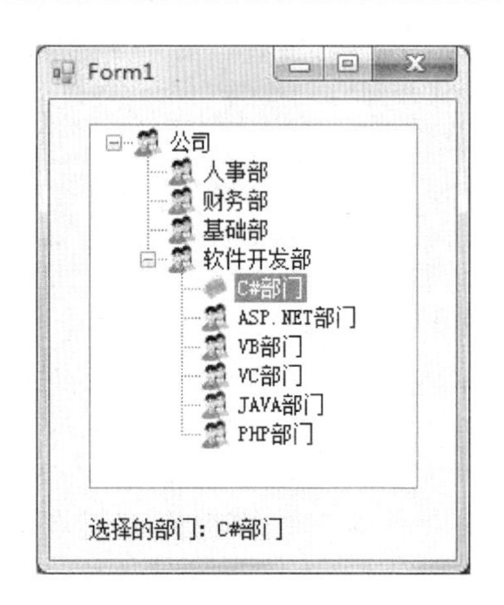

图 6-17 TreeView 的应用

2. 列表视图控件 ListView

列表视图控件（ListView）用 ListView 类封装，与 TreeView 控件类似，都是用来显示信息，只是 TreeView 控件以树形式显示信息，而 ListView 控件以列表形式显示信息，能够用来制作像 Windows 中“控制面板”或 Windows 资源管理器右窗格那样的用户界面。

列表视图控件 ListView 的常用属性、方法和事件如表 6-21、表 6-22 所示。

表 6-21 列表视图控件 ListView 的常用属性

属性	说明
View	获取或设置列表视图的显示模式，有 5 种视图模式：LargeIcon、SmallIcon、List、Details 和完整视图。 LargeIcon：显示大图标，并在图标的下面显示标题。 SmallIcon：显示小图标，并在图标的右边显示标题。 List：每项包含一个小图标和一个标题，并使用列来组织列表项，但每列都没有表头 Details：使用报表的形式显示列表项，每项占一行。最左边的一列显示该项的小图标和标题，其他列显示该项的子项。这种方式还可以包含一个表头，显示每列的标题，可以在运行时通过表头来改变列的宽度。所有视图模式都可显示图像列表中的图像
Items	包含列表视图中的所有项。可以对其使用索引访问，得到其中的单个项。每个列表项具有 SubItems 属性来访问它的各个子项。比如，listView1.Items[0].SubItems[0]
MultiSelect	设置列表视图是否可以选择多项。默认为只能选择一项
SelectedItems	用户当前选定项的集合。如果将 MultiSelect 属性设置为 true，则用户可选择多项

续表

属性	说明
SelectedIndices	获取当前选择的项的索引
Sorting	指定是否对列表项进行排序
column	详细视图中显示的列信息
HeaderStyle	在 Details 详细信息模式下，列表视图会显示表头。使用这个属性来设置表头的不同风格，取值由枚举类型 ColumnHeaderStyle 设定 Clickable，显示表头，并且它可以响应单击事件。 Nonclickable，显示表头，但它不响应单击事件。 None，不显示表头
LargeImageList	在 LargeIcon 大图标视图模式下，显示 LargeImageList 中的图像列表
SmallImageList	在其他视图模式下，显示 SmallImageList 中的图像列表
Scrollable	指定是否显示滚动条

表 6-22　列表视图控件 ListView 的常用方法和事件

方法和事件	说明
Clear 方法	彻底清除视图，删除所有的选项和列
GetItemAt 方法	返回列表视图中位于 x,y 的选项
Sort 方法	进行排序；仅限于字母数字类型
ColumnClick 事件	单击列表头时触发这个事件。可以在这个事件的处理过程中编写代码对列表视图进行排序
SelectedIndexChanged 事件	对列表视图中项的选择发生改变时触发这个事件

ListView 控件的操作主要集中在添加或移除列表项等操作，这可在设计和运行时实现。

（1）设计时在设计器中添加或移除列表项。在“属性”窗口单击 Items 属性旁的省略号按钮(…)，打开“ListViewItem 集合编辑器”对话框。要添加项，单击“添加”按钮，然后设置新项的属性，如 Text 和 ImageIndex 属性，其中，ImageIndex 设置列表项对应的图像索引，Text 设置列表项的标题。若要移除某项，选择该项并单击“移除”按钮。

Windows 窗体的 ListView 控件位于“Details”视图中时，可为每个列表项显示多列。可使用这些列显示关于各个列表项的若干种信息。如文件列表可显示文件名、文件类型、文件大小和上次修改该文件的日期等。在包含多列的情况下，要为列表项添加子项。单击对话框中 SubItems 属性旁的按钮，打开“ListViewSubItem 集合编辑器”对话框，在其中添加子项。其中，第一个子项的标题就是列表项的标题。

（2）以编程方式在运行时添加项。使用 Items 属性的 Add 方法。例如：

```
listView1.Items.Add( listViewItem1 );
```

其中 listViewItem1 表示一个列表项对象实例。

（3）以编程方式在运行时移除项。使用 Items 属性的 RemoveAt 或 Clear 方法。RemoveAt 方法移除一项，而 Clear 方法移除列表中所有项。

```
listView1.Items.RemoveAt(0);  //移除列表的第一项
listView1.Items.Clear();      //移除所有项
```

（4）设计时在设计器中添加列。在控件的 View 属性设置为 Details 之后，在“属性”窗口中，单击 Columns 属性旁的省略号按钮，打开“ColumnHeader 集合编辑器”对话框。单击其中的“添加”按钮添加一个新的列表头，并在右边可以设置其属性：Name 设置表头名称，Text 设置表头标题，Width 属性设置列宽度，TextAlign 属性设置列的对齐方式等。

（5）以编程方式运行时添加列。将控件的 View 属性设置为 Details，使用列表视图的 Columns 属性的 Add 方法。例如：

```
listView1.View = View.Details;     //将 View 设为 Details
listView1.Column.Add("Drive",100, HorizontalAlignment.Left);
```

其中参数分别表示列名称，列宽度和列对齐方式。

（6）在列表视图中显示图像。

ListView 控件可显示三个图像列表中的图标。LargeIcon 视图模式下显示 LargeImageList 属性中指定的图像列表中的图像。List 视图、Details 视图和 SmallIcon 视图模式下显示 SmallImageList 属性中指定的图像列表中的图像。列表视图还能在大图标或小图标旁显示在 StateImageList 属性中设置的一组附加图标。

将 SmallImageList、LargeImageList 或 StateImageList 设置为已有 ImageList 组件。可在设计器中使用"属性"窗口设置，也可在代码中设置。例如：

```
listView1.SmallImageList = imageList1;
```

为每个具有关联图标的列表项设置 ImageIndex 或 StateImageIndex 属性。这些属性可通过"ListViewItem 集合编辑器"设置。要打开"ListViewItem 集合编辑器"，请单击"属性"窗口中 Items 属性旁的省略号(…)按钮。也可用代码进行设置，例如：

```
listView1.Items[0].ImageIndex = 3;    //设置第一列表项显示第 4 幅图像
```

【例 6-14】 列表视图控件 ListView 的应用。

功能实现：创建一个 Windows 应用程序，在默认窗体中添加一个 TabControl 控件和两个 Button 控件，其中 TabControl 控件用来作为选项卡控件，Button 控件分别用来执行添加和删除选项卡操作。添加的关键代码如下，运行结果如图 6-18 所示。

```
/**********************************************************/
    private void Form1_Load(object sender, EventArgs e)
    {
        comboBox1.Items.Add("大图标");
        comboBox1.Items.Add("小图标");
        comboBox1.Items.Add("列表");
        comboBox1.Items.Add("详细列表");
        comboBox1.SelectedIndex = 3;
    }
    private void comboBox1_SelectedIndexChanged(object sender, EventArgs e)
    {
        string str = this.comboBox1.SelectedItem.ToString();
        switch (str)
        {
            case "大图标":
                this.listView1.View = View.LargeIcon;
                break;
```

```
            case "小图标":
                this.listView1.View = View.SmallIcon;
                break;
            case "列表":
                this.listView1.View = View.List;
                break;
            default:
                this.listView1.View = View.Details;
                break;
        }
    }
    private void button1_Click(object sender, EventArgs e)
    {
        //获取文本框中输入的信息
        string[] subItemstr = { this.textBox1.Text, this.textBox2.Text,
        this.textBox3.Text };
        ListViewItem subItem = new ListViewItem(subItemstr);
                                        //用获取的信息，构建一个要添加的项
        int itemNumber = this.listView1.Items.Count;
                                        //确定添加的项的位置，插入到集合中指定的索引处
        this.listView1.Items.Insert(itemNumber, subItem);  //添加项
        this.listView1.Items[itemNumber].ImageIndex = 0;
                                        //设置添加的项的 图像索引 属性
    }
    private void button2_Click(object sender, EventArgs e)
    {
        for (int i = this.listView1.SelectedItems.Count - 1; i >= 0; i--)
                                        //删除选择的多个项，从后往前删
        {
            ListViewItem item = this.listView1.SelectedItems[i];
            this.listView1.Items.Remove(item);        //一个一个删除
        }
    }
/*------------------------------------------------------------------------*/
```

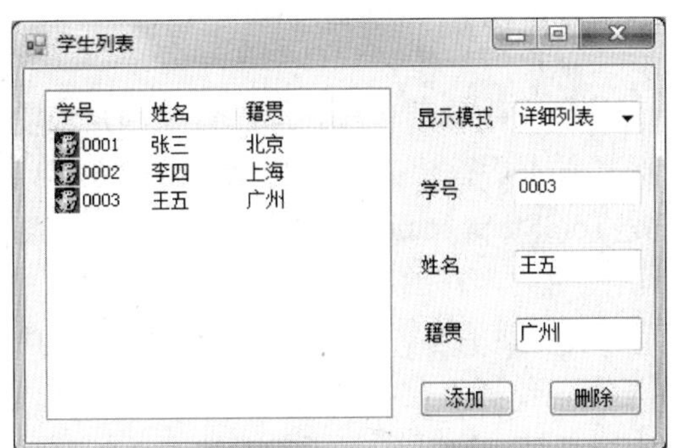

图 6-18　ListView 的应用

6.3 菜单、工具栏和状态栏

6.3.1 菜单

菜单是图形用户界面（GUI）的重要组成之一，是设计 Windows 窗体应用程序经常使用的重要工具。菜单按使用形式可分为下拉式菜单和弹出式菜单两种，在 C#中分别使用 MenuStrip 控件或 ContextMenuStrip 控件可以很方便地实现它们。下拉式菜单位于窗口顶部，通常使用菜单栏中的菜单项（如“文件”、“编辑”和“视图”等）打开。弹出式菜单是独立于菜单栏而显示在窗体内的浮动菜单，通常使用右键单击窗体某一区域打开，不同的区域所“弹出”的菜单内容可以不同。

1．菜单的基本结构

下拉式菜单和弹出式菜单的基本结构大致相似，下面以下拉式菜单为例来说明菜单的基本结构。如图 6-19 所示是典型的菜单结构。

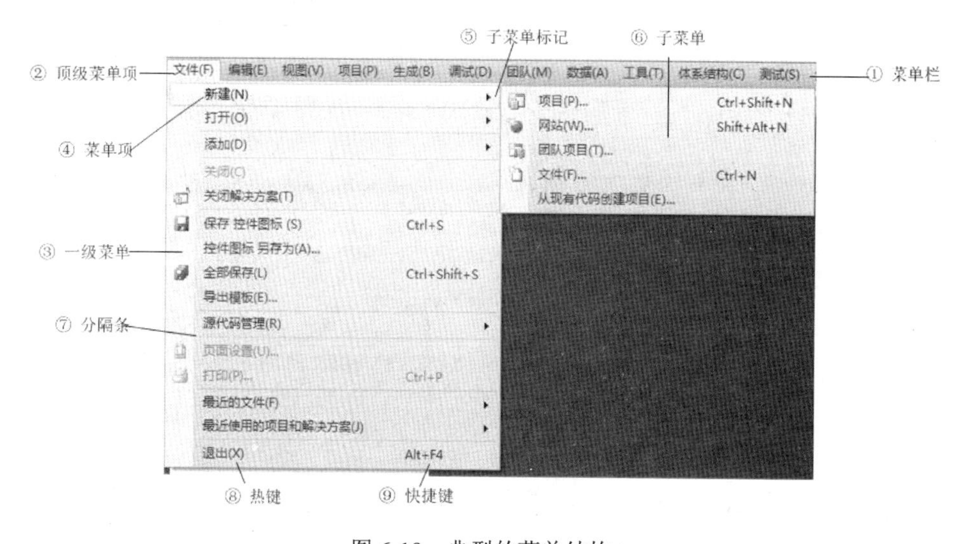

图 6-19 典型的菜单结构

在图中，其中有文字的单个命令称菜单项，顶层菜单项是横着排列的，构成了菜单栏。单击某个顶级菜单项（或菜单项）后弹出的菜单称为一级菜单（或子菜单），它们均包含若干个菜单项，菜单项其实是 ToolStripMenuItem 类的一个对象。菜单项有的是变灰显示的，表示该菜单项当前是被禁止使用的。有的菜单项的提示文字中有带下划线的字母，该字母称为热键（或访问键），若是顶层菜单，可通过按“Alt+热键”打开该菜单，若是某个子菜单中的一个选项，则在打开子菜单后直接按热键就会执行相应的菜单命令。有的菜单项后面有一个按键或组合键，称快捷键，在不打开菜单的情况下按快捷键，将执行相应的命令。图中的菜单项“源代码管理”和“页面设置”之间有一个灰色的线条，该线条称为分隔线或分隔符。

2. 下拉式菜单控件 MenuStrip

C#的工具箱中提供了一个 MenuStrip 菜单控件，它是应用程序下拉式菜单的容器。应用程序可以为不同的应用程序状态显示不同的菜单，于是可能会有多个 MenuStrip 对象，每个对象向用户显示不同的菜单项。通过包含多个 MenuStrip 对象，可以处理用户与应用程序交互时应用程序的不同状态。

MenuStrip 菜单控件由 MenuStrip 类封装，该类派生于 ToolStrip 类。在建立菜单时，要给 MenuStrip 菜单控件添加菜单项 ToolStripMenuItem 对象，这可以通过设计方式或编程方式实现。

（1）设计方式创建菜单。

设计方式即在 Visual Studio.Net 的窗体设计器中进行。在"Windows 窗体设计器"中打开需要菜单的窗体。可以把一个 MenuStrip 控件拖放到窗体设计器的该窗体中，或者，在"工具箱"中找到 MenuStrip 菜单控件，双击它，即向窗体顶部添加了一个菜单。与此同时，MenuStrip 控件也添加到了控件栏。

之后，MenuStrip 就允许直接添加菜单项，并在菜单项上输入菜单文本。在菜单设计器中，创建两个顶级菜单项，并将其 Text 属性分别设置为 &File、&Edit，然后在顶级菜单项 File 下创建包含三个菜单项的一级菜单，并将这三个菜单项的 Text 属性分别设置为 &New、&Open 和&Exit。最终效果如图 6-20 所示。

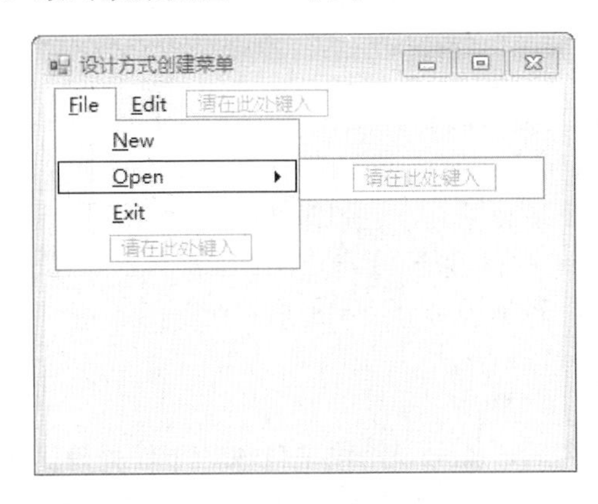

图 6-20　设计方式创建菜单

（2）编程方式创建菜单。

编程方式即以书写代码方式创建菜单及菜单项，如下。

首先创建一个 MenuStrip 对象：

```
MenuStrip menu1 = new MenuStrip( );
```

菜单中的每一个菜单项都是一个 ToolStripMenuItem 对象，因此，先确定要创建哪几个顶级菜单项，这里我们创建 File 和 Edit 两个顶级菜单。

```
ToolStripMenuItem item1 = new ToolStripMenuItem("&File");
```

```
ToolStripMenuItem item2 = new ToolStripMenuItem("&Edit");
```

接着使用MenuStrip的Items集合的AddRange方法一次性将顶级菜单加入到MenuStrip中。此方法要求用一个 ToolStripItem 数组作为传入参数：

```
menu1.Items.AddRange(new ToolStripItem[ ] { item1, item2 });
```

继续创建三个 ToolStripMenuItem 对象，作为顶级菜单项 File 的下拉菜单的菜单项。

```
ToolStripMenuItem item3 = new ToolStripMenuItem("&New");
ToolStripMenuItem item4 = new ToolStripMenuItem("&Open");
ToolStripMenuItem item5 = new ToolStripMenuItem("&Exit");
```

将创建好的三个菜单项添加到顶级菜单项 File 下。注意，这里不再调用 Items 属性的 AddRange 方法，添加下拉菜单需要调用顶级菜单项的 DropDownItems 属性的 AddRange 方法。

```
item1.DropDownItems.AddRange(new ToolStripItem[] { item3, item4, item5 });
```

最后一步，将创建好的菜单对象添加到窗体的控件集合中。

```
this.Controls.Add(menu1);
```

此外，编程方式还可实现禁用菜单项，禁用菜单项只要将菜单项的 Enabled 属性设置为 false ，以上例创建的菜单为例，禁用 Open 菜单项代码如下。

```
item4.Enabled = false;
```

也可以用编程方式删除菜单项。删除菜单项就是将该菜单项从相应的 MenuStrip 的 Items 集合中删除。根据应用程序的运行需要，如果此菜单项以后要再次使用，最好是隐藏或暂时禁用该菜单项而不是删除它。在以编程方式删除菜单项时，调用 MenuStrip 对象的 Items 集合中的 Remove 方法可以删除指定的 ToolStripMenuItem，一般用于删除顶级菜单项；若要删除（一级）菜单项或子菜单项，请使用父级 ToolStripMenuItem 对象的 DropDownItems 集合的 Remove 方法。

（3）菜单项的常用属性与事件。

创建好菜单及菜单项之后，就可以给菜单项添加事件处理函数，其中，最常用的事件是菜单项 Click 事件，即单击该菜单项将触发该事件，程序流程转入执行相应的 click 事件处理函数。在设计阶段，开发人员只需双击某菜单项，Visual Studio.Net 环境就可以在代码中自动添加该菜单项对应的 Click 事件处理函数，初始是空白的，开发人员只需添加功能代码就可以了。菜单项的常用属性与事件如表 6-23 所示。

表 6-23 ToolStripMenuItem 菜单项的常用属性和事件

属性和事件	说明
Text 属性	用来获取或设置一个值，通过该值指示菜单项标题。当使用 Text 属性为菜单项指定标题时，还可以在字符前加一个“&”号来指定热键。例如，若要将“File”中的“F”指定为热键，应将菜单项的标题指定为“&File”
Enabled 属性	用来获取或设置一个值，通过该值指示菜单项是否可用。值为 true 时表示可用，值为 false 表示当前禁止使用

续表

属性和事件	说明
ShortcutKeys 属性	用来获取或设置一个值，该值指示与菜单项相关联的快捷键
ShowShortcutKeys 属性	用来获取或设置一个值，该值指示与菜单项关联的快捷键是否在菜单项标题的旁边显示。如果快捷组合键在菜单项标题的旁边显示，该属性值为 true，如果不显示快捷键，该属性值为 false。默认值为 true
Checked 属性	用来获取或设置一个值，通过该值指示选中标记是否出现在菜单项文本的旁边。如果要放置选中标记在菜单项文本的旁边，属性值为 true，否则属性值为 false。默认值为 false
Click 事件	该事件在用户单击菜单项时发生

【例 6-15】 下拉式菜单的应用。

功能实现：创建一个 Windows 应用程序，设计一个下拉式菜单实现两个数的加、减、乘和除运算。添加的关键代码如下，运行结果如图 6-21 所示。

```
/*************************************************************/
    private void addop_Click(object sender, EventArgs e)
    {
        int n;
        n = Convert.ToInt16(textBox1.Text) + Convert.ToInt16(textBox2.Text);
        textBox3.Text = n.ToString();
    }
    private void subop_Click(object sender, EventArgs e)
    {
        int n;
        n = Convert.ToInt16(textBox1.Text) * Convert.ToInt16(textBox2.Text);
        textBox3.Text = n.ToString();
    }
    private void mulop_Click(object sender, EventArgs e)
    {
        int n;
        n = Convert.ToInt16(textBox1.Text) * Convert.ToInt16(textBox2.Text);
        textBox3.Text = n.ToString();
    }
    private void divop_Click(object sender, EventArgs e)
    {
        int n;
        n = Convert.ToInt16(textBox1.Text) / Convert.ToInt16(textBox2.Text);
        textBox3.Text = n.ToString();
    }
    private void op_Click(object sender, EventArgs e)
    {
        if (textBox2.Text == "" || Convert.ToInt16(textBox2.Text) == 0)
              divop.Enabled = false;
        else
```

```
            divop.Enabled = true;
    }
/*-----------------------------------------------------------*/
```

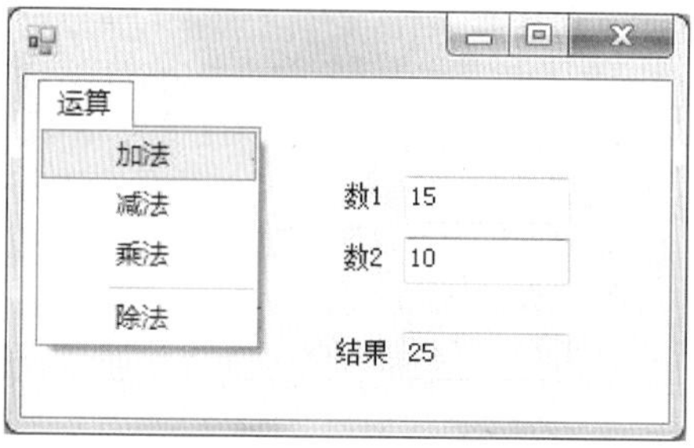

图 6-21　下拉菜单的应用

2. 弹出式菜单控件 ContextMenuStrip

弹出式菜单又称为上下文菜单或快捷菜单，C#使用 ContextMenuStrip 控件设计弹出式菜单，该控件由 ContextMenuStrip 类封装。弹出式菜单在用户在窗体中的控件或特定区域上单击鼠标右键时显示。弹出式菜单通常用于组合来自窗体的一个 MenuStrip 的不同菜单项，便于用户在给定应用程序上下文中使用。例如，可以使用分配给 TextBox 控件的弹出式菜单提供菜单项，以便更改文本字体，在控件中查找文本或实现复制和粘贴文本的剪贴版功能。还可以在弹出式菜单中显示不位于 MenuStrip 中的新的 ToolStripMenuItem 对象，从而提供与特定情况有关且不适合在 MenuStrip 中显示的菜单项命令。

设计弹出式菜单的基本步骤如下。

（1）在窗体设计区上添加 ContextMenuStrip 控件。

（2）为该控件设计菜单项，设计方法与 MenuStrip 控件相同，只是不必设计顶级菜单项。

（3）在需要弹出式菜单的窗体或控件的“属性”窗口中，为 ContextMenuStrip 属性选择弹出式菜单控件。窗体 Form 及许多可视控件都有一个 Control.ContextMenuStrip 属性，该属性可将弹出式菜单 ContextMenuStrip 绑定到显示该菜单的控件上。多个控件可绑定使用一个弹出式菜单 ContextMenuStrip。

当运行程序时，用户在窗体或控件上单击鼠标右键时，即可显示弹出式菜单。

6.3.2 工具栏

工具栏控件 ToolStrip 以其直观、快捷的特点出现在各种应用程序中，例如，Visual Studio.NET 系统集成界面中就提供了工具栏，这样不必在一级级的菜单去搜寻需要的菜单项命令，给用户提供了访问菜单项命令的快捷方式，使用户操作更为方便。这些工具栏可以具有与 Microsoft Windows、Microsoft Office 或 Microsoft Internet Explorer 类似的外观和行为。ToolStrip 控件使用 ToolStrip 类封装，该类还用作 MenuStrip 类和 StatusStrip 类的基类，因此，ToolStrip 类实际上是一个用于创建工具栏、菜单结构和状态栏的容器类。不过，

ToolStrip 控件可直接用于工具栏。工具栏通常出现在窗体的顶部。

工具栏控件的常用属性如表 6-24 所示。

表 6-24　工具栏控件的常用属性

属性	说明
BackgroundImage	设置背景图片
BackgroundImageLayout	设置背景图片的显示对齐方式
Items	设置工具栏上所显示的子项
TabIndex	控件名相同时，用来产生一个数组标识号
ShowItemToolTips	设置是否显示工具栏子项上的提示文本
Text	设置文本显示内容
TextDirection	设置文本显示方向
ContextMenuStrip	设置工具栏所指向的弹出菜单
AllowItemReorder	是否允许改变子项在工具栏中的顺序

工具栏上的子项通常是一个不包含文本的图标，当然它可以既包含图标又包含文本。于是，Image 和 Text 是工具栏要设置的最常见属性。Image 可以用 Image 属性设置，也可以使用 ImageList 控件，把它设置为 ToolStrip 控件的 ImageList 属性，然后就可以设置各工具栏子项的 ImageIndex 属性。此外，工具栏子项通常具有提示文本，以显示该按钮的用途信息。

在工具箱中选择 ToolStrip 控件放置到设计窗体后，默认状态下在最左侧会有一个下拉按钮，有两种方法添加设置工具栏子项：其一是直接单击下拉按钮在下拉列表中选择需要的子项，然后对该子项进行属性设置；其二是选中工具栏，右击选择属性命令，单击 Items 后的按钮弹出“项集合编辑器”对话框，在其中选择子项和设置属性。

工具栏控件 ToolStrip 可以包含如下类型的子项，如图 6-22 所示。

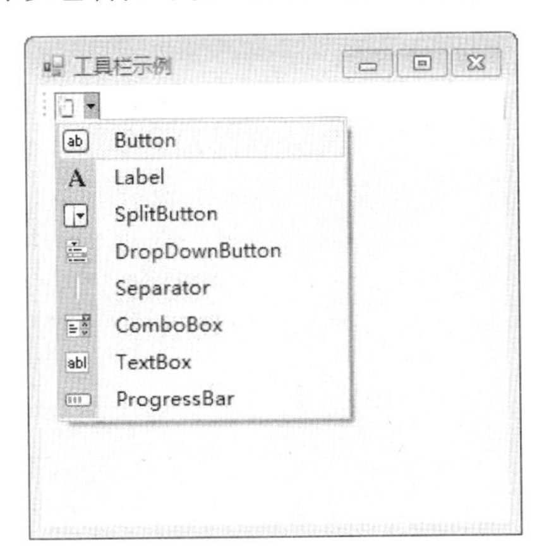

图 6-22　工具栏控件 ToolStrip 的子项

与之对应的子项控件类型为 ToolStripButton、ToolStripComboBox、ToolStripSplitButton、ToolStripLabel、ToolStripSeparator、ToolStripDropDownButton、ToolStripProgressBar 和 ToolStripTextBox 等。

工具栏控件 ToolStrip 的子项常用的属性和事件如表 6-25 所示。

表 6-25 工具栏子项常用的属性和事件

属性和事件	说明
Name 属性	子项名称
Text 属性	子项显示文本
ToolTipText 属性	将鼠标放在子项上时显示的提示文本。要使用这个属性，必须将工具栏的 ShowItemToolTips 属性设置为 true
ImageIndex 属性	子项使用的图标
ItemClicked 事件	单击工具栏上的一个子项时触发执行

6.3.3 状态栏

状态栏控件 StatusStrip 使用 StatusStrip 类封装，和菜单、工具栏一样是 Windows 窗体应用程序的一个特征，在一个完整的 Windows 应用程序中，状态栏和工具栏这两种控件必不可少。状态栏通常位于窗体的底部，应用程序可以在该区域中显示提示信息或应用程序的当前状态等各种状态信息。例如，在 Word 中输入文本时，Word 会在状态栏中显示当前的页面、列、行等。

StatusStrip 控件也是一个容器对象，可为它添加 StatusLabel、ProgressBar、DropDownButton、SplitButton 等子项，如图 6-23 所示，对应的子项控件分别为 StatusStripStatusLabel、ToolStripProgressBar、ToolStripDropDownButton 和 ToolStripSplitButton 对象，其中，除 StatusStripStatusLabel 子项控件是 StatusStrip 控件专用的之外，其余 3 个子项控件都是从 ToolStrip 类继承而来，因为 StatusStrip 类派生于 ToolStrip 类。StatusStripStatusLabel 对象使用文本和图像向用户显示应用程序当前状态的信息。

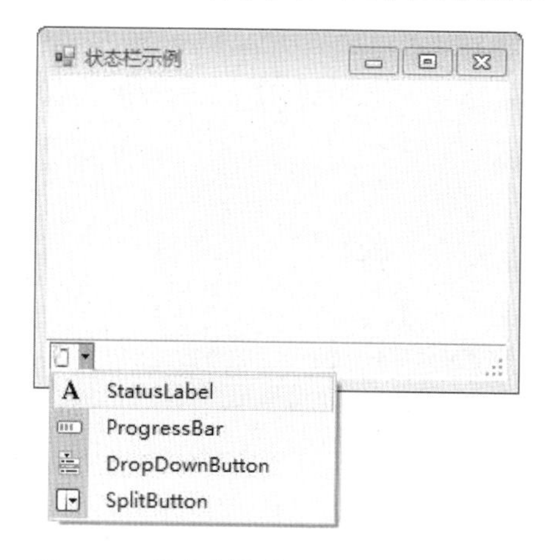

图 6-23 状态栏控件 StatusStrip 的子项

在状态栏中添加子项的操作类似于工具栏，子项添加方法两种：直接单击设计界面的下拉按钮选择需要的子项，然后设置其属性；或者使用“项集合编辑器”对话框。默认的状态栏 StatusStrip 没有面板，若要将面板添加到 StatusStrip，请使用 ToolStripItemCollection.AddRange 方法，或使用 StatusStrip 项集合编辑器在设计时添加、移除或重新排序项并修改属性。状态栏常用的属性和事件类似于工具栏。

6.4　对话框控件及其设计

6.4.1　模态对话框与非模态对话框

对话框按显示方式分为模态对话框和非模态对话框。

1．模态对话框

模态对话框就是指当对话框弹出、显示的时候，用户不能单击这个对话框之外的界面区域。除对话框上的对象外，用户不能针对其他任何界面对象通过键盘或鼠标单击进行任何输入。用户要访问界面上的其他对象，必须先关闭模态对话框。模态对话框通常用来限制用户必须完成指定的操作任务。例如，Microsoft Word 的“字体”对话框。模态对话框使用 ShowDialog 方法显示。

ShowDialog 方法返回一个 DialogResult 值，它告诉用户对话框中的哪个按钮被单击。DialogResult 是一个枚举类型，对话框一般都有 OK 和 Cancel 按钮，这两个按钮很特殊，按 Enter 键与单击 OK 按钮等效，而按 Esc 键与单击 Cancel 按钮等效。于是，DialogResult 的最常用枚举值：DialogResult.OK，用户单击 OK 按钮后返回该值；DialogResult.Cancel，用户单击 Cancel 按钮后返回该值。

2．非模态对话框

非模态对话框通常用于显示用户需要经常访问的控件和数据，并且在使用这个对话框的过程中需要访问其他用户界面对象的情况。用户要访问界面上的其他对象，不必关闭非模态对话框。例如，Microsoft Word 的“查找和替换”对话框。非模态对话框使用 Show 方法显示。

由于窗体 Form 类派生于对话框 Dialog 类，与对话框有模态和非模态显示之分类似，窗体也有模态和非模态显示之分。若有调用语句：form1.ShowDialog();，则说明是以模态对话框方式显示 form1 窗体，即用户必须操作完该窗体并关闭后，才能再操作应用程序的主窗体等其他窗体对象。若有调用语句：form2.Show ();，则说明是以非模态对话框方式显示 form2 窗体，即用户不必操作完该窗体并关闭后，再操作应用程序的主窗体等其他窗体对象，也就是说，用户可以在 form2 窗体和其他窗体之间任意切换、互不影响。

6.4.2　通用对话框

通用对话框控件提供了 Windows 系统的一些通用功能，如打开文件、保存文件、文件夹浏览、选择字体和选择颜色等，这些对话框提供执行相应任务的标准方法，使用它们将赋予应用程序公认的和熟悉的界面。通过设置每个通用对话框控件的相关属性，可以控制其内容。这里主要介绍 OpenFileDialog、SaveFileDialog、FolderBrowserDialog、FontDialog 和 ColorDialog 通用对话框控件，在 C#的工具箱中可以找到这些对话框控件，与其关联的封装类位于 System.Windows.Forms 命名空间。

通用对话框常常作为模式对话框使用，需要调用 ShowDialog()方法。

1. 打开文件对话框控件 OpenFileDialog

打开文件对话框控件 OpenFileDialog 主要用来弹出 Windows 中标准的“打开文件”对话框，允许用户定位文件和选择文件，指定要打开文件所在的驱动器、文件夹（目录）及其文件名、文件扩展名等。使用此控件可检查某个文件是否存在并打开该文件。如果要使用户能够选择文件夹而不是文件，请改用 FolderBrowserDialog 控件。

打开文件对话框控件 OpenFileDialog 的常用属性如表 6-26 所示。

表 6-26 OpenFileDialog 控件的常用属性

属性	说明
Title	用来获取或设置对话框标题，默认值为空字符串（""）。如果标题为空字符串，则系统将使用默认标题：“打开”
Filter	用来获取或设置当前文件类型筛选器字符串，该字符串决定对话框的“文件类型”框中出现的选择内容。对于每个筛选选项，筛选器字符串都包含筛选器说明、垂直线条（|）和筛选器模式。不同筛选选项的字符串由垂直线条隔开，例如，“文本文件(*.txt)|*.txt|所有文件(*.*)|*.*”。还可以通过用分号来分隔各种文件类型，可以将多个筛选器模式添加到筛选器中，例如：“图像文件(*.BMP;*.JPG;*.GIF)|*.BMP;*.JPG; *.GIF|所有文件(*.*)|*.*”
FilterIndex	用来获取或设置文件对话框中当前选定筛选器的索引。第一个筛选器的索引为 1，默认值为 1
InitialDirectory	用来获取或设置文件对话框显示的初始目录，默认值为空字符串（""）
FileName	获取或设置对话框中选定的文件名的字符串。文件名既包含文件路径也包含扩展名。如果未选定文件，该属性将返回空字符串（""）
Multiselect	用来获取或设置一个值，该值指示对话框是否允许选择多个文件。如果对话框允许同时选定多个文件，则该属性值为 true，反之，属性值为 false。默认值为 false
FileNames	用来获取对话框中所有选定文件的文件名。每个文件名都既包含文件路径又包含文件扩展名。如果未选定文件，该方法将返回空数组。只有 Multiselect 为 true 时，该属性才有效
ShowReadOnly	用来获取或设置一个值，该值确定是否在对话框中显示只读复选框。如果对话框包含只读复选框，则属性值为 true，否则属性值为 false。默认值为 false
ReadOnlyChecked	用来获取或设置一个值，该值指示是否选中只读复选框。如果选中了只读复选框，则属性值为 true，反之，属性值为 false。默认值为 false
RestoreDirectory	用来获取或设置一个值，该值指示对话框在关闭前是否还原当前目录。假设用户在搜索文件的过程中更改了目录，且该属性值为 true，那么，对话框会将当前目录还原为初始值，若该属性值为 false，则不还原成初始值。默认值为 false

OpenFileDialog 控件的最常用方法有两个：OpenFile 和 ShowDialog 方法。OpenFile 方法打开用户选定的具有只读权限的文件，该文件由 FileName 属性指定。ShowDialog 方

法的作用是显示 OpenFileDialog 等通用对话框，其一般调用形式如下。

```
通用对话框对象名.ShowDialog( );
```

调用该方法之前，要设置好需要的所有属性。在应用程序运行时，如果单击 OpenFileDialog 对话框中的“确定”按钮，则返回值为 DialogResult.OK；否则返回值为 DialogResult.Cancel。

将 OpenFileDialog 对话框添加到应用程序中有两种方式。

（1）设计方式：这是最常用的方式，即从工具箱拖放 OpenFileDialog 控件到应用程序窗体中。

（2）编程方式：即用代码实现项应用程序中添加 OpenFileDialog 控件。先声明一个 OpenFileDialog()类的新实例，并设置属性，然后调用 ShowDialog()方法将对话框显示出来。代码如下。

```
OpenFileDialog dlg1 = new OpenFileDialog( );
dlg1.ShowDialog( );
```

2. 保存文件对话框控件 SaveFileDialog

SaveFileDialog 控件又称保存文件对话框，主要用来显示允许用户保存文件的对话框，提示用户选择文件的保存位置。SaveFileDialog 控件也具有 Filter、FilterIndex、InitialDirectory、Filename、Multiselect、FileNames 等属性，这些属性的作用与 OpenFileDialog 对话框控件基本一致，此处不再赘述。

注意：上述两个对话框只返回要打开或保存的文件名，并没有真正提供打开或保存文件的功能，程序员必须自己编写文件打开或保存程序，才能真正实现文件的打开和保存功能。

与 OpenFileDialog 相似，将 SaveFileDialog 对话框添加到应用程序中有两种方式。

（1）设计方式：这是最常用的方式，即从工具箱拖放 SaveFileDialog 控件到应用程序窗体中。

（2）编程方式：即用代码实现项应用程序中添加 SaveFileDialog 控件。先声明一个 SaveFileDialog ()类的新实例，并设置属性，然后调用 ShowDialog()方法将对话框显示出来。代码如下。

```
SaveFileDialog dlg2 = new SaveFileDialog();
dlg2.ShowDialog();
```

【例 6-16】 打开与保存文件对话框的应用。

功能实现：设计一个窗体，用于打开用户指定类型的文件（RTF 和 TXT 格式），并可以将其存放到另外的同类型文件中。实现时，创建一个 Windows 应用程序后，需要向默认窗体中添加一个 OpenFileDialog 控件、一个 SaveFileDialog 控件、一个 RichTextBox 控件和两个 Button 控件。添加的关键代码如下，运行结果如图 6-24～图 6-26 所示。

```
/*******************************************************/
    private void Form1_Load(object sender, EventArgs e)
    {
        button1.Enabled = true;
        button2.Enabled = false;
    }
    private void button1_Click(object sender, EventArgs e)
    {
        openFileDialog1.FileName = "";
        openFileDialog1.Filter = "RTF File(*.rtf)|*.RTF|TXT FILE(*.txt)|*.txt";
        openFileDialog1.ShowDialog( );
        if (openFileDialog1.FileName != "")
        switch (openFileDialog1.FilterIndex)
        {
            case 1:    //选择的是.rtf 类型
                richTextBox1.LoadFile(openFileDialog1.FileName, RichText
                BoxStreamType.RichText);
                break;
            case 2:    //选择的是.txt 类型
                richTextBox1.LoadFile(openFileDialog1.FileName, RichText
                BoxStreamType.PlainText);
                break;
        }
        button2.Enabled = true;
    }
    private void button2_Click(object sender, EventArgs e)
    {
        saveFileDialog1.Filter = "RTF File(*.rtf)|*.RTF|TXT FILE(*.txt)
        |*.txt";
        if (saveFileDialog1.ShowDialog() == DialogResult.OK)
        switch (openFileDialog1.FilterIndex)
        {
            case 1:    //选择的是.rtf 类型
                richTextBox1.SaveFile(saveFileDialog1.FileName, RichText
                BoxStreamType.RichText);
            break;
            case 2:   //选择的是.txt 类型
                richTextBox1.SaveFile(saveFileDialog1.FileName, RichText
                BoxStreamType.PlainText);
                break;
        }
    }
/*-----------------------------------------------------------*/
```

图 6-24　打开文件对话框

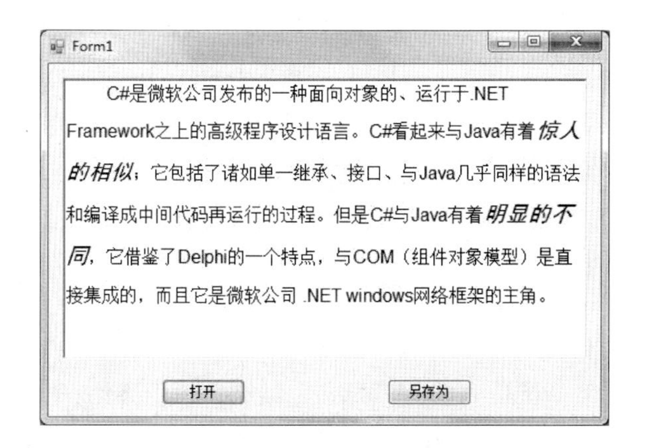

图 6-25　文件打开后的窗体

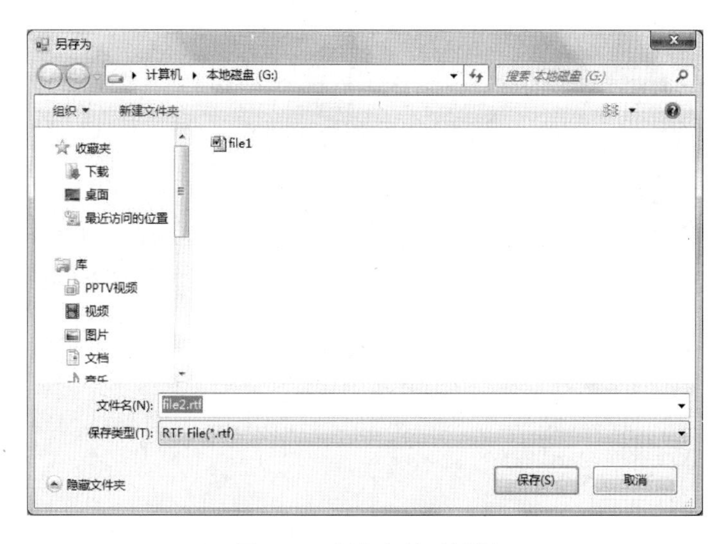

图 6-26　保存文件对话框

3．浏览文件夹对话框控件 FolderBrowserDialog

FolderBrowserDialog 控件显示用来浏览、创建及最终选择文件夹的对话框，提示用户选择文件夹。如果只允许用户选择文件夹而非文件，则可使用此控件。文件夹的浏览通过树控件完成。只能选择文件系统中的文件夹，不能选择虚拟文件夹。

浏览文件夹对话框控件 FolderBrowserDialog 的常用属性如表 6-27 所示。

表 6-27　FolderBrowserDialog 控件的常用属性

属性	说明
RootFolder	获取或设置从其开始的根文件夹
SelectedPath	获取或设置用户选定的路径
ShowNewFolderButton	指示“新建文件夹”按钮是否出现在该对话框中
Description	此属性为用户提供附加说明

通常在创建新 FolderBrowserDialog 后，将 RootFolder 设置为开始浏览的位置。或者，可将 SelectedPath 设置为最初选定的 RootFolder 子文件夹的绝对路径，也可以选择设置 Description 属性为用户提供附加说明。最后，调用 ShowDialog 方法将对话框显示给用户。如果该对话框关闭并且 ShowDialog 显示的对话框为 DialogResult.OK，SelectedPath 则是一个包含选定文件夹路径的字符串。如果用户可通过“新建文件夹”按钮创建新文件夹，则可对控件使用 ShowNewFolderButton 属性。

FolderBrowserDialog 对话框是模式对话框，因此，在显示时，它会阻止应用程序其余部分的运行，直到用户选定了文件夹。

【例 6-17】 浏览文件夹对话框的应用。

功能实现：创建一个 Windows 应用程序，在默认窗体中添加一个 FolderBrowserDialog 控件、一个 Button 控件和一个 RichTextBox 控件，其中，FolderBrowserDialog 控件用来显示“浏览文件夹”对话框，Button 控件用来选择文件夹，RichTextBox 控件用来显示选择的文件夹路径。添加的关键代码如下，运行结果如图 6-27 和图 6-28 所示。

```
/*********************************************************/
    private void button1_Click(object sender, EventArgs e)
    {
        //设置浏览对话框的初始路径为桌面
        folderBrowserDialog1.RootFolder = Environment.SpecialFolder.Desktop;
        if (folderBrowserDialog1.ShowDialog() == DialogResult.OK)
                                                    //判断是否选择了文件
    {
            //将选择的文件显示在文本框中
            richTextBox1.Text += folderBrowserDialog1.SelectedPath;
        }
    }
/*-------------------------------------------------------*/
```

图 6-27　浏览文件夹对话框

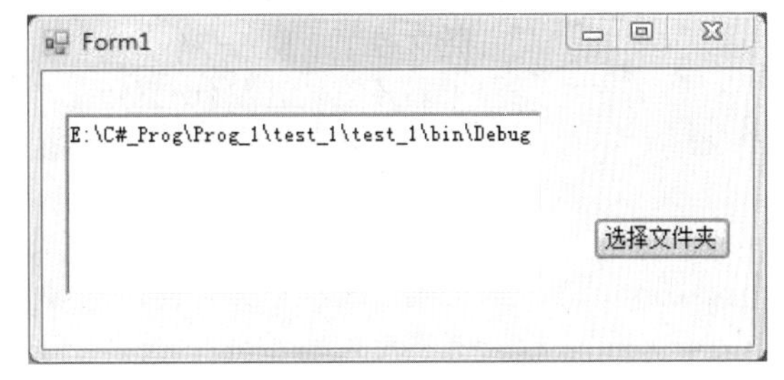

图 6-28　文件夹路径显示在文本框中

4. 字体对话框控件 FontDialog

FontDialog 控件又称字体对话框，用来弹出 Windows 中标准的“字体”对话框。字体对话框的作用是显示当前安装在系统中的字体列表，提示用户从字体列表中选择一种字体。用户通过“字体”对话框可改变文字的字体、样式和字号等。与其他通用对话框一样，在创建 FontDialog 控件的实例后，必须调用 ShowDialog 方法才能显示此通用对话框。

字体对话框控件 FontDialog 的常用属性如表 6-28 所示。

表 6-28　FontDialog 控件的常用属性

属性	说明
Font	该属性是字体对话框的最重要属性，通过它可以设定或获取字体信息
Color	用来设定或获取字符的颜色
MaxSize	用来获取或设置用户可选择的最大磅值
MinSize	用来获取或设置用户可选择的最小磅值
ShowColor	用来获取或设置一个值，该值指示对话框是否显示颜色选择框。如果对话框显示颜色选择框，属性值为 true，反之，属性值为 false。默认值为 false
ShowEffects	用来获取或设置一个值，该值指示对话框是否包含允许用户指定删除线、下划线和文本颜色选项的控件。如果对话框包含设置删除线、下划线和文本颜色选项的控件，属性值为 true，反之，属性值为 false。默认值为 true

5. 颜色对话框控件 ColorDialog

ColorDialog 控件又称颜色对话框，用来弹出 Windows 中标准的“颜色”对话框。颜色对话框的作用是显示允许用户设置界面对象颜色的颜色选择器（或调色板），供用户选择一种颜色或创建自定义颜色，来设置某个界面对象的颜色，并用 Color 属性记录用户选择的颜色值。与其他通用对话框一样，在创建 ColorDialog 控件的实例后，必须调用 ShowDialog 方法才能显示此通用对话框。

颜色对话框控件 FontDialog 的常用属性如表 6-29 所示。

表 6-29 ColorDialog 控件的常用属性

属性	说明
AllowFullOpen	用来获取或设置一个值，该值指示用户是否可以使用该对话框定义自定义颜色。设置为 false 时，只显示左半部分的“颜色”对话框，禁用“自定义颜色”按钮。这个属性的默认值是 true，允许用户自定义颜色
FullOpen	用来获取或设置一个值，该值指示用于创建自定义颜色的控件在对话框打开时是否可见。值为 true 时可见，值为 false 时不可见
AnyColor	把这个属性设置为 true，将在基本颜色列表中显示所有可用的颜色，否则不显示所有颜色
Color	用来获取或设置用户选定的颜色
CustomColors	使用该属性可以预置一个定制颜色数组，并可以读取用户定义的定制颜色
SolidColorOnly	把 SolidColorOnly 属性设置为 true，用户就只能选择单色

【例 6-18】 字体与颜色对话框的应用。

功能实现：创建一个 Windows 应用程序，在默认窗体中添加一个 RichTextBox 控件、一个 FontDialog 控件、一个 ColorDialog 控件和两个 Button 控件，其中，RichTextBox 控件用来输入并选择文本， FontDialog 控件用来显示“字体”对话框，ColorDialog 控件用来显示“颜色”对话框，button1 控件用来打开“字体”对话框并对字体进行设置，button2 控件用来打开“颜色”对话框并对所选文本设置颜色。添加的关键代码如下，运行结果如图 6-29～图 6-31 所示，其中图 6-31 显示的富文本框中第 1 行字体被修改、第 4 行颜色被修改的效果。

```
/*********************************************************/
    private void button1_Click(object sender, EventArgs e)
    {
       fontDialog1.AllowVectorFonts = true;   //设置用户可以选择矢量字体
       fontDialog1.AllowVerticalFonts = true;
                                   //设置字体对话框既显示水平字体，也显示垂直字体
       fontDialog1.FixedPitchOnly = false;   //设置用户可以选择不固定间距的字体
       fontDialog1.MaxSize = 72;  //设置可选择的最大字
       fontDialog1.MinSize = 5;   //设置可选择的最小字
       if (fontDialog1.ShowDialog() == DialogResult.OK) //判断是否选择了字体
       {
          if (richTextBox1.SelectedText == "")   //判断是否选择了文本
              richTextBox1.SelectAll();          //全选文本
          richTextBox1.SelectionFont = fontDialog1.Font;//设置选中的文本字体
       }
    }
    private void button2_Click(object sender, EventArgs e)
    {
       colorDialog1.AllowFullOpen = true;  //设置允许用户自定义颜色
       colorDialog1.AnyColor = true;       //设置颜色对话框中显示所有颜色
       colorDialog1.SolidColorOnly = false;
                                      //设置用户可以在颜色对话框中选择复杂颜色
```

```
        if (colorDialog1.ShowDialog() == DialogResult.OK)//判断是否选择了颜色
        {
            if (richTextBox1.SelectedText == "") //判断是否选择了文本
                richTextBox1.SelectAll();          //全选文本
            //将选定的文本颜色设置为颜色对话框中选择的颜色
            richTextBox1.SelectionColor = colorDialog1.Color;
        }
    }
/*---------------------------------------------------------*/
```

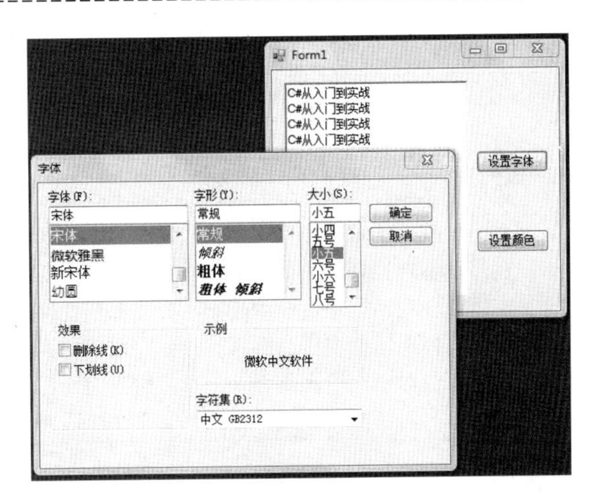

图 6-29　打开字体对话框

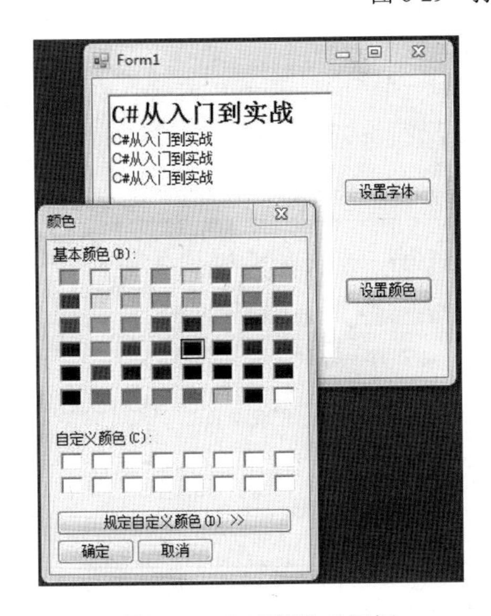

图 6-30　打开颜色对话框

图 6-31　文本字体与颜色更改后的窗体

6.4.3　消息对话框

消息对话框 MessageBox 经常用于向用户显示通知信息，如在操作过程中遇到错误或程序异常，经常会使用这种方式给用户以提示，它是特殊类型的对话框。在 C#中，MessageBox 消息对话框位于 System.Windows.Forms 命名空间中，一般情况下，一个消息对话框包含消息对话框的标题文字、信息提示文字内容、信息图标及用户响应的按钮等内容。C#中允许开发人员根据自己的需要设置相应的内容，创建符合自己要求的信息对话框。

MessageBox 消息对话框只提供了一个方法 Show()，用来把消息对话框显示出来。此方法提供了不同的重载版本，用来根据自己的需要设置不同风格的消息对话框。

1. 消息框按钮

在 Show 方法的参数中使用 MessageBoxButtons 设置消息对话框要显示的按钮的个数及内容，此参数是一个枚举值，其成员如表 6-30 所示。

表 6-30 Show 参数 MessageBoxButtons 的取值

枚举值	说明
AbortRetryIgnore	在消息框对话框中提供“中止”、“重试”和“忽略”三个按钮
OK	在消息框对话框中提供“确定”按钮
OKCancel	在消息框对话框中提供“确定”和“取消”两个按钮
RetryCancel	在消息框对话框中提供“重试”和“取消”两个按钮
YesNo	在消息框对话框中提供“是”和“否”两个按钮
YesNoCancel	在消息框对话框中提供“是”、“否”和“取消”三个按钮

可以看出，一个消息框中最多可显示 3 个按钮。

2. 消息对话框的返回值

单击消息对话框中的按钮时，Show 方法将返回一个 DialogResult 枚举值，指明用户在此消息对话框中所做的操作（点击了什么按钮），其可能的枚举值如表 6-31 所示。

表 6-31 Show 返回值 DialogResult 的取值

枚举值	说明
Abort	消息框的返回值是“中止”（Abort），即单击了“中止”按钮
Cancel	消息框的返回值是“取消”（Cancel），即单击了“取消”按钮
Ignore	消息框的返回值是“忽略”（Ignore），即单击了“忽略”按钮
No	消息框的返回值是“否”（No），即单击了“否”按钮
Ok	消息框的返回值是“确定”（OK），即单击了“确定”按钮
Retry	消息框的返回值是“重试”（Retry），即单击了“重试”按钮
None	消息框没有任何返回值，即没有单击任何按钮
Yes	消息框的返回值是“是”（Yes），即单击了“是”按钮

开发人员可以根据这些返回值判断接下来要做的事情。

3. 消息框图标

在 Show 方法中还可使用 MessageBoxIcon 枚举类型作为参数定义显示在消息框中的图标，尽管可供选择的图标只有 4 个，但是在该枚举共有 9 个成员，其可能的取值和形式如表 6-32 所示。

表 6-32　Show 参数 MessageBoxIcon 的取值

枚举值	图标形式	说明
Asterisk		圆圈中有一个字母 i 组成的提示符号图标
Error		红色圆圈中有白色 X 所组成的错误警告图标
Exclamation		黄色三角中有一个!所组成的符号图标
Hand		红色圆圈中有一个白色 X 所组成的图标符号
Information		信息提示符号
Question		由圆圈中一个问号组成的符号图标
Stop		背景为红色圆圈中有白色 X 组成的符号
Warning		由背景为黄色的三角形中有个!组成的符号图标
None		没有任何图标

下面是一个运用消息对话框的例子。

新建一个 Windows 窗体应用程序，并从工具箱中拖曳一个 Button 按钮到窗口里，把按钮和窗口的 Text 属性修改为“测试消息对话框”，双击该按钮，添加如下代码。

```
DialogResult dr;
dr=MessageBox.Show("测试消息对话框，并通过返回值查看您选择了哪个按钮！",
"消息对话框", MessageBoxButtons.YesNoCancel, MessageBoxIcon.Warning);
if (dr==DialogResult.Yes)
      MessageBox.Show("您选择的为"是"按钮","系统提示 1");
else if (dr==DialogResult.No)
      MessageBox.Show("您选择的为"否"按钮","系统提示 2");
else if (dr == DialogResult.Cancel)
      MessageBox.Show(您选择的为"取消"按钮","系统提示 3");
```

程序运行后，将出现如图 6-32 所示的执行界面。

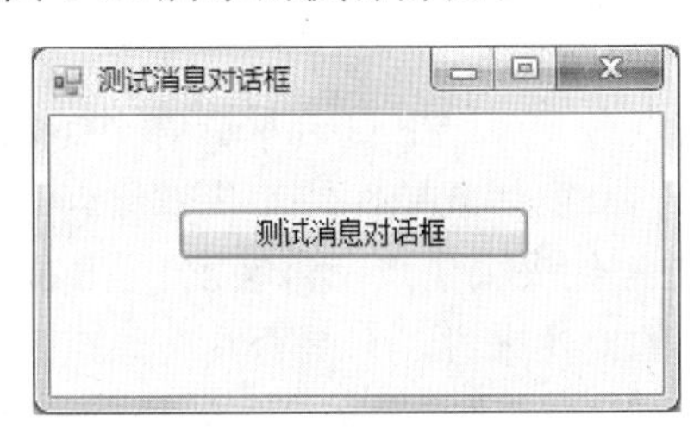

图 6-32　执行界面

单击按钮“测试消息对话框”，将出现如图 6-33 所示的消息对话框 1。

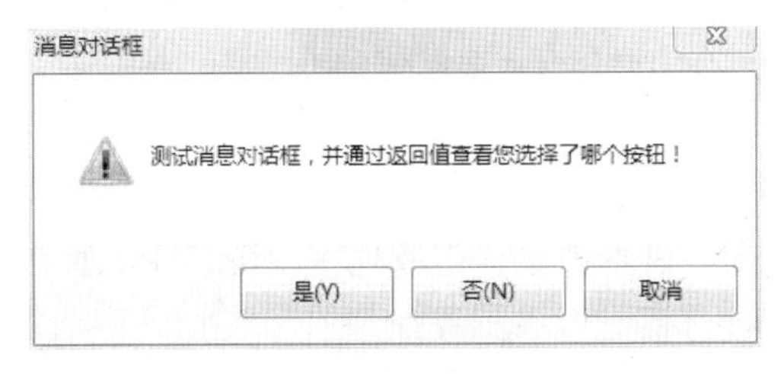

图 6-33　消息对话框 1

分别单击消息对话框 1 中的三个按钮，将出现如图 6-34～图 6-36 的 3 个消息框，指明用户分别按了消息对话框 1 中的哪个按钮。

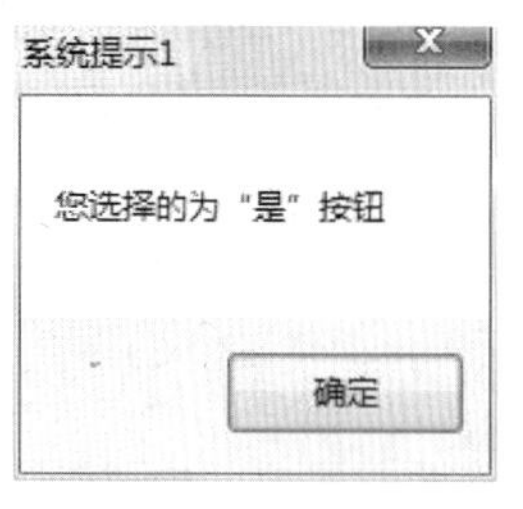

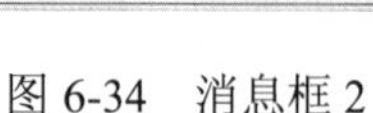
图 6-34　消息框 2

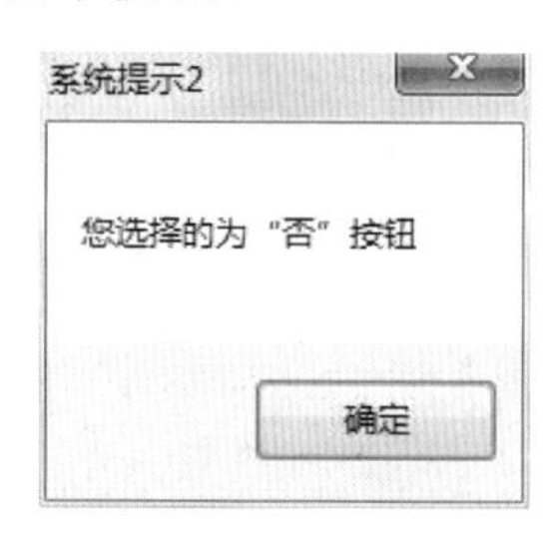

图 6-35　消息框 3

图 6-36　消息框 4

6.5　键盘与鼠标事件处理

6.5.1　焦点处理

焦点与 Tab 键顺序。

焦点（Focus）是指当前处于活动状态的窗体或控件。在 Windows 系统中，任一时刻可执行几个应用程序，但只有具有焦点的应用程序才有活动标题栏，才能接受用户输入。而在有多个控件的 Windows 窗体中，只有具有焦点的控件才可以接受用户的输入。

只有控件的 Enabled 和 Visible 属性均为 true 时，该控件才能接收焦点。当单击控件或按下选定控件的热键（由 Text 属性设置）时，均可使其获得焦点。若想通过编程方式使得某个控件获得焦点，可调用控件的 Focus()方法。如要将焦点移到当前窗体中的 textBox1 文本框，可以使用以下命令：textBox1.Focus();。

当一个对象获得或失去焦点时，会产生 GotFocus 事件或 LostFocus 事件，窗体和大多数控件支持这些事件。当单击一个窗体或控件使其获得焦点时，将先触发 Click 事件，然后触发 GotFocus 事件。当一个控件失去焦点，将触发 LostFocus 事件。

对于大多数可以接收焦点的控件来说，它是否具有焦点是可以看出来的。例如，文本框控件 TextBox 具有焦点时，插入光标将在文本框内闪烁。而按钮 Button、复选框 CheckBox 和单选按钮等具有焦点时，它们的周围将显示一个虚线框。

Tab 键顺序就是在按 Tab 键时，焦点在控件之间移动的先后顺序。当向窗体中添加控件时，系统会自动按顺序为每个控件指定一个 Tab 键顺序，其数值由控件的 TabIndex 属性所指示。其中，第一个控件的 TabIndex 属性值为 0，第二个控件的 TabIndex 属性值为 1，以此类推。

当窗体上添加完控件后，可以选择“视图”|“Tab 键顺序”菜单命令显示、查看各控件的 TabIndex 属性值。此时，也可顺序单击各控件改变其 Tab 键顺序。当再次选择“视图”|“Tab 键顺序”菜单命令时，将不再显示各控件的 TabIndex 属性值。在应用程序执行时，通过按 Tab 键将焦点移到下一个控件，若下一个控件不能获得焦点（如其 Enabled 属性为

False 或为标签控件)，这样的控件将被跳过。

6.5.2 键盘事件处理

键盘事件在用户按下键盘上的键时发生，可分为两类。第一类是 KeyPress 事件，当按下的键表示的是一个 ASCII 字符时就会触发这类事件，可通过它的 KeyPressEventArgs 类参数的属性 KeyChar 来确定按下键的 ASCII 码。使用 KeyPress 事件无法判断是否按下了修改键（例如 Shift、Alt 和 Ctrl 键），为了判断这些动作，就要处理 KeyUp 或 KeyDown 事件，这些事件组成了第二类键盘事件。该类事件有一个 KeyEventArgs 类的参数，通过该参数可以测试是否按下了一些修改键、功能键等特殊按键。

KeyPress 事件的参数 KeyPressEventArgs 对象的主要属性如下。

- Handled 属性：用来获取或设置一个值，该值指示是否处理过 KeyPress 事件。
- KeyChar 属性：用来获取按下的键对应的字符，通常是该键的 ASCII 码。

KeyUp 和 KeyDown 事件的参数 KeyEventArgs 对象的主要属性如表 6-33 所示。

表 6-33　参数 KeyEventArgs 对象的主要属性

属性	说明
Alt	用来获取一个值，该值指示是否曾按下 Alt 键
Control	用来获取一个值，该值指示是否曾按下 Ctrl 键
Shift	用来获取一个值，该值指示是否曾按下 Shift 键
Handled	用来获取或设置一个值，该值指示是否处理过此事件
KeyCode	以 Keys 枚举型值返回键盘键的键码，该属性不包含修改键（Alt、Control 和 Shift 键）信息，用于测试指定的键盘键
KeyData	以 Keys 枚举类型值返回键盘键的键码，并包含修改键信息，用于判断有关按下键盘键的所有信息
KeyValue 属性	以整数形式返回键码，而不是 Keys 枚举类型值。用于获得所按下键盘键的数字表示
Modifiers 属性	以 Keys 枚举类型值返回所有按下的修改键（Alt、Control 和 Shift 键），仅用于判断修改键信息

6.5.3 鼠标事件处理

对鼠标操作的处理是应用程序的重要功能之一，在 C#中有一些与鼠标操作相关的事件，利用它们可以方便地进行与鼠标有关的编程，如表 6-34 所示。

表 6-34　与鼠标操作相关的事件

事件	说明
MouseEnter	在鼠标指针进入控件时发生
MouseMove	在鼠标指针移到控件上时发生。事件处理程序接收一个 MouseEventArgs 类型的参数
MouseHover	当鼠标指针悬停在控件上时将发生该事件
MouseDown	当鼠标指针位于控件上并按下鼠标键时将发生该事件。事件处理程序也接收一个 MouseEventArgs 类型的参数

续表

事件	说明
MouseWheel	在移动鼠标轮并且控件有焦点时将发生该事件。该事件的事件处理程序接收一个 MouseEventArgs 类型的参数
MouseUp	当鼠标指针在控件上并释放鼠标键时将发生该事件。事件处理程序也接收一个 MouseEventArgs 类型的参数
MouseLeave	在鼠标指针离开控件时将发生该事件

MouseEventArgs 类型的参数包含与事件相关的数据，该参数的主要属性及其含义如下。

MouseEventArgs 类的主要属性	说明
Button	指示按下的是哪个鼠标按钮。该属性是 MouseButtons 枚举型的值，取值及含义如下：Left（按下鼠标左按钮）、Middle（按下鼠标中按钮）、Right（鼠标右按钮）、None（没有按下鼠标按钮）
Clicks	用来获取按下并释放鼠标按钮的次数
Delta	用来获取鼠标轮已转动的制动器数的有符号计数。制动器是鼠标轮的一个凹口
X	用来获取鼠标所在位置的 x 坐标
Y	用来获取鼠标所在位置的 y 坐标

6.6 本章小结

本章首先介绍了窗体的常用属性、方法和事件，并简要概述主要的窗体控件。在此基础上，重点介绍了窗体中常用的基本控件、高级列表选择控件等，并对通常作为 Windows 窗体应用程序用户界面中必不可少对象的菜单、工具栏和状态栏进行了介绍。之后讲解了对话框控件及其设计。最后介绍了 Windows 窗体应用程序的键盘与鼠标事件处理。通过这些内容的学习，能帮助读者掌握如何使用各种常用控件构造窗体、进行 Windows 窗体应用程序的设计。

习　题

一、选择题

（1）.Net 中的大多数控件都派生于____类。

A．Form　　B．Control　　C．Object　　D．namespace

（2）不属于容器控件的是____。

A．CheckBox　　B．GroupBox　　C．Panel　　D．TabControl

（3）用户修改了文本框的内容，系统将触发____事件。

A．CheckedChanged　　B．TextChanged

C．SelectedIndexChanged　　D．SizeChanged

（4）用鼠标右击一个控件时出现的菜单一般称为____。

A．下拉菜单　　B．子菜单　　C．主菜单　　D．弹出菜单

（5）显示通用对话框通常需要调用____方法。

A．Show()　　B．Open()　　C．ShowDialog()　　D．Dialog()

二、简答题

（1）简述下拉菜单的基本结构。

（2）对话框按显示方式可分为哪几类，它们之间有何区别？

三、操作题

（1）开发一个 Windows 应用程序，要求实现一个启动欢迎界面。

（2）创建一个 Windows 应用程序，在默认窗体中添加一个 ComboBox 控件、12 个 RadioButton 控件、一个 GroupBox 和一个 Label 控件，其中，ComboBox 控件用来选择出生年份，RadioButton 控件用来显示生肖，实现效果如图 6-37 所示。

（3）设计一个窗体，其功能是在两个列表框中移动数据项。

（4）使用 TreeView 控件建立一个系部和班级的分层列表，从中可以添加、删除系部和班级信息。程序运行界面如图 6-38 所示。

图 6-37　某年份对应的生肖

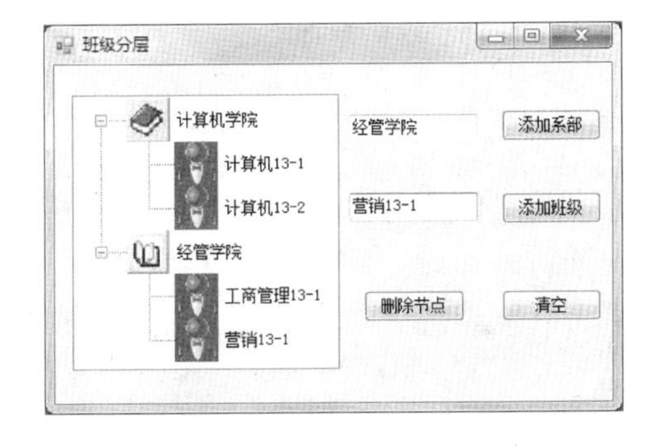

图 6-38　系部班级分层界面

（5）设计一个弹出式菜单实现两个数的加、减、乘和除运算，实现效果如图 6-39 所示。

（6）设计一个窗体，打开用户指定类型的文件（RTF 和 TXT 格式），并设置文件中选择的某些文本的字体和颜色，然后将其存放到另外的同类型文件中，实现效果如图 6-40 所示。

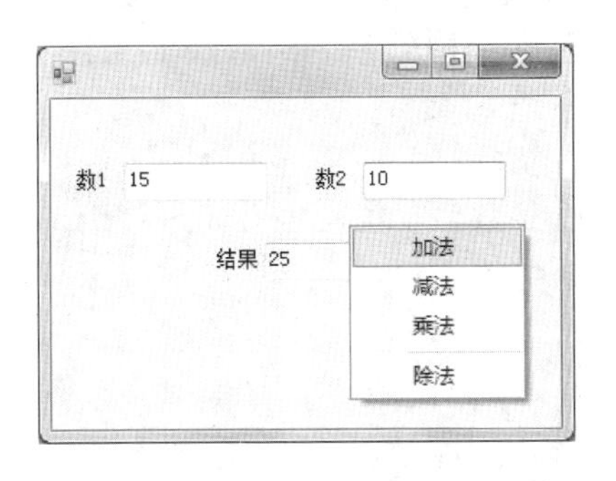

图 6-39　弹出式菜单实现四则运算

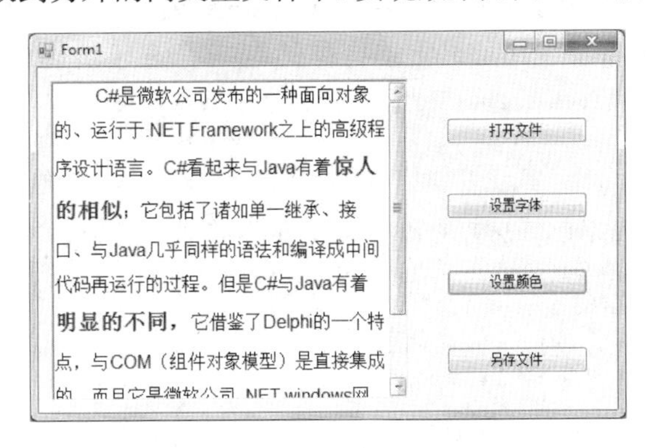

图 6-40　通用对话框的应用

第7章　图 形 设 计

本章主要介绍 C#.NET 中如何绘制基本图形。包括画笔、画刷等基本绘图工具的创建和使用方法、空心图形和填充图形及文本的绘制方法。

7.1　绘 图 概 述

为了编写图形应用程序，需要理解像素、颜色和坐标系等基本的绘图知识，在此基础上，使用 GDI+在 Windows 窗体上绘制图形和显示文字。GDI+中的各种类大都包含在命名空间 System.Drawing 中，其中最常用的是 Graphics 类。下面先介绍绘图的基本知识。

7.1.1　绘图的基本知识

1. 像素

像素是构成图像的基本单元，也是计算机屏幕上所能显示的最小单位。像素可以衡量屏幕的分辨率，可以定位屏幕上的位置，也可以定义屏幕的长度和宽度。每个独立的像素都由红绿蓝等三个分量组成。

2. 颜色

在 GDI+中，颜色是一个由 32 位的 Color 结构体来表示的，该结构体有四个分量，即 Alpha 分量（A）、Red 分量（R）、Green 分量（G）和 Blue 分量（B），这种表示方式称为 ARGB 模式。每个分量的取值范围为 0～255，Alpha 分量表示颜色的透明度，Red 分量为红色分量，Green 分量为绿色分量，Blue 分量为蓝色分量。Color 结构体有一些静态成员属性，Color.Red 表示黑色，Color.Green 表示绿色，Color.Blue 表示蓝色。

除了调用 Color 结构体的这些静态成员属性获得指定的颜色外，还可以调用 Color 类的 FromArgb()方法从四个分量（A、R、G、B）创建一种颜色，该方法的用法如下。

```
Color.FromArgb([A,] R,G,B)
```

其中 A 为透明度，值越小越透明。R,G,B 为颜色参数，取值范围为 0～255。例如，可以通过语句 Color.FromArgb(128,255,0,0)得到半透明的红色。

3. 坐标系

坐标系统是图形程序设计中一个重要的部分。默认坐标系的原点在左上角，x 轴指向右方，y 轴指向下方，如图 7-1 所示。坐标值为（x1,y1）的像素点在屏幕上的位置如点 A 所示，坐标值为（x2,y2）的像素点在屏幕上的位置如点 B 所示。

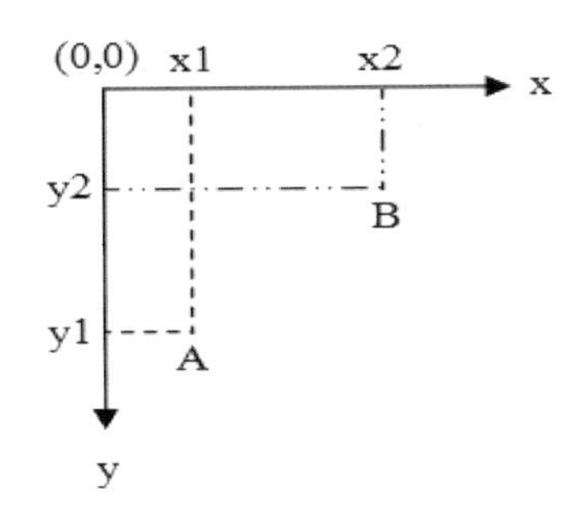

图 7-1　屏幕坐标系示意图

7.1.2　什么是 GDI+

GDI+（Graphics Device Interface Plus）是微软在 Windows 2000 以后操作系统中提供的新的图形设备接口，其通过一套部署为托管代码的类来展现，这套类被称为 GDI+ 的“托管类接口”。GDI+主要提供了绘制二维矢量图形的类，这包括存储图形基元自身信息的类（或结构体）、存储图形基元绘制方式信息的类及实际进行绘制的类。此外，还提供了文字显示功能，可以使用各种字体、字号和样式来显示文本。

与 GDI 相比，GDI+的优越主要表现在两个方面：第一，GDI+通过提供新功能（如渐变画笔和 Alpha 混合）扩展了 GDI 的功能；第二，修订了编程模型，使图形编程更加简易灵活。

我们要进行图形编程，就必须先了解 Graphics 类。

7.1.3　Graphics 类

Graphics 类是一个封装了 GDI+绘图的图面，提供将对象绘制到显示设备的方法，Graphics 与特定的设备上下文关联。画图方法都被包括在 Graphics 类中，在画任何对象（如 Circle, Rectangle）时，首先要创建一个 Graphics 类实例，这个实例相当于建立了一块画布，有了画布才可以用各种画图方法进行绘图。下面介绍如何创建 Graphics 对象以及 Graphics 常用的绘图方法。

1. 创建 Graphics 对象

通常可以使用下述两种方法来创建一个 Graphics 对象。

（1）利用控件或窗体的 Paint 事件中的 PainEventArgs。

在窗体或控件的 Paint 事件中接收对图形对象的引用，作为 PaintEventArgs（PaintEventArgs 指定绘制控件所用的 Graphics）的一部分，在为控件创建绘制代码时，通常会使用此方法来获取对图形对象的引用。

例如：

```
//窗体的 Paint 事件的响应方法
private void form1_Paint(object sender, PaintEventArgs e)
{
    Graphics g = e.Graphics;
}
```

也可以直接重载控件或窗体的 OnPaint 方法（该事件在重绘控件或窗体时发生），具体代码如下所示。

```
protected override void OnPaint(PaintEventArgs e)
{
    Graphics g = e.Graphics;
}
```

（2）调用某控件或窗体的 CreateGraphics 方法。

调用某控件或窗体的 CreateGraphics 方法以获取对 Graphics 对象的引用，该对象表示该控件或窗体的绘图图面。如果想在已存在的窗体或控件上绘图，通常会使用此方法。例如：

```
Graphics g = this.CreateGraphics();
```

2. Graphics 常用绘图方法

有了一个 Graphics 的对象引用后，就可以利用该对象的成员方法进行各种各样图形的绘制，表 7-1 列出了 Graphics 类的常用方法成员。7.4 节和 7.5 节，将详细介绍如何使用表 7-1 中成员方法进行不同图形的绘制。

表 7-1 Graphics 类常用的成员方法

方法分类	方法名称	方法说明
绘制空心图形	DrawLine	绘制直线
	DrawRectangle	绘制矩形
	DrawPolygon	绘制多边形
	DrawEllipse	绘制圆和椭圆
	DrawArc	绘制圆弧
	DrawPie	绘制饼形
	DrawCurve	绘制非闭合曲线
	DrawClosedCurve	绘制闭合曲线
	DrawBezier	绘制贝塞尔曲线
绘制填充图形	FillRectangle	填充矩形
	FillPolygon	填充多边形
	FillEllipse	填充圆和椭圆
	FillPie	填充饼形
	FillClosedCurve	填充闭合曲线

在 .NET 中，GDI+的所有绘图功能都包括在 System、System.Drawing、System.Drawing.Darwing2D 和 System.Drawing.Text 等命名空间中，因此，在开始用 GDI+类之前，需要先引用相应的命名空间。在 C#应用程序中使用 using 命令引用给

定的命名空间或类，例如：

```
using System;
using System.Drawing;
using System.Drawing.Drawing2D;
using System.Drawing.Text;
```

7.2　绘 图 流 程

总结起来，GDI+绘图程序一般包含下面几步（如图 7-2 所示）。

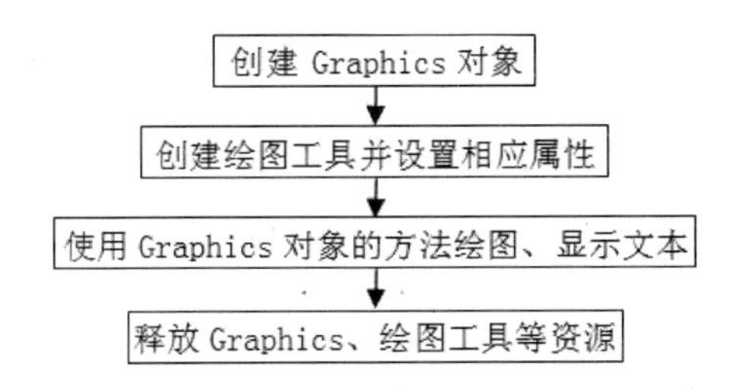

图 7-2　绘图的一般步骤

（1）创建 Graphics 对象：创建方法见上一节的介绍。

（2）创建绘图工具并设置相应的属性：在准备好画布之后，要在画布上绘制各种图形，需要定义画笔、画刷等各种画图工具。

（3）使用 Graphics 对象的方法进行图像绘制、文本显示等：在有了画布、画笔或画刷之后，只需要调用 Graphics 对象的表 7-1 中各种绘图方法进行图形的绘制，或者调用 DrawString()方法显示指定的文本。

（4）释放 Graphics 对象、绘图工具等资源：在完成图形绘制、文本显示之后，需要调用 Graphics 或绘图工具等对象的 Dispose()方法释放各种资源。

7.3 节和 7.4 节的例子程序中都说明了上述绘图步骤，请读者仔细体会。前面已经介绍了如何创建一个 Graphics 对象，下面介绍各种绘图工具的创建方法及其常用属性的设置方法。

7.3　创建画图工具

在进行图形编程之前，必须先掌握画笔和画刷两个画图工具，本节主要介绍这两种画图工具的相关用法。

7.3.1　创建画笔

画笔的功能是用来画线，C#中用 Pen 类来实现画笔。Pen 类属于 System.Drawing 命名空间，其构造函数如下。

```
public Pen(Color color, int width)
```

参数说明：第一个参数 color 用来确定画笔的颜色，即所画线条的颜色；第二个参数 width 用来确定画笔的宽度，即所画线条的宽度。

可以通过修改画笔对象的属性，来绘制不同的线条，其常用属性如表 7-2 所示。

表 7-2 画笔对象的常用属性

序号	属性名	说明
1	Color	画笔颜色
2	DashStyle	画笔样式
3	StartCap	起点所用线帽样式
4	EndCap	终点所用线帽样式
5	PenType	画笔类型
6	Transform	画笔的几何变换
7	Width	画笔的宽度

7.3.2 创建画刷

画刷的功能是用来填充图形的内部，C#中用 Brush 类来实现画刷，该类是一个抽象类，不能被实例化。但是可以利用它的派生类，如 SolidBrush（实心画刷）、HatchBrush（阴影画刷）、TextureBrush（纹理画刷）和 GradientBrush（渐变画刷）等。画刷类型一般在 System.Drawing 命名空间中，如果在程序中要应用这些画刷，需要在程序中引入 System.Drawing.Drawing2D 命名空间。

SolidBrush、HatchBrush 和 TextureBrush 的使用方法类似，下面以 SolidBrush 和 GradientBrush 为例来介绍画刷的使用方法。

1. SolidBrush（单色画刷）

它是一种一般的画刷，通常只用一种颜色去填充 GDI+图形。SolidBrush 类的构造函数如下：

```
public SolidBrush (Color);
```

其中，Color 指定画刷的颜色。

比如 rBrush=new SolidBrush(Color.Red)创建一个红色的画刷对象 rBrush。

2. GradientBrush（渐变画刷）

渐变画刷与实心画刷类似，它也是基于颜色的。与实心画刷不同的是渐变画刷使用两种颜色：一种颜色在一端；另外一种颜色在另一端，在中间，两种颜色融合产生过渡或衰减的效果。渐变画刷有两种：线性画刷（LinearGradientBrush）和路径画刷（PathGradientBrush）。其中，LinearGradientBrush 可以显示线性渐变效果，而 PathGradientBrush 是路径渐变的可以显示比较具有弹性的渐变效果。

线性渐变画刷 LinearGradientBrush 的构造函数如下。

```
public LinearGradientBrush(Point point1, Point point2, Color color1, Color
color2)
```

参数说明：第一个参数 point1 表示线性渐变起始点的 Point 结构；第二个参数 point2 表示线性渐变终结点的 Point 结构；第三个参数 color1 表示线性渐变起始色的 Color 结构；第四个参数 color2 表示线性渐变结束色的 Color 结构。

路径渐变画刷 PathGradientBrush 的构造函数如下。

```
public PathGradientBrush (GraphicsPath path);
```

参数 path 是一个 GraphicsPath 对象，定义此 PathGradientBrush 填充的区域。

【例 7-1】 通过绘制直线和绘制填充矩形，来说明画笔、实心画刷和渐变画刷的用法。

```
private void Form1_Paint(object sender, PaintEventArgs e)
{
    Graphics gobj = e.Graphics;                //定义 Graphics 对象
    Pen pen = new Pen(Color.Red);              //定义红色画笔
    pen.Width = 1;                             //指定画笔宽度为 1
    gobj.DrawLine(pen, 30, 30, 30, 150);       //绘制直线

    pen = new Pen(Color.Blue);                 //定义蓝色画笔
    pen.Width = 2;                             //指定画笔宽度为 2
    gobj.DrawLine(pen, 60, 30, 60, 150);       //绘制直线
    pen = new Pen(Color.Green);                //定义绿色画笔
    pen.Width = 3;                             //指定画笔宽度为 3
    pen.DashStyle = DashStyle.DashDotDot;      //指定画笔样式为线点点样式
    gobj.DrawLine(pen, 90, 30, 90, 150);       //绘制直线

    Rectangle rec1 = new Rectangle(140, 30, 90, 120);  //定义矩形 1
    SolidBrush sbrush = new SolidBrush(Color.Red);     //定义红色画刷
    gobj.FillRectangle(sbrush, rec1);                  //实心画刷填充矩形

    Rectangle rec2 = new Rectangle(280, 30, 90, 120);  //定义矩形 1
    LinearGradientBrush myBrush = new LinearGradientBrush(rec2, Color.Red,
            Color.Blue,LinearGradientMode.Horizontal); //定义渐变画刷
    gobj.FillRectangle(myBrush, rec2);                 //渐变画刷填充矩形
}
```

运行结果如图 7-3 所示。

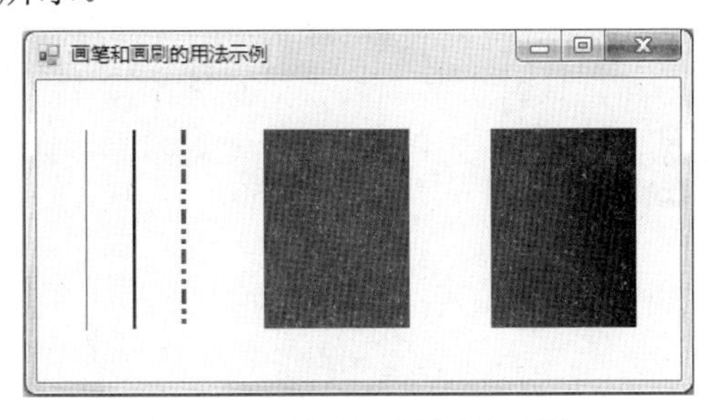

图 7-3　画笔和画刷用法示例

7.4 绘制空心图形

本节介绍绘制空心图形的方法。根据图形的形状，空心图形可以分为直线、矩形、多边形、圆和椭圆、圆弧、饼形、非闭合曲线、闭合曲线和贝塞尔曲线等。

7.4.1 绘制直线

Graphics 提供 DrawLine 方法绘制直线，其常用语法格式如下。

```
Graphics.DrawLine(Pen pen,int x1,int y1,int x2,int y2)
```

参数说明：第一个参数 pen 为画笔，第二个参数 x1 和第三个参数 y1 为直线起点坐标（x1,y1），第四个参数和第五个参数为直线终点坐标（x2,y2）。

```
Graphics.DrawLine(Pen pen,Point startPoint,Point endPoint)
```

参数说明：第一个参数 pen 为画笔，第二个参数 startPoint 为直线起点坐标，第三个参数 endPoint 为直线终点坐标。

【例 7-2】 绘制不同宽度和样式的红色直线。

引入 System.Drawing.Drawing2D 命名空间（下同）。

```
using System.Drawing.Drawing2D;

private void Form1_Paint(object sender, PaintEventArgs e)
{
    Graphics gobj = e.Graphics;                //定义 Graphics 对象
    Pen pen = new Pen(Color.Red);              //定义红色画笔
    pen.Width = 1;                             //指定画笔宽度为 1
    gobj.DrawLine(pen, 30, 30, 30, 150);
    pen.Width = 2;                             //指定画笔宽度为 2
    gobj.DrawLine(pen, 60, 30, 60, 150);
    pen.Width = 3;                             //指定画笔宽度为 3
    gobj.DrawLine(pen, 90, 30, 90, 150);

    pen.DashStyle = DashStyle.Dash;            //指定画笔样式为划线段样式
    gobj.DrawLine(pen, 120, 30, 120, 150);
    pen.DashStyle = DashStyle.DashDot;         //指定画笔样式为划线点样式
    gobj.DrawLine(pen, 150, 30, 150, 150);
    pen.DashStyle = DashStyle.DashDotDot;      //指定画笔样式为划线点点样式
    gobj.DrawLine(pen, 180, 30, 180, 150);
}
```

运行结果如图 7-4 所示。

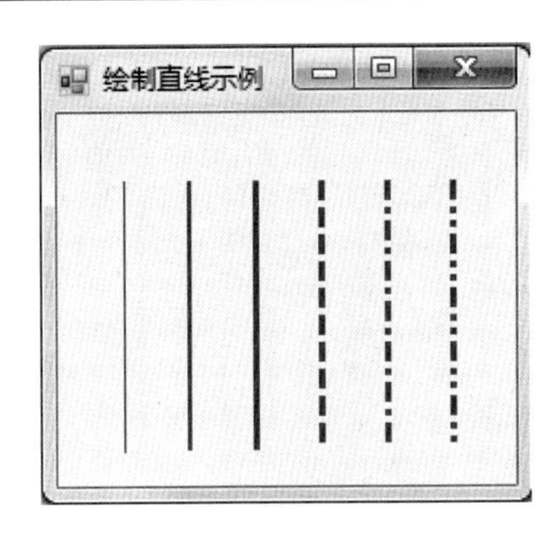

图 7-4　不同宽度和样式的红色直线

7.4.2　绘制矩形

Graphics 提供 DrawRectangle 方法绘制矩形，其常用语法格式如下。

```
Graphics.DrawRectangle(Pen pen,int x,int y,int width,int height)
```

参数说明：第一个参数 pen 为画笔，第二个参数 x 为矩形左上角顶点的列坐标，第三个参数 y 为矩形左上角顶点的行坐标，第四个参数 width 为矩形的宽度，第五个参数 height 为矩形的高度。

```
Graphics.DrawRectangle(Pen pen,Rectangle rec)
```

参数说明：第一个参数 pen 为画笔，第二个参数 rec 为欲绘制的矩形，它是 System.Drawing 命名空间中的一个结构体，包含四个整数，分别定义矩形的位置和大小（即矩形左上角顶点的坐标、矩形的宽度和高度）。

【例 7-3】 绘制不同颜色和样式的矩形。

```
private void Form1_Paint(object sender, PaintEventArgs e)
{
    Graphics gobj = e.Graphics;                          //定义 Graphics 对象
    Rectangle rec1 = new Rectangle(20,20,200,160); //定义矩形 1
    Pen pen1 = new Pen(Color.Red);                       //定义红色画笔 pen1
    pen1.Width = 1;                                      //指定画笔宽度为 1
    gobj.DrawRectangle(pen1, rec1);                      //绘制矩形

    Rectangle rec2 = new Rectangle(40, 40, 160, 120);  //定义矩形 2
    Pen pen2 = new Pen(Color.Blue);                      //定义蓝色画笔 pen2
    pen2.Width = 2;                                      //指定画笔宽度为 2
    pen2.DashStyle = DashStyle.Dash;                     //指定画笔样式为划线段
    gobj.DrawRectangle(pen2, rec2);                      //绘制矩形
}
```

运行结果如图 7-5 所示。

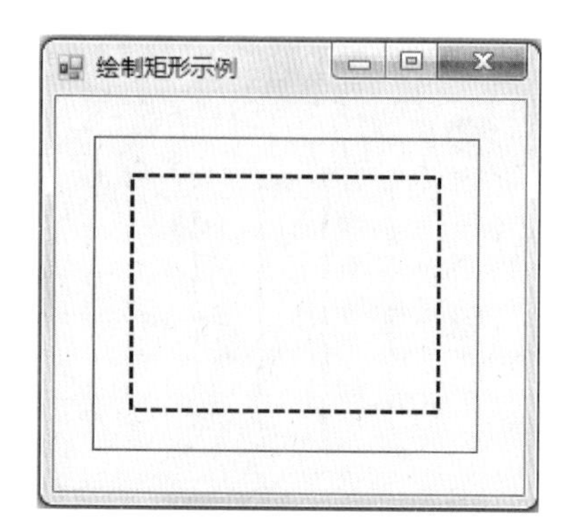

图 7-5　不同颜色和样式的矩形

7.4.3　绘制多边形

Graphics 提供 DrawPolygon 方法绘制多边形，其常用语法格式如下。

```
Graphics.DrawPolygon(Pen pen,Point[] points)
```

参数说明：第一个参数 pen 为画笔，第二个参数 points 为多边形的顶点。

【例 7-4】 绘制不同颜色和样式的正六边形。

```
private void Form1_Paint(object sender, PaintEventArgs e)
{
    Graphics g = e.Graphics;

    Point origin= new Point(this.Width/2, this.Height/2);  //原点位置
    int length = 100;                                       //正六边形各边的长度
    int sin_length = Convert.ToInt32(length * Math.Sin(60*Math.PI/180));
                                                            //Sin60 长度

    Point A = new Point(origin.X - (length/2),origin.Y - sin_length);
    Point B = new Point(origin.X + (length/2),origin.Y - sin_length);
    Point C = new Point(origin.X + length,origin.Y);
    Point D = new Point(origin.X + (length/2),origin.Y + sin_length);
    Point E = new Point(origin.X - (length/2),origin.Y + sin_length);
    Point F = new Point(origin.X - length, origin.Y);
    Point[] points1 = { A, B, C, D, E, F };//依次为顺时针正六边形六个顶点

    Pen pen1 = new Pen(Color.Red);                      //定义红色画笔
    pen1.Width = 1;                                     //指定画笔宽度为 1
    g.DrawPolygon(pen1, points1);                       //绘制正六边形

    length = 50;                                        //正六边形各边的长度
    sin_length = Convert.ToInt32(length * Math.Sin(60 * Math.PI / 180));
                                                        //Sin60 长度
```

```
    A = new Point(origin.X - (length / 2), origin.Y - sin_length);
    B = new Point(origin.X + (length / 2), origin.Y - sin_length);
    C = new Point(origin.X + length, origin.Y);
    D = new Point(origin.X + (length / 2), origin.Y + sin_length);
    E = new Point(origin.X - (length / 2), origin.Y + sin_length);
    F = new Point(origin.X - length, origin.Y);
    Point[] points2 = { A, B, C, D, E, F };//依次为顺时针正六边形六个顶点

    Pen pen2 = new Pen(Color.Blue);           //定义蓝色画笔
    pen2.Width = 2;                           //指定画笔宽度为 2
    pen2.DashStyle = DashStyle.Dash;          //指定画笔样式为划线段
    g.DrawPolygon(pen2, points2);             //绘制正六边形
}
```

运行结果如图 7-6 所示。

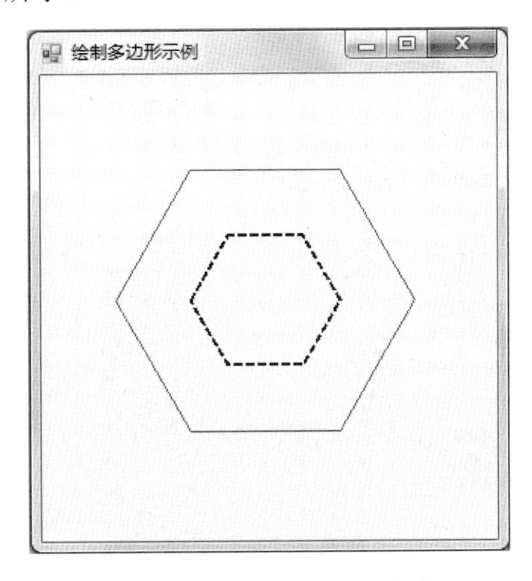

图 7-6　不同颜色和样式的正六边形

7.4.4　绘制圆和椭圆

Graphics 提供 DrawEllipse 方法绘制圆和椭圆，其常用语法格式如下。

```
Graphics.DrawEllipse(Pen pen,int x,int y,int width,int height)
```

参数说明：第一个参数 pen 为画笔，第二个参数 x 为圆和椭圆外接矩形左上角顶点的列坐标，第三个参数 y 为圆和椭圆外接矩形左上角顶点的行坐标，第四个参数 width 为圆和椭圆外接矩形的宽度，第五个参数 height 为圆和椭圆外接矩形的高度。

```
Graphics.DrawEllipse(Pen pen,Rectangle rec)
```

参数说明：第一个参数 pen 为画笔，第二个参数 rec 为圆和椭圆外接矩形。

注意：当外接矩形的宽度和高度取值相同时，绘制的椭圆就变成了圆。

【例 7-5】 绘制不同颜色和样式的椭圆和圆。

```
private void Form1_Paint(object sender, PaintEventArgs e)
{
    Graphics gobj = e.Graphics;                                   //定义 Graphics 对象
    Rectangle rec1 = new Rectangle(20, 20, 200, 160);   //定义外接矩形 1
    Pen pen1 = new Pen(Color.Red);                              //定义红色画笔
    pen1.Width = 1;                                              //指定画笔宽度为 1
    gobj.DrawEllipse(pen1, rec1);                              //绘制椭圆

    Rectangle rec2 = new Rectangle(40, 40, 160, 120);   //定义外接矩形 2
    Pen pen2 = new Pen(Color.Blue);                             //定义蓝色画笔
    pen2.Width = 2;                                              //指定画笔宽度为 2
    pen2.DashStyle = DashStyle.Dash;                        //指定画笔样式为划线段
    gobj.DrawEllipse(pen2, rec2);                              //绘制椭圆

    Rectangle rec3 = new Rectangle(240, 20, 200, 200); //定义外接矩形 3
    Pen pen3 = new Pen(Color.Red);                              //定义红色画笔
    pen3.Width = 3;                                              //指定画笔宽度为 3
    gobj.DrawEllipse(pen3, rec3);                              //绘制圆

    Rectangle rec4 = new Rectangle(260, 40, 160, 160); //定义外接矩形 4
    Pen pen4 = new Pen(Color.Blue);                             //定义蓝色画笔
    pen4.Width = 4;                                              //指定画笔宽度为 4
    pen4.DashStyle = DashStyle.Dash;                        //指定画笔样式为划线段
    gobj.DrawEllipse(pen4, rec4);                              //绘制圆
}
```

运行结果如图 7-7 所示。

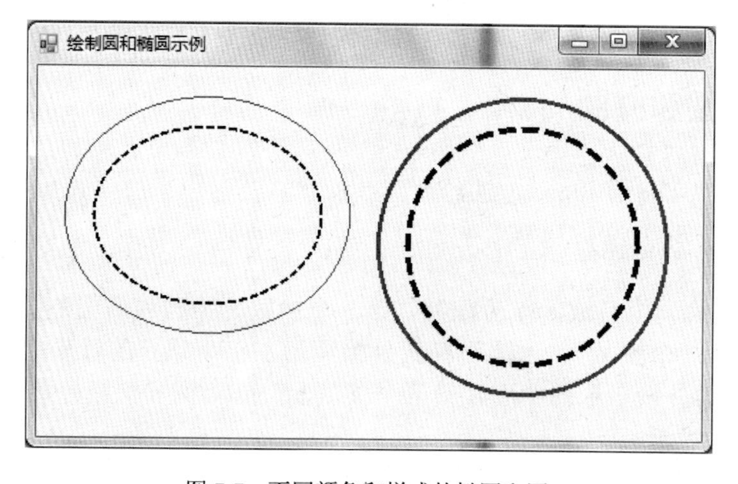

图 7-7　不同颜色和样式的椭圆和圆

7.4.5 绘制圆弧

Graphics 提供 DrawArc 方法绘制圆弧，其常用语法格式如下。

```
Graphics.DrawArc(Pen pen, int x, int y, int width, int height, int startAngle,
int endAngle)
```

参数说明：第一个参数 pen 为画笔，第二个参数 x 为圆弧所在椭圆外接矩形左上角顶点的列坐标，第三个参数 y 为圆弧所在椭圆外接矩形左上角顶点的行坐标，第四个参数 width 为饼形所在椭圆外接矩形的宽度，第五个参数 height 为饼形所在椭圆外接矩形的高度，第六个参数 startAngle 为圆弧的起始角度（单位为度），第七个参数 endAngle 为延伸角度（单位为度）。

```
Graphics.DrawArc(Pen pen,Rectangle rec,int startAngle,int endAngle)
```

参数说明：第一个参数 pen 为画笔，第二个参数 rec 为圆弧所在椭圆的外接矩形，第三个参数 startAngle 为圆弧的起始角度（单位为度），第四个参数 endAngle 为圆弧的延伸角度（单位为度）。

【例 7-6】 绘制不同颜色和样式的圆弧。

```
private void Form1_Paint(object sender, PaintEventArgs e)
{
Graphics gobj = e.Graphics;                                //定义 Graphics 对象
Rectangle rec1 = new Rectangle(20, 20, 200, 160);          //定义外接矩形 1
Pen pen1 = new Pen(Color.Red);                             //定义红色画笔
pen1.Width = 1;                                            //指定画笔宽度为 1
gobj.DrawArc(pen1, rec1,0,90);                             //绘制圆弧

Rectangle rec2 = new Rectangle(40, 40, 160, 120);          //定义外接矩形 2
Pen pen2 = new Pen(Color.Blue);                            //定义蓝色画笔
pen2.Width = 2;                                            //指定画笔宽度为 2
pen2.DashStyle = DashStyle.Dash;                           //指定画笔样式为划线段
gobj.DrawArc(pen2, rec2, 90,180);                          //绘制圆弧

Rectangle rec3 = new Rectangle(240, 20, 200, 200);         //定义外接矩形 3
Pen pen3 = new Pen(Color.Red);                             //定义红色画笔
pen3.Width = 3;                                            //指定画笔宽度为 3
gobj.DrawArc(pen3, rec3,30,120);                           //绘制圆弧

Rectangle rec4 = new Rectangle(260, 40, 160, 160);         //定义外接矩形 4
Pen pen4 = new Pen(Color.Blue);                            //定义蓝色画笔
pen4.Width = 4;                                            //指定画笔宽度为 4
pen4.DashStyle = DashStyle.Dash;                           //指定画笔样式为划线段
gobj.DrawArc(pen4, rec4,120,120);                          //绘制圆弧
}
```

运行结果如图 7-8 所示。

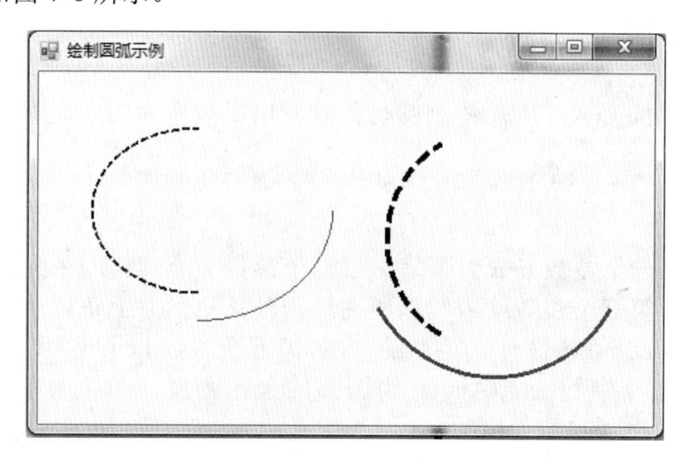

图 7-8　不同颜色和样式的圆弧

7.4.6　绘制饼形

Graphics 提供 DrawPie 方法绘制饼形，其常用语法格式如下。

```
Graphics.DrawPie(Pen pen, int x, int y, int width, int height, int startAngle, 
int endAngle)
```

参数说明：第一个参数 pen 为画笔，第二个参数 x 为饼形所在椭圆外接矩形左上角顶点的列坐标，第三个参数 y 为饼形所在椭圆外接矩形左上角顶点的行坐标，第四个参数 width 为饼形所在椭圆外接矩形的宽度，第五个参数 height 为饼形所在椭圆外接矩形的高度，第六个参数 startAngle 为饼形的起始角度（单位为度），第七个参数 endAngle 为饼形的延伸角度（单位为度）。

```
Graphics.DrawPie(Pen pen,Rectangle rec,int startAngle,int endAngle)
```

参数说明：第一个参数 pen 为画笔，第二个参数 rec 为饼形所在椭圆的外接矩形，第三个参数 startAngle 为饼形的起始角度（单位为度），第四个参数 endAngle 为饼形的延伸角度（单位为度）。

【例 7-7】 绘制不同颜色和样式的饼形。

```
private void Form1_Paint(object sender, PaintEventArgs e)
{
    Graphics gobj = e.Graphics;                              //定义 Graphics 对象
    Rectangle rec1 = new Rectangle(20, 20, 200, 160);  //定义外接矩形 1
    Pen pen1 = new Pen(Color.Red);                           //定义红色画笔
    pen1.Width = 1;                                          //指定画笔宽度为 1
    gobj.DrawPie(pen1, rec1, 0, 90);                         //绘制饼形

    Rectangle rec2 = new Rectangle(40, 40, 160, 120);  //定义外接矩形 2
```

```
    Pen pen2 = new Pen(Color.Blue);                        //定义蓝色画笔
    pen2.Width = 2;                                        //指定画笔宽度为 2
    pen2.DashStyle = DashStyle.Dash;                       //指定画笔样式为划线段
    gobj.DrawPie(pen2, rec2, 90, 180);                     //绘制饼形

    Rectangle rec3 = new Rectangle(240, 20, 200, 200); //定义外接矩形 3
    Pen pen3 = new Pen(Color.Red);                         //定义红色画笔
    pen3.Width = 3;                                        //指定画笔宽度为 3
    gobj.DrawPie(pen3, rec3, 30, 120);                     //绘制饼形

    Rectangle rec4 = new Rectangle(260, 40, 160, 160); //定义外接矩形 4
    Pen pen4 = new Pen(Color.Blue);                        //定义蓝色画笔
    pen4.Width = 4;                                        //指定画笔宽度为 4
    pen4.DashStyle = DashStyle.Dash;                       //指定画笔样式为划线段
    gobj.DrawPie(pen4, rec4, 120, 120);                    //绘制饼形
}
```

运行结果如图 7-9 所示。

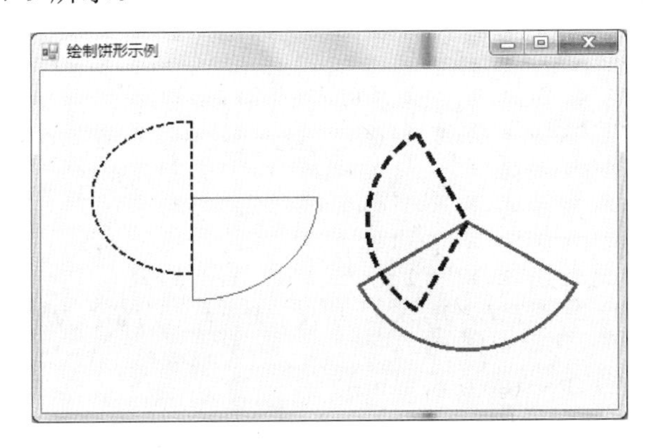

图 7-9　不同颜色和样式的饼形

7.4.7　绘制非闭合曲线

Graphics 提供 DrawCurve 方法绘制非闭合曲线，其常用语法格式如下。

```
Graphics.DrawCurve(Pen pen,Point[] points)
```

参数说明：第一个参数 pen 为画笔，第二个参数 points 为 Point 结构类型的数组，其中的最后一个点与第一个点之间不画线。

【例 7-8】 绘制不同颜色和样式的非闭合曲线。

```
private void Form1_Paint(object sender, PaintEventArgs e)
{
    Graphics g = e.Graphics;
```

```
    Point origin = new Point(this.Width / 2, this.Height / 2);  //原点位置
    int length = 100;                                           //正六边形各边的长度
    int sin_length = Convert.ToInt32(length * Math.Sin(60 * Math.PI / 180));
                                                                //Sin60 长度

    Point A = new Point(origin.X - (length / 2), origin.Y - sin_length);
    Point B = new Point(origin.X + (length / 2), origin.Y - sin_length);
    Point C = new Point(origin.X + length, origin.Y);
    Point D = new Point(origin.X + (length / 2), origin.Y + sin_length);
    Point E = new Point(origin.X - (length / 2), origin.Y + sin_length);
    Point F = new Point(origin.X - length, origin.Y);
    Point[] points1 = { A, B, C, D, E, F };  //依次为顺时针正六边形六个顶点

    Pen pen1 = new Pen(Color.Red);                          //定义红色画笔
    pen1.Width = 1;                                         //指定画笔宽度为 1
    g.DrawCurve(pen1, points1, 0, 5, 0.4f);                 //绘制非封闭曲线

    length = 50;                                            //正六边形各边的长度
    sin_length = Convert.ToInt32(length * Math.Sin(60 * Math.PI / 180));
                                                            //Sin60 长度

    A = new Point(origin.X - (length / 2), origin.Y - sin_length);
    B = new Point(origin.X + (length / 2), origin.Y - sin_length);
    C = new Point(origin.X + length, origin.Y);
    D = new Point(origin.X + (length / 2), origin.Y + sin_length);
    E = new Point(origin.X - (length / 2), origin.Y + sin_length);
    F = new Point(origin.X - length, origin.Y);
    Point[] points2 = { A, B, C, D, E, F };   //依次为顺时针正六边形六个顶点

    Pen pen2 = new Pen(Color.Blue);                         //定义蓝色画笔
    pen2.Width = 2;                                         //指定画笔宽度为 2
    pen2.DashStyle = DashStyle.Dash;                        //指定画笔样式为划线段
    g.DrawCurve(pen2, points2, 0, 5, 0.2f);                 //绘制非封闭曲线
}
```

运行结果如图 7-10 所示。

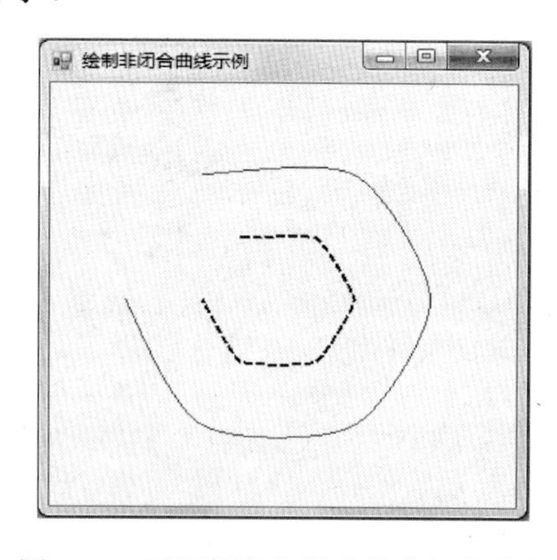

图 7-10　不同颜色和样式的非闭合曲线

7.4.8 绘制闭合曲线

Graphics 提供 DrawClosedCurve 方法绘制闭合曲线，其常用语法格式如下。

```
Graphics. DrawClosedCurve (Pen pen,Point[] points)
```

参数说明：第一个参数 pen 为画笔，第二个参数 points 为 Point 结构类型的数组，与 DrawCurve 方法不同的是，points 数组中的最后一个点与第一个点之间画线。

【例 7-9】 绘制不同颜色和样式的闭合曲线。

```
private void Form1_Paint(object sender, PaintEventArgs e)
{
    Graphics g = e.Graphics;

    Point origin = new Point(this.Width / 2, this.Height / 2); //原点位置
    int length = 100;                                          //正六边形各边的长度
    int sin_length = Convert.ToInt32(length * Math.Sin(60 * Math.PI / 180));
                                                                    //Sin60 长度

    Point A = new Point(origin.X - (length / 2), origin.Y - sin_length);
    Point B = new Point(origin.X + (length / 2), origin.Y - sin_length);
    Point C = new Point(origin.X + length, origin.Y);
    Point D = new Point(origin.X + (length / 2), origin.Y + sin_length);
    Point E = new Point(origin.X - (length / 2), origin.Y + sin_length);
    Point F = new Point(origin.X - length, origin.Y);
    Point[] points1 = { A, B, C, D, E, F };    //依次为顺时针正六边形六个顶点

    Pen pen1 = new Pen(Color.Red);                         //定义红色画笔
    pen1.Width = 1;                                        //指定画笔宽度为 1
    g.DrawClosedCurve(pen1, points1, 0.4f, FillMode.Alternate);//绘制闭合曲线

    length = 50;                                           //正六边形各边的长度
    sin_length = Convert.ToInt32(length * Math.Sin(60 * Math.PI / 180));
                                                           //Sin60 长度

    A = new Point(origin.X - (length / 2), origin.Y - sin_length);
    B = new Point(origin.X + (length / 2), origin.Y - sin_length);
    C = new Point(origin.X + length, origin.Y);
    D = new Point(origin.X + (length / 2), origin.Y + sin_length);
    E = new Point(origin.X - (length / 2), origin.Y + sin_length);
    F = new Point(origin.X - length, origin.Y);
    Point[] points2 = { A, B, C, D, E, F };      //依次为顺时针正六边形六个顶点

    Pen pen2 = new Pen(Color.Blue);                        //定义蓝色画笔
```

```
    pen2.Width = 2;                                            //指定画笔宽度为 2
    pen2.DashStyle = DashStyle.Dash;                           //指定画笔样式为划线段
    g.DrawClosedCurve(pen2, points2, 0.2f, FillMode.Winding);//绘制闭合曲线
}
```

运行结果如图 7-11 所示。

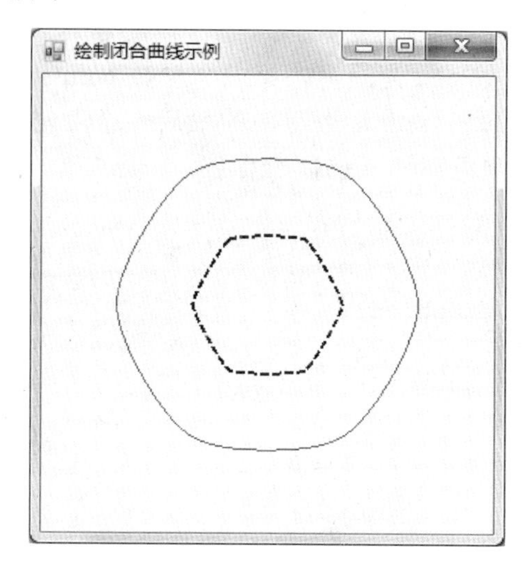

图 7-11 不同颜色和样式的闭合曲线

7.4.9 绘制贝塞尔曲线

贝塞尔曲线（Bezier Curve），又称贝兹曲线或贝济埃曲线，由法国工程师皮埃尔・贝塞尔（Pierre Bezier）于 1962 发明，被广泛应用于绘制二维图形的应用程序中。贝塞尔曲线依据四个位置任意的点坐标绘制出的一条光滑曲线，第一点和第四点为曲线的起点和终点，第二点和第三点为曲线的控制点。Graphics 提供 DrawBezier 方法绘制贝塞尔曲线，其常用语法格式如下。

```
Graphics.DrawBezier(Pen pen,int x1,int y1,int x2,int y2, int x3,int y3,int
x4,int y4)
```

参数说明：第一个参数 pen 为画笔，第二个参数 x1 和第三个参数 y1 为贝塞尔曲线的起点坐标（x1,y1），第四个参数 x2 和第五个参数 y2、第六个参数 x3 和第七个参数 y3 分别为贝塞尔曲线第二个控制点和第三个控制点，第八个参数和第九个参数为贝塞尔曲线的终点坐标（x4,y4）。

```
Graphics.DrawBezier(Pen pen,Point point1, Point point2, Point point3, Point
Point4)
```

参数说明：第一个参数 pen 为画笔，第二个参数 point1 为贝塞尔曲线的起点坐标，第三个参数 point2 和第四个参数 point3 分别为贝塞尔曲线第二个控制点和第三个控制

点，第五个参数 point4 为贝塞尔曲线的终点坐标。

此外，Graphics 还提供 DrawBeziers 方法绘制连续的贝塞尔曲线样条，其常用语法格式如下：

```
Graphics.DrawBeziers(Pen pen,Point[] points)
```

参数说明：第一个参数 pen 为画笔，第二个参数 points 为确定贝塞尔曲线的点坐标类型的数组。

【例 7-10】 绘制不同颜色和样式的贝济埃曲线。

```
private void Form1_Paint(object sender, PaintEventArgs e)
{
    Graphics g = e.Graphics;

    Point A = new Point(30, 50);
    Point B = new Point(70, 10);
    Point C = new Point(100, 190);
    Point D = new Point(100, 50);
    Point E = new Point(150, 10);
    Point F = new Point(150, 150);
    Point G = new Point(250, 80);
    Point[] bezier_points1 = { A, B, C, D, E, F, G };
                                                //依次为贝济埃曲线控制点坐标

    Pen pen1 = new Pen(Color.Red);              //定义红色画笔
    pen1.Width = 1;                             //指定画笔宽度为 1
    g.DrawBeziers(pen1, bezier_points1);        //绘制贝济埃曲线

    A = new Point(30, 80);
    B = new Point(70, 40);
    C = new Point(100, 220);
    D = new Point(100, 80);
    E = new Point(150, 40);
    F = new Point(150, 180);
    G = new Point(250, 110);
    Point[] bezier_points2 = { A, B, C, D, E, F, G };
                                                //依次为贝济埃曲线控制点坐标

    Pen pen2 = new Pen(Color.Blue);             //定义红色画笔
    pen2.Width = 2;                             //指定画笔宽度为 2
    pen2.DashStyle=DashStyle.Dash;              //指定画笔样式为划线段
    g.DrawBeziers(pen2, bezier_points2);        //绘制贝济埃曲线
}
```

运行结果如图 7-12 所示。

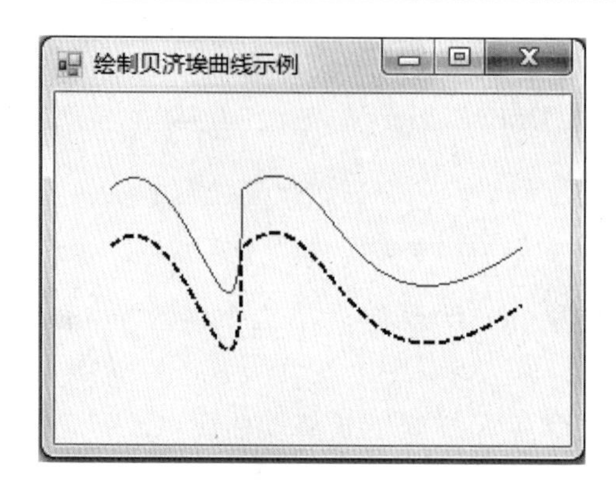

图 7-12 不同颜色和样式的贝济埃曲线

7.5 绘制填充图形

本节先介绍绘制填充图形的方法。根据图形的形状，填充图形可以分为矩形、多边形、圆和椭圆、饼形和闭合曲线等。

7.5.1 填充矩形

Graphics 提供 FillRectangle 方法填充矩形，其常用语法格式如下。

```
Graphics.FillRectangle(Brush brush,int x,int y,int width,int height)
Graphics.DrawRectangle(Brush brush,Rectangle rec)
```

其中，第一个参数画刷对象，指定填充矩形的颜色和纹理，其余参数参见 7.4.2 小节绘制矩形的说明。

【例 7-11】 填充不同颜色的矩形。

```
private void Form1_Paint(object sender, PaintEventArgs e)
{
    Graphics gobj = e.Graphics;                        //定义 Graphics 对象
    Rectangle rec1 = new Rectangle(20,20,200,160); //定义矩形 1
    SolidBrush sbrush = new SolidBrush(Color.Red); //定义红色画刷
    gobj.FillRectangle(sbrush, rec1);              //填充矩形

    Rectangle rec2 = new Rectangle(40, 40, 160, 120);  //定义矩形 2
    sbrush = new SolidBrush(Color.Blue);           //定义蓝色画刷
    gobj.FillRectangle(sbrush, rec2);              //填充矩形
}
```

运行结果如图 7-13 所示。

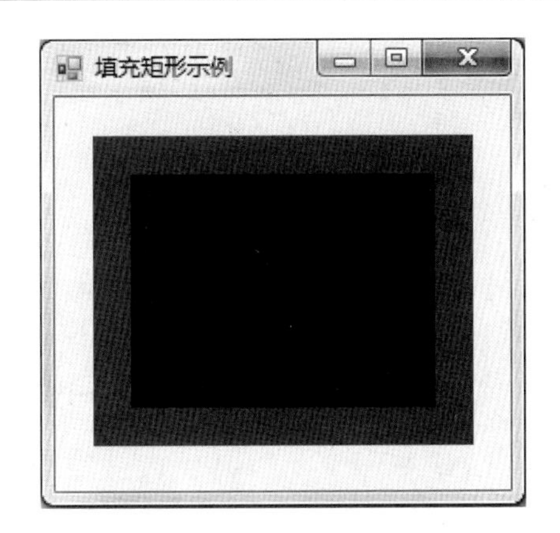

图 7-13　填充不同颜色的矩形

7.5.2　填充多边形

Graphics 提供 FillPolygon 方法填充多边形，其常用语法格式如下。

```
Graphics.FillPolygon(Brush brush,Point[] points)
```

其中，第一个参数画刷对象，指定填充多边形的颜色和纹理，第二个参数 points 为多边形的顶点。

【例 7-12】 填充不同颜色的多边形。

```
private void Form1_Paint(object sender, PaintEventArgs e)
{
    Graphics g = e.Graphics;

    Point origin= new Point(this.Width/2, this.Height/2);   //原点位置
    int length = 100;                                      //正六边形各边的长度
    int sin_length = Convert.ToInt32(length * Math.Sin(60*Math.PI/180));
                                                           //Sin60 长度

    Point A = new Point(origin.X - (length/2),origin.Y - sin_length);
    Point B = new Point(origin.X + (length/2),origin.Y - sin_length);
    Point C = new Point(origin.X + length,origin.Y);
    Point D = new Point(origin.X + (length/2),origin.Y + sin_length);
    Point E = new Point(origin.X - (length/2),origin.Y + sin_length);
    Point F = new Point(origin.X - length, origin.Y);
    Point[] points1 = { A, B, C, D, E, F };   //依次为顺时针正六边形六个顶点

    SolidBrush sbrush = new SolidBrush(Color.Red);        //定义红色画刷
    g.FillPolygon(sbrush, points1);                       //填充正六边形

    length = 50;                                         //正六边形各边的长度
```

```
    sin_length = Convert.ToInt32(length * Math.Sin(60 * Math.PI / 180));
                                                               //Sin60 长度

    A = new Point(origin.X - (length / 2), origin.Y - sin_length);
    B = new Point(origin.X + (length / 2), origin.Y - sin_length);
    C = new Point(origin.X + length, origin.Y);
    D = new Point(origin.X + (length / 2), origin.Y + sin_length);
    E = new Point(origin.X - (length / 2), origin.Y + sin_length);
    F = new Point(origin.X - length, origin.Y);
    Point[] points2 = { A, B, C, D, E, F };     //依次为顺时针正六边形六个顶点

    sbrush = new SolidBrush(Color.Blue);              //定义蓝色画刷
    g.FillPolygon(sbrush, points2);                   //填充正六边形
}
```

运行结果如图 7-14 所示。

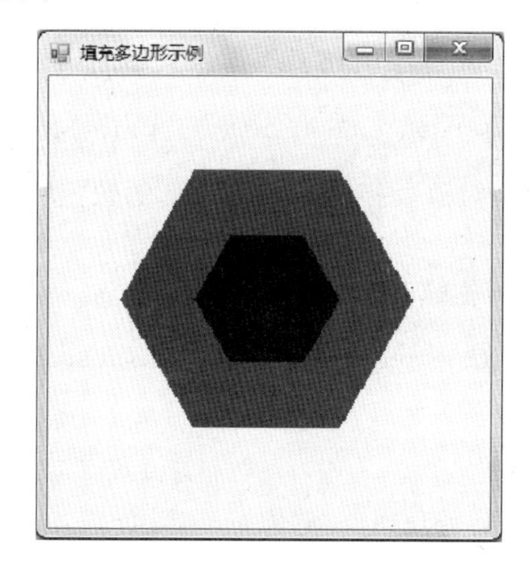

图 7-14 填充不同颜色的多边形

7.5.3 填充圆和椭圆

Graphics 提供 FillEllipse 方法填充圆和椭圆，其常用语法格式如下。

```
Graphics.FillEllipse(Brush brush,int x,int y,int width,int height)
Graphics.FillEllipse(Brush brush,Rectangle rec)
```

其中，第一个参数画刷对象，指定填充圆和椭圆的颜色和纹理，其余参数参见 7.4.4 小节绘制圆和椭圆的说明。

【例 7-13】 填充不同颜色的圆和椭圆。

```
private void Form1_Paint(object sender, PaintEventArgs e)
{
```

```
    Graphics gobj = e.Graphics;                          //定义 Graphics 对象
    Rectangle rec1 = new Rectangle(20, 20, 200, 160);   //定义外接矩形 1
    SolidBrush sbrush = new SolidBrush(Color.Red);      //定义红色画刷
    gobj.FillEllipse(sbrush, rec1);                     //填充椭圆

    Rectangle rec2 = new Rectangle(40, 40, 160, 120);   //定义外接矩形 2
    sbrush = new SolidBrush(Color.Blue);                //定义蓝色画刷
    gobj.FillEllipse(sbrush, rec2);                     //填充椭圆

    Rectangle rec3 = new Rectangle(240, 20, 200, 200); //定义外接矩形 3
    sbrush = new SolidBrush(Color.Red);                 //定义红色画刷
    gobj.FillEllipse(sbrush, rec3);                     //填充圆

    Rectangle rec4 = new Rectangle(260, 40, 160, 160); //定义外接矩形 4
    sbrush = new SolidBrush(Color.Blue);                //定义蓝色画刷
    gobj.FillEllipse(sbrush, rec4);                     //填充圆
}
```

运行结果如图 7-15 所示。

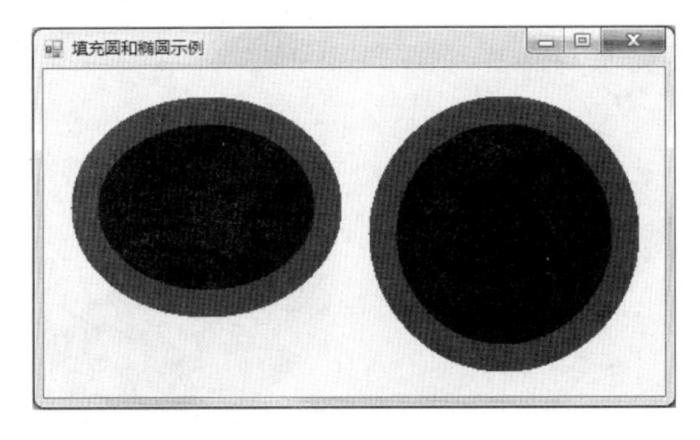

图 7-15　填充不同颜色的圆和椭圆

7.5.4　填充饼形

Graphics 提供 FillPie 方法填充饼形，其常用语法格式如下。

```
Graphics.FillPie(Brush brush, int x, int y, int width, int height, int
startAngle, int endAngle)
Graphics.FillPie(Brush brush,Rectangle rec,int startAngle,int endAngle)
```

其中，第一个参数画刷对象，指定填充饼形的颜色和纹理，其余参数参见 7.4.6 小节绘制饼形的说明。

【例 7-14】 填充不同颜色的饼形。

```
private void Form1_Paint(object sender, PaintEventArgs e)
{
```

```
    Graphics gobj = e.Graphics;                          //定义 Graphics 对象
    Rectangle rec1 = new Rectangle(20, 20, 200, 160);   //定义外接矩形 1
    SolidBrush sbrush = new SolidBrush(Color.Red);      //定义红色画刷
    gobj.FillPie(sbrush, rec1, 0, 90);                  //填充饼形

    Rectangle rec2 = new Rectangle(40, 40, 160, 120);   //定义外接矩形 2
    sbrush = new SolidBrush(Color.Blue);                //定义蓝色画刷
    gobj.FillPie(sbrush, rec2, 90, 180);                //填充饼形

    Rectangle rec3 = new Rectangle(240, 20, 200, 200); //定义外接矩形 3
    sbrush = new SolidBrush(Color.Red);                 //定义红色画刷
    gobj.FillPie(sbrush, rec3, 30, 120);                //填充饼形

    Rectangle rec4 = new Rectangle(260, 40, 160, 160); //定义外接矩形 4
    sbrush = new SolidBrush(Color.Blue);                //定义蓝色画刷
    gobj.FillPie(sbrush, rec3, 120, 120);               //填充饼形
}
```

运行结果如图 7-16 所示。

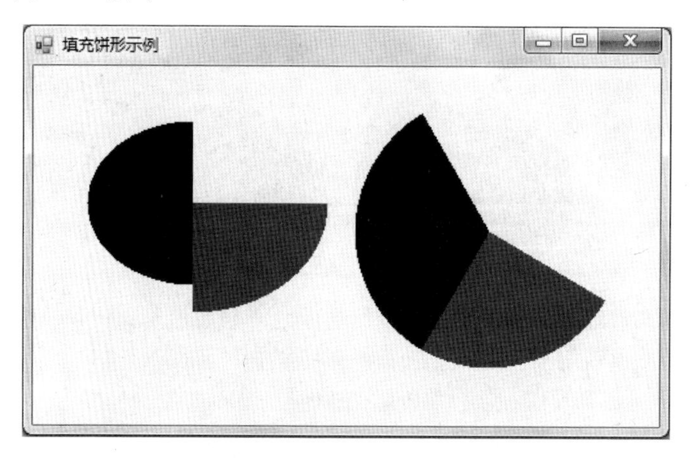

图 7-16 填充不同颜色的饼形

7.5.5 填充闭合曲线

Graphics 提供 FillClosedCurve 方法填充闭合曲线，其常用语法格式如下。

```
Graphics.FillClosedCurve(Pen pen,Point[] points)
```

其中，第一个参数画刷对象，指定填充闭合曲线的颜色和纹理，其余参数参见 7.4.8 绘制闭合曲线的说明。

【例 7-15】 填充不同颜色的闭合曲线。

```
private void Form1_Paint(object sender, PaintEventArgs e)
{
```

```
    Graphics g = e.Graphics;

    Point origin = new Point(this.Width / 2, this.Height / 2); //原点位置
    int length = 100;                                         //正六边形各边的长度
    int sin_length = Convert.ToInt32(length * Math.Sin(60 * Math.PI / 180));
                                                              //Sin60 长度

    Point A = new Point(origin.X - (length / 2), origin.Y - sin_length);
    Point B = new Point(origin.X + (length / 2), origin.Y - sin_length);
    Point C = new Point(origin.X + length, origin.Y);
    Point D = new Point(origin.X + (length / 2), origin.Y + sin_length);
    Point E = new Point(origin.X - (length / 2), origin.Y + sin_length);
    Point F = new Point(origin.X - length, origin.Y);
    Point[] points1 = { A, B, C, D, E, F };    //依次为顺时针正六边形六个顶点

    SolidBrush sbrush = new SolidBrush(Color.Red);      //定义红色画刷
    g.FillClosedCurve(sbrush, points1, FillMode.Alternate, 0.4f );
                                                        //填充闭合曲线

    length = 50;                                        //正六边形各边的长度
    sin_length = Convert.ToInt32(length * Math.Sin(60 * Math.PI / 180));
                                                        //Sin60 长度

    A = new Point(origin.X - (length / 2), origin.Y - sin_length);
    B = new Point(origin.X + (length / 2), origin.Y - sin_length);
    C = new Point(origin.X + length, origin.Y);
    D = new Point(origin.X + (length / 2), origin.Y + sin_length);
    E = new Point(origin.X - (length / 2), origin.Y + sin_length);
    F = new Point(origin.X - length, origin.Y);
    Point[] points2 = { A, B, C, D, E, F };   //依次为顺时针正六边形六个顶点
    sbrush = new SolidBrush(Color.Blue);                //定义蓝色画刷
    g.FillClosedCurve(sbrush, points2, FillMode.Alternate, 0.2f);
                                                        //填充闭合曲线
}
```

运行结果如图 7-17 所示。

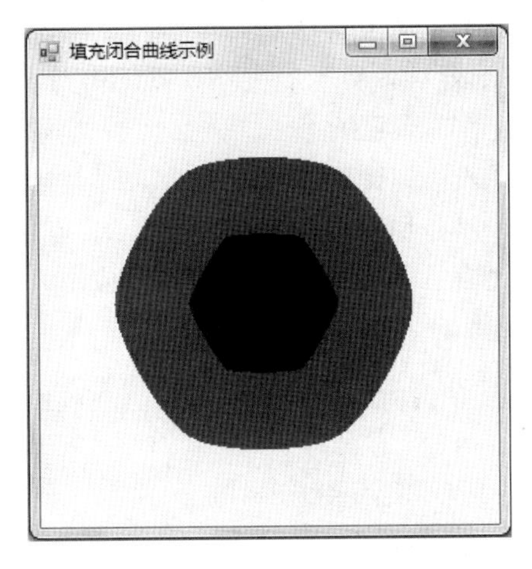

图 7-17 填充不同颜色的闭合曲线

7.6 绘制文本

绘制文本是本章将要讨论的另外一个非常重要的问题。若要显示一个包含许多文本的文档，需要考虑字体样式、文字间隔、文本布局和是否自动换行等诸多因素，使得文本的绘制变成一个非常复杂的问题。如果知道字体和显示的位置，把一行文本显示在屏幕上的过程就非常简单，它需调用 Graphics 实例的一个方法 Graphics.DrawString()，本节简单介绍该方法的使用方法，说明如何显示一些文本。

在使用 DrawString()方法绘制文本前，需要定义一个 Font 类指定要绘制文本字符串的格式，定义 Font 对象的语法格式如下。

```
Font(FontFamily,FontSize,FontStyle)
```

参数说明：第一个参数为所要使用的系统中安装的哪种字体；第二个参数指定字体大小；第三个参数指定字体样式，一般取值为 Bold（粗体）、Italic（斜体）、StrikeOut（有删除线）和 Underline（有下划线）等。

DrawString()有许多重载方法，这里介绍其中四个，其语法格式如下。

DrawString(String,Font,Brush,Point) 在指定位置用指定的 Brush 和 Font 对象绘制指定的文本字符串。

DrawString(String,Font,Brush,Rectangle) 在指定矩形用指定的 Brush 和 Font 对象绘制指定的文本字符串。

DrawString(String,Font,Brush,Point,StringFormat) 使用指定 StringFormat 的格式化特性，用指定的 Brush 和 Font 对象在指定的位置绘制指定的文本字符串。

DrawString(String,Font,Brush,Rectangle,StringFormat) 使用指定 StringFormat 的格式化特性，用指定的 Brush 和 Font 对象在指定的矩形绘制指定的文本字符串。

参数说明：第一个参数为要绘制的文本字符串；第二个参数为字体对象，指定要绘制文本字符串的格式；第三个参数为画刷对象，指定要绘制文本字符串的颜色和纹理；第四个参数为 Point 类或 Rectangle 类，指定要绘制文本字符串的位置。如果指定 Point，文本就从该 Point 的左上角开始，向右延伸，如果指定 Rectangle，则 Graphics 实例就把字符串放在矩形的内部，如果文本在矩形内部容纳不下，就会被剪切。第五个参数为字体格式对象，指定要绘制的文本字符串的格式（如行间距和对齐方式等），其常用属性有 Alignment（指定文本字符串的水平对齐方式）、LineAlignment（指定文本字符串的垂直对齐方式）和 FormatFlags（指定包含格式化信息的 StringFormatFlags 枚举）等。

【例 7-16】 绘制不同字体的文本。

```
private void Form1_Paint(object sender, PaintEventArgs e)
{
    Graphics gobj = this.CreateGraphics();

    Font hf = new Font("黑体", 20, FontStyle.Bold);          //创建字体
```

```
    Font sf = new Font("宋体", 17, FontStyle.Italic);
    Font kf = new Font("楷体", 14, FontStyle.Underline);

    SolidBrush rbrush = new SolidBrush(Color.Red);          //创建画刷
    SolidBrush gbrush = new SolidBrush(Color.Green);
    SolidBrush bbrush = new SolidBrush(Color.Blue);

    gobj.DrawString("深入浅出：C#程序设计从入门到实战", hf, rbrush, 20, 20);
                                                            //绘制文本
    gobj.DrawString("深入浅出：C#程序设计从入门到实战", sf, gbrush, 20, 50);
    gobj.DrawString("深入浅出：C#程序设计从入门到实战", kf, bbrush, 20, 80);
}
```

这个示例说明了如何使用 Graphics.DrawString()方法绘制大小不同的文本，在屏幕（20,20）的位置输出一串加粗的黑体文本，在屏幕（20,50）的位置输出一串倾斜的宋体文本，在屏幕（20,80）的位置输出一串带下划线的楷体文本，运行结果如图 7-18 所示。

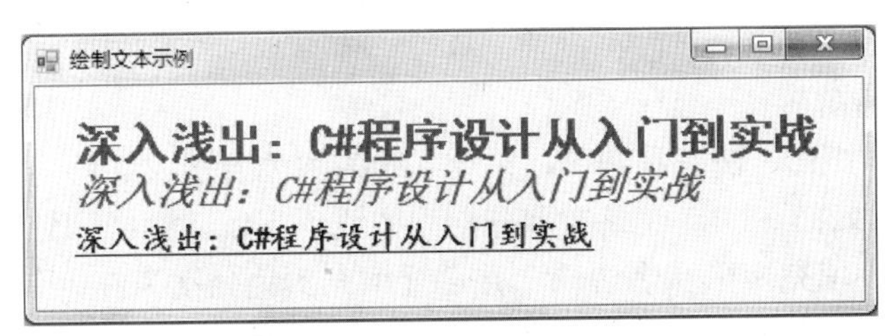

图 7-18　填充不同颜色的闭合曲线

7.7　本章小结

本章主要介绍了.NET Framework 中的 GDI+绘制技术，包括像素、颜色和坐标系等绘图基本知识，Graphics 类、画笔和画刷等绘图工具，直线、矩形、多边形、圆和椭圆、圆弧等空心图形的绘制方法及相应封闭图像的填充方法，最后介绍了在窗体上绘制文本的方法。其中重点是要掌握使用 GDI+绘制直线、矩形、多边形、圆和椭圆、圆弧等空心图形的绘制方法、相应封闭图像的填充方法及绘制文本的方法，为后续编写功能强大的 Windows 应用程序奠定基础。

习　题

一、选择题

（1）在绘制任何图形时，首先要创建一个____类实例。

A．Pen　　B．Brush　　C．Font　　D．Graphics

（2）要绘制不同颜色的线条，可以通过____属性设置画笔的颜色。

A．Transform　　B．Width　　C．Color　　D．DashStyle

（3）画刷的功能是用来填充图形的内部，C#中用____类来实现画刷。

A．Graphics　　B．Brush　　C．Font　　D．Pen

（4）要填充一个半径为 10 个像素的红色的圆，需要使用 Graphics 对象的____方法。

A．FillEllipse()　　B．FillRectangle()

C．FillPolygon()　　D．FillPie()

（5）在窗体上绘制文本使用 Graphics 对象的____方法。

A．DrawArc()　　B．DrawString()

C．DrawBezier()　　D．DrawClosedCurve()

二、简答题

（1）什么是 GDI+？GDI+有什么功能？

（2）简述绘图的一般步骤。

（3）什么是画图工具？画图工具一般包含什么？

三、操作题

编程绘制下面的图形

（1）绘制直线、矩形、椭圆和圆弧，并设置线条颜色分别为红色、绿色、蓝色和黄色，线条宽度分别为 1、2、3 和 4，线条类型分别为实线、点线、划线和划线点。

（2）用单色画刷填充矩形和多边形，并设置填充颜色分别为红色和绿色。用渐变画刷填充椭圆和饼形，并设置颜色分别从红色水平过渡到蓝色和从绿色垂直过渡到蓝色。

（3）绘制三串不同的文字，这三串文字分别为宋体、楷体和隶书，字体颜色分别为红色、绿色和蓝色，字体大小分别为 10，20 和 30，字体样式分别为粗体、斜体和下划线。

第 8 章　文 件 操 作

文件是永久存储在磁盘等介质上的一组数据，一个文件有唯一的文件名，操作系统通过文件名对文件进行管理。很多 Windows 应用程序需要读写磁盘文件，这就涉及如何创建文件、如何读写文件中的数据等问题。本章介绍将对 C#中的文件操作进行详细讲解。通过本章的学习，读者将会掌握如何使用 C#中的有关类进行文件及文件夹的操作、文件中数据的读写访问。

8.1　文　　件

8.1.1　文件类型

文件的分类标准很多，根据不同的分类标准，可以将文件分为不同的类型。

1. 文本文件和二进制文件

按文件数据的组织格式，文件分为文本文件（或 ASCII 文件）和二进制文件。

（1）文本文件。

在文本文件中，每个字符存放一个 ASCII 码，输出时每个字节代表一个字符，便于对字节进行逐个处理。也就是说，如果一个文件中的每个字节的内容都是可以表示成 ASCII 字符的数据，就可以称这个文件为文本文件。由于结构简单，文本文件被广泛用于存储数据。在 Windows 中，当一个文件的扩展名为“txt”时，系统就认为它是一个文本文件。文本文件一般占用的空间较大，并且转换时间较长。

（2）二进制文件。

二进制文件其中的数据均以二进制方式存储，存储的基本单位是字节，可以将除了文本文件以外的文件都称为二进制文件。在二进制文件中，能够存取任意所需要的字节，可以把文件指针移到文件的任何地方，因而这种文件存取极为灵活。

2. 顺序文件和随机文件

按文件的存取方式及结构，文件分为顺序文件和随机文件。

（1）顺序文件。

顺序存取文件简称为顺序文件，它由若干文本行组成，每个文本行的结尾为一个回车字符，并且文件结尾为 Ctrl+Z。顺序文件的每个字符用一个字节来存储。顺序文件的优点是操作简单，不足是无法任意取出其中某一个数据进行来修改，一定要从文件开始处顺序移动指针到该数据处才能修改。当文件中包含大量数据时，这种顺序存取方式显得非常不方便。

（2）随机文件。

随机存取文件简称为随机文件，它是以记录格式来存储数据的文件，由多个记录组成，每个记录都有相同的大小和格式。每个记录又由字段组成，在字段中存放着数据。每个记录前都有记录号表示此记录开始。在读取文件时，只需要给出记录号，就可以快速找到该记录，并将该记录读出；若对该记录做了修改，需要写到文件中时，通过记录号快速定位后并写入后，新记录将自动覆盖原记录。随机文件访问速度快，读、写文件灵活方便。但占用的空间要更大。

8.1.2 文件的属性

文件的属性用于描述文件本身的信息，主要包括以下几方面。

（1）文件属性：只读、隐藏和归档等类型。

（2）访问方式：读、读/写和写等类型。

（3）访问权限：读、写、追加数据等类型。

（4）共享权限：文件共享、文件不共享等类型。

8.1.3 文件访问方式

文件最主要的访问方式是读文件和写文件。应用程序运行时，从文件中读取数据到内存中，称为文件读操作或输入操作。而把数据的处理结果从内存存放到文件中，称为文件写操作或输出操作。

8.2 System.IO 模型

在 C#中通过.NET 的 System.IO 模型以流的方式对各种数据文件进行访问。

8.2.1 什么是 System.IO 模型

1. System.IO 模型介绍

提供了一个面向对象的方法来访问文件系统，提供了很多针对文件、文件夹的操作功能，特别是以流（Stream）的方式对各种数据进行访问，这种访问方式不但灵活，而且可以保证编程接口的统一。

2. System.IO 命名空间

System.IO 模型实现包含在 System.IO 命名空间中，该命名空间包含允许在数据流和文件上进行同步和异步读取及写入、提供基本文件和文件夹操作的各种类，即 System.IO 模型是一个文件操作类库，包含的类可用于文件的创建、读/写、复制、移动和删除等操作。

System.IO 命名空间常用的类如表 8-1 所示。

表 8-1　System.IO 命名空间常用的类

类	说明
Directory	公开用于创建、移动和枚举通过目录和子目录的静态方法。无法继承此类
DirectoryInfo	公开用于创建、移动和枚举目录和子目录的实例方法。无法继承此类
DriveInfo	提供对有关驱动器的信息的访问
File	提供用于创建、复制、删除、移动和打开文件的静态方法，并协助创建 Filestream 对象
FileInfo	提供创建、复制、删除、移动和打开文件的实例方法，并且帮助创建 FileStream 对象，无法继承此类
FileStream	公开以文件为主的 Stream，既支持同步读写操作，也支持异步读写操作
MemoryStream	创建其支持存储区为内存的流
Path	对包含文件或目录路径信息的 String 实例执行操作，这些操作是以跨平台的方式执行的
Stream	提供字节序列的一般视图
StreamReader	实现一个 TextReader，使其以一种特定的编码从字节流中读取字符
StreamWriter	实现一个 TextWriter，使其以一种特定的编码向流中写入字符
StringReader	实现从字符串进行读取的 TextReader
StringWriter	实现一个用于将信息写入字符串的 TextWriter，该信息存储在基础 StringBuilder 中
TextReader	表示可读取连续字符系列的读取器
TextWriter	表示可以编写一个有序字符系列的编写器。该类为抽象类
BinaryReader	用特定的编码将基元数据类型读作二进制值

8.2.2　文件编码

文件编码也称为字符编码，用于指定在处理文本时如何表示字符。一种编码可能优于另一种编码，主要取决于它能处理或不能处理哪些语言字符，通常优先的是 Unicode 编码。读取或写入文件时，未正确匹配文件编码的情况可能会导致发生异常或产生不正确的结果。

System.IO 模型中 Encoding 类表示字符编码，表 8-2 列出了该类的属性及其对应文件编码方式。

表 8-2　文件编码类型及说明

编码	说明
ASCII	获取 ASCII 字符集的编码
Default	获取系统的当前 ANSI 代码页的编码
Unicode	获取使用 Little-Endian 字节顺序的 UTF-16 格式的编码
UTF32	获取使用 Little-Endian 字节顺序的 UTF-32 格式的编码
UTF7	获取 UTF-7 格式的编码
UTF8	获取 UTF-8 格式的编码

8.2.3　C#的文件流

C#在操作文件时，将文件看成是顺序的字节流，也称为文件流。文件流是字节序列的抽象概念，文件可以看成是存储在磁盘上的一系列二进制字节信息。C#用文件流对文件进行输入、输出操作，如读取文件信息、向文件写入信息。

文件和流的区别可以认为是文件是存储在存储介质上的数据集，是静态的，它具有名称和相应的路径。当打开一个文件并对其进行读写时，该文件就成为流（Stream）。不过，流不仅仅是可指打开的磁盘文件，还可以是网络数据、控制台应用程序中的键盘输入和文本显示，甚至是内存缓存区的数据读写。因此，流是动态的，它代表正处于输入/输出状态的数据，是一种特殊的数据结构。

C#提供 Stream 类（System.IO 成员）是所有流的基类，Stream 类的主要属性有 CanRead、CanSeek、CanTimeout、CanWrite、Length、Position、ReadTimeout 及 WriteTimeout 等；主要方法有：BeginRead、BeginWrite、Close、EndRead、EndWrite、Flush、Read、ReadByte、Seek、Write 及 WriteByte 等。

System.IO 模型中，借助文件流进行文件操作的常用步骤如下。

（1）用 File 类打开操作系统文件。

（2）建立对应的文件流即 FileStream 对象。

（3）用 StreamReader/StreamWriter 类提供的方法对文件流（文本文件）进行读写或用 BinaryReader/BinaryWriter 类提供的方法对文件流（二进制文件）进行读写。

8.3 文件夹和文件操作

8.3.1 文件夹操作

对文件夹进行操作时，主要用到.NET Framework 类库中提供的 DirectoryInfo 类和 Directory 类，而常见的文件夹操作主要有以下几种方式：判断文件夹是否存在、创建文件夹、移动文件夹、删除文件夹以及遍历文件夹等。

1. DirectoryInfo 类

DirectoryInfo 类提供了文件夹操作的方法，用于文件夹的典型操作，如创建、移动、删除、复制和重命名等，另外，也可将其用于获取和设置与目录的创建、访问及写入操作相关的 DateTime 信息。DirectoryInfo 类没有静态方法，必须实例化该类、即创建对象 DirectoryInfo 实体后，才能调用其方法。DirectoryInfo 类常用的方法和属性如表 8-3、表 8-4 所示。

表 8-3 DirectoryInfo 类的常用方法

方法	说明
Create	创建文件夹
Delete()	如果文件夹为空，则删除该文件夹
Delete(bool)	删除该文件夹，并可指定是否删除该文件夹下的子文件或文件夹
GetFiles	获取该文件夹下的文件，返回 FileInfo 数组
GetDirectories	获取该文件夹下的所有子文件夹，返回 DirectoryInfo 数组
CreateSubdirectory	创建子文件夹
MoveTo	将该文件夹移动到新位置

表 8-4　DirectoryInfo 类的常用属性

属性	说明
Parent	获取指定子文件夹的父文件夹 DirectoryInfo 对象
Root	获取路径的跟 DirectoryInfo 对象
Name	返回文件夹的名称
CreationTime	当前 FileSystemInfo 对象的创建日期和时间
Exists	获取文件夹是否存在，如果文件夹存在，则为 true，否则为 false
FullName	获取文件夹的完整路径

2. Directory 类

Directory 类是一个静态类，只包含静态成员，支持创建、移动、删除和枚举所有文件夹/子文件夹等操作。其使用方式与 DirectoryInfo 类相似，但在使用时无须创建对象实体，而是直接使用“Directory.方法”的方式调用。Directory 类的方法都是静态方法，如果某一文件夹操作只执行一次，则调用 Directory 类的方法来实现更为方便。Directory 类常用的方法如表 8-5。

表 8-5　Directory 类的常用方法

方法	说明
Exists	确定给定路径是否存在文件夹
GetFiles	返回指定文件夹中文件的名称数组 string[]
GetDirectories	获取指定文件夹中子文件夹的名称，并返回一个所有子文件夹的名称数组 string[]
CreateDirectory	在指定路径中创建文件夹
Delete	从指定路径删除文件夹，并可指定是否删除该文件夹下任何子文件夹
Move	将一个文件夹及其内容移动到一个新的路径
GetLogicalDrives	返回逻辑驱动器表

8.3.2　文件操作

对文件进行操作时，主要用到.NET Framework 类库中提供的 FileInfo 类和 File 类，而常见的文件操作主要有以下几种方式：判断文件是否存在、创建文件、打开文件、复制文件、移动文件、删除文件及获取文件的基本信息等。

1. FileInfo 类

FileInfo 类能够获取硬盘上现有的文件的详细信息（创建时间、大小、文件特征等），帮助用户创建、复制、移动和删除文件。与 DirectoryInfo 类相似，该类需要实例化、即创建对象 DirectoryInfo 实体后，才能调用其方法。FileInfo 类常用的方法和属性如表 8-6 和表 8-7 所示。

表 8-6　FileInfo 类常用的方法

方法	说明
CopyTo	将现有文件复制到新文件，不允许覆盖
CopyTo(string,bool)	将现有文件复制到新文件，允许覆盖

续表

方法	说明
Delete	永久删除该文件
MoveTo	将现有文件移动到新位置，不允许覆盖

表 8-7　FileInfo 类常用的属性

属性	说明
Exists	检查文件是否存在，返回一个布尔值
Extension	获取文件扩展名
Name	获取文件名
FullName	获取文件的完整路径
Length	获取当前文件的大小

2. File 类

File 类支持对文件的基本操作，包括提供用于创建、复制、删除、移动和打开文件的静态方法，并协助创建 FileStream 对象。与 Directory 类一样，File 类的方法是共享的（都是静态方法），无须创建对象实体即可使用，而是直接使用“File.方法”的方式调用。

File 类和 FileInfo 类之间许多方法调用都是相同的，但是 FileInfo 类没有静态方法，仅可以用于创建对象。File 类和 FileInfo 类之间的关系与 Directory 类和 DirectoryInfo 类之间的关系十分类似，这里不再赘述。File 类的常用方法如表 8-8 所示。

表 8-8　File 的常用方法及说明

方法	说明
GetAttributes	获取指定路径上文件的 FileAttributes
GetCreationTime	返回指定文件的创建日期和时间
Exists	确定指定的文件是否存在，该返回一个布尔值
Create	在指定路径中创建文件
Delete	从指定路径删除指定文件，不存在会引发异常，调用前最好先做判断是否存在
Copy	将现有文件复制为新文件，不允许覆盖同名的文件
Move	将指定文件移动到一个新的路径

【例 8-1】 文件夹与文件操作。

功能实现：创建一个 Windows 应用程序，在默认窗体中，显示指定目录中所有文件的文件名、创建时间和文件属性，窗体中包含一个标签控件 Label、一个文本框控件 TextBox、一个列表框控件 ListBox 和一个按钮控件 Button。添加的关键代码如下。程序运行时，在文本框中输入文件夹名称“C:\Windows”，单击按钮控件，则可在列表框中显示该文件夹下的所有文件，如图 8-1 所示。

```
/*******************************************************/
using System.IO;
private void button1_Click(object sender, EventArgs e)
{
    int i;
    string[] filen;
```

```
    string filea;
    listBox1.Items.Clear();
    if (!Directory.Exists(textBox1.Text))
      MessageBox.Show(textBox1.Text + "文件夹不存在", "信息提示", MessageBox
      Buttons.OK);
    else
      {
        filen = Directory.GetFiles(textBox1.Text);
        for (i = 0; i <= filen.Length - 1; i++)
        {
          filea = String.Format("{0}\t\t{1}\t{2}", filen[i],
                      File.GetCreationTime(filen[i]), fileatt(filen[i]));
          listBox1.Items.Add(filea);
        }
      }
}
//自定义函数
private string fileatt(string filename) //获取文件属性
{
    string fa = "";
    switch (File.GetAttributes(filename))
    {
      case FileAttributes.Archive:
         fa = "存档";
         break;
      case FileAttributes.ReadOnly:
         fa = "只读";
         break;
      case FileAttributes.Hidden:
         fa = "隐藏";
         break;
      case FileAttributes.Archive | FileAttributes.ReadOnly:
         fa = "存档+只读";
         break;
      case FileAttributes.Archive | FileAttributes.Hidden:
         fa = "存档+隐藏";
         break;
      case FileAttributes.ReadOnly | FileAttributes.Hidden:
         fa = "只读+隐藏";
         break;
      case FileAttributes.Archive | FileAttributes.ReadOnly | FileAttributes.
      Hidden:
         fa = "存档+只读+隐藏";
         break;
    }
```

```
    return fa;
  }
/*-----------------------------------------------------------------*/
```

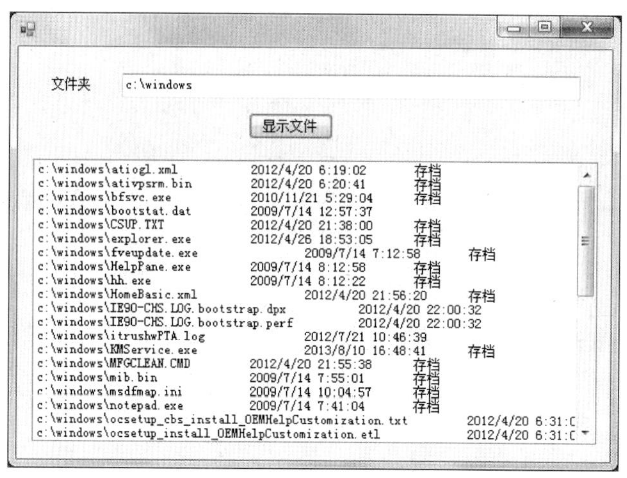

图 8-1　文件夹与文件操作

8.4　FileStream 类

使用 FileStream 类可以产生在磁盘或网络路径上指向文件的文件流，以便对文件进行读取、写入、打开和关闭操作。FileStream 类支持字节和字节数组处理，有些操作如随机文件读写访问，必须由 FileStream 对象执行。FileStream 类提供的构造函数很多，最常用构造函数如下。

```
public FileStream(string path, FileMode mode)  或
public FileStream(string path, FileMode mode, FileAccess access)
```

它们使用指定的路径、创建模式及访问级别初始化 FileStream 类的新实例。其中，path 指出当前 FileStream 对象封装的文件的相对路径或绝对路径。mode 指定一个 FileMode 枚举取值，确定如何打开或创建文件。FileMode 枚举的取值及说明如表 8-9 所示。

表 8-9　FileMode 枚举的取值及说明

取值	说明
Append	如果文件存在，就打开文件，将文件位置移动到文件的末尾，否则创建一个新文件。FileMode.Append 仅可以与枚举 FileAccess.Write 联合使用
Create	创建新文件；如果存在这样的文件，就覆盖它
CreateNew	创建新文件，如果已经存在此文件，则抛出异常
Open	打开现有的文件，如果不存在所指定的文件，则抛出异常
OpenOrCreate	如果文件存在，则打开文件，否则就创建新文件，如果文件已经存在，则保留在文件中的数据
Truncate	打开现有文件，清除其内容，然后可以向文件写入全新的数据，但是保留文件的初始创建日期；如果不存在所指定的文件，则抛出异常

FileAccess 枚举参数规定对文件的不同访问级别，FileAccess 枚举有三种类型：Read（可读）、Write（可写）、ReadWrite（可读写），此属性可应用于基于用户的身份验证赋予用户对文件的不同访问级别。

FileStream 类的常用方法如下。

（1）Seek 方法。

Seek 方法用于设置文件指针的位置，其调用格式为：

```
Public  long  Seek(long offset, SeekOrigin origin);
```

其中，Long offset 是规定文件指针以字节为单位的移动距离；SeekOrigin origin 是规定开始计算的起始位置，此枚举包含 3 个值：Begin、Current 和 End。比如，若 aFile 是一个已经初始化的 FileStream 对象，则语句 aFile.Seek(8,SeekOrigin.Begin);表示文件指针从文件的第一个字节计算起移动到文件的第 8 个字节处。

（2）Read 方法。

Read 方法用于是从 FileStream 对象所指向的文件读数据，其调用格式为：

```
Public  int  Read(byte[] array,int offset, int count);
```

第一个参数是被传输进来的字节数组，用以接受 FileStream 对象中读到的数据。第二个参数是指明从文件的什么位置开始读入数据，它通常是 0，表示从文件开端读取数据、写到数组，最后一个参数是规定从文件中读出多少字节。

使用 FileStream 类读取数据不像使用 StreamReader 和 StreamWriter 类读取数据那么容易，这是因为 FileStream 类只能处理原始字节，这使得 FileStream 类可以用于任何数据文件，而不仅仅是文本文件，通过读取字节数据就可以读取类似图像和声音的文件。这种灵活性的代价是不能使用它直接读入字符串，而使用 StreamWriter 和 StreaMeader 类却可以这样处理。

（3）Write 方法。

Write 方法用于是向 FileStream 对象所指向的文件中写数据，其调用格式与 Read 方法相似。写入数据的流程是先获取字节数组，再把字节数据转换为字符数组，然后把这个字符数组用 Write 方法写入到文件中，当然在写入的过程中，可以确定在文件的什么位置写入，写多少字符等。

8.5　文本文件的操作

使用 FileStream 类时，其数据量是字节流，只能进行字节的读写，这样使用它对文本文件进行处理就很不方便。为此，System.IO 模型又提供了文本文件操作类，使用它们可以方便地从文件字节流中读取字符或向文件字节流中输出字符。文本文件的操作可通过 TextReader 和 TextWriter 两个类提供的方法来实现，也可以使用其派生类 StreamReader 和 StreamWriter 或者 StringReader 和 StringWriter。这里介绍读写文件操作通常使用较多的类 StreamReader 和 StreamWriter。

8.5.1　StreamReader 类

StreamReader 类以一种特定的编码从字节流中读取字符，其常用的构造函数如下。

- StreamReader(Stream)：为指定的流初始化 StreamReader 类的新实例。
- StreamReader(String)：为指定的文件名初始化 StreamReader 类的新实例。
- StreamReader(Stream,Encoding)：用指定的字符编码为指定的流初始化 StreamReader 类的一个新实例。
- StreamReader(String,Encoding)：用指定的字符编码，为指定的文件名初始化 StreamReader 类的一个新实例。

StreamReader 常用的方法如表 8-10。

表 8-10 StreamReader 常用的方法及说明

方法	说明
ReadLine	从当前流中读取一行字符并将数据作为字符串返回
Read	读取文件流中下一个字符或下一组字符
ReadToEnd	从文件流的当前位置一直读取到末尾
Peek	返回下一个可用的字符，但不使用它
Close	关闭 StreamReader 对象和基础流，并释放与读关联的所有系统资源

使用 StreamReader 类读取文本文件中数据的过程，如图 8-2 所示。首先通过 File 的 OpenRead 方法打开文件，并建立一个文件读取文件流，然后通过 StreamReader 类的方法将文件流中的数据读到 C#文本框等用户界面窗体控件中。

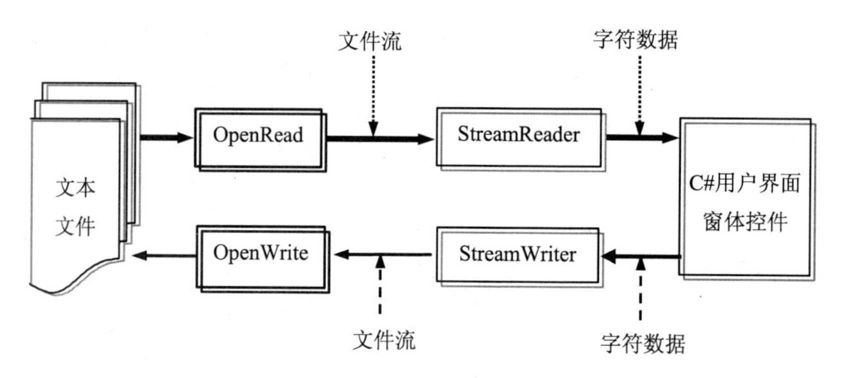

图 8-2 文本文件读写过程

8.5.2 StreamWriter 类

StreamWriter 类以一种特定的编码输出字符，其常用的构造函数如下。

- StreamWriter(Stream)：用 UTF-8 编码及默认缓冲区大小，为指定的流初始化 StreamWriter 类的一个新实例。
- StreamWriter(String)：使用默认编码和缓冲区大小，为指定路径上的指定文件初始化 StreamWriter 类的新实例。
- StreamWriter(Stream,Encoding)：用指定的编码及默认缓冲区大小，为指定的流初始化 StreamWriter 类的新实例。
- StreamWriter(string path,bool append)：path 表示要写入的完整文件路径。append 表

示确定是否将数据追加到文件。如果该文件存在，并且 append 为 false，则该文件被改写；如果该文件存在，并且 append 为 true，则数据被追加到该文件中。否则，将创建新文件。

StreamWriter 常用的方法如表 8-11 所示。

表 8-11　StreamWriter 常用的方法及说明

方法	说明
WriteLine	写入参数指定的某些数据，后跟行结束符
Write	写入流
Close	关闭 StreamWriter 对象和基础流

使用 StreamWriter 类将数据写入文本文件的过程，如图 8-2 所示。首先通过 File 类的 OpenWrite 建立一个写入文件流，然后通过 StreamWriter 的 Write/WriteLine 方法将 C#文本框等用户界面窗体控件中的数据写入到该文件流中。

【例 8-2】 文本文件的读写访问。

功能实现：创建一个 Windows 应用程序，在默认窗体中，将一个文本框中的数据写入到 MyTest.txt 文件中，而后读出，在另一个文本框中显示这些数据。窗体中包含两个文本框控件 TextBox（它们的 MultiLine 属性都设置为 true）和两个按钮控件 Button。添加的关键代码如下。程序运行时，在文本框 textBox1 中输入几行数据，单击“写入数据”按钮将其写入到指定的文件中，而后单击“读取数据”按钮从该文件中读出数据并在文本框 textBox2 中输出，运行结果如图 8-3 所示。

```
/***********************************************************/
using System.IO;
string path = "G: \\MyTest.txt";  //文件名 path 作为 Form1 类的字段
private void button1_Click(object sender, EventArgs e)
{
  if (File.Exists(path))  //存在该文件时删除之
     File.Delete(path);
  else
  {
     FileStream fs = File.OpenWrite(path);    //建立文件写文件流
     StreamWriter sw = new StreamWriter(fs);  //建立文件流写对象
     sw.WriteLine(textBox1.Text);   //将文本框内容写入文件
     sw.Close();
     fs.Close();
     button2.Enabled = true;
  }
}
private void button2_Click(object sender, EventArgs e)
{
  string mystr = "";
  FileStream fs = File.OpenRead(path);
  StreamReader sr = new StreamReader(fs);
```

```
        while (sr.Peek() > -1)
            mystr = mystr + sr.ReadLine() + "\r\n";
        sr.Close();
        fs.Close();
        textBox2.Text = mystr;
    }
    private void Form1_Load(object sender, EventArgs e)
    {
        textBox1.Text = "";
        textBox2.Text = "";
        button1.Enabled = true;
        button2.Enabled = false;
    }
    /*---------------------------------------------------------------*/
```

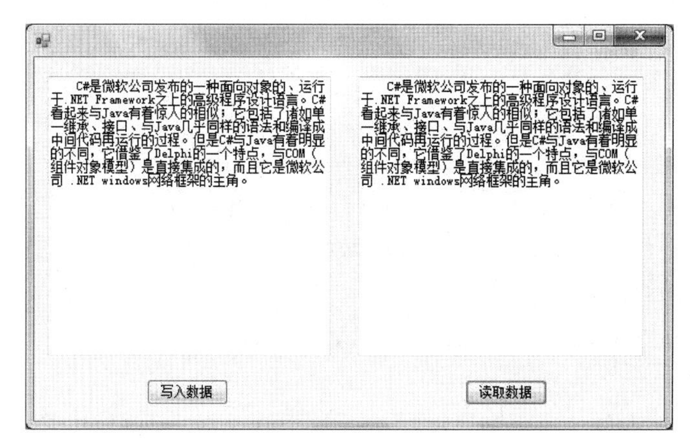

图 8-3　文本文件的读写访问

8.6　二进制文件操作

二进制文件是以二进制形式存储的文件。二进制文件操作通过 BinaryReader 和 BinaryWriter 两个类提供的方法来实现，它们都属于 System.IO 命名空间，这两个类的使用方式、操作方法同操作文本文件的 StreamReader 和 StreamWriter 类非常相似，只是处理的文件数据格式不同。

8.6.1　BinaryReader 类

BinaryReader 类用特定的编码将基元数据类型读作二进制值，数据读取过程与 StreamReader 类似。BinaryReader 常用的构造函数如下。

- BinaryReader(Stream)：基于所提供的流，用 UTF8Encoding 初始化 BinaryReader 类的实例。

- BinaryReader(Stream, Encoding)：基于所提供的流和特定的字符编码，初始化 BinaryReader 类的实例。

BinaryReader 常用的方法如表 8-12 所示。

表 8-12　BinaryReader 常用的方法及说明

方法	说明
ReadString	从当前流中读取一个字符串
ReadDouble	从当前流中读取 8 字节浮点值，并使流的当前位置提升 8 个字节
PeekChar	返回下一个可用的字符，并且不提升字节或字符的位置
ReadBytes	用于读取字节数组，从当前流中将 count 个字节读入字节数组，并使当前位置提升 count 个字节
Readchars	用于读取字符数组，从当前流中读取 count 个字符，以字符数组的形式返回数据并提升当前位置
Close	关闭当前阅读器和基础流

8.6.2　BinaryWriter 类

BinaryWriter 类以二进制形式将基元类型写入流，并支持用特定的编码写入字符串，数据写入过程与 StreamWriter 类似，只是数据格式不同。BinaryWriter 常用的构造函数如下。

- BinaryWriter ()：初始化一个 BinaryWriter 类的实例。
- BinaryWriter (Stream)：基于所提供的流，用 UTF8 作为字符串编码初始化 BinaryWriter 类的实例。
- BinaryWriter (Stream, Encoding)：基于所提供的流和特定的字符编码，初始化 BinaryWriter 类的实例。

BinaryWriter 常用的方法如表 8-13 所示。

表 8-13　BinaryWriter 常用的方法及说明

方法	说明
Seek	设置当前流中的指针位置
Write	写入流
Close	关闭 BinaryWriter 对象和基础流

【例 8-3】 二进制文件的操作。

功能实现：创建一个 Windows 应用程序，用于将一个富文本框 richTextBox1 中的内容写入到指定文件中，用户可通过一组单选按钮来选择写入方式，包括二进制格式和各种不同的字符编码格式，而写入的内容将以默认格式显示在富文本框 richTextBox2 中。添加的关键代码如下，运行结果如图 8-4 所示，从中可看到 ASCII 编码不能有效处理汉字等 Unicode 字符。

```
/**********************************************************/
using System.IO;
        private void Form1_Load(object sender, EventArgs e)
        {
            string[] ss = { "Beijing", "北京", "♥♦♣♠" };
```

```
        richTextBox1.Lines = ss;
    }
    private void button1_Click(object sender, EventArgs e)
    {
        FileStream fs1 = File.Create("demo.txt");
        if (radioButton1.Checked)
        {
            BinaryWriter bw1 = new BinaryWriter(fs1);
            foreach (string s in richTextBox1.Lines)
                bw1.Write(s);
            bw1.Close();
        }
        else
        {
            Encoding encoding = Encoding.ASCII;
            if (radioButton3.Checked)
                encoding = Encoding.UTF7;
            if (radioButton4.Checked)
                encoding = Encoding.UTF8;
            if (radioButton5.Checked)
                encoding = Encoding.UTF32;
            if (radioButton6.Checked)
                encoding = Encoding.Unicode;
            if (radioButton7.Checked)
                encoding = Encoding.BigEndianUnicode;
            StreamWriter sw1 = new StreamWriter(fs1, encoding);
            foreach (string s in richTextBox1.Lines)
                sw1.WriteLine(s);
            sw1.Close();
        }
        fs1.Close();
        richTextBox2.Lines = File.ReadAllLines("demo.txt");
    }
/*----------------------------------------------------------------------*/
```

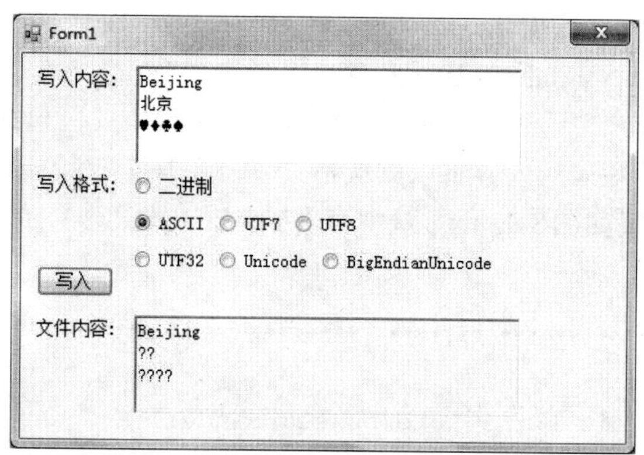

图 8-4　二进制文件的操作

8.6.3　二进制文件的随机查找

System.IO 模型便于二进制结构化数据的随机查找，其基本方法：用 BinaryReader 类的方法打开指定的二进制文件，并求出每个记录的长度 reclen，通过 Seek 方法将文件指针移动到指定的位置进行读操作。

8.7　本 章 小 结

本章首先简要介绍了文件的类型、属性和访问方式，接着介绍了 C#中实现文件操作的 System.IO 模型，并概述了 System.IO 命名空间中的文件操作相关类。然后重点介绍了实现文件夹操作的 DirectoryInfo 类和 Directory 类、实现文件操作的 FileInfo 类和 File 类，并对生成指向文件的文件流的 FileStream 类进行了介绍。最后分别对实现文本文件、二进制文件读写访问的几个类进行了较为详细的讲解。通过这些内容的学习，将能帮助读者掌握如何使用 C#中的有关类进行文件及文件夹的操作、文件中数据的读写访问。

习　　题

一、选择题

（1）在.NET Framework 中____命名空间提供了操作文件和流的类。

A．System　　B．System.IO　　C．System.text　　D．System.Diagnostics

（2）FileStream 类的____方法用于定位文件指针。

A．Flush()　　B．Open()　　C．Seek()　　D．Close()

（3）以下____类提供了文件夹的操作功能。

A．FileStream　　B．File　　C．Stream　　D．Directory

（4）在.NET Framework 中____对象不能打开一个文本文件。

A．FileStream　　B．TextReader

C．StreamReader　　D．StringReader

（5）使用 BinaryReader 对象从二进制文件中读出一个字符串，不可以使用的方法是____。

A．ReadString ()　　B．ReadBytes ()

C．Readchars ()　　D．ReadDouble ()

二、简答题

（1）简述 System.IO 模型及其作用。

（2）简述 System.IO 模型中借助文件流进行文件操作的常用步骤。

三、操作题

（1）开发一个 Windows 应用程序，要求实现在指定路径下搜索文件的功能，实现效果如图 8-5 所示。

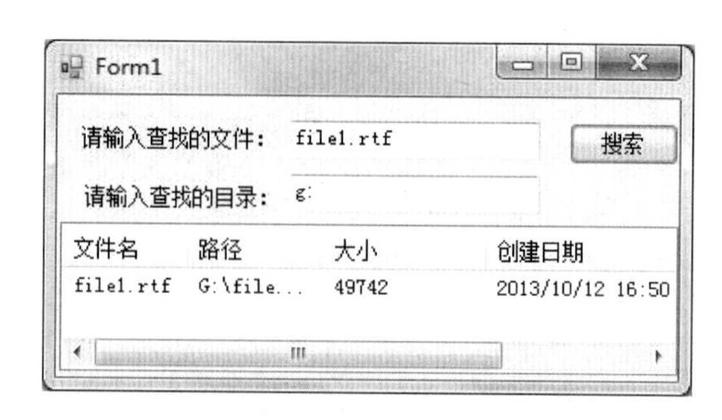

图 8-5　指定路径下搜索文件的执行界面

（2）创建一个 Windows 应用程序，用来读取字符编码为 ANSI 的文本文件的内容并显示。具体实现时，可在默认窗体添加两个 Button 控件，其中一个用来选择文件、另一个用来读取文本文件的内容，并添加一个文本框 Textbox 和一个富文本框 RichText，分别用来显示选择的文本文件的路径和显示文本文件的内容，实现效果如图 8-6 所示。

（3）设计一个窗体，向指定的二进制文件写入若干学生记录，并在一个文本框中显示该文件中的数据，实现效果如图 8-7 所示。

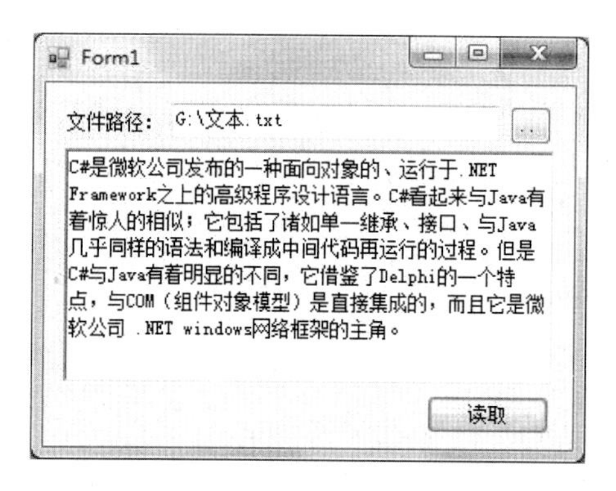

图 8-6　读取文本文件的内容并显示

图 8-7　二进制文件的写入与读取

第 9 章　多线程技术

需要用户交互的软件必须尽可能快地对用户的活动作出反应，以便提供丰富多彩的用户体验。但同时它必须执行必要的计算以便尽可能快地将数据呈现给用户。在具有一个处理器的计算机上，多个线程可以通过利用用户事件之间很小的时间段在后台处理数据来达到这种效果。

本章将介绍进程与线程的基本概念，并解释为什么要使用多线程技术，然后进一步介绍如何使用 Thread 类创建、暂停、恢复和停止线程，以及如何实现线程同步。通过本章的学习，读者将会使用基本的线程操作，并能使用多线程技术构建应用程序。

9.1　进程与线程

早期的操作系统没有提供线程的概念。整个系统只运行着一个执行线程，其中包含操作系统和应用程序。一旦某个应用程序崩溃，则会造成整个系统停止响应，用户只能重新启动计算机。用户对此深恶痛绝，因为所有应用程序正在处理的数据都会因为没有保存而丢失。为了解决这一问题，提出了进程与线程的概念。

9.1.1　进程的基本概念

每一个进程都是一段正在运行的程序的一个实例。进程包含了运行程序的一个实例需要使用的资源的一个集合。每个进程都包含了进程标识、程序的文件名、运行的起始时间和一个虚拟的内存空间。该内存空间是其他进程无法访问的，这就保证了程序运行的健壮性，因为一个进程无法访问另一个进程的内存空间内的代码或数据。由于一个应用程序破坏不了操作系统和其他应用程序的代码或数据，所以系统变得更安全了。

9.1.2　线程的基本概念

但是如果一个进程潜入无限循环，会发生什么呢？如果计算机只有一个 CPU，它会执行无限循环，不能调度其他任何进程。虽然数据的安全性得到了保证，但是系统可能停止响应。

线程是操作系统分配 CPU 时间的基本单位。Windows 为每一个进程都提供了该进程专用的线程（相当于一个虚拟 CPU）。如果一个应用程序的进程潜入无限循环，其他进程不会被“冻结”，它们可以使用自己的线程继续执行。

有了线程的概念，操作系统在执行长时间运行的任务时，也能随时响应其他的应用程序。另外，线程允许用户使用一个应用程序（如任务管理器）强行终止已经“冻结”的那个应用程序。

任何一个 C#程序都有一个默认的线程，该线程为主线程。主线程执行程序中 Main 方法中的代码。Main 方法中的每一条语句都由主线程执行，当 Main 方法返回时，主线程也自动终止。

9.1.3 多线程

为什么要引入多线程的概念呢？考虑这样一种情况：在客户机/服务器模式下，客户端应用程序需要不断接收来自网络传递的数据，这时如果采用单线程机制，主线程会不断循环接收数据，从而无暇处理用户交互的要求。一般情况下，需要用户交互的软件都必须尽可能快地对用户的活动做出反应，以便提供更好的用户体验。

应用程序可以使用多线程技术完成以下任务：

- 通过网络进行通信。
- 执行占用长时间的操作。
- 区分具有不同优先级的任务。
- 使用户界面在执行后台任务时仍能快速响应用户交互。

在多线程的进程中，除了主线程外，还可以创建其他线程，其他线程可以与主线程一起并行执行。主线程之外的其他线程成为辅助线程。辅助线程用于执行耗时的任务或时间要求紧迫的任务。实际上，当执行需要较长时间才能完成的连续操作时，或者等待网络或其他 I/O 设备响应时，都可以使用多线程技术。

9.1.4 Thread 类

在 System.Threading 命名空间下，有一个 Thread 类，用于对线程进行管理，如创建线程、暂停线程、终止线程、合并线程、设置其优先级并获取其状态。此外，还有 System.Threading.ThreadPool 和 System.ComponentModel.BackgroundWorker 也可以实现线程处理，本章不再详细介绍。Thread 类包含详细描述线程的方法和属性。重要的方法和属性定义如表 9-1、表 9-2 所示。

表 9-1 Thread 类常用的方法

方法	说明
Thread	初始化 Thread 类的新实例，指定允许对象在线程启动时传递给线程的委托
Abort	在调用此方法的线程上引发 ThreadAbortException，以开始终止此线程的过程
Join	阻塞调用线程，直到某个线程终止时为止
ResetAbort	取消为当前线程请求的 Abort
Sleep	将当前线程阻塞指定的毫秒数
Start	使线程得以按计划执行

表 9-2　Thread 类常用的属性

属性	说明
IsAlive	获取一个值，该值指示当前线程的执行状态
IsBackground	获取或设置一个值，该值指示某个线程是否为后台线程
Name	获取或设置线程的名称
Priority	数组类型不匹配
ThreadState	获取一个值，该值包含当前线程的状态

9.1.5　前台线程与后台线程

一个线程，或是后台线程或是前台线程。后台线程与前台线程类似，区别是后台线程不会防止进程终止。属于某个进程的所有前台线程都终止后，公共语言运行库就会结束该进程，同时所属于该进程的后台线程都会立即停止，无论后台工作是否完成。

使用 IsBackground 属性，可以设置或判断一个线程是后台线程还是前台线程。如果 IsBackground 为 true，那么此线程是后台线程；否则为前台线程。

9.1.6　线程的状态

访问 ThreadState 属性可以获取当前线程实例的状态。常见的线程实例状态有 Unstarted、Running、WaitSleepJoin 、AbortRequested 和 Stopped。一旦线程被创建直至其消亡，它都处于一个或多个线程的状态中。如图 9-1 所示描述了线程状态变迁过程。

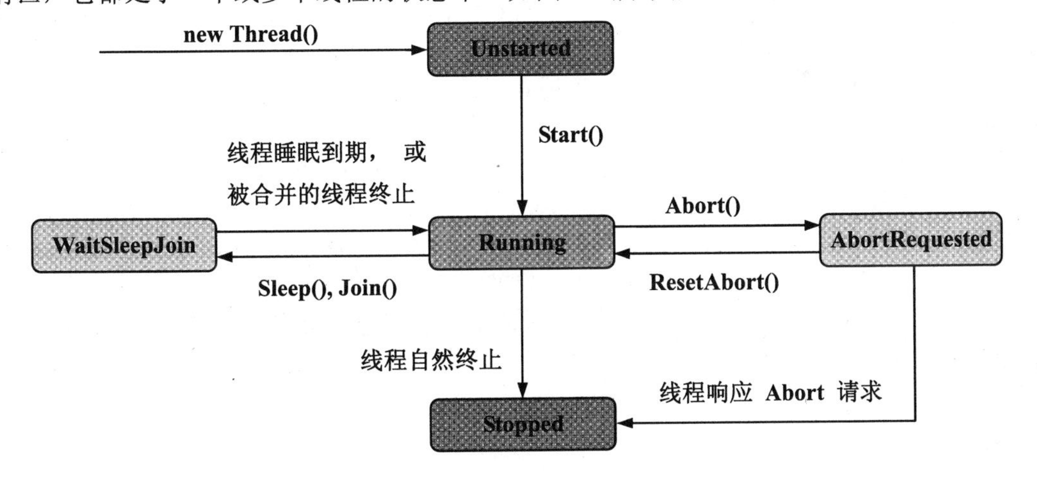

图 9-1　线程状态变迁图

9.2　线程的基本操作

在 System.Threading 命名空间下，有一个 Thread 类，用于对线程进行管理，如创建线程、启动线程、终止线程、合并线程和让线程休眠等。

当实例化一个 Thread 对象时，就创建一个新线程。新创建的线程最初处于 Unstarted 状态中。通过调用 Start 方法，可以将 Unstarted 线程转换为 Running 状态。通过调用 Abort 方法，可以将 Running 线程转换为 AbortRequested 状态。当 AbortRequested 线程捕获到 System.Threading.ThreadAbortException 异常后，可以调用 ResetAbort 方法。

9.2.1 启动线程

如图 9-1 所示，要启动一个线程，分两步完成：首先创建线程实例，然后调用 Start 方法创建线程，使线程可以被 CPU 调度执行，该线程与主线程是异步执行的。

1．创建线程实例

如图 9-1 所示，调用 Thread 类的构造方法，就会实例化一个线程实例，但尚未创建实际的线程。此时，线程实例处于 Unstarted 状态。创建一个线程实例的常用形式如下。

```
Thread t = new Thread(线程方法);
```

该语句的意思是创建一个线程实例，该线程实例委托执行线程方法，这个线程方法必须具有如下签名。

```
void 线程方法();                    //无返回值，无参数
或 void 线程方法(Object obj);       //无返回值，带有一个 Object 类型的参数
```

如果在启动线程时不需要传递参数，该线程方法声明为第一种形式；如果希望在启动线程时传递参数，那么该线程方法声明为第二种形式。

这里需要说明，创建线程时，虽然可以直接使用指定的方法名，但是读者应该清楚，这里是通过委托调用实现的。在 .NET Framework 2.0 以前的版本中，必须显示地创建委托实例。创建线程涉及两种委托：一个是不带参数的 ThreadStart；另一个是带参数的 ParameterizedThreadStart。从 .NET Framework 2.0 版开始，为了简化代码编写形式，在实例化委托时可以直接指定方法名，不需要显示地指定委托，此时系统会自动地判断应该使用哪一种委托。

通常情况下，线程方法包含一个循环，循环内部实现用户希望完成的功能。当检测到逻辑表达式为 false 时，则退出循环并结束线程。线程方法一般定义为如下形式。

```
void 线程方法()
{
    while (逻辑表达式)
    {
        //执行线程工作
    }
}
```

2．创建线程

如图 9-1 所示，调用已经创建的线程对象的 Start 方法，就会创建一个线程，线程实例

状态转换为 Running。

创建一个线程的常用形式如下。

```
t.Start ();                     //无参数的重载形式
或 t.Start (Object obj);        //带参数的重载形式
```

如果线程实例指定使用的委托是 ThreadStar，使用第一种重载形式；否则，则使用第二种重载形式。

9.2.2　暂停线程

在多线程应用中，有时会希望线程处于休眠状态，这样 CPU 就会调度其他的线程。可以使用 Sleep 方法使一个线程休眠。让线程休眠的常用形式如下。

```
Thread.Sleep(1000);
```

这条语句的功能是让当前线程暂停 1000ms，1000ms 之后线程继续执行。

注意：Sleep 是静态方法，暂停的是该语句所在的线程。如图 9-1 所示，调用 Sleep 方法，就会使线程休眠，线程实例的状态转换为 WaitSleepJoin。睡眠时间到期后，线程继续执行，线程实例的状态又转换为 Running。

9.2.3　合并线程

Join 方法用于阻塞当前线程，直到指定的线程终止。如果一个线程 t1 在执行的过程中，需要等待另一个线程 t2 结束后才能继续执行，那么，就可以在 t1 的代码中调用 Join 方法，例如：

```
t2.Join();
```

这样线程 t1 执行到 Join 语句后就会处于暂停状态，直到线程 t2 结束后才会继续执行。

当一个进程开始关闭时，通常都会希望它的所有线程都终止，那么，就应该等所有的辅助线程都终止，才能终止主线程。为了解决这个问题可以在主线程终止前，合并所有的辅助线程。

9.2.4　终止线程

如图 9-1 所示，线程启动后，有两种方法可以终止线程。

1．强行终止线程

Abort 方法可以强行终止一个线程。对线程调用了 Abort 后，线程状态由 Running 转换为 AbortRequested。成功使线程终止后，线程状态更改为 Stopped。

在调用 Abort 方法以销毁线程时，公共语言运行库将在调用此方法的线程上引发 ThreadAbortException 异常。ThreadAbortException 是一种可捕获的特殊异常，但在 catch

块的结尾处它将自动被再次引发。通过调用 ResetAbort 方法可以防止再次引发该异常。

这样通过引发异常的方式强行终止线程，可能导致线程正在执行的任务尚未完成就销毁线程。在实际应用中通常首选下一种方法。

2. 自然终止线程

当线程委托执行的方法结束时，线程也随之销毁。可以首先声明一个布尔型的字段；然后在线程中循环判断该字段的值，以确定是否退出循环结束线程；同时在其他线程中修改该字段的值，来控制是否结束该线程。

9.2.5 Volatile 关键字

有些字段可以被多个并发执行的线程访问，这些字段需要被声明为 volatile 字段。例如，终止线程最常用的方法是声明一个布尔型的字段，在线程中循环判断该字段的值，以确定是否退出循环结束线程，同时在其他线程中修改该字段的值，来控制是否结束该线程。这个布尔型的字段应该声明如下。

```
volatile bool threadStopped;
```

volatile 修饰符通常用于由多个线程访问但不使用 lock 语句对访问进行同步的字段。

volatile 关键字可应用于以下类型的字段：

- 引用类型。
- 指针类型（在不安全的上下文中）。
- 整型，如 sbyte、byte、short、ushort、int、uint、char、float 和 bool。
- 具有整数基类型的枚举类型。
- 已知为引用类型的泛型类型参数。
- IntPtr 和 UIntPtr。

volatile 关键字仅可应用于类或结构的字段。不能将局部变量声明为 volatile。

下面通过一个具体的例子说明如何启动、暂停并终止线程。

程序例 9-1 的主线程启动了一个后台线程。程序在线程开始时提示“线程开始”，在线程结束时提示“线程结束”。

【例 9-1】 启动并终止线程的程序。

```
using System;
using System.Threading;
using System.Windows.Forms;
namespace ThreadEx1
{
    private volatile bool threadStopped;
    public partial class Form1 : Form
    {
        public Form1()
        {
            InitializeComponent();
        }
```

```
        private void Form1_Load(object sender, EventArgs e)
        {
            Thread t = new Thread(MyThread); //创建线程实例
            t.IsBackground = true;           //设置赋值线程为后台线程
            t.Name = "My Thread";            //辅助线程名称
            threadStopped = false;
            t.Start();                       //启动赋值线程
            Thread.Sleep(100);               //主线程休眠
            MessageBox.Show("主线程输出！");
            threadStopped = true;            //终止辅助线程
        }
        //MyThread 方法由一个辅助线程执行
        private void MyThread()
        {
            MessageBox.Show("辅助线程开始！");
            while (!threadStopped)
            {
                //这里添加辅助线程要执行的任务
                Thread.Sleep(10);
            }
            MessageBox.Show("辅助线程结束！");
            //MyThread 方法返回后，辅助线程将终止
        }
    }
}
/*--------------------------------------------------------------*/
```

运行程序，依次弹出三个对话框，如图 9-2～图 9-4 所示。由此可知，主线程和辅助线程是并发执行的。另外，监视线程窗口，同样可以看出来主线程和辅助线程是并发执行的，如图 9-5 所示。

图 9-2　辅助线程开始运行

图 9-3　主线程执行

图 9-4　辅助线程终止运行

线程

ID	类别	名称
22024		[线程结束]
20224	辅助线程	<无名称>
17092	辅助线程	<无名称>
12032	辅助线程	<无名称>
13724	辅助线程	vshost.RunParkingWindow
6620	辅助线程	.NET SystemEvents
8440	主线程	主线程
16992	辅助线程	My Thread

（a）执行主线程

线程

	ID	类别	名称
	22024		[线程结束]
	20224	辅助线程	<无名称>
	17092	辅助线程	<无名称>
	12032	辅助线程	<无名称>
	13724	辅助线程	vshost.RunParkingWindow
	6620	辅助线程	.NET SystemEvents
	8440	主线程	主线程
	16992	辅助线程	My Thread

（b）执行辅助线程

图 9-5 两个线程并发执行

9.2.6 在一个线程中访问另一个线程的控件

Windows 窗体中的控件被绑定到特定的线程，不允许在一个线程中访问另一个线程中的控件。因此，如果多个并发的线程同时访问某一控件，可能会使该控件进入一种不确定的状态。如果从另一个线程调用控件的方法，那么必须使用控件的一个 Invoke 方法来将调用发送到适当的线程。具体实现方法：首先查询控件的 InvokeRequired 属性，如果该属性的值是 true，则说明访问该控件的线程不是控件所绑定的线程，此时就需要调用 Invoke 方法来访问控件，否则就直接访问控件，例如：

```
private delegate void AddMessageDelegate(string message);
public void AddMessage(string message)
{
    if (richTextBox1.InvokeRequired)
    {
        AddMessageDelegate d = AddMessage;
        richTextBox1.Invoke(d, message);
    }
    else
    {
        richTextBox1.AppendText(message);
    }
}
```

在另一个线程中，调用窗体的 AddMessage 方法，就可以在控件 richTextBox1 中输出字符串 message。

下面通过一个具体的例子说明如何控制多个线程，以及如何在不同的线程中访问同一个控件。

【例 9-2】 在 Class1 类中声明方法 ThreadMethod 作为辅助线程委托执行的方法。在 Form1 类中控制辅助线程的启动和终止。辅助线程负责持续地在 RichTextBox 控件中输出与本线程相关的信息。

（1）新建一个名为 ThreadEx2 的 Windows 窗体应用程序，界面设计如图 9-6 所示。

（2）在“解决方案资源管理器”中，添加一个名为 Class1 的类，将该文件的代码修改如下。

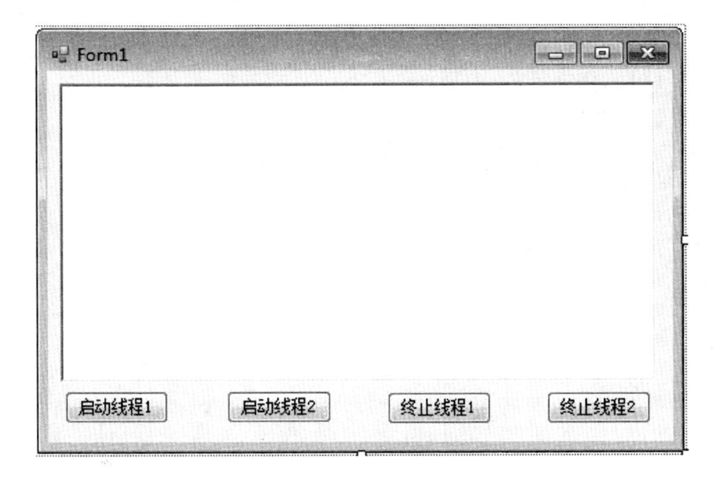

图 9-6　设计界面

```
using System;
using System.Threading;

namespace ThreadEx2
{
    class Class1
    {
        public volatile bool shouldStop;
        private Form1 m_form1;
        public Class1(Form1 form1)
        {
            m_form1 = form1;
        }

        public void ThreadMethod(Object obj)
        {
            string str = obj as string;
            m_form1.ShowMessage(Thread.CurrentThread.Name + " is running!");
            while (!shouldStop)
            {
                m_form1.ShowMessage(str);
                Thread.Sleep(100);
            }
            m_form1.ShowMessage(Thread.CurrentThread.Name + " is stopped!");
        }
    }
}
```

（3）切换到 Form1.cs 的代码编辑界面，将代码修改如下。

```
using System;
using System.Windows.Forms;
```

```
using System.Threading;

namespace ThreadEx2
{
    public partial class Form1 : Form
    {
        Class1 class1;
        Class1 class2;
        public Form1()
        {
            InitializeComponent();
            class1 = new Class1(this);
            class2 = new Class1(this);
        }

        private void buttonStart1_Click(object sender, EventArgs e)
        {
            class1.shouldStop = false;
            Thread t1 = new Thread(class1.ThreadMethod);
            t1.Name = "Thread1";
            t1.IsBackground = true;
            t1.Start("1");
        }

        private void buttonStart2_Click(object sender, EventArgs e)
        {
            class2.shouldStop = false;
            Thread t2 = new Thread(class2.ThreadMethod);
            t2.Name = "Thread2";
            t2.IsBackground = true;
            t2.Start("2");
        }

        private void buttonStop1_Click(object sender, EventArgs e)
        {
            class1.shouldStop = true;
        }

        private void buttonStop2_Click(object sender, EventArgs e)
        {
            class2.shouldStop = true;
        }

        delegate void ShowMessageDelegate(string message);
        public void ShowMessage(string message)
```

```
            {
                if (richTextBox1.InvokeRequired)
                {
                    ShowMessageDelegate d = ShowMessage;
                    richTextBox1.Invoke(d, message);
                }
                else
                {
                    richTextBox1.AppendText(message + " ");
                }
            }
        }
    }
    /*-----------------------------------------------------------*/
```

运行程序，单击“启动线程 1”和“启动线程 2”按钮，观察两个辅助线程并发执行时在 RichTextBox 控件中显示的内容。然后单击“终止线程 1”和“终止线程 2”按钮，观察两个辅助线程终止在 richTextBox 控件中显示的内容，运行结果如图 9-7 所示。

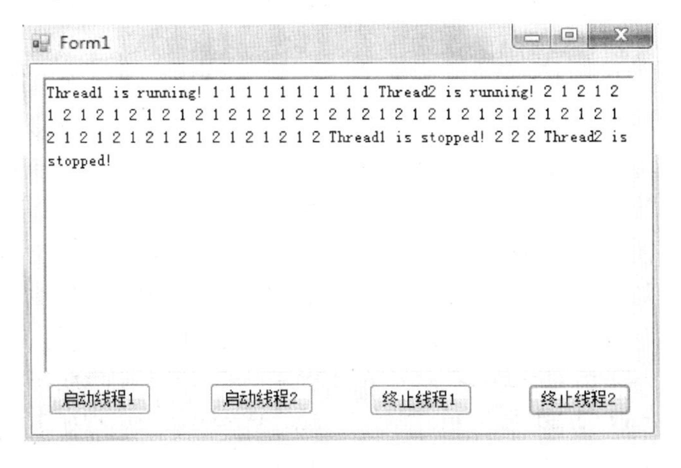

图 9-7　两个线程并发执行

9.3　线程优先级

线程是根据优先级调度执行的，即使线程正在运行库中执行，所有线程都是由操作系统分配处理器时间片。用于确定线程执行顺序的调度算法的详细情况随每个操作系统的不同而不同。在某些操作系统下，具有最高优先级（相对于可执行线程而言）的线程经过调度后总是首先运行。如果具有相同优先级的多个线程都可用，则计划程序将遍历处于该优先级的线程，并为每个线程提供一个固定的时间片来执行。只要具有较高优先级的线程可以运行，具有较低优先级的线程就不会执行。

每个线程都具有分配给它的线程优先级。在 C#应用程序中，线程有 5 个不同的优先级，由高到低分别是 Highest、AboveNormal、Normal、BelowNormal 和 Lowest。为在公共语言运行库中创建的线程最初分配的优先级为 Normal。在运行库外创建的线程会保留其在进入托管环境之前所具有的优先级。使用 Priority 属性可以修改线程的优先级。修改一个线程的优先级的常用形式如下。

```
Thread t = new Thread(线程方法);
t.Priority = ThreadPriority.AboveNormal;
```

通过修改线程的优先级可以改变 CPU 调度线程的顺序。

注意：当把某线程的优先级设置为 Highest 时，系统上正在运行的其他线程都会停止调度。所以使用这个优先级时要特别小心。除非遇到必须立即处理的任务，否则不需要使用这个优先级。

9.4 线程同步

在应用程序中使用多个线程的一个好处是每个线程都可以异步执行。然而，线程的异步特性意味着必须协调对资源（如文件句柄、网络连接和内存）的访问。否则，两个或更多的线程可能在同一时间访问相同的资源，而每个线程都不知道其他线程的操作，结果将产生不可预知的数据损坏。为了避免资源争用的问题，就需要引入同步的概念。

同步是指多个线程之间存在先后执行顺序的关联关系。如果一个线程必须在另外一个线程完成某个工作后才能继续执行，则必须考虑如何让其保持同步，以确保并发执行的多个线程不会出现死锁或逻辑错误。

为了解决同步问题，一般使用辅助线程执行不需要大量占用其他线程所使用的资源的耗时任务或时间要求紧迫的任务。但实际上，程序中的某些资源必须由多个线程访问。为了解决这些问题，System.Threading 命名空间提供了多个用于同步线程的类，这些类包括 Mutex、Monitor、Interlocked 和 AutoResetEvent。但是实际应用程序中，使用最多的可能不是这些类，而是 lock 语句。

lock 关键字能确保当一个线程位于代码的临界区时，另一个线程不进入临界区。如果其他线程试图进入锁定的代码段，则它将一直等待（阻塞），直到锁定的对象被释放以后才能进入临界区。

lock 关键字将语句块标记为临界区，方法是获取给定对象的互斥锁，执行语句，然后释放该锁。此语句的形式如下。

```
Object thisLock = new Object();
lock (thisLock)
{
    //临界区
}
```

通常，应避免锁定 public 类型，否则实例将超出代码的控制范围。例如，如果该实例可以被公开访问，则 lock(this) 可能会有问题，因为不受控制的代码也可能会锁定该对象。这可能导致死锁，即两个或更多个线程等待释放同一对象。

另外还要注意，临街区的代码不宜太多。因为一旦某个线程执行临街区的代码，其他等待运行临界区代码的线程都会处于阻塞状态，这样会降低线程之间的并行性。

下面通过一个例子说明如何在多线程应用程序中使用 lock 语句实现同步。

【例 9-3】 在主线程中创建两个辅助线程，并计算每个线程分别执行了多少次循环，以及两个线程共执行了多少次循环，来演示线程中的同步。

（1）新建一个名为 ThreadEx3 的 Windows 窗体应用程序，界面设计如图 9-8 所示。

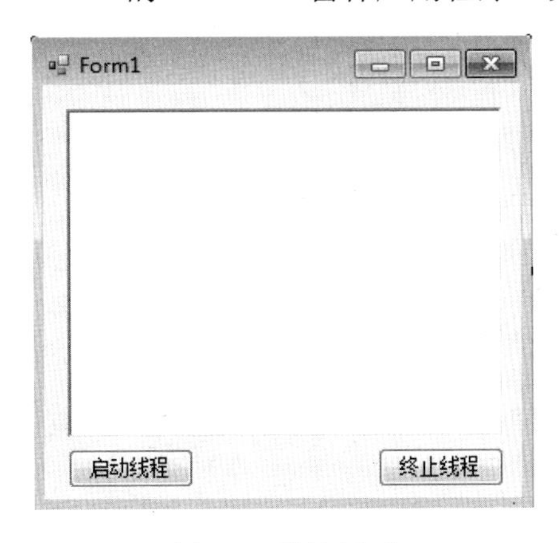

图 9-8　设计界面

（2）将 Form1.cs 的代码编辑界面，将代码修改如下。

```
using System;
using System.Windows.Forms;
using System.Threading;

namespace ThreadEx3
{
    public partial class Form1 : Form
    {
        public volatile bool shouldStop;
        Thread t1;
        Thread t2;
        double total;
        private Object thisLock;
        public Form1()
        {
            InitializeComponent();
            thisLock = new Object();
        }
        private void ThreadMethod()
        {
            double num = 0;
            while(!shouldStop)
```

```
            {
                num ++;
                //控制线程同步
                lock (thisLock)
                {
                    total ++;
                }
                Thread.Sleep(1);
            }
            ShowMessage("线程"+Thread.CurrentThread.Name+"执行循环"+num+"次");

        }
        private delegate void ShowMessageDelegate(string message);
        private void ShowMessage(string message)
        {
            if (richTextBox1.InvokeRequired)
            {
                ShowMessageDelegate d = ShowMessage;
                richTextBox1.Invoke(d, message);
            }
            else
            {
                richTextBox1.AppendText(message + "\n\r");
            }
        }

        private void buttonStart_Click(object sender, EventArgs e)
        {
            shouldStop = false;
            total = 0;
            t1 = new Thread(ThreadMethod);
            t1.Name = "1";
            t2 = new Thread(ThreadMethod);
            t2.Name = "2";
            t1.Start();
            t2.Start();
        }

        private void buttonStop_Click(object sender, EventArgs e)
        {
            shouldStop = true;
            ShowMessage("两个线程共执行循环次数: " + total);
        }
    }
}
/*------------------------------------------------------------*/
```

运行程序，先单击“启动线程”，然后单击“终止线程”按钮，观察两个辅助线程执行循环的次数。运行结果如图 9-9 所示，线程 1 和线程 2 执行循环的次数都为 420。二者相加正好等于两个线程共执行循环的次数 840。

如果不适用 lock 语句，再次运行程序。如图 9-10 所示是可能的运行情况之一。线程 1 和线程 2 执行循环的次数都为 344 次。二者相加不等于两个线程共执行循环的次数 687，显然程序出现了 Bug。

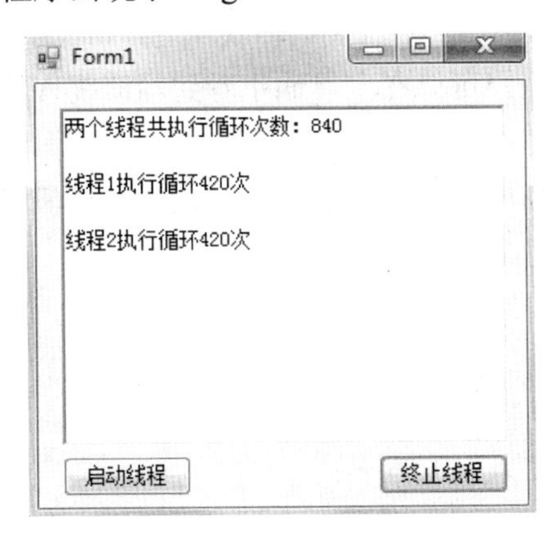

图 9-9　使用 lock 语句运行的结果

图 9-10　不使用 lock 语句运行运行时出现 Bug 的情况

9.5　本 章 小 结

本章主要介绍了进程与线程的基本概念、为什么多线程技术和线程的状态，在此基础上，重点介绍了如何使用 Thread 类创建、暂停、恢复和停止线程，以及如何实现线程同步。熟练使用多线程技术构建应用程序，不仅可以提供丰富多彩的用户体验，还可以尽快地将数据处理结果呈现给用户。

习　　题

一、选择题

（1）Thread 类的 IsAlive 属性的功能是____。

A．可以获取指定线程的执行状态，但不能改变线程的执行状态

B．可以改变线程的执行状态，但不能获取指定线程的执行状态

C．可以获取指定线程的执行状态，也可以改变线程的执行状态

D．以上皆非

（2）有些字段可以被多个并发执行的线程访问，这些字段需要被声明为____字段。

A．volatile　　B．lock　　C．public　　D．delegate

（3）在多线程应用中，有时候会希望线程处于休眠状态，这样 CPU 就会调度其他的线

程。可以使用____方法使当前线程休眠。

A．Suspend　　B．Sleep　　C．Kill　　D．Hibernate

二、简答题

（1）为什么要使用多线程？多线程适用于哪些应用？

（2）简述线程是如何创建的？怎样设置线程的优先级？

（3）简述前台线程和后台线程有什么区别？如何将一个线程设置为后台线程。

三、操作题

（1）编写一个程序，启动 10 个辅助线程。用户可以在主界面中看到辅助线程的执行状态。

（2）编写一个程序，启动 10 个辅助线程。辅助线程每次被调度，就在主界面中显示其被调度的次数。

第 10 章　ADO.NET 数据库编程

数据库访问技术在程序设计中起着非常关键的作用，ADO.NET 为程序对数据库的访问提供了友好而又强大的支持。本章首先介绍数据库和 SQL 相关基础知识，然后以 SQL Server 2010 为例讨论 ADO.NET 访问数据库的相关技术，其中涉及 ADO.NET 模型中多种常用的数据访问对象，包括 SqlConnection 类、SqlCommand 类、SqlDataReader 类和 SqlDataAdapter 类等。下面先简单介绍数据库的基础知识。

10.1　数据库基础知识

数据库的出现为数据存储技术带来了新的发展方向，本节简要介绍数据库的相关知识，使读者对数据库有一定的了解。

10.1.1　数据库常用术语

数据（Data）是数据库中存储的基本对象。在人们的日常生活中，数据无处不在，数字、文字、图表、图像和声音等都是数据。数据是描述事物的符号标记，在计算机处理事物时，需要抽出事物中感兴趣的特征组成一个记录来描述。

数据库（Database，DB）就是存放数据的仓库，可以被定义为需要长期存放在计算机内，有组织、可共享的数据集合。数据库中的数据按一定的数据模型组织、描述和存储，具有较小的冗余度、较高的数据独立性和易扩展性，并可以为不同的用户所共享。数据库是在计算机存储设备上合理存放的，互相关联的数据集合，这种集合有如下特点。

（1）以一定的数据模型来组织数据，数据尽可能不重复（最少的冗余度）。

（2）以最优的方式为多种应用服务（应用程序对数据资源共享）。

（3）其数据结构独立于其他应用程序（数据独立性）。

（4）由数据库管理系统统一对数据进行定义、管理和控制。

数据库系统由计算机硬件、软件（操作系统 OS、数据库管理系统 DBMS 和应用程序）、数据库和人员（数据库管理员 DBA）组成，其结构如图 10-1 所示。

数据库管理系统（Database Management System，DBMS）是允许用户创建和维护数据库的软件程序，它是数据库系统的核心组成部分。DBMS 随着系统的不同而不同，一般来说，它应该完成以下功能。

数据库描述：定义数据库的全局逻辑结构、局部逻辑结构、定义各种数据库对象等。

数据库管理：控制数据的存储和更新、数据完整性和安全性管理、系统配置和管理等。

数据库查询和操作：数据查询、更新等功能。

数据库建立和维护：数据库的建立、数据导入导出管理、数据结构的维护和其他辅助功能。

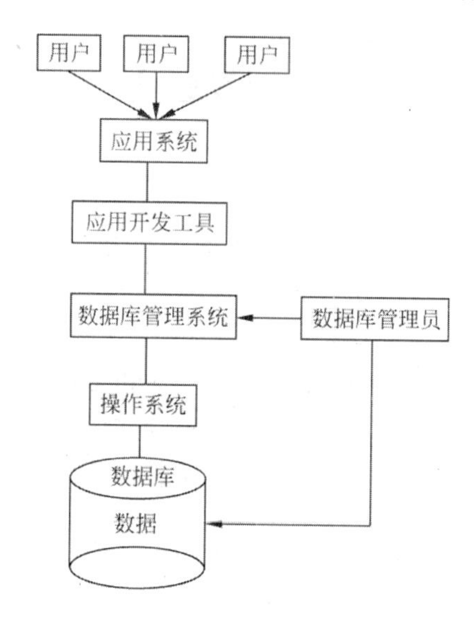

图 10-1 数据库系统的组成

根据 DBMS 的不同，数据库可以分为关系型数据库、层次性数据库、网络型数据库及面向对象型数据库。关系数据库因其严格的数学理论、简单灵活的使用方式和较高的数据独立性等特点，而被公认为最有前途的一种数据库管理系统。它的发展十分迅速，目前已成为占据主导地位的数据库管理系统。自 20 世纪 80 年代以来，作为商品推出的数据库管理系统几乎都是关系型数据库，如 Oracle、Sybase、Informix、Visual FoxPro、MySQL 和 SQL Server 等。本章主要讨论关系型数据库。

10.1.2 关系型数据库

关系（Relation）是数学中的一个基本概念，它由集合中的任意元素所组成的若干有序偶对表示，用以反映客观事物间存在的关系。关系模型是建立在严格的数学原理基础之上的，它是由集合论和谓词逻辑引申而来的。关系模型规定了数据的表示方式（数据结构）、数据可以完成的操作及数据的保护方式（数据完整性）。

在关系模型中，数据的逻辑结构是一张二维数据表，它是由行（Row）和列（Column）组成的。二维数据表中的一行数据称为一条“记录（Record）”，它表达有一定意义的信息组。

表 10-1 干部基本信息表（TB_Commoninf）

Cno	name	sex	nation	CID	position	native	birthday	partyTime
001	陈平	男	汉族	110108197308285216	副处	北京	19730828	19940715
002	宋强	男	汉族	410322196601094512	正处	河南	19660109	19880508
003	张建	男	汉族	340200197008195162	正科	安徽	19700819	19950822
004	杨红	女	回族	320706197008220126	副处	江苏	19700822	19920901
005	王莉	女	汉族	422228197801257032	副科	湖北	19780125	20010705
006	赵倩	女	满族	610125197412201127	正科	陕西	19741220	19960510
	⋮	⋮	⋮	⋮	⋮	⋮		

表 10-2　熟悉外语语种信息表（TB_FamiliarForeign）

Cno	foreignKind	level
001	英语	熟练
002	俄语	掌握
003	韩语	入门
004	英语	熟练
005	法语	入门
006	德语	入门
□	□	□

合。二维数据表中的一列为一个“字段（Field）”，它表示的是同类信息，每列的标题称为列名。为了说明关系模型，表 10-1 和表 10-2 分别给出了简化的干部基本信息表（TB_Commoninf）和简化的熟悉外语语种信息表（TB_FamiliarForeign），这两种关系表完整的设计过程见第 12 章的介绍。干部基本信息表（TB_Commoninf）用来存储干部人员的基本信息，表的字段说明如表 10-3 所示。

表 10-3　干部基本信息表字段说明

字段说明	字段名	是否主键	类型	是否为空	备注
工号	Cno	Yes	varchar	No	唯一标识
姓名	Name		varchar	Yes	
性别	Sex		varchar	Yes	
民族	Nation		varchar	Yes	
身份证号码	CID		varchar	Yes	
职务	Position		varchar	Yes	
籍贯	Native		varchar	Yes	
出生日期	Birthday		varchar	Yes	
入党时间	partyTime		varchar	Yes	

熟悉外语语种信息表（TB_FamiliarForeign）用于存放干部人员对外语语种熟悉程度的信息，表的字段说明如表 10-4 所示。

表 10-4　熟悉外语语种信息表

字段说明	字段名	是否主键	类型	是否为空	备注
唯一标识符	Cno	Yes	varchar	No	
外语语种	foreignKind		varchar	Yes	
熟练程度	level		varchar	Yes	

关系型数据库采用关系模型作为数据的组织方式，它由许多这样的数据表（Table）组成。关系型数据库具有如下优点。

（1）关系型数据库建立于严格的数学概念基础之上。

（2）概念单一，实体及其联系均用关系表示，数据操作的对象及结构都是一个关系。

（3）存取路径对用户透明，具有较高的数据独立性和安全性。

下面介绍关系型数据库中一些常用的数据对象。

（1）表（Table）。

关系数据库中的表与我们日常生活中使用的表格类似，它也是由行（Row）和列（Column）组成的。行包括了若干列信息项，一行数据称为一条“记录（Record）”，它表达有一定意义的信息组合。列由同类的信息组成，每列称为一个“字段（Field）”，每列的标题称为列名。一个数据库表由一条或多条记录组成，没有记录的表称为空表。每个表中通常有一个主关键字，用于唯一地确定一条记录。

（2）索引（Index）。

索引是根据指定的数据库表列建立起来的顺序，它提供了快速访问数据的途径，并且可以监督表的数据，使其索引所指向列中的数据不重复。

（3）视图（View）。

视图看上去同表一样，具有一组命名的列和数据项，但它其实是一个虚拟的表，在数据库中并不实际存在。视图是由查询数据库表产生的，它限制了用户能看到和修改的数据。由此可见，视图可以用来控制用户对数据的访问，并能简化数据的显示，即通过视图只显示那些需要的数据信息。

（4）图表（Diagram）。

即数据库表之间的关系示意图，利用它可以编辑表与表之间的关系。

（5）默认值（Default）。

它是在表中创建列或插入数据时，对没有指定其具体值的列或列数据项赋予事先设定好的值。

（6）规则（Rule）。

它是对数据库表中数据信息的约束命令，并且限定的是表中的列。

（7）触发器（Trigger）。

它是一个由用户定义的 SQL 事务命令集合。当对一个表进行插入、更改或删除时，这组命令就会自动执行。

（8）存储过程（Stored Procedure）。

存储过程是为完成特定的功能而汇集在一起的一组 SQL 语句，是经编译后存储在数据库中供用户调用的 SQL 程序。

10.2 SQL 基础知识

结构化查询语言（Structured Query Language，SQL）是一种数据库查询和程序设计语言，用于数据的查询、修改和删除等，很多数据库和软件系统都支持 SQL 语言或提供 SQL 语言接口。本节介绍 SQL 语言的基础知识。

10.2.1 SQL 简介

结构化查询语言（SQL）是标准的关系数据库查询语言，IBM 公司最早在其开发的数据库系统中使用。1986 年，美国国家标准局（ANSI）对 SQL 进行规范后，以此作为关系型数据库管理系统的标准语言（ANSI X3. 135-1986），1987 年得到国际标准组织（ISO）的支持而成为国际标准。

SQL 语言简捷易学易用，具有以下特点。

（1）综合统一：SQL 语言集数据定义语言 DDL、数据查询语言 DQL、数据操纵语言 DML 和数据控制语言 DCL 四大功能于一体，语言风格统一，为数据库应用系统的开发提供了良好的环境。

（2）高度非过程化：使用 SQL 语言进行数据操作时，不需要了解存取路径，只需提出“做什么”。

（3）面向集合的操作方式。

（4）支持三级模式结构。

SQL 语言包括数据定义语言（Data Definition Language，DDL），数据查询语言（Data Query Language，DQL），数据操纵语言（Data Manipulation Language，DML）和数据控制语言（Data Control Language, DCL）四大类。数据定义语言 DDL 用于建立数据库的结构，提供对数据表、索引和触发器等用户自定义对象的创建、修改和删除等操作；数据查询语言 DQL 用于数据查询而不会对数据本身进行修改；数据操纵语言 DML 用于访问数据库中的数据，包括插入、更新和删除等操作；数据控制语言 DCL 用于处理用户对某个特定对象的允许权限。在这四类 SQL 语言中，完成其核心功能需要 9 个关键字，如表 10-5 所示。

表 10-5　SQL 语言核心关键字

SQL 功能	关键字		
数据定义（DDL）	CREATE	ALTER	DROP
数据查询（DQL）	SELECT		
数据操纵（DML）	INSERT	UPDATE	DELETE
数据控制（DCL）	GRANT	REVOKE	

数据查询语言 DDL 和数据操纵语言 DML 是两类使用比较频繁的 SQL 语言，下面将对这两类 SQL 语言所包含的四个命令关键字进行简单介绍。

10.2.2　插入语句（INSERT）

INSERT 语句用于向数据库表中插入或者增加一行数据，其的格式如下。

```
INSERT INTO "tablename" (first_column, second_column, ······ ) VALUES
(first_value, second_value, ······ )
```

该语句的作用是在指定的数据库表 tablename 中插入一行新的记录，新记录的属性 first_column 的值为 first_value，属性 second_column 的值为 second_value，以此类推。

举例如下。

```
insert into dbo.TB_Commoninf (cno, name, sex, nation, CID, position, native,
birthday, partyTime) values ('001', '陈平', '男', '汉族', '110108197308285216',
'副处', '北京', '19730828', '19940715')
insert into dbo.TB_Commoninf (cno, name, sex, nation, CID, position, native,
birthday, partyTime) values ('002', '宋强', '男', '汉族', '410322196601094512',
'正处', '河南', '19660109', '19880508')
insert into dbo.TB_Commoninf (cno, name, sex, nation, CID, position, native,
```

```
birthday, partyTime) values ('003', '张建', '男', '汉族', '340200197008195162',
'正科', '安徽', '19700819', '19950822')
    insert into dbo.TB_Commoninf (cno, name, sex, nation, CID, position, native,
birthday, partyTime) values ('004', '杨红', '女', '回族', '320706197008220126',
'副处', '江苏', '19700822', '19920901')
    insert into dbo.TB_Commoninf (cno, name, sex, nation, CID, position, native,
birthday, partyTime) values ('005', '王莉', '女', '汉族', '422228197801257032',
'副科', '湖北', '19780125', '20010705')
    insert into dbo.TB_Commoninf (cno, name, sex, nation, CID, position, native,
birthday, partyTime) values ('006', '赵倩', '女', '满族', '610125197412201127',
'正科', '陕西', '19741220', '19960510')
```

上面六条 INSERT 语句向干部基本信息表 TB_Commoninf 中插入六条不同的记录。需要注意的是，每一个字符串都要用单引号括起来。另外，如果 values 关键字后面要插入的值对应该表所有的字段，那么字段可以省略不写，如

```
    insert into dbo.TB_Commoninf (cno, name, sex, nation, CID, position, native,
birthday, partyTime) values ('001', '陈平', '男', '汉族', '110108197308285216',
'副处', '北京', '19730828', '19940715')
```

和

```
    insert into dbo.TB_Commoninf values ('001', '陈平', '男', '汉族',
'110108197308285216', '副处', '北京', '19730828', '19940715')
```

是等价的。

10.2.3 查询语句（SELECT）

SELECT 语句主要用来对数据库表进行查询并返回符合用户标准的数据。Select 语句的语法格式如下。

```
    SELECT [ALL|DISTINCT] column1[,column2] FROM table1[,table2] [WHERE
"conditions"] [GROUP BY "column-list"] [HAVING "conditions"] [ORDER BY
"column-list" [ASC|DESC] ]。
```

该语句的作用是根据 where 子句的条件表达式 conditions 的值，从一个表 table1（或多个表 table1 和 table2, ……）中找出满足条件的记录，选出指定的属性列 column1, column2, …… 对应的属性值。参数 ALL 表示选出所有满足条件的记录，不考虑选出的记录是否重复，参数 DISTINCT 表示在选出的记录中去掉重复的记录。如果有 GROUP 子句带 HAVING 短语，那么只输出满足条件的记录。如果有 ORDER BY 子句，那么输出的结果要按 column-list 的升序或降序排列。该句中的[ ]为可选项，下同。

举例如下。

```
select * from dbo.TB_Commoninf;
```

这个语句将从 TB_Commoninf 表中选择所有的信息，结果如图 10-2 所示。

	cno	name	sex	nation	CID	position	native	birthday	partyTime
1	001	陈平	男	汉族	110108197308285216	副处	北京	19730828	19940715
2	002	宋强	男	汉族	410322196601094512	正处	河南	19660109	19880508
3	003	张建	男	汉族	340200197008195162	正科	安徽	19700819	19950822
4	004	杨红	女	回族	320706197008220126	副处	江苏	19700822	19920901
5	005	王莉	女	汉族	422228197801257032	副科	湖北	19780125	20010705
6	006	赵倩	女	满族	610125197412201127	正科	陕西	19741220	19960510

图 10-2　所有记录查询结果

```
select name, sex, nation, CID, native from dbo.TB_Commoninf where sex='男';
```

这个语句将从 TB_Commoninf 表中查出所有男性干部的姓名、性别、民族、身份证号和籍贯信息，结果如图 10-3 所示。

	name	sex	nation	CID	native
1	陈平	男	汉族	110108197308285216	北京
2	宋强	男	汉族	410322196601094512	河南
3	张建	男	汉族	340200197008195162	安徽

图 10-3　满足条件的部分记录查询结果

下面介绍一类特殊的查询——连接查询。前面的查询都是针对一个数据库表进行的，若一个查询同时涉及两个以上的数据表，则称之为连接查询。连接查询是关系数据库中非常重要的一类查询，通过连接运算符可以实现多个表查询，它给用户带来很大的灵活性。连接查询可以分为内连接、外连接和交叉连接等。这里主要介绍内连接查询，内连接的查询结果集中仅包含满足条件的行，它是 SQL Server 缺省的连接方式。根据所使用的比较方式不同，内连接又分为等值连接、不等连接和自然连接三种。

（1）等值连接：在连接条件中使用等于运算符（=）比较被连接列的列值，其查询结果中列出被连接表中的所有列，包括其中的重复列。

（2）不等连接：在连接条件中使用除等于运算符以外的其他比较运算符比较被连接的列的列值，这些运算符包括>、>=、<=、<、!>和!<等。

（3）自然连接：在连接条件中使用等于（=）运算符比较被连接列的列值，但它使用选择列表指出查询结果集合中所包括的列，并删除连接表中的重复列。

内连接的语法格式如下。

```
SELECT 列名列表 FROM 表名 1，表名 2 WHERE 表名 1.列名=表名 2.列名 或
SELECT 列名列表 FROM 表名[INNER] JOIN 表名 2 ON 表名 1.列名=表名 2.列名
```

下面举个例子：

```
select * from TB_Commoninf,TB_FamiliarForeign where TB_Commoninf.cno =
TB_FamiliarForeign.cno
```

这个语句将选出两个表中“cno”值相等的记录，结果如图 10-4 所示。

	cno	name	sex	nation	CID	position	native	birthday	partyTime	cno	foreignKind	level
1	001	陈平	男	汉族	110108197308285216	副处	北京	19730828	19940715	001	英语	熟练
2	002	宋强	男	汉族	410322196601094512	正处	河南	19660109	19880508	002	俄语	掌握
3	003	张建	男	汉族	340200197008195162	正科	安徽	19700819	19950822	003	韩语	入门
4	004	杨红	女	回族	320706197008220126	副处	江苏	19700822	19920901	004	英语	熟练
5	005	王莉	女	汉族	422228197801257032	副科	湖北	19780125	20010705	005	法语	入门
6	006	赵倩	女	满族	610125197412201127	正科	陕西	19741220	19960510	006	德语	入门

图 10-4　连接查询结果

10.2.4 删除语句（DELETE）

DELETE 语句是用来从数据库表中删除记录或者行，其语句格式如下。

```
DELETE FROM "tablename" WHERE "conditions"
```

该句的作用是从表 tablename 中删除满足条件 conditions 的所有记录。如果没有 where 条件子句，该句将删除表 tablename 中的所有记录。

下面还是举个例子。

```
delete from TB_Commoninf;
```

这条语句没有 where 语句，所以它将删除所有的记录，这在实际应用中是非常危险的，没有 where 语句的 delete 要小心使用。

如果只要删除其中一行或者几行，可以采用下面的方式。

```
delete from TB_Commoninf where cno = '001';
```

这条语句将从 TB_Commoninf 表中删除 cno 为 001 的行。

10.2.5 更新语句（UPDATE）

UPDATE 语句用于更新或者改变匹配指定条件的记录，它是通过构造一个 where 语句来实现的。其语句格式如下。

```
UPDATE"tablename"SET"columnname"="newvalue1"[,"nextcolumn"="newvalue2",……]
WHERE "conditions"。
```

该句的作用是修改表 tablename 中满足条件 conditions 的记录，其中 set 表示用 newvalue1 的值来取代属性 columnname 对应的值，用 newvalue2 的值来取代属性 nextcolumn 对应的值，依次类推。

下面举例说明。

```
update TB_Commoninf set position = '正处' where cno = '001';
```

以上语句是在 TB_Commoninf 表中，在 cno ='001'的行中将 position 字段的值设置为正处。

10.3 ADO.NET 概述

ADO.NET 提供一系列的方法用于对关系数据和 XML 数据的访问，是.NET Framework 不可缺少的一部分。大部分类包含在命名空间 System.Data 中，本节主要介绍 ADO.NET 的对象模型。

10.3.1 ADO.NET 简介

ADO.NET 是 Microsoft 的新一代数据处理技术，是 ADO 组件的后继者，具有与 ADO

相似的编程方式。ADO.NET 最主要的特点是以非连接方式访问数据源及使用标准的 XML 格式来保存和传输数据。因此，它比 ADO 具有更好的互操作性、可维护性、可扩展性以及更好的性能。

ADO.NET 的主要目的是在.NET Framework 平台上存取数据，为数据处理提供一致的对象模型，可以存取和编辑各种数据源的数据，为这些数据源提供了一致的数据处理方式。用户使用 ADO.NET 主要是通过数据绑定来实现的，即把控件的属性绑定到数据集上，同时使用数据适配器对象从数据库中提取数据并填充到数据集中。此外，ADO.NET 还可以用来使用 XML 格式来保存和传递数据，以实现与其他平台的应用程序进行数据交换。

10.3.2 ADO.NET 对象模型

ADO.NET 的组成结构如图 10-5 所示。ADO.NET 用于处理和访问数据的类库包括以下两类组件：.NET Framework 数据提供程序和数据集。

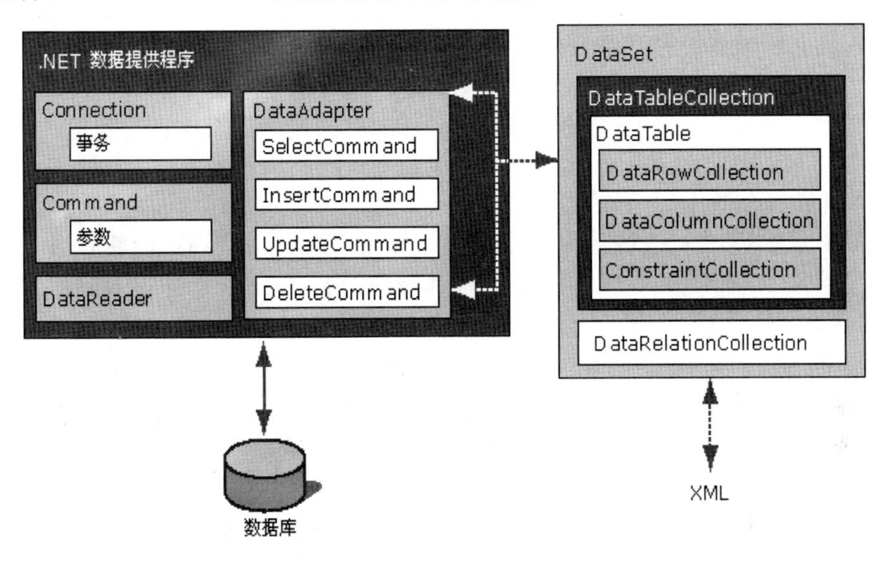

图 10-5　ADO.NET 的组成结构

ADO.NET 数据提供程序包含四个核心对象：数据连接对象（Connection）、数据命令对象（Command）、数据阅读器对象（DataReader）和数据适配器对象（DataAdapter）。其中数据连接对象用于建立到指定资源的连接；数据命令对象用于执行各种查询命令；数据阅读器对象主要用于从数据源中获取一个只读数据流；数据适配器对象用于填充一个数据集，解析数据源的更新等操作。

下面详细介绍这四种对象的功能和使用方法。

（1）Connection 对象。

建立与数据源间的连接，负责初始化数据库。要建立与 SQL Server 数据库的连接，可以使用 SqlConnection 对象。

（2）Command 对象。

对数据源执行 SQL 命令。应用程序可以使用 Command 对象发送 SQL 命令来查询、插入、更新和删除数据表的记录。要对 SQL Server 数据库进行数据操作，需要使用 SqlCommand 对象。注意，要先使用 Connection 对象建立与数据库的连接，然后才能使用 Command 对象执行 SQL 命令。

（3）DataReader 对象。

使用 DataReader 对象执行命令可以从数据源获取“只读（Read-Only）”和“只能向前（Forward-Only）”的数据流。DataReader 对象每次只能从数据源中读取一行数据到内存，并且获取的数据为只读，不允许插入、删除和更新记录，其目的是显示查询结果。要对 SQL Server 数据库进行此类数据操作，需要使用 SqlDataReader 对象。

（4）DataAdapter 对象。

使用 DataAdapter 对象连接数据库，执行查询并填充 DataSet 对象。当 DataAdapter 调用 Fill 方法或 Update 方法时，在后台完成所有的数据传输，将数据表的数据填入 DataSet 对象。DataAdapter 对象能控制与现有数据源的交互，也能将对 DataSet 的变更传输回数据源中。

ADO.NET 提供的另外一类数据访问对象是数据集对象。在使用 DataAdapter 对象时，会用到 DataSet 数据集对象，该对象主要是为了满足支持数据库访问的断开连接模型这一需求而设计开发的，它是 ADO.NET 断开连接体系结构中主要的数据存储工具。填充 DataSet 时，必须创建一个 DataAdapter 对象。一个 DataSet 对象代表一组完整的数据，包括表格、约束条件和表关系等。DataSet 对象能够存储代码创建的本地数据，也能存储来自多个数据源的数据，并断开到数据库的连接。

下面主要介绍其中的 DataTable 对象。DataSet 对象是由若干 DataTable 对象组成的集合对象，代表保存在内存的数据库。每个 DataTable 对象保存一个数据表的记录数据，并且可以设定数据表间的关联性。可以在 DataTable 对象中插入和删除行处理数据表的记录。

使用 ADO.NET 访问 SQL Server 数据库的步骤如下。

（1）使用 SqlConnection 对象建立与数据源的数据连接。

（2）使用 SqlCommand 对象执行命令来获取数据源的数据，对数据库来说就是使用 SQL 命令。

（3）在获取数据源的数据后，填入 SqlDataReader 或 DataSet 对象。

（4）使用数据绑定技术，在 Web 控件上显示记录数据。

10.4 利用 ADO.NET 访问数据库

以 SQL Server 数据库为例，ADO.NET 提供的 SqlConnection 对象，SqlCommand 对象，SqlDataReader 对象和 SqlDataAdapter 对象属于 System.Data.SqlClient 命名空间，提供的 DataSet 对象属于 System.Data 命名空间。在编写相应的数据库访问程序时，需要引用这些命名空间才能使用相应的对象。

10.4.1 Connection 对象

Connection 对象用于开启程序和数据库之间的连接。没有利用 Connection 对象将数据库打开，是无法从数据库中取得数据的，该类处在 ADO.NET 的最底层，用户可以自己产生这个对象，或是由其他的对象自动产生。

针对 SQL Server 数据库，.NET 提供 SqlConnection 类，该类的构造函数、常用属性和常用方法如表 10-6～表 10-8 所示。

表 10-6　SqlConnection 类的构造函数

函数名	说明
SqlConnection()	初始化 SqlConnection 类的新实例
SqlConnection(String)	使用给定的连接字符串初始化 SqlConnection 类的新实例

表 10-7　SqlConnection 类的常用属性

属性名	说明
ConnectionString	获取或设置用于打开 SQL Server 数据库的字符串
ConnectionTimeout	获取在尝试建立连接时终止尝试并生成错误之前所等待的时间
Container	获取接口 IContainer，它包含 Component
Database	获取当前数据库或连接打开后要使用的数据库的名称
DataSource	获取要连接的 SQL Server 实例的名称
FireInfoMessage-EventOnUserErrors	获取或设置 FireInfoMessageEventOnUserErrors 属性
PacketSize	获取用来与 SQL Server 实例通信的网络数据包的大小（单位为字节）
ServerVersion	获取包含客户端连接的 SQL Server 实例版本的字符串
Site	获取或设置 Component 的 ISite
State	指示 SqlConnection 的状态
StatisticsEnabled	如果设置为 true，则对当前连接启用统计信息收集
WorkstationId	获取标识数据库客户端的一个字符串

表 10-8　SqlConnection 类的常用方法

方法名	说明
BeginTransaction()	开始数据库事务
ChangeDatabase()	为打开的 SqlConnection 更改当前数据库
ChangePassword (String,String)	将连接字符串中指示的 SQL Server 密码更改为提供的新密码
ClearAllPools()	清空连接池
ClearPool()	清空与指定连接关联的连接池
Close()	关闭与数据库的连接，这是关闭任何打开连接的首选方法
CreateCommand()	创建并返回一个与 SqlConnection 关联的 SqlCommand 对象
CreateObjRef()	创建一个对象，生成用于与远程对象进行通信的全部相关信息
Dispose()	释放由 Component 占用的资源
EnlistDistributed -Transaction()	在指定的事务中登记为分布式事务
EnlistTransaction()	在指定的事务中登记为分布式事务
Equals(Object)	确定两个对象实例是否相等
GetHashCode()	用作特定类型的哈希函数，它适合在哈希算法和数据结构中使用
GetLifetimeService()	检索控制此实例的生存期策略的当前生存期服务对象
GetSchema()	返回此 SqlConnection 的数据源的架构信息
GetType()	获取当前实例的类型

续表

方法名	说明
InitializeLifetime-Service()	获取控制此实例的生存期策略的生存期服务对象
Open()	使用 ConnectionString 所指定的属性设置打开数据库连接
ResetStatistics()	如果启用统计信息收集，则所有的值都将重置为零
RetrieveStatistics()	调用该方法时，将返回统计信息的名称值对集合
ToString()	返回包含 Component 的名称的 String（如果有）

使用 SqlConnection 类连接数据库分如下四步。

（1）加入命名空间。

```
using System.Data.SqlClient;
```

（2）建立连接字符串。

声明一个字符串对象，指定如下的连接属性。

```
string connection_str="Data Source = 服务器名称; Initial Catalog = 数据库名称; User Id = 用户名; Password = 密码";
```

其中，Data Source 属性指定要连接的 SQL Server 数据库所在的服务器名称，Initial Catalog 属性指定要连接的数据库名称，User Id 为 SQL Server 的登录账号，Password 为 SQL Server 的登录密码。

（3）创建 SqlConnection 连接对象。

SqlConnection 类提供两种构造函数，如表 10-6 所示。下面利用第二个构造函数，使用给定的连接字符串初始化 SqlConnection 类的新实例，创建一个 SqlConnection 对象。

```
SqlConnection myConnection = new SqlConnection(connection_str);
```

如果使用第一个构造函数创建 SqlConnection 类的对象，然后设置该对象的 ConnectionString 属性为上述连接字符串，其效果和第二个构造函数相同。

（4）连接 SQL Server。

调用 SqlConnection 对象的 Open 方法连接数据库。

```
myConnection.Open();
```

【例 10-1】 利用 SqlConnection 对象连接干部信息数据库，根据连接成功与否，给出相应的提示信息。

创建一个 Windows 应用程序项目，在其中放置一个命令按钮 button1，该命令按钮的事件过程如下。

```
private void button1_Click(object sender, EventArgs e)
{
    string connection_str;
    connection_str = "Data Source = ZGC-20130515AMW\\SQLEXPRESS; Initial
    Catalog = gbxxdb; User Id = test; Password = 123456";
```

```
    SqlConnection myConnection = new SqlConnection();
    myConnection.ConnectionString = connection_str;
    myConnection.Open();
    if (myConnection.State == ConnectionState.Open)
    MessageBox.Show(this,"恭喜，成功连接！","连接 SQL Server 数据库测试程序",
    MessageBoxButtons.OKCancel);
    else
    MessageBox.Show(this, "连接失败，你还要继续努力！", "连接 SQL Server 数据库
    测试程序", MessageBoxButtons.OKCancel);
    myConnection.Close();
}
```

运行本窗体，单击 button1 按钮，结果如图 10-6 所示。注意，当用 Open 方法打开数据连接之后，它将一直处于打开状态，因此，在程序最后必须调用 Close 方法关闭数据连接。

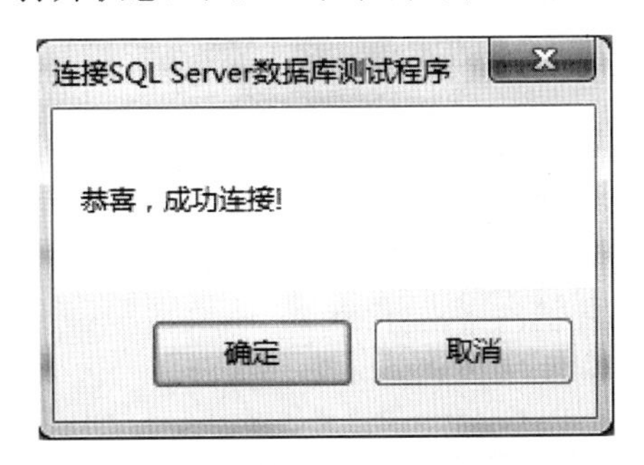

图 10-6　例 10-1 程序运行结果

10.4.2　Command 对象

Command 对象用来对数据库发出一些指令，如可以对数据库发送查询、新增、修改和删除数据等指令，以及呼叫存在数据库中的预存程序等，这个对象是架构在 Connection 对象上，也就是 Command 对象是透过 Connection 对象连接到数据源的。

针对 SQL Server 数据库，.NET 提供 SqlCommand 类，该类的构造函数、常用属性和常用方法如表 10-9～表 10-11 所示。

表 10-9　SqlCommand 类的构造函数

函数名	说明
SqlCommand()	初始化 SqlCommand 类的新实例
SqlCommand(String)	用查询文本初始化 SqlCommand 类的新实例
SqlCommand(String, SqlConnection)	初始化具有查询文本和 SqlConnection 的 SqlCommand 类的新实例
SqlCommand(String, SqlConnection, SqlTransaction)	使用查询文本、SqlConnection 对象及 SqlTransaction 对象来初始化 SqlCommand 类的新实例

表 10-10 SqlCommand 类的常用属性

属性名	说明
CommandText	获取或设置要对数据源执行的 Transact-SQL 语句或存储过程
CommandTimeout	获取或设置在终止命令的尝试并生成错误之前所等待的时间
CommandType	获取或设置一个值，该值指示如何解释 CommandText 属性
Connection	获取或设置 SqlCommand 的实例所使用的 SqlConnection
Container	获取接口 IContainer，它包含 Component
DesignTimeVisible	获取或设置一个值，指示命令对象是否应在窗体设计器中可见
Notification	获取或设置一个指定与此命令绑定的 SqlNotificationRequest 对象的值
NotificationAutoEnlist	获取或设置一个值，该值指示应用程序是否应自动接收来自公共对象 SqlDependency 的查询通知
Parameters	获取 SqlParameterCollection
Site	获取或设置 Component 的 ISite
Transaction	获取或设置将在其中执行 SqlCommand 的 SqlTransaction
UpdatedRowSource	获取或设置命令结果在由 DbDataAdapter 的 Update 方法使用时，如何应用于 DataRow

表 10-11 SqlCommand 类的常用方法

方法名	说明
BeginExecuteNonQuery	启动 SqlCommand 的 Transact-SQL 语句或存储过程的异步执行
BeginExecuteReader	启动此 SqlCommand 描述的 Transact-SQL 语句或存储过程的异步执行，并从服务器中检索一个或多个结果集
BeginExecuteXmlReader	启动此 SqlCommand 描述的 Transact-SQL 语句或存储过程的异步执行，并将结果作为 XmlReader 对象返回
Cancel	尝试取消 SqlCommand 的执行
Clone	创建作为当前实例副本的新 SqlCommand 对象
CreateObjRef	创建一个对象，生成用于与远程对象进行通信的全部相关信息
CreateParameter	创建 SqlParameter 对象的新实例
Dispose	释放由 Component 占用的资源
EndExecuteNonQuery	完成 Transact-SQL 语句的异步执行
EndExecuteReader	完成 Transact-SQL 语句的异步执行，返回请求的 SqlDataReader
EndExecuteXmlReader	完成 Transact-SQL 语句的异步执行，以 XML 形式返回请求数据
Equals	确定两个 Object 实例是否相等
ExecuteNonQuery	对连接执行 Transact-SQL 语句并返回受影响的行数
ExecuteReader	将 CommandText 发送到 Connection 并生成一个 SqlDataReader
ExecuteScalar	执行查询，并返回结果集中第一行的第一列，忽略其他列或行
ExecuteXmlReader	将 CommandText 发送到 Connection 并生成一个 XmlReader 对象
GetHashCode	用作特定类型的哈希函数，它在哈希算法和数据结构中使用
GetLifetimeService	检索控制此实例的生存期策略的当前生存期服务对象
GetType	获取当前实例的类型
InitializeLifetime-Service	获取控制此实例的生存期策略的生存期服务对象
Prepare	在 SQL Server 的实例上创建命令的一个准备版本
ReferenceEquals	确定指定的对象实例是否是相同的实例
ResetCommandTimeout	将 CommandTimeout 属性重置为其默认值
ToString	返回包含 Component 的名称的 String（如果有）

使用 SqlCommand 发送 SQL 命令的方法如下。

（1）加入命名空间。

```
using System.Data.SqlClient;
```

（2）创建 SqlCommand 命令对象。

SqlCommand 类提供四种构造函数，如表 10-9 所示。下面利用第一个构造函数，创建一个空的 SqlCommand 对象。

```
SqlCommand myCommand = new SqlCommand();
```

（3）指定 SqlCommand 的 CommandText 属性和 Connection 属性。

```
sql_str = "select count(*) from dbo.TB_Commoninf ";
myCommand.CommandText = sql_str;
myCommand.Connection = myConnection;
```

（4）调用 SqlCommand 的 ExecuteScalar()方法，执行数据库查询。

【例 10-2】 利用 SqlCommand 对象查询干部信息数据库，返回 TB_Commoninf 表中的记录数目。

创建一个 Windows 应用程序项目，在其中放置一个命令按钮 button1，该命令按钮的事件过程如下。

```
private void button1_Click(object sender, EventArgs e)
{
    string connection_str, sql_str;
    connection_str = "Data Source = ZGC-20130515AMW\\SQLEXPRESS; Initial
Catalog = gbxxdb; User Id = test; Password = 123456";

    SqlConnection myConnection = new SqlConnection();
    myConnection.ConnectionString = connection_str;
myConnection.Open();

    sql_str = "select count(*) from dbo.TB_Commoninf ";
    SqlCommand myCommand = new SqlCommand();
    myCommand.CommandText = sql_str;
    myCommand.Connection = myConnection;
    string gb_number = myCommand.ExecuteScalar().ToString();
    MessageBox.Show(this, "TB_Commoninf 表中共有" + gb_number + "条记录。",
"SqlCommand 对象测试程序", MessageBoxButtons.OKCancel);
    myConnection.Close();
}
```

运行本窗体，单击 button1 按钮，结果如图 10-7 所示。

图 10-7　例 10-2 程序运行结果

10.4.3　DataReader 对象

当我们只需要循序的读取数据而不需要其他操作时，可以使用 DataReader 对象。DataReader 对象只是一次一笔向下循序的读取数据源中的数据，而且这些数据是只读的，不允许对其进行其他的操作，因为 DataReader 在读取数据时限制了每次只读取一笔，而且只能只读，所以使用起来不但节省资源而且效率很高。由于使用 DataReader 对象不用把数据全部传回，故可以降低网络的负载。

针对 SQL Server 数据库，.NET 提供 SqlDataReader 类，该类没有显示的构造函数，其常用属性和常用方法如表 10-12、表 10-13 所示。

表 10-12　SqlDataReader 类的常用属性

属性名	说明
Depth	获取一个值，用于指示当前行的嵌套深度
FieldCount	获取当前行中的列数
HasRows	获取一个值，该值指示 SqlDataReader 是否包含一行或多行数据
IsClosed	检索一个布尔值，该值指示是否已关闭指定的 SqlDataReader 实例
Item	获取以本机格式表示的列的值
RecordsAffected	获取执行 Transact-SQL 语句所更改、插入或删除的行数
VisibleFieldCount	获取 SqlDataReader 中未隐藏的字段的数目

表 10-13　SqlDataReader 类的常用方法

方法名	说明
Close	关闭 SqlDataReader 对象
CreateObjRef	创建一个对象，生成用于与远程对象进行通信的全部相关信息
Dispose	释放由 SqlDataReader 对象占用的资源
Equals	确定两个对象实例是否相等
GetBoolean	获取指定列的布尔值形式的值
GetByte	获取指定列的字节形式的值
GetBytes	从指定的列偏移量将字节流读入缓冲区，并将其作为从给定的缓冲区偏移量开始的数组
GetChar	获取指定列的单个字符串形式的值
GetChars	从指定的列偏移量将字符流作为数组从给定的缓冲区偏移量开始读入缓冲区
GetData	返回被请求的列序号的 SqlDataReader 对象
GetDataTypeName	获取源数据类型的名称
GetDateTime	获取指定列的 DateTime 对象形式的值
GetDecimal	获取指定列的 Decimal 对象形式的值
GetDouble	获取指定列的双精度浮点数形式的值
GetEnumerator	返回循环访问 SqlDataReader 的 IEnumerator
GetFieldType	获取是对象的数据类型的 Type
GetFloat	获取指定列的单精度浮点数形式的值
GetGuid	获取指定列的值作为全局唯一标识符（GUID）
GetHashCode	用作特定类型的哈希函数，它在哈希算法和数据结构中使用
GetInt16	获取指定列的 16 位有符号整数形式的值
GetInt32	获取指定列的 32 位有符号整数形式的值
GetInt64	获取指定列的 64 位有符号整数形式的值
GetLifetimeService	检索控制此实例的生存期策略的当前生存期服务对象
GetName	获取指定列的名称
GetOrdinal	在给定列名称的情况下获取列序号
GetProvider-SpecificFieldType	获取一个 Object，它表示基础提供程序特定的字段类型

续表

方法名	说明
GetProvider-SpecificValue	获取一个表示基础提供程序特定值的 Object
GetProvider-SpecificValues	获取表示基础提供程序特定值的对象的数组
GetSchemaTable	返回一个 DataTable，它描述 SqlDataReader 的列元数据
GetSqlBinary	获取指定列的 SqlBinary 形式的值
GetSqlBoolean	获取指定列的 SqlBoolean 形式的值
GetSqlByte	获取指定列的 SqlByte 形式的值
GetSqlBytes	获取指定列的 SqlBytes 形式的值
GetSqlChars	获取指定列的 SqlChars 形式的值
GetSqlDateTime	获取指定列的 SqlDateTime 形式的值
GetSqlDecimal	获取指定列的 SqlDecimal 形式的值
GetSqlDouble	获取指定列的 SqlDouble 形式的值
GetSqlGuid	获取指定列的 SqlGuid 形式的值
GetSqlInt16	获取指定列的 SqlInt16 形式的值
GetSqlInt32	获取指定列的 SqlInt32 形式的值
GetSqlInt64	获取指定列的 SqlInt64 形式的值
GetSqlMoney	获取指定列的 SqlMoney 形式的值
GetSqlSingle	获取指定列的 SqlSingle 形式的值
GetSqlString	获取指定列的 SqlString 形式的值
GetSqlValue	获取一个表示基础 SqlDbType 变量的 Object
GetSqlValues	获取当前行中的所有属性列
GetSqlXml	获取指定列的 XML 值形式的值
GetString	获取指定列的字符串形式的值
GetType	获取当前实例的 Type
GetValue	获取以本机格式表示的指定列的值
GetValues	获取当前行的集合中的所有属性列
Initialize-LifetimeService	获取控制此实例的生存期策略的生存期服务对象
IsDBNull	获取一个值，用于指示列中是否包含不存在的或缺少的值
NextResult	当读取 Transact-SQL 的结果时，使数据读取器前进到下一个结果
Read	使 SqlDataReader 前进到下一条记录
ReferenceEquals	确定指定的 Object 实例是否是相同的实例
ToString	返回表示当前 Object 的 String

使用 SqlDataReader 的使用方法如下。

（1）加入命名空间。

```
using System.Data.SqlClient;
```

（2）创建 SqlDataReader 命令对象。

SqlDataReader 对象没有显示的构造函数，可以利用 SqlCommand 对象的 ExecuteReader 方法返回一个 SqlDataReader 对象：

```
SqlDataReader myDataReader = myCommand.ExecuteReader();
```

（3）调用 SqlDataReader 的 Read()方法，读取查询到的数据表内容。

【例 10-3】 利用 SqlDataReader 对象查询干部信息数据库，返回 TB_Commoninf 表中所有记录的详细信息。

创建一个 Windows 应用程序项目，在窗体 Load 事件中添加如下代码。

```
private void Form1_Load(object sender, EventArgs e)
{
    string connection_str;
    connection_str = "Data Source = ZGC-20130515AMW\\SQLEXPRESS; Initial
    Catalog = gbxxdb; User Id = test; Password = 123456";

    SqlConnection myConnection = new SqlConnection();
    myConnection.ConnectionString = connection_str;
myConnection.Open();

     //利用 SqlDataReader 对象查询 TB_Commoninf 表中的内容返回表中所有的记录
     string sql_str;
     sql_str = "select * from TB_Commoninf";
     SqlCommand myCommand = new SqlCommand();
     myCommand.CommandText = sql_str;
     myCommand.Connection = myConnection;
     SqlDataReader myDataReader = myCommand.ExecuteReader();
     listBox1.Items.Add("编号\t 姓名\t\t 性别\t 民族\t\t 身份证号\t\t 职务\t\t 籍
     贯\t 出生日期\t 入党时间");
listBox1.Items.Add("==============================================");

while (myDataReader.Read())
{

listBox1.Items.Add(String.Format("{0}\t{1}\t{2}\t{3}\t{4}\t{5}\t{6}\t{7}\t{8}",
      myDataReader[0].ToString(),myDataReader[1].ToString(),
     myDataReader[2].ToString(),myDataReader[3].ToString(),
     myDataReader[4].ToString(),myDataReader[5].ToString(),
     myDataReader[6].ToString(),myDataReader[7].ToString(),
     myDataReader[8].ToString()));
}
myConnection.Close();
}
```

运行本窗体，结果如图 10-8 所示。

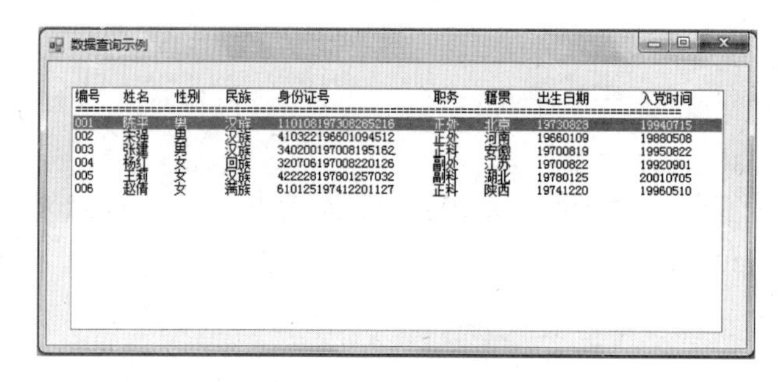

图 10-8　例 10-3 程序运行结果

10.4.4　DataAdapter 对象

DataAdapter 对象用于在数据源及 DataSet 之间传输数据，它可以透过 Command 对象下达命令后，将取得的数据放入 DataSet 对象中，这个对象是架构在 Command 对象上，并提供了许多配合 DataSet 使用的功能。

针对 SQL Server 数据库，.NET 提供 SqlDataAdapter 类，该类的构造函数、常用属性和常用方法如表 10-14～表 10-16 所示。

表 10-14　SqlDataAdapter 类的构造函数

函数名	说明
SqlDataAdapter()	初始化 SqlDataAdapter 类的新实例
SqlDataAdapter(SqlCommand)	用指定的 SqlCommand 初始化 SqlDataAdapter 的新实例
SqlDataAdapter(String, SqlConnection)	用指定的 SelectCommand 和 SqlConnection 初始化 SqlDataAdapter 类的新实例
SqlDataAdapter(String, String)	用指定的 SelectCommand 和连接字符串初始化 SqlDataAdapter 类的新实例

表 10-15　SqlDataAdapter 类的常用属性

属性名	说明
AcceptChanges-DuringFill	获取或设置一个值，该值指示在执行 Fill 操作过程中，将 AcceptChanges 添加到 DataTable 之后是否在 DataRow 上调用它
AcceptChanges-DuringUpdate	获取或设置在 Update 期间是否调用 AcceptChanges
Container	获取 IContainer，它包含 Component
ContinueUpdate-OnError	获取或设置一个值，该值指定在行更新过程中遇到错误时是否生成异常
DeleteCommand	获取或设置一个 Transact-SQL 语句或存储过程，以从数据集删除记录
FillLoadOption	获取或设置 LoadOption，以确定适配器如何从 SqlDataReader 中填充 DataTable
InsertCommand	获取或设置一个 Transact-SQL 语句，以在数据源中插入新记录
MissingMappingAction	确定传入数据没有匹配的表或列时需要执行的操作
MissingSchemaAction	确定现有 DataSet 架构与传入数据不匹配时需要执行的操作
ReturnProvider-SpecificTypes	获取或设置 Fill 方法应当返回提供程序特定的值，还是返回公用的符合 CLS 的值
SelectCommand	获取或设置一个 Transact-SQL 语句用于在数据源中选择记录
Site	获取或设置 Component 的 ISite
TableMappings	获取一个集合，它提供源表和 DataTable 之间的主映射
UpdateBatchSize	获取或设置每次到服务器的往返过程中处理的行数
UpdateCommand	获取或设置一个 Transact-SQL 语句用于更新数据源中的记录

表 10-16　SqlDataAdapter 类的常用方法

方法名	说明
CreateObjRef	创建一个对象，该对象包含生成用于与远程对象进行通信的代理所需的全部相关信息
Dispose	释放由 Component 占用的资源

续表

方法名	说明
Equals	确定两个 Object 实例是否相等
Fill	填充 DataSet 或 DataTable
FillSchema	将 DataTable 添加到 DataSet 中并进行配置以匹配数据源的架构
GetFill-Parameters	获取当执行 SQL Select 语句时由用户设置的参数
GetHashCode	用作特定类型的哈希函数，它在哈希算法和数据结构中使用
GetLifetimeService	检索控制此实例的生存期策略的当前生存期服务对象
GetType	获取当前实例的 Type
Initialize-LifetimeService	获取控制此实例的生存期策略的生存期服务对象
ReferenceEquals	确定指定的 Object 实例是否是相同的实例
ResetFillLoadOption	将 FillLoadOption 重置为默认状态，并使 Fill 接受 AcceptChangesDuringFill
ShouldSerializeAccept-ChangesDuringFill	确定是否应保持 AcceptChangesDuringFill 属性
ShouldSerialize-FillLoadOption	确定是否应保持 FillLoadOption 属性
ToString	返回包含 Component 的名称的 String（如果有）
Update	为 DataSet 中每个已插入、已更新或已删除的行调用相应的 INSERT、UPDATE 或 DELETE 语句

使用 SqlDataAdapter 的使用方法如下。

（1）加入命名空间。

```
using System.Data.SqlClient;
```

（2）创建 SqlDataAdapter 命令对象。

SqlDataAdapter 类提供了四种构造函数，如表 10-14 所示。下面利用第三个构造函数，使用给定的 SQL 语句 sql_str 和连接对象 myConnection 初始化 SqlDataAdapter 类的新实例，创建 SqlDataAdapter 对象。

```
SqlDataAdapter myDataAdapter = new SqlDataAdapter(sql_str, myConnection);
```

（3）调用 myDataAdapter 的 Fill()方法，将数据表中的内容填入到 DataSet 对象中。

```
myDataAdapter.Fill(myDataSet, "TB_Commoninf");
```

（4）调用 DataSet 对象的 Tables 属性读取其中的内容。

【例 10-4】 利用 SqlDataAdapter 对象完成例 10-3 同样的功能。

创建一个 Windows 应用程序项目，在窗体 Load 事件中添加如下代码。

```
private void Form1_Load(object sender, EventArgs e)
{
    string connection_str, sql_str;
    connection_str = "Data Source = ZGC-20130515AMW\\SQLEXPRESS; Initial
    Catalog = gbxxdb; User Id = test; Password = 123456";

    SqlConnection myConnection = new SqlConnection();
```

```
    myConnection.ConnectionString = connection_str;
    myConnection.Open();
    //利用 SqlDataAdapter 对象查询 TB_Commoninf 表中的内容返回表中所有的记录
    sql_str = "select * from TB_Commoninf";
    SqlDataAdapter myDataAdapter = new SqlDataAdapter(sql_str, myConnection);
    DataSet myDataSet = new DataSet();
    myDataAdapter.Fill(myDataSet, "TB_Commoninf");

    listBox1.Items.Add("编号\t 姓名\t\t 性别\t 民族\t\t 身份证号\t\t 职务\t\t 籍贯
    \t 出生日期\t 入党时间");
  listBox1.Items.Add("==========================================");

    for (int i = 0; i < myDataSet.Tables[0].Rows.Count; i++)   {

listBox1.Items.Add(String.Format("{0}\t{1}\t{2}\t{3}\t{4}\t{5}\t{6}\t{7}\t{8}",
           myDataSet.Tables[0].Rows[i].ItemArray[0].ToString(),
           myDataSet.Tables[0].Rows[i].ItemArray[1].ToString(),
           myDataSet.Tables[0].Rows[i].ItemArray[2].ToString(),
           myDataSet.Tables[0].Rows[i].ItemArray[3].ToString(),
           myDataSet.Tables[0].Rows[i].ItemArray[4].ToString(),
           myDataSet.Tables[0].Rows[i].ItemArray[5].ToString(),
           myDataSet.Tables[0].Rows[i].ItemArray[6].ToString(),
           myDataSet.Tables[0].Rows[i].ItemArray[7].ToString(),
           myDataSet.Tables[0].Rows[i].ItemArray[8].ToString()));
     }
    myConnection.Close();
  }
```

运行本窗体，结果参见图 10-8 所示。

10.4.5 DataSet 对象

DataSet 对象可以视为一个暂存缓冲区（Cache），它可以把从数据库中所查询到的数据保留起来，甚至可以将整个数据库显示出来。DataSet 的能力不只是可以储存多个 Table，还可以透过 DataSetCommand 对象取得一些如主键等数据表结构，并记录数据表间的关联。DataSet 对象是 ADO.NET 中重量级的对象，这个对象架构在 DataAdapter 对象之上，它本身不具备和数据源沟通的能力。也就是说，DataAdapter 对象可以当作 DataSet 对象与数据源间传输数据的桥梁。DataSet 类的构造函数、常用属性和常用方法如表 10-17～表 10-19 所示。

表 10-17　DataSet 类的构造函数

函数名	说明
DataSet()	初始化 DataSet 类的新实例
DataSet(String)	用给定名称初始化 DataSet 类的新实例

续表

函数名	说明
DataSet(SerializationInfo, StreamingContext)	初始化具有给定序列化信息和上下文的 DataSet 类的新实例
DataSet(SerializationInfo, StreamingContext, Boolean)	初始化 DataSet 类的新实例

表 10-18 DataSet 类的常用属性

属性名	说明
CaseSensitive	获取或设置一个值指示 DataTable 中字符串比较是否区分大小写
Container	获取组件的容器
DataSetName	获取或设置当前 DataSet 的名称
DefaultViewManager	获取 DataSet 所包含的数据的自定义视图，以允许使用自定义的 DataViewManager 进行筛选、搜索和导航
DesignMode	获取指示组件当前是否处于设计模式的值
EnforceConstraints	获取或设置一个值，指示在执行更新操作时是否遵循约束规则
Events	获取附加到该组件的事件处理程序的列表
ExtendedProperties	获取与 DataSet 相关的自定义用户信息的集合
HasErrors	获取一个值，指示在此 DataSet 中的 DataTable 对象是否存在错误
IsInitialized	获取一个值，该值表明是否初始化 DataSet
Locale	获取或设置用于比较表中字符串的区域设置信息
Namespace	获取或设置 DataSet 的命名空间
Prefix	获取或设置一个 XML 前缀，该前缀是 DataSet 的命名空间的别名
Relations	获取用于将表链接起来并允许从父表浏览到子表的关系的集合
RemotingFormat	为远程处理期间使用的 DataSet 获取或设置 SerializationFormat
SchemaSerializationMode	获取或设置 DataSet 的 SchemaSerializationMode
Site	获取或设置 DataSet 的 System.ComponentModel.ISite
Tables	获取包含在 DataSet 中的表的集合

表 10-19 DataSet 类的常用方法

方法名	说明
AcceptChanges	提交自加载此 DataSet 或上次调用 AcceptChanges 以来对其进行的所有更改
BeginInit	开始初始化在窗体上使用或由另一个组件使用的 DataSet。初始化发生在运行时
Clear	通过移除所有表中的所有行来清除任何数据的 DataSet
Clone	复制 DataSet 的结构，包括所有 DataTable 架构、关系和约束。不要复制任何数据
Copy	复制该 DataSet 的结构和数据
CreateDataReader()	为每个 DataTable 返回带有一个结果集的 DataTableReader，顺序与 Tables 集合中表的显示顺序相同
DetermineSchemaSerializationMode-(SerializationInfo,StreamingContext)	确定 DataSet 的 SchemaSerializationMode
Dispose()	释放由 MarshalByValueComponent 使用的所有资源
EndInit	结束在窗体上使用或由另一个组件使用的 DataSet 的初始化。初始化发生在运行时
Equals(Object)	确定指定的对象是否等于当前对象

续表

方法名	说明
Finalize	允许对象在“垃圾回收”回收之前尝试释放资源并执行其他清理操作
GetChanges()	获取 DataSet 的副本，该副本包含自加载以来或自上次调用 AcceptChanges 以来对该数据集进行的所有更改
GetHashCode	用作特定类型的哈希函数
GetObjectData	用序列化 DataSet 所需的数据填充序列化信息对象
GetSerializationData	从二进制或 XML 流反序列化表数据
GetService	获取 IServiceProvider 的实施者
GetType	获取当前实例的 Type
HasChanges()	获取一个值，该值指示 DataSet 是否有更改，包括新增行、已删除的行或已修改的行
InitializeDerivedDataSet	从二进制或 XML 流反序列化数据集的所有表数据
IsBinarySerialized	检查 DataSet 的序列化表示形式的格式
Load(IDataReader,LoadOption, DataTable[])	使用 IDataReader 以数据源的值填充 DataSet，同时使用 DataTable 实例的数组提供架构和命名空间信息
Load(IDataReader, LoadOption,String[])	使用所提供的 IDataReader，并使用字符串数组为 DataSet 中的表提供名称，用数据源的值填充 DataSet
MemberwiseClone	创建当前 Object 的浅表副本
Merge(DataRow[])	将 DataRow 对象数组合并到当前的 DataSet 中
Merge(DataSet)	将指定的 DataSet 及其架构合并到当前 DataSet 中
Merge(DataTable)	将指定的 DataTable 及其架构合并到当前 DataSet 中
OnPropertyChanging	引发 OnPropertyChanging 事件
OnRemoveRelation	当从 DataTable 中移除 DataRelation 对象时发生
OnRemoveTable	当从 DataSet 中移除 DataTable 时发生
RaisePropertyChanging	发送指定的 DataSet 属性将要更改的通知
RejectChanges	回滚自创建 DataSet 以来或上次调用 AcceptChanges 以来对其进行的所有更改
Reset	清除所有表，并从 DataSet 中移除任何关系和约束
ShouldSerializeRelations	获取一个值，该值指示是否应该保持 Relations 属性
ShouldSerializeTables	获取一个值，该值指示是否应该保持 Tables 属性
ToString	返回包含 Component 的名称的 String（如果有）

使用 DataSet 的使用方法如下。

（1）加入命名空间。

```
using System.Data;
```

（2）创建 DataSet 对象。

DataSet 类提供四种构造函数，如表 10-17 所示。下面利用第一个构造函数，创建一个空的 DataSet 对象。

```
DataSet myDataSet = new DataSet();
```

（3）调用 myDataAdapter 的 Fill()方法，将数据表中的内容填入到 DataSet 对象中。

```
myDataAdapter.Fill(myDataSet, "TB_Commoninf");
```

（4）调用 DataSet 对象的 Tables 属性读取其中的内容。

注意：DataSet 类一般要和 SqlDataAdapter 类配合使用，在例 10-4 说明 SqlDataAdapter 类的用法时，已经用到 DataSet 类，这里就不再专门为 DataSet 类的使用举例了。

10.4.6 数据绑定

本章前面几节介绍了对数据库中的数据进行查询、修改和删除，并把查询结果显示在控件中的类和方法。本节介绍如何把数据库中的数据绑定到控件上显示给用户，数据绑定是进行数据库编程最为重要的第一步。通过数据绑定方法，可以十分方便地对已经打开的数据集中的记录进行浏览、插入、删除等具体的数据操作、处理。本节主要介绍如下两方面的知识：.NET 数据绑定功能及其工作方式和使用 BindingNavigator 控件进行数据绑定。

（1）.NET 数据绑定功能及其工作方式。

数据绑定就是把控件链接到数据源的过程，即把已经打开的数据集中某个或某些字段绑定到控件的某些属性上的一种技术，比如，可以把已经打开数据的某个或某些字段绑定到 Text、ListBox 或 ComBox 等控件能够显示数据的属性上面。当对控件完成数据绑定后，其显示字段的内容将随着数据记录指针的变化而变化。

根据所绑定控件的不同，数据绑定可以分为两种类型：简单数据绑定和复杂数据绑定。简单数据绑定是在控件的属性（实现了 IBindableComponent 接口的组件属性）与数据项的属性之间做了映射，这些控件显示出来的字段只是单个记录，这种绑定方式一般使用在显示单个值的控件上（TextBox 控件和 Label 控件等）。

在进行数据绑定时，要用到 Binding 类，该类的构造函数、常用属性和常用方法分别如表 10-20～表 10-22 所示：

表 10-20 Binding 类的构造函数

函数名	说明
Binding()	初始化 Binding 类的新实例
Binding(String)	使用初始路径初始化 Binding 类的新实例

表 10-21 Binding 类的常用属性

属性名	说明
AsyncState	获取或设置传递给异步数据调度程序的不透明数据
BindingGroupName	获取或设置此绑定所属的 BindingGroup 的名称
BindsDirectlyToSource	获取或设置一个值，该值指示是否计算相对于数据项或 DataSourceProvider 对象的 Path
Converter	获取或设置要使用的转换器
ConverterCulture	获取或设置计算转换器要使用的区域性
ConverterParameter	获取或设置要传递给 Converter 的参数
Delay	在获取或设置时，在更新绑定源前，在该目标的值更改后等待
ElementName	获取或设置要用作绑定源对象的元素的名称
FallbackValue	获取或设置当绑定无法返回值时要使用的值
IsAsync	获取或设置一个值，指示 Binding 是否应异步获取和设置值
Mode	获取或设置一个值，该值指示绑定的数据流方向
NotifyOnSourceUpdated	获取或设置一个值，该值指示当值从绑定目标传输到绑定源时是否引发 SourceUpdated 事件

续表

属性名	说明
NotifyOnTargetUpdated	获取或设置一个值，该值指示当值从绑定源传输到绑定目标时是否引发 TargetUpdated 事件
NotifyOnValidationError	获取或设置一个值，指示是否对绑定对象引发 Error 附加事件
Path	获取或设置绑定源属性的路径
RelativeSource	通过指定绑定源相对于绑定目标的位置，获取或设置绑定源
Source	获取或设置要用作绑定源的对象
StringFormat	获取或设置一个字符串，该字符串指定如果绑定值显示为字符串，应如何设置该绑定的格式
TargetNullValue	获取或设置当源的值为 null 时在目标中使用的值
UpdateSourceExceptionFilter	获取或设置一个处理程序，可以使用它提供自定义逻辑，用于处理绑定引擎在绑定源值的更新过程中遇到的异常。只有在将 ExceptionValidationRule 与绑定进行关联之后才适用
UpdateSourceTrigger	获取或设置一个值，该值确定绑定源更新的执行时间
ValidatesOnDataErrors	获取或设置一个值，指示是否包含 DataErrorValidationRule
ValidatesOnExceptions	获取或设置一个值，指示是否包含 ExceptionValidationRule
ValidatesOnNotifyDataErrors	获取或设置一个值，是否包含 NotifyDataErrorValidationRule
ValidationRules	获取用于检查用户输入有效性的规则集合

表 10-22　Binding 类的常用方法

方法名	说明
AddSourceUpdatedHandler	为 SourceUpdated 附加事件添加处理程序
AddTargetUpdatedHandler	为 TargetUpdated 附加事件添加处理程序
Equals(Object)	确定指定的对象是否等于当前对象
Finalize	允许对象在垃圾回收之前尝试释放资源并执行其他清理操作
GetHashCode	用作特定类型的哈希函数
GetType	获取当前实例的 Type
MemberwiseClone	创建当前 Object 的浅表副本
ProvideValue	返回一个应在此绑定和扩展应用的属性上设置的对象
RemoveSourceUpdatedHandler	移除 SourceUpdated 附加事件的处理程序
RemoveTargetUpdatedHandler	移除 TargetUpdated 附加事件的处理程序
SetXmlNamespaceManager	设置附加到给定元素的绑定所使用的命名空间管理器
ShouldSerializeFallbackValue	返回一个值，指示序列化进程是否应当对此类的实例的 FallbackValue 有效属性值进行序列化
ShouldSerializePath	指示是否应保持 Path 属性
ShouldSerializeSource	指示是否应保持 Source 属性
ShouldSerializeTargetNullValue	返回一个值，该值指示是否应序列化 TargetNullValue 属性
ShouldSerializeValidationRules	指示是否应保持 ValidationRules 属性
ToString	返回表示当前对象的字符串

下面的语句通过 TextBox 控件的 DataBindings 属性把 DataSet 中的 CompanyName 列绑定到控件的 Text 属性上。

```
Binding bind=new Binding("Text",c_DataSet.Customers,"CompanyName",true);
textBox1.DataBindings.Add(bind);
```

复杂数据绑定是基于列表的绑定，数据项的列表（实现了 IList 接口的集合对象）被绑定到控件上，这些控件显示出来的字段是多个记录，这种绑定一般使用在显示多个值的组件上（ComBox 控件和 ListBox 控件等），例如：

```
DataGridView1.DataSource = DataSet.Customers;
```

数据绑定的步骤一般包含如下两步。

① 无论是简单型的数据绑定，还是复杂型的数据绑定，要实现绑定的第一步就是要连接数据库，得到可以操作的 DataSet。

② 根据不同控件，采用不同的数据绑定方式。

对于简单数据绑定，一般是通过把数据集中的某个字段绑定到组件的显示属性上面；对于复杂数据绑定，一般是通过设定其某些属性值来实现绑定的。

【例 10-5】 利用数据绑定技术查询并显示 TB_Commoninf 表中的一条记录，并能在不同记录之间进行导航。

创建一个 Windows 应用程序项目，并添加四个命令按钮，四个命令按钮分别完成查询第一条记录、前一条记录、后一条记录和最后一条记录的功能。窗体的 Load 事件中添加如下代码。

```
private void Form1_Load(object sender, EventArgs e)
{
    string connection_str, sql_str;
    connection_str = "Data Source = ZGC-20130515AMW\\SQLEXPRESS; Initial
    Catalog = gbxxdb; User Id = test; Password = 123456";

    SqlConnection myConnection = new SqlConnection();
    myConnection.ConnectionString = connection_str;
    myConnection.Open();

//利用 SqlDataAdapter 对象查询 TB_Commoninf 表中的内容，返回表中所有的记录
    sql_str = "select * from TB_Commoninf";
    SqlDataAdapter myDataAdapter = new SqlDataAdapter(sql_str,
    myConnection);
    DataSet myDataSet = new DataSet();
    myDataAdapter.Fill(myDataSet, "TB_Commoninf");

    myBindingSource = new BindingSource(myDataSet, "TB_Commoninf");
    Binding binding_gbbh = new Binding("Text", myBindingSource, "cno");
    textBox1.DataBindings.Add(binding_gbbh);
    Binding binding_gbxm = new Binding("Text", myBindingSource, "name");
    textBox2.DataBindings.Add(binding_gbxm);
    Binding binding_gbxb = new Binding("Text", myBindingSource, "sex");
    textBox3.DataBindings.Add(binding_gbxb);
    Binding binding_gbmz = new Binding("Text", myBindingSource, "nation");
    textBox4.DataBindings.Add(binding_gbmz);
    Binding binding_gbsfzh = new Binding("Text", myBindingSource, "cid");
    textBox5.DataBindings.Add(binding_gbsfzh);
    Binding   binding_gbzw   =   new   Binding("Text",   myBindingSource,
```

```
"position");
        textBox6.DataBindings.Add(binding_gbzw);
        Binding binding_gbjg = new Binding("Text", myBindingSource, "native");
        textBox7.DataBindings.Add(binding_gbjg);
    Binding binding_csrq = new Binding("Text", myBindingSource, "birthday");
        textBox8.DataBindings.Add(binding_csrq);
    Binding binding_rdsj = new Binding("Text", myBindingSource, "partyTime");
        textBox9.DataBindings.Add(binding_rdsj);

      myConnection.Close();
    }

    private void button1_Click(object sender, EventArgs e)    {
        if (myBindingSource.Position != 0)
            myBindingSource.MoveFirst();
    }

    private void button2_Click(object sender, EventArgs e)    {
        if (myBindingSource.Position != 0)
             myBindingSource.MovePrevious();
    }

    private void button3_Click(object sender, EventArgs e)    {
        if (myBindingSource.Position != myBindingSource.Count - 1)
              myBindingSource.MoveNext();
    }

    private void button4_Click(object sender, EventArgs e)    {
         if (myBindingSource.Position != myBindingSource.Count - 1)
               myBindingSource.MoveLast();
    }
```

运行本程序，结果如图 10-9（a）所示，单击“下一条”按钮，如图 10-9（b）所示，单击“最后一条”按钮，如图 10-9（c）所示。

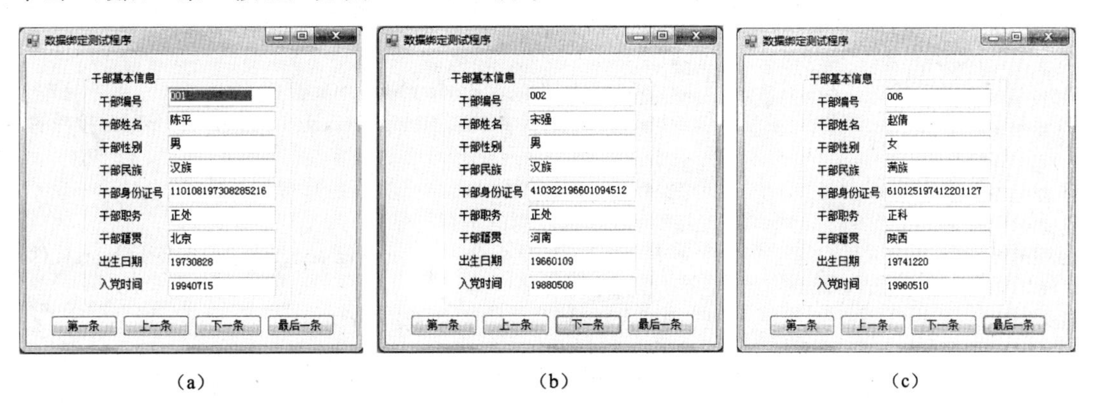

（a）　　（b）　　（c）

图 10-9　例 10-5 程序运行结果

（2）使用 BindingNavigator 控件数据绑定。

BindingNavigator 控件提供了一个用户界面，在这个界面包括一些按钮（ToolStripButton）、文本框（ToolStripTextBox）、标签（ToolStripLabel）和分隔符（ToolStripSeparator）等，通过这些按钮能够帮助完成大多数常见的与数据有关的操作，如导航记录、添加记录、删除记录的功能。

与 BindingNavigator 控件相对应的，有一个 BindingNavigator 类，该类的构造函数、常用属性和常用方法如表 10-23～表 10-25 所示。

表 10-23 BindingNavigator 类的构造函数

函数名	说明
BindingNavigator()	初始化 BindingNavigator 类的新实例
BindingNavigator (BindingSource)	用指定的 BindingSource 作为数据源来初始化 BindingNavigator 类的新实例
BindingNavigator (Boolean)	初始化 BindingNavigator 类的新实例，指示是否显示标准的导航用户界面（UI）
BindingNavigator (IContainer)	初始化 BindingNavigator 类的新实例，并将此新实例添加到指定容器

表 10-24 BindingNavigator 类的常用属性

属性名	说明
AddNewItem	获取或设置表示“新添”按钮的 ToolStripItem
BindingSource	获取或设置 System.Windows.Forms.BindingSource 组件，即数据的来源
CountItem	获取或设置 ToolStripItem，它显示关联的 BindingSource 中的总项数
CountItemFormat	获取或设置用于设置在 CountItem 控件中显示的信息的格式的字符串
DeleteItem	获取或设置与“删除”功能关联的 ToolStripItem
MoveFirstItem	获取或设置与“移到第一条记录”功能关联的 ToolStripItem
MoveLastItem	获取或设置与“移到最后”功能关联的 ToolStripItem
MoveNextItem	获取或设置与“移到下一条记录”功能关联的 ToolStripItem
MovePreviousItem	获取或设置与“移到上一条记录”功能关联的 ToolStripItem
PositionItem	获取或设置 ToolStripItem，它显示 BindingSource 中的当前位置

表 10-25 BindingNavigator 类的常用方法

方法名	说明
AccessibilityNotifyClients(Ac-cessibleEvents, Int32)	向具有辅助功能的客户端应用程序通知 AccessibleEvents
AddStandardItems()	将一组标准导航项添加到 BindingNavigator 控件
BeginInit()	在初始化组件的过程中禁用对 BindingNavigator 的 ToolStripItem 控件的更新
BeginInvoke(Delegate)	在创建控件的基础句柄所在线程上异步执行指定委托
Dispose()	释放由 Component 使用的所有资源
EndInit()	在结束对组件的初始化后启用对 BindingNavigator 的 ToolStripItem 控件的更新
GetItemAt(Point)	返回位于 ToolStrip 的工作区中指定点的项
Invalidate()	使控件的整个图面无效并导致重绘控件
Invoke(Delegate)	在拥有此控件的基础窗口句柄的线程上执行指定的委托
MemberwiseClone()	创建当前 Object 的浅表副本

续表

方法名	说明
OnRefreshItems()	引发 RefreshItems 事件
PerformLayout()	强制控件将布局逻辑应用于其所有子控件
RefreshItemsCore()	刷新标准项的状态以反映数据的当前状态
ResumeLayout()	恢复正常的布局逻辑
RtlTranslateAlignment(ContentAlignment)	将指定的 ContentAlignment 转换为相应的 ContentAlignment 以支持从右向左的文本
Scale(SizeF)	按指定的比例因子缩放控件和所有子控件
Select()	激活控件
SetBounds(Int32, Int32, Int32, Int32)	将控件的边界设置为指定位置和大小
UpdateBounds()	用当前大小和位置更新控件的边界
Validate()	导致进行窗体验证并返回指示验证是否成功的信息

如果要使用 BindingNavigator 控件来导航记录、添加记录和删除记录，必须借助 BindingSource 组件，只有这两个控件相互配合，才能够实现这些功能。为了能够让 BindingNavigator 控件和 BindingSource 组件关联起来，只需要设定 BindingNavigator 控件的 BindingSource 属性即可，如下所示。

```
bindingNavigator1.BindingSource = bindSource;
```

下面通过一个示例来说明，如何使用导航条和 BindingSource 组件相互配合来管理简单数据绑定。

【例 10-6】 利用 BindingNavigator 控件实现数据绑定功能。创建一个 Windows 应用程序项目，并添加一个 BindingNavigator 控件。窗体的 Load 事件中添加如下代码。

```
private void Form1_Load(object sender, EventArgs e)
{
    string connection_str, sql_str;
    connection_str = "Data Source = ZGC-20130515AMW\\SQLEXPRESS; Initial
    Catalog = gbxxdb; User Id = test; Password = 123456";

    SqlConnection myConnection = new SqlConnection();
    myConnection.ConnectionString = connection_str;
    myConnection.Open();

     //利用 SqlDataAdapter 对象查询 TB_Commoninf 表中的内容，返回表中所有的记录
     sql_str = "select * from TB_Commoninf";
     SqlDataAdapter myDataAdapter = new SqlDataAdapter(sql_str,
     myConnection);
     DataSet myDataSet = new DataSet();
     BindingSource myBindingSource = new BindingSource();
     myDataAdapter.Fill(myDataSet, "TB_Commoninf");
     myBindingSource = new BindingSource(myDataSet,"TB_Commoninf");

     Binding binding_bh = new Binding("Text", myBindingSource, "cno");
```

```
        textBox1.DataBindings.Add(binding_bh);
        Binding binding_xm = new Binding("Text", myBindingSource, "name");
        textBox2.DataBindings.Add(binding_xm);
        Binding binding_xb = new Binding("Text", myBindingSource, "sex");
        textBox3.DataBindings.Add(binding_xb);
        Binding binding_mz = new Binding("Text", myBindingSource, "nation");
        textBox4.DataBindings.Add(binding_mz);
        Binding binding_sfzh = new Binding("Text", myBindingSource, "cid");
        textBox5.DataBindings.Add(binding_sfzh);
        Binding binding_zw = new Binding("Text", myBindingSource, "position");
        textBox6.DataBindings.Add(binding_zw);
        Binding binding_jg = new Binding("Text", myBindingSource, "nation");
        textBox7.DataBindings.Add(binding_jg);
        Binding binding_csrq = new Binding("Text", myBindingSource, "birthday");
        textBox8.DataBindings.Add(binding_csrq);
        Binding binding_rdsj = new Binding("Text", myBindingSource, "partyTime");
        textBox9.DataBindings.Add(binding_rdsj);

        bindingNavigator1.BindingSource = myBindingSource;
        myConnection.Close();
    }
```

运行本程序，结果如图 10-10 所示。

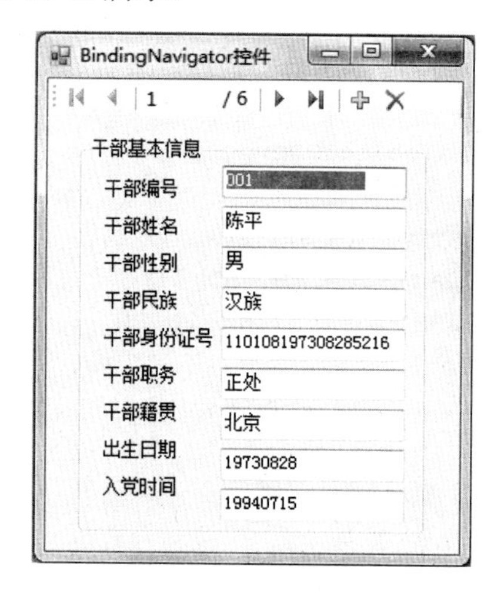

图 10-10　例 10-6 程序运行结果

10.5　本 章 小 结

本章主要以 SQL Server 2010 数据库为例，介绍了基于 ADO.NET 的数据库访问技术。通过本章的学习，读者应该掌握如何使用 ADO.NET 模型中的对象访问数据库，包括对数据记录的查询、修改和删除等功能，尤其是多表之间的关联查询。最后介绍了 ADO.NET 模型中的数据绑定技术，这在以后的开发实际项目的过程中经常用到。

习　　题

一、选择题

（1）.NET Framework 框架使用____来连接和访问数据库。

A. ADO　　B. ADO.NET　　C. JIT　　D. CLR

（2）____是标准的关系数据库查询语言。

A. SQL　　B. C#　　C. C++　　D. Java

（3）在 SQL 的 Select 查询结果中，消除重复记录的方法是____。

A. 通过指定唯一索引　　B. 通过指定主关系键

C. 使用 DISTINCT　　D. 使用 HAVING 子句

（4）____对象用于开启程序和数据库之间的连接。

A. DataReader　　B. Connection　　C. Command　　D. DataAdapter

（5）Connection 对象使用____方法来关闭与数据库的连接。

A. Open　　B. Database　　C. ConnectionString　　D. Close

二、简答题

（1）什么是关系数据库？关系数据库包含哪些常用的数据对象？

（2）什么是 SQL 语言？SQL 语言可以分为几类？

（3）简述 ADO.NET 模型的组成。

（4）什么是数据绑定？利用数据绑定技术浏览干部基本信息表 TB_Commoninf 中所有记录。

三、操作题

编程实现 ADO.NET 连接 SQL Server 数据库，并实现以下功能。

（1）查询干部基本信息表 TB_Commoninf 中所有男性干部的编号、姓名、民族、身份证号、职务和籍贯，并按照编号升序排列。

（2）查询每名干部的编号、姓名及其所掌握的外语语种和熟练程度。

（3）将干部基本信息表 TB_Commoninf 中的副处级干部的干部职务更改为正处级。

（4）删除干部基本信息表 TB_Commoninf 中籍贯是安徽的干部。

第 11 章　组 件 技 术

在软件开发领域，组件（component）技术是各种软件重用方法中最重要的一种方法，组件技术以前所未有的方式提高了软件产业的生产效率。由于组件技术的成熟，软件产业的形式也随之发生了很大变化。很多相对较为专业但用途广泛的软件，几乎都以组件的形式组装和扩散到一般的软件产品中。

11.1　概　　述

组件是模块化程序设计方法发展到一定阶段的产物，从软件工程的角度来考虑，开发者总是希望把一个庞大的应用程序划分成多个模块。其中，每个模块都保持一定的功能独立性，在协同工作的应用系统中，功能模块往往被切分成一些组件，这些组件可以单独开发、单独编译，甚至单独调试和测试。当所有的组件开发完成后，把它们组合在一起就得到了完整的应用系统。当系统工作时，通过相互之间的接口来完成实际的任务。我们把每一个这样的模块称之为组件。

面向过程的编程重用函数、面向对象的编程重用类，而组件编程则重用特定功能完整的程序模块，每个组件会提供一些标准且简单的应用接口。用户可以将不同来源的多个组件有机地结合在一起，快速构成一个符合实际需要的复杂的应用程序。

组件区别于一般软件的主要特点是其重用性（公用和通用）、可定制性（设置参数和属性）、自包容性（模块相对独立且功能相对完整）和互操作性（多个组件可协同工作）。可以简单方便地利用可视化工具来实现组件的集成，也是组件技术一个重要优点。

普通的面向过程和面向对象的编程，一般会生成两种类型的软件，针对特定应用的可执行程序和面向通用编程的 API 库。前者包含用户需要的各种特殊的具体功能，但必须从头到尾自己来创建，其中很多是低层次的重复劳动；后者虽然通用，但是却不能满足用户的具体应用的特殊需要。

组件技术提供了第三种途径，它将库的可重用性与特定程序的可定制性结合起来，让用户可以用可重用的组件来定制自己特定的应用程序。所以组件在某些方面类似于“可执行程序”，在另一些方面又类似于“库”。

11.2　组件和控件

这一节主要介绍组件和控件的一些基本概念。

1. 组件

在.NET Framework 中，组件是指实现 System.ComponentModel.IComponent 接口的类，或从实现 IComponent 的类中直接或间接派生的类。在软件开发中，组件是指可重复使用并且可以和其他对象进行交互的对象。

2. 控件

控件是提供或实现用户界面功能的组件，只有提供操作或显示界面的组件才称为控件。在客户端 Windows 窗体控件中，.NET Framework 为控件提供的基类是 System.Windows.Forms.Control，.NET Framework 类库中的所有其他控件都直接或间接从这个类派生。

11.3 组　　件

在 VS 2010 中，可以非常轻松地开发自定义组件，由于所有内容都封装在类中，所以也可以叫做类库。组件编译后生成的文件扩展名为.DLL，它本身并不能单独运行。本节通过简单的示例，让读者熟悉组件的开发和调用。

11.3.1 组件的创建

在 VS 2010 中，选择“新建项目”命令，在已安装的模板中选择“Visual C#”，然后在模板中选择“类库”，然后自定义项目的“名称”和“位置”，单击“确定”按钮，进入代码编辑窗口，如图 11-1 所示。

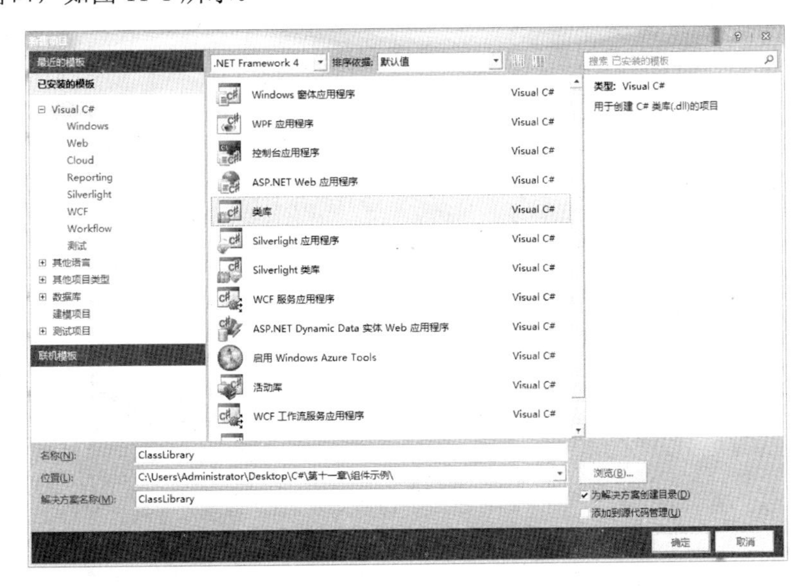

图 11-1　新建项目窗体

随后将 Class1.cs 中的源代码改为如下内容。

```
using System;
using System.Collections.Generic;
using System.Linq;
using System.Text;

namespace ClassLibrary
{
    public class Class1
    {
        public long Add(long i, long j) //计算两数之和并返回
        {
            long sum;
            sum = i + j;
            return sum;
        }
        public long Multiply(long x, long y) //计算两数之积并返回
        {
            long z;
            z = x * y;
            return z;
        }
    }
}
```

找到“解决方案资源管理器”，然后右键单击项目名称“ClassLibrary”，选择“生成”命令，便可生成 ClassLibrary.dll 组件，如图 11-2 所示。所生成的 dll 组件默认在项目下的“ClassLibrary\ClassLibrary\bin\Debug”目录中。

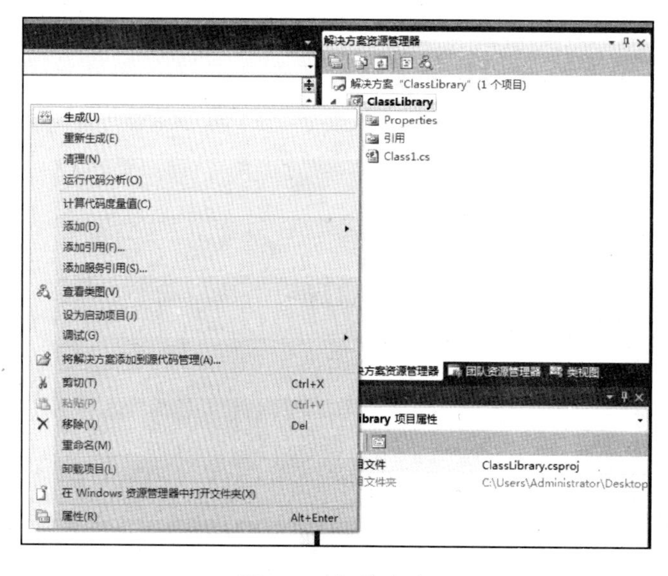

图 11-2 组件生成

11.3.2　组件的测试

新建一个“Windows 窗体应用程序”，项目命名为“ReferenceDll”，向 Form1 设计窗体中拖放三个 Label 控件、三个 TextBox 控件和两个 Button 控件，调整为适当大小，如图 11-3 所示。

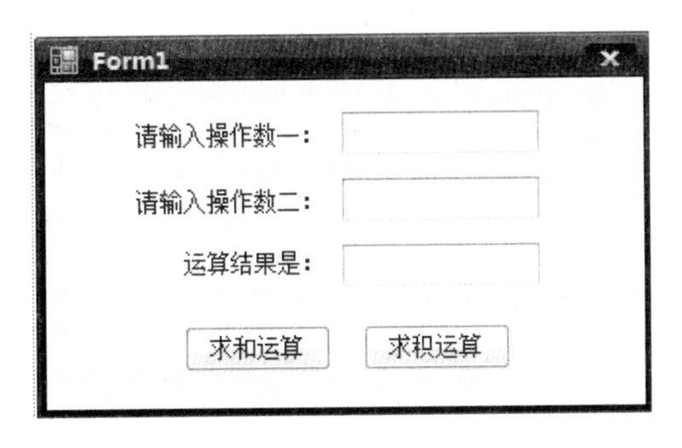

图 11-3　运算窗体

把刚刚生成的 ClassLibrary.dll 文件复制粘贴到新项目下的 Debug 文件夹下。找到“解决方案资源管理器”，然后右键单击项目名称“ReferenceDll”，选择“添加引用”命令，弹出如图 11-4 所示窗体。在“浏览”选项卡下，打开项目下的 Debug 文件夹，找到刚刚复制过来的 ClassLibrary.dll 文件，单击“确定”按钮。

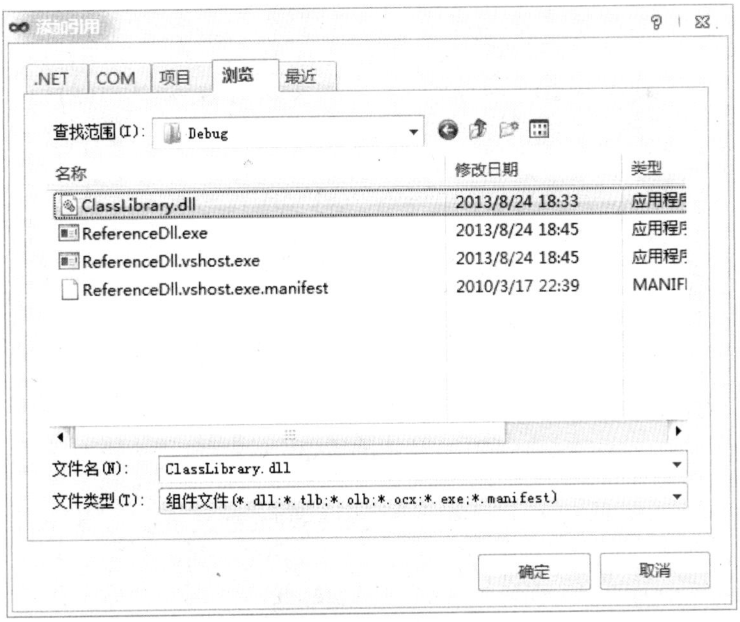

图 11-4　添加引用

接下来，分别为按钮 button1 和 button2 添加 Click 事件，并将 Form1.cs 中的代码改为如下内容。

```
using System;
using System.Collections.Generic;
using System.ComponentModel;
using System.Data;
using System.Drawing;
using System.Linq;
using System.Text;
using System.Windows.Forms;
using ClassLibrary;

namespace ReferenceDll
{
    public partial class Form1 : Form
    {
        long num1, num2, num3;
        public Form1()
        {
            InitializeComponent();
        }

        private void button1_Click(object sender, EventArgs e)
        {
            if (textBox1.Text != "" && textBox2.Text != "")
            {
                num1 = Convert.ToInt64(textBox1.Text.Trim());
                num2 = Convert.ToInt64(textBox2.Text.Trim());
                Class1 cl = new Class1();
                num3 = cl.Add(num1, num2);
                textBox3.Text = num3.ToString();
            }
            else
            {
                MessageBox.Show("请输入操作数一和操作数二！", "提示！");
            }
        }
        private void button2_Click(object sender, EventArgs e)
        {
            if (textBox1.Text != "" && textBox2.Text != "")
            {
                num1 = Convert.ToInt64(textBox1.Text.Trim());
                num2 = Convert.ToInt64(textBox2.Text.Trim());
                Class1 cl = new Class1();
                num3 = cl.Multiply(num1, num2);
                textBox3.Text = num3.ToString();
            }
```

```
            else
            {
                MessageBox.Show("请输入操作数一和操作数二！", "提示！");
            }
        }
    }
}
```

最后运行程序。单击“启动调试”按钮或按 F5 键运行程序，在窗体 Form1 上分别输入操作数一为 10，操作数二为 12，单击“求和运算”按钮，出现如图 11-5 所示窗体。

在窗体 Form1 上分别输入操作数一为 5，操作数二为 8，单击“求积运算”按钮，出现如图 11-6 所示窗体。

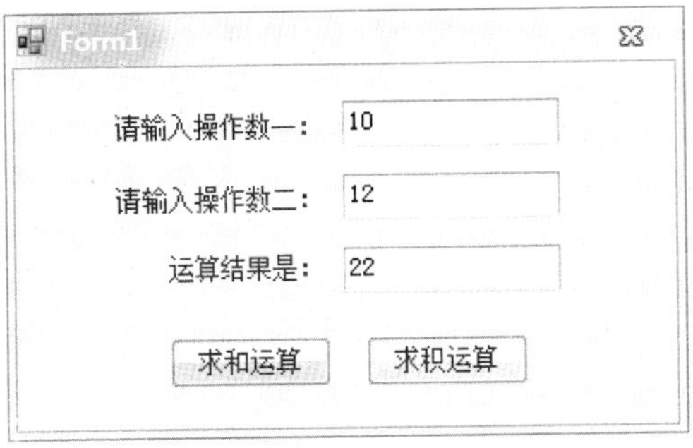

图 11-5　求和运算

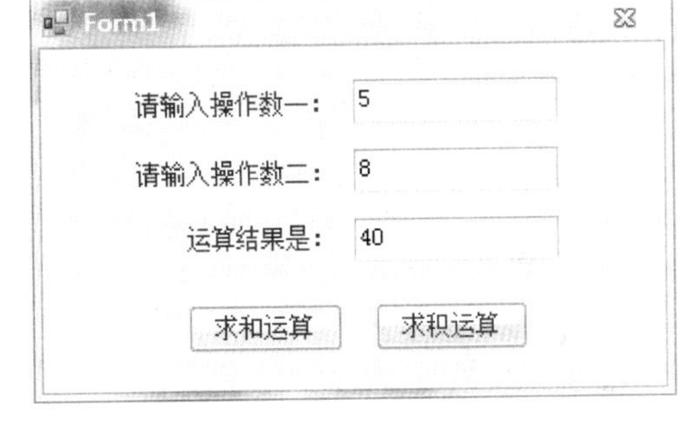

图 11-6　求积运算

11.4　用 户 控 件

控件提供了一种创建和重用自定义图形界面的方法，它本质上是具有可视化表示形式的组件。对于 Windows 窗体，用户控件默认继承自 System.Windows.Forms.UserControl。在 Windows 应用程序中，Windows 用户控件包含一个或多个 Windows 窗体控件、组件或代码块，它们能够通过修改显示属性或执行自定义的其他任务来扩展功能。可以按照与工具箱中控件相同的方式，将用户控件置于 Windows 窗体中。

11.4.1　用户控件的创建

在 VS 2010 中，选择“新建项目”命令，在已安装的模板中选择“Visual C#”，然后选择“Windows”，接着选择“Windows 窗体控件库”，然后自定义项目的“名称”和“位置”，单击“确定”按钮，进入代码编辑窗口，如图 11-7 所示。

设计用户控件的界面，打开 UserControl1 的视图设计器界面，在界面上添加一个 Label 控件和一个 Timer 组件。界面设计效果如图 11-8 所示。

图 11-7 新建项目

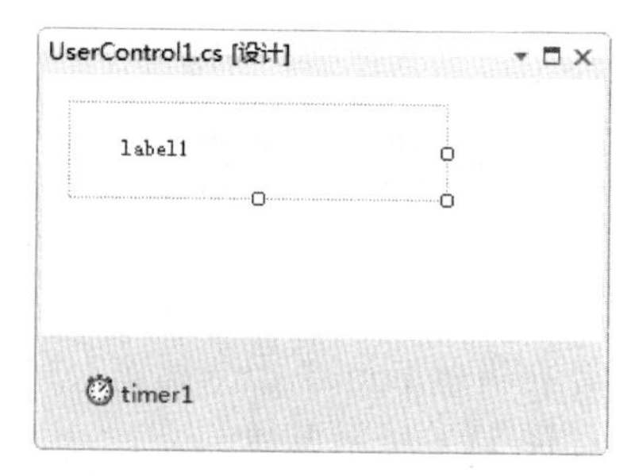

图 11-8 UserControl1 窗体界面

接着为组件 timer1 添加 Tick 事件，并将 UserControl1.cs 中的代码改为如下所示。

```
using System;
using System.Collections.Generic;
using System.ComponentModel;
using System.Drawing;
using System.Data;
using System.Linq;
using System.Text;
using System.Windows.Forms;

namespace createUC
{
    public partial class UserControl1 : UserControl
    {
        public UserControl1()
        {
            InitializeComponent();
            timer1.Interval = 1000;
            timer1.Enabled = true;
        }
        private void timer1_Tick(object sender, EventArgs e)
        {
            label1.Text = "当前系统时间是：" + DateTime.Now.ToLongTimeString();
        }
    }
}
```

最后，在“解决方案资源管理器”中右键单击项目名称“createUC”，在弹出的下拉菜单中选择“生成”命令，生成用户控件 createUC.dll。默认存储路径在 createUC\bin\Debug 目录中。

11.4.2　用户控件的测试

新建一个“Windows 窗体应用程序”，项目命名为“useUC”。把之前生成的 createUC.dll 文件复制粘贴到新项目下的 Debug 文件夹下。找到“解决方案资源管理器”，然后右键单击项目名称“useUC”，选择“添加引用”命令，弹出如图 11-9 所示窗体。在“浏览”选项卡下，打开项目下的 Debug 文件夹，找到刚刚复制过来的 createUC.dll 文件，单击“确定”按钮。

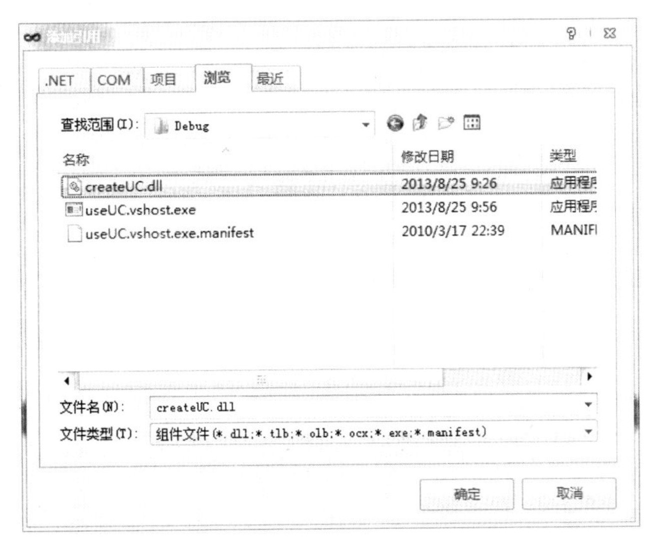

图 11-9　添加引用

在“工具箱”中新建一个名为“显示系统时间”的选项卡，用鼠标右键单击该选项卡，从快捷菜单中选择“选择项”|“.NET Framework 组件”|“浏览”命令，找到生成的用户控件 createUC.dll，添加到“工具箱”中，如图 11-10 所示。

Silverlight 组件　System.Workflow 组件　System.Activities 组件
.NET Framework 组件　COM 组件　WPF 组件

名称	命名空间	程序集名称	目录
TransactionScope	System.Workflow.Compon...	System.Workflow.C...	全局程序集...
TreeView	System.Windows.Forms	System.Windows.Fo...	全局程序集...
TreeView	System.Web.UI.WebContr...	System.Web	全局程序集...
TreeViewArray	Microsoft.VisualBasic.Com...	Microsoft.VisualBas...	全局程序集...
TypedOperationInfo	System.Workflow.Activities	System.WorkflowSe...	全局程序集...
UpdateAllTasks	Microsoft.SharePoint.Wor...	Microsoft.SharePoi...	全局程序集...
UpdatePanel	System.Web.UI	System.Web.Extensi...	全局程序集...
UpdateProgress	System.Web.UI	System.Web.Extensi...	全局程序集...
UpdateTask	Microsoft.SharePoint.Wor...	Microsoft.SharePoi...	全局程序集...
UserControl	System.Windows.Forms	System.Windows.Fo...	全局程序集...
UserControl1	createUC	createUC (1.0.0.0)	C:\Users\A...
ValidationSummary	System.Web.UI.MobileCon...	System.Web.Mobile	全局程序集...

筛选器(F):

UserControl1
语言:　固定语言(固定国家/地区)

浏览(B)...
确定　取消　重置(R)

图 11-10　选择工具箱

从工具箱中找到“显示系统时间”选项卡，将用户控件“UserControl1”拖放到窗体 Form1 上，程序设计界面如图 11-11 所示。

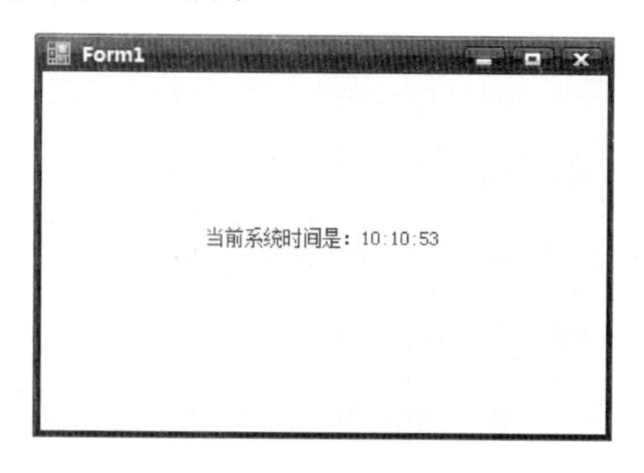

图 11-11 设计界面

运行程序。单击“启动调试”按钮或按 F5 键运行程序，运行界面类似于设计界面。

11.5 本章小结

本章主要介绍了组件和控件的相关概念和开发方法，通过本章的学习，读者可以对如何应用 C#程序设计语言在 Visual Studio 2010 软件开发平台上开发组件和用户控件有一个清晰的认识和理解，学会了组件的开发应用，会使得程序的开发更加便捷、高效。

习 题

一、选择题

（1）以下哪一项不是组件技术的特点____。

A. 重用性　　B. 可定制性　　C. 时效性　　D. 互操作性

（2）组件是指实现或从实现____的类中直接或间接派生的类。

A. DataSet　　B. IComponent　　C. CommandBuilder　　D. DataTable

二、简答题

（1）什么是控件？什么是组件？它们有何区别和联系？

（2）试简述如何在 VS.NET 2010 中将控件添加到工具箱中？

（3）试简述在 VS.NET 2010 中开发和使用组件的基本步骤。

（4）试简述在 VS.NET 2010 中开发和使用用户控件的基本步骤。

三、操作题

（1）编写程序，创建一个组件，该组件完成两个数的相减和相除操作，将组件编译完成之后在另一个项目中对组件进行引用测试。

（2）编写程序，创建一个用户控件，该控件的作用是用来显示系统的公告信息，控件创建完成之后在另一个项目中实现对该用户控件的调用，并测试用户控件的效果。

第 12 章　干部信息管理系统

干部信息管理是一项繁琐而复杂的工作，有大量的数据报表需要处理，如果使用人工的方式来管理，将会使效率很低，且错误率高，而且日积月累会产生大量的文件和数据，这给查找、更新和维护都带来了很大的困难。随着计算机技术、网络技术和数据库技术的成熟和普及，使用计算机对干部数据进行信息化、系统化的管理，具有查找方便、存储量大、成本低等优势。

本章在.NET 开发平台上，运用 C#程序设计语言和 Sqlite 数据库，根据干部信息管理的业务需求特点设计开发了一个基于 C/S 架构的干部信息管理系统，利用计算机相关技术来提高干部管理工作的质量和效率。下面按照软件设计的基本步骤来讲解如何设计并实现了一个干部信息管理系统。

12.1　系 统 分 析

需求分析是指理解用户需求，就软件功能与客户达成一致，估计软件风险和评估项目代价，最终形成开发计划的一个复杂过程。下面来了解干部信息管理系统的需求，为后面的开发做好准备。

12.1.1　需求分析

在信息技术不断普及的今天，传统的人工干部信息管理模式已经不能适应现代企业的需求，随着计算机技术、网络技术和数据库相关技术的成熟和普及，使用计算机对干部管理业务进行信息化、系统化的管理显得相当重要。本例采用 C#程序设计语言开发了一个基于 C/S 架构的干部信息管理系统。

本系统的主要目的是提高干部信息管理的工作效率和信息化水平。根据管理系统的基本要求，本系统需要完成以下任务。

1. 单位注册

系统能够选择版本（市厅级、县处级、乡科级），获取单位类别，分单位类别注册相应的单位，进而选择数据文件存放的位置创建系统数据文件。注册单位时要求填写编制部门批复的单位全称或规范的简称。

市（厅）级包括的单位类别：省直单位、省辖市、省管高校、省管企业。

县（处）级包括的单位类别：市直单位、县（市、区）、市管学校、市管企业。

乡（科）级包括的单位类别：县（市、区）直、乡（镇、街道）、县管学校、县管企业。

2．文件管理

- 新建数据文件；
- 打开已有数据文件；
- 导出系统数据文件；
- 关闭当前与系统关联的数据文件；
- 导出空白报表：包括初步人选名册表、信息采集表、简要情况登记表和考察材料。

3．综合管理

（1）基本信息采集。

录入干部的基本信息，包括姓名、出生年月、职务、身份证号性别、民族、工作单位、所在部门、职务、籍贯、出生年月、入党时间、参加工作时间、全日制学历、全日制学位、全日制毕业院校、全日制专业、在职学历、在职学位、在职毕业院校、在职专业、专业技术职务、历任主要职务、熟悉领域、培养方向、培养措施。

（2）简要情况登记。

- 简要情况：出生地、健康状况、熟悉专业及专长、个人照片、近三年考核情况（考核年度和考核结果）。
- 个人简历：开始时间、结束时间、简历内容。
- 家庭成员及重要社会关系：称谓（父亲、母亲、岳父、岳母、公公、婆婆、妻子、丈夫、儿子、女儿、其他）、姓名、出生年月、年龄、国籍、党派（中共、中共预备、民革、民盟、民建、民进、农工党、致公党、九三学社、台盟、共青团员、群众）、民族（56 个民族）、工作单位及职务、备注（离休、已故、已退休）。
- 奖惩情况：奖惩类别（奖或惩）、级别（乡科级、市厅级、省部级、国家级、其他）、授予时间、奖惩情况内容。

（3）其他信息采集

- 海外学习情况：包括海外学习开始时间、海外学习结束时间、海外学习国别、院校及专业、所获学位和学历。
- 海外工作情况：海外工作开始时间、海外工作结束时间、海外工作国别、海外工作单位及职务、海外工作专业领域。
- 重大事项信息：重大事项信息包括本人的婚姻变化情况、本人持有因私出国（境）证件的情况、本人因私出国（境）的情况、子女与外国人无国籍人通婚的情况、子女与港澳及台湾居民通婚的情况、配偶子女移居国（境）外的情况、配偶子女从业情况（包括配偶子女在国外或境外从业的情况和职务情况）、配偶子女被司法机关追究刑事责任的情况。
- 熟悉外语语种：熟悉外语语种的名称、熟练程度（精通、熟练、良好、一般）。
- 参加培训和实践锻炼情况：报告事项、培训形式、培训内容、起始时间、结束时间。
- 培养锻炼措施要求：包括省级以上党校等培训机构学习、省委党校学习、省干部教育培训中心各培训分部学习、省社会主义学院学习、国（境）外培训、交流任职、到沿海经济发达地区挂职、到基层条件环境艰苦地区挂职、到中央国家机关部委挂职、到省级重点工程或信访职位挂职、到省外重点高校挂职、现岗位锻炼、内部多岗位锻炼、其他。最多选择三项。

（4）考察材料。

录入与该干部有关的考察材料信息。

4. 数据分析

（1）基本分析：在基本分析中所要做的统计包括以下数据信息。

- 基本统计数据：近期可提拔使用、女干部、少数民族干部、非中共党员干部、正高、副高。
- 年龄段统计：30 岁及以下、31 岁到 35 岁、36 岁到 40 岁、41 岁到 45 岁、46 岁到 50 岁、51 岁及以上。
- 现任职级统计：正厅级、副厅级、正县处级、副县处级、正科、副科、科员、办事员。
- 最高学位统计：学士、硕士、博士。
- 最高学历统计：研究生、大学本科、大学专科、中专及以下。
- 全日制学历统计：研究生、大学本科、大学专科、中专及以下。
- 其他：公开选拔产生、出国培训、交流任职、挂职锻炼、参加理论培训、本单位岗位轮换、两年以上基层工作经历、两年以上基层领导工作经历、企业高校科研院所正职任职经历。

（2）高级分析：在高级查询中组合查询包括以下条件。

- 人员类型：正职、副职、所有。
- 性别：男、女。
- 级别：正厅级、副厅级、正县处级、副县处级、正科、副科、科员、办事员。
- 民族：56 个民族和“少数民族”。
- 党派：中共、民革、民盟、民建、民进、农工党、致公党、九三学社、台盟、群众。
- 年龄段：30 岁及以下、31 岁到 35 岁、36 岁到 40 岁、41 岁到 45 岁、46 岁到 50 岁、51 岁及以上、自定义年龄段。
- 全日制学位：学士、硕士、博士。
- 全日制学历：研究生、大学本科、党校大学、大学专科、党校大专、中专、大普、高中、初中。
- 在职学位：学士、硕士、博士。
- 在职学历：研究生、大学本科、党校大学、大学专科、党校大专、中专、大普、高中、初中。
- 统计时间：可灵活选择统计时间（年龄是到统计时间为止时的年龄）。

（3）年龄分析：通过输入自定义年龄段，统计出该年龄段内每一年龄的人数。

5. 打印管理

能够打印出用户所需的报表，包括初步人选名册表、信息采集表、简要情况登记表和考察材料。

6. 用户管理

修改用户登录系统的口令。

12.1.2 功能模块的划分

根据上面的需求分析，将系统分为 6 个大的功能模块，分别为单位注册、文件管理、综合管理、数据分析、打印管理和用户管理，其功能结构如图 12-1 所示。

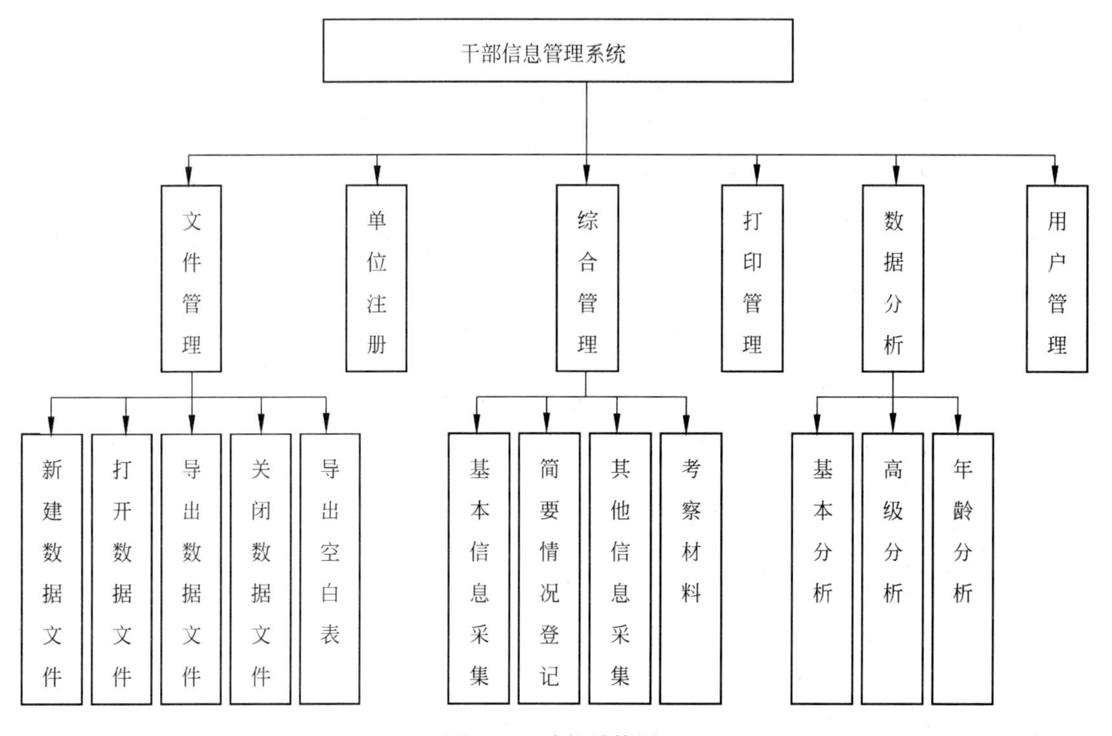

图 12-1 功能结构图

单位注册：该模块负责单位信息的管理。主要包括添加、删除、修改和查看单位信息。

文件管理：该模块负责管理与系统相关的数据文件的创建、打开、关闭、导出，以及空白报表文件的导出。

综合管理：该模块负责对干部信息的录入，主要功能包括基本信息采集、简要情况登记、其他信息采集和考察材料的录入。

数据分析：该模块负责对系统中干部人员情况进行分析，主要包括基本分析、高级分析和年龄分析。

打印管理：该模块负责对系统中干部信息进行打印输出。

用户管理：该模块负责对系统口令的修改。

12.2 数据库设计

数据库作为数据的一个容器，不仅对程序的性能有很大的影响，而且对应用程序的扩展有非常大的影响。对应用程序来说，一个具有良好设计的数据库是非常重要的。我们先了解干部信息管理系统的数据库设计情况，以便使后面的开发工作能够顺利进行。

12.2.1　数据库的需求分析

根据干部信息管理系统的需求，需要在数据库中存储以下几类数据信息。

干部基本信息表：存放干部人员的基本信息，包括姓名、身份证号、所在单位、性别、民族、职务、出生地和籍贯等信息。

熟悉外语语种信息表：存放干部编号、所熟悉的外语语种和熟悉程度等信息。

家庭成员关系表：存放干部编号、家庭成员的称谓、姓名、籍贯、年龄、党派等信息。

单位信息表：存放单位名称、注册时间和单位类别等信息。

奖惩情况信息表：存放干部编号、类别（奖或惩）、奖惩时间和奖惩级别等信息。

重大报告事项信息表：存放干部编号、报告的内容和报告事项的序号等信息。

个人简历信息表：存放干部编号、开始时间、结束时间和内容等信息。

海外学习情况信息表：存放干部编号、开始时间、结束时间、海外学习国别、海外学习的院校和专业、所获学位和学历等信息。

参加培训和实践锻炼情况信息表：存放干部编号、报告事项、开始时间、结束时间、培训类别和报告内容等信息。

培养措施需求信息表：存放干部编号、选项和说明等信息。

海外工作情况信息表：存放干部编号、开始时间、结束时间、海外工作国别、单位和职务、海外工作专业领域等信息。

12.2.2　数据的逻辑设计

根据上述对干部信息管理系统的需求分析，下面对数据库进行逻辑设计。数据库的逻辑设计是应用程序开发的一个重要阶段，主要是指在数据库中创建需要的表。如果有需要还可以设计视图和存储过程及触发器。

根据数据库的需求分析，本系统包括 11 张表，干部基本信息表、熟悉外语语种信息表、家庭成员关系表、单位信息表、奖惩情况信息表、重大报告事项信息表、个人简历信息表、海外学习情况信息表、参加培训和实践锻炼情况信息表、培养措施需求信息表、海外工作信息表。下面列出这几张表的详细结构。

1. 干部基本信息表

干部基本信息表（TB_Commoninf）用来存储干部人员的基本信息，表的字段说明如表 12-1 所示。

表 12-1　干部基本信息表

字段说明	字段名	是否主键	类型	是否为空	备注
身份证号码	CID	Yes	varchar	No	唯一标识
注册的单位名称	unitname		varchar	Yes	所在单位
姓名	name		varchar	Yes	
性别	sex		varchar	Yes	

续表

字段说明	字段名	是否主键	类型	是否为空	备注
民族	nation		varchar	Yes	
实际工作的单位	department		varchar	Yes	工作部门
职务	position		varchar	Yes	
籍贯	native		varchar	Yes	
出生地	birthplace		varchar	Yes	
出生日期	birthday		varchar	Yes	
年龄	age		varchar	Yes	
入党时间	partyTime		varchar	Yes	
参加工作时间	workTime		varchar	Yes	
健康状况	health		varchar	Yes	
专业技术职务	technicalPost		varchar	Yes	
熟悉专业有何专长	specialtySkill		varchar	Yes	
全日制学历	fullEducation		varchar	Yes	
全日制学位	fullDegree		varchar	Yes	
全日制毕业院校	fullSchool		varchar	Yes	
全日制专业	fullSpecialty		varchar	Yes	
在职学历	workEducation		varchar	Yes	
在职学位	workDegree		varchar	Yes	
在职毕业院校	workGraduate		varchar	Yes	
在职专业	workSpecialty		varchar	Yes	
熟悉领域	knowField		varchar	Yes	
培养方向	trainDirection		varchar	Yes	
培养措施	trainMeasure		varchar	Yes	
备注	remark		varchar	Yes	
历任主要职务	experiencePost		varchar	Yes	
近期可进班子	joinTeam		varchar	Yes	
照片	photo			Yes	
正副职	qd		Boolean	Yes	true 为正 false 为副
近三年考核情况中的第一年	startTime		varchar	Yes	
第一年考核结果	result1		varchar	Yes	
第二年考核结果	result2		varchar	Yes	
第三年考核结果	result3		varchar	Yes	
删去标记	isDelete		varchar	Yes	true 为删除 false 为正常
党派	partyClass		varchar	Yes	
级别	grade		varchar	Yes	
顺序编号	rank		int	Yes	
考察材料	material		varchar	Yes	
单位类别	unitClass		varchar	Yes	

续表

字段说明	字段名	是否主键	类型	是否为空	备注
取消资格或调整出的类型	State		varchar	Yes	
取消资格或调整出时间	stateTime		varchar	Yes	
提拔类型	promote		varchar	Yes	
提拔时间	promoteTime		varchar	Yes	
专业技术职称级别	SPDegree		varchar	Yes	
具有两年以上基层工作经历	isTwoYear		boolean	Yes	
有企业、高校、科研院所正职领导工作经历	isGuide		boolean	Yes	
列入后备年份	systemTime		varchar	Yes	
是否为公选提拔产生	publicSelect		boolean	Yes	
具有两年以上基层领导工作经历	twoYGE		boolean	Yes	
存储移动以前的单位	extend1		varchar	Yes	
存储人员姓名的全拼和各汉字首字母	extend2		varchar	Yes	
存储单位名称拼音的全拼和各汉字首字母	extend3		varchar	Yes	

2．熟悉外语语种信息表

熟悉外语语种信息表（TB_FamiliarForeign）用于存放干部人员对外语语种熟悉程度的信息，表的字段说明如表 12-2 所示。

表 12-2　熟悉外语语种信息表

字段说明	字段名	是否主键	类型	是否为空	备注
唯一标识符	ID	Yes	integer	No	
干部编号	CID		varchar	No	
外语语种	foreignKind		varchar	Yes	
熟练程度	level		varchar	Yes	

3．家庭成员关系表

家庭成员关系表（TB_Family）用于存放与干部有关的家庭成员基本信息的表，表的字段说明如表 12-3 所示。

表 12-3　家庭成员关系表

字段说明	字段名	是否主键	类型	是否为空	备注
序号	ID	Yes	integer	No	
干部编号	CID		varchar	No	

续表

字段说明	字段名	是否主键	类型	是否为空	备注
称谓	relationship		varchar	Yes	
姓名	name		varchar	Yes	
出生日期	birthday		varchar	Yes	
国籍	country		varchar	Yes	
党派	party		varchar	Yes	
民族	nation		varchar	Yes	
单位及工作	deptJob		varchar	Yes	
年龄	age		integer	Yes	
备注	remark		varchar	Yes	

4. 单位信息表

单位信息表（TB_LocalUnit）用于存放填报单位的单位信息，表的字段说明如表 12-4 所示。

表 12-4 单位信息表

字段说明	字段名	是否主键	类型	可空	备注
序号	ID	Yes	integer	No	
单位名称	unitName		varchar	Yes	
注册时间	registTime		varchar	Yes	
单位类别	unitClass		varchar	Yes	

5. 奖惩情况信息表

奖惩情况信息表（TB_PunishAward）用于存放干部所受到的奖惩信息，表的字段说明如表 12-5 所示。

表 12-5 奖惩情况信息表

字段说明	字段名	是否主键	类型	是否为空	备注
序号	ID	Yes	integer	No	
干部编号	CID		varchar	Yes	
类别：奖或惩	class		varchar	Yes	
奖惩时间	time		varchar	Yes	
奖惩级别	grade		varchar	Yes	

6. 重大报告事项信息表

重大报告事项信息表（TB_GreatContent）用于存放与干部有关的相关重大事项情况，表的字段说明如表 12-6 所示。

表 12-6 重大报告事项信息表

字段说明	字段名	是否主键	类型	是否为空	备注
序号	ID	Yes	integer	No	
干部编号	CID		varchar	No	
报告的内容	content		varchar	Yes	
报告事项的序号	matter		varchar	Yes	

7．个人简历信息表

个人简历信息表（TB_Resume）用于存放干部的个人简历信息，表的字段说明如表 12-7 所示。

表 12-7　个人简历信息表

字段说明	字段名	是否主键	类型	是否为空	备注
序号	ID	Yes	integer	No	
干部编号	CID		varchar	Yes	
开始时间	betime		varchar	Yes	
结束时间	entime		varchar	Yes	
内容	content		varchar	Yes	

8．海外学习情况信息表

海外学习情况信息表（TB_SAbroad）用于存放干部的海外学习情况信息，表的字段说明如表 12-8 所示。

表 12-8　海外学习情况信息表

字段说明	字段名	是否主键	类型	可空	备注
序号	ID	Yes	integer	No	
干部编号	CID		varchar	No	
开始时间	startTime		varchar	Yes	
结束时间	endTime		varchar	Yes	
海外学习国别	country		varchar	Yes	
海外学习院校和专业	academy		varchar	Yes	
所获学位和学历	degree		varchar	Yes	

9．参加培训和实践锻炼情况信息表

参加培训和实践锻炼情况信息表（TB_TrainExercise）用于存放干部所经历的培训和实践锻炼情况信息，表的字段说明如表 12-9 所示。

表 12-9　参加培训和实践锻炼情况信息表

字段说明	字段名	是否主键	类型	是否为空	备注
序号	ID	Yes	integer	No	
干部编号	CID		varchar	No	
报告事项	reportMatter		varchar	Yes	
开始时间	startTime		varchar	Yes	
结束时间	endTime		varchar	Yes	
培训类别	reportContent		varchar	Yes	
报告内容	content		varchar	Yes	

10. 培养措施需求信息表

培养措施需求信息表（TB_TrainMethord）用于存放干部的培养措施需求信息，表的字段说明如表 12-10 所示。

表 12-10　培养措施需求信息表

字段说明	字段名	是否主键	类型	是否为空	备注
序号	ID	Yes	integer	No	
干部编号	CID		varchar	No	
选项	options		integer	Yes	
说明	note14		varchar	Yes	

11. 海外工作情况信息表

海外工作情况信息表（TB_WAbroad）用于存放干部的海外工作经历信息，表的字段说明如表 12-11 所示。

表 12-11　海外工作情况信息表

字段说明	字段名	是否主键	类型	是否为空	备注
序号	ID	Yes	integer	No	
干部编号	CID		varchar	No	
开始时间	startTime		varchar	Yes	
结束时间	endTime		varchar	Yes	
海外工作国别	abroadCountry		varchar	Yes	
单位和职务	departmentPosition		varchar	Yes	
海外工作专业领域	specialtyArea		varchar	Yes	

12.3　公共类设计

在开发过程时，经常会遇到在不同的方法中进行相同处理的情况，例如，数据库连接和 SQL 语句的执行等，为了避免重复编码，可将这些处理封装到单独的类中，通常称这些类为公共类或工具类。在开发本系统时，用到数据库连接及操作类、配置文件读写类，下面分别进行介绍。

12.3.1　数据库连接及操作类

MySQLiteConnection 类主要是完成与数据库的连接操作，其中，带参数的构造方法用来获取数据源路径，GetSQLiteConnection()方法用来建立与数据库的连接；或者通过 GetSQLiteConnection()方法直接传递数据源路径并获得与该数据源的连接。

（1）添加对所需的命名空间的引用。代码如下：

```
using System;
```

```
using System.Collections.Generic;
using System.Linq;
using System.Text;
using System.Data.SQLite;
```

（2）声明类的属性。代码如下：

```
private static SQLiteConnection conn;
private string datasource;
```

（3）重载构造函数，在该方法中获取数据源的路径。代码如下：

```
public MySQLiteConnection(string datasource)
{
  this.datasource = datasource;
}
```

（4）创建获取数据库连接的方法 GetSQLiteConnection()，方法中通过 new 操作符实例化一个 SQLiteConnection 类实例，并通过 return 将该数据库连接返回。代码如下：

```
public SQLiteConnection GetSQLiteConnection()
{
string connstr = string.Format("Data Source={0}", datasource);
//获取数据源路径
try
{
conn = new SQLiteConnection(connstr);
}
catch (Exception ex)
{
throw ex;
}
return conn;
}
```

（5）创建获取数据库连接的方法 GetSQLiteConnection()，调用该方法的同时通过参数传递数据源路径，在方法中建立与该数据源的连接并返回连接结果。代码如下：

```
public SQLiteConnection GetSQLiteConnection(String datasource)
{
this.datasource = datasource;
string connstr = string.Format("Data Source={0}", datasource);
try
{
conn = new SQLiteConnection(connstr);
}
catch (Exception ex)
{
```

```
throw ex;
}
return conn;
}
```

（6）创建专门用于执行 SQL 语句的方法 OperateData_sql()，执行成功返回结果 1，执行失败则返回 0。代码如下：

```
public int OperateData_sql(string strSql)
{
    try
    {
        conn.Open();
        SQLiteCommand cmd = new SQLiteCommand(strSql, conn);
        cmd.ExecuteNonQuery();
        return 1;
    }
    catch
    {
        return 0;
    }
    finally
    {
        conn.Close();
    }
}
```

（7）创建专门用于读取数据库中数据的方法 GetOneDataTable_sql()，并且将读取到的数据记录以 DataTable 类型返回。代码如下：

```
public DataTable GetOneDataTable_sql(string sql)
{
    try
    {
        SQLiteDataAdapter da = new SQLiteDataAdapter(sql, conn);
        DataTable dt = new DataTable();
        da.Fill(dt);
        return dt;
    }
    catch (SQLiteException ex)
    {
        MessageBox.Show(ex.Message);
        return null;
    }
    finally
    {
```

```
            conn.Close();
        }
    }
```

12.3.2　配置文件读写类

ReadIni 类主要完成对系统配置文件的读写操作，配置文件中记录了与系统关联的数据库文件的路径信息、单位信息、单位类别信息等。通过调用该类中的 ReadString()方法读取配置文件字段信息，通过调用 WriteString()方法将标识字段的值 val 写入配置文件中对应的标识字段 key。

（1）添加对所需命名空间的引用。代码如下：

```
using System;
using System.Collections.Generic;
using System.Text;
using System.Windows.Forms;
using System.Runtime.InteropServices;
```

（2）声明，把一个 Win32 API 函数转换成 C#函数。代码如下：

```
[DllImport("kernel32")]
private static extern int GetPrivateProfileString(
    string section,             //ini 文件中的段落
    string key,                 //ini 文件中的关键字
    string def,                 //无法读取时的缺省数值
    StringBuilder retVal,       //读取数值
    int size,                   //数值的大小
    string fPath                //ini 文件的完整路径和名称
);
[DllImport("kernel32")]
private static extern int WritePrivateProfileString(
    string section,
    string key,
    string val,                 //ini 文件中关键字的值
    string fPath
);
```

（3）创建通过标识字段 key 从配置文件中读取 key 的值的方法 ReadString()。代码如下：

```
public string ReadString(string key)
{
    string fPath = Application.StartupPath + "\\config.ini";
    StringBuilder temp = new StringBuilder(1024);
    GetPrivatePro fileString("hbs", key, "", temp, 1024, fPath);
    return temp.ToString();
}
```

（4）创建方法 WriteString()，实现向配置文件中指定字段写入对应的值。代码如下：

```
public void WriteString(string key, string val)
{
    string fPath = Application.StartupPath + "\\config.ini";
    WritePrivateProfileString("hbs", key, val, fPath);
}
```

12.4 系统的实现

从系统的功能模块分析中可以知道，干部信息管理系统包括系统登录模块、单位注册模块、文件管理模块、综合管理模块、数据分析模块、打印管理模块和用户管理模块。下面将针对各模块的界面设计和代码实现进行具体分析。

12.4.1 系统登录模块

系统登录窗体是用来 RadioButton 控件、Button 控件和 TextBox 控件，其界面如图 12-2 所示。

图 12-2 系统登录界面

首次登录系统时口令默认为空，同时要求使用者根据自己单位所管理的干部类型选择相应的版本（市厅级、县处级或乡科级），进而进入单位注册界面，注册成功并生成相应的系统数据文件之后进入系统管理主窗体。非首次登录，在用户口令验证通过后，直接进入系统管理主窗体。代码实现如下：

```
private void btn_Login_Click(object sender, EventArgs e)
{
    if (tb_Password.Text.Equals(readIni.ReadString("password")))
    {
```

```
        if (radioButton1.Visible)
        {
            if (radioButton1.Checked == true || radioButton2.Checked == true
            || radioButton3.Checked == true)
            {
                readIni.WriteString("tempversion", version);
                FrmUnit frmUnit = new FrmUnit();
                frmUnit.frmlogin = this;
                frmUnit.ShowDialog();
                if (IsSuccessful)
                {
                      FrmMain frmMain = new FrmMain();
                      frmMain.Show();
                }
                this.Visible = false;
                this.Size = new Size(0, 0);
            }
            else
            {
                MessageBox.Show("请选择版本号！","提示");
            }
        }
        else
        {
            FrmMain frmMain = new FrmMain();
            frmMain.Show();
            this.Visible = false;
        }
    }
    else
    {
        MessageBox.Show("口令错误，请重新输入！");
        tb_Password.Text = "";
    }
}
```

12.4.2　单位注册模块

单位注册模块包含选择单位（FrmUnit）和注册新单位（FrmUnitRegist）两个窗体，主要实现在相应的单位类别下注册使用单位的单位名称，同时根据单位名称生成与系统关联的数据库文件。在此功能模块内，还可以实现对单位的注册、删除和修改。

选择单位（FrmUnit）窗体使用到了 Label 控件、Button 按钮控件、ComboBox 控件、TextBox 控件、ImageList 控件、SaveFileDialog 控件和 ContextMenuStrip 控件，其界面如图 12-3 所示；注册新单位（FrmUnitRegist）窗体使用了 Label 控件、ComboBox 控件、TextBox

控件、Button 控件和 DateTimePicker 控件，其界面如图 12-4 所示。

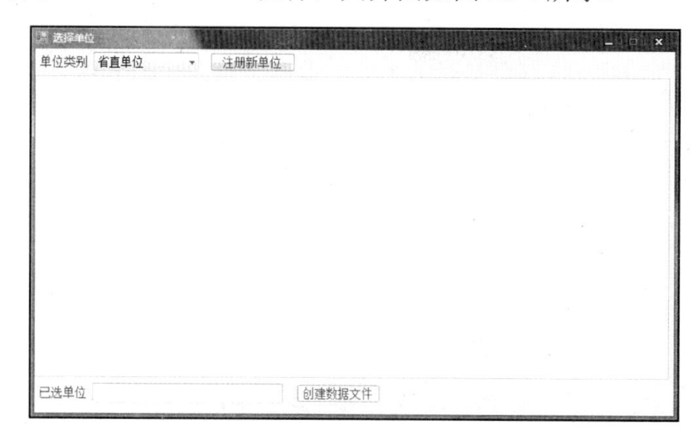

图 12-3　选择单位窗体

图 12-4　注册新单位窗体

（1）在选择单位窗体的 Load 事件中调用 SetUnitClass()方法，实现在窗体加载时，根据在登录界面选择的版本类别（市厅级、县处级、乡科级），将对应的单位类别信息从数据库中提取并绑定到 comboBox_select 控件中。代码实现如下：

```
private void SetUnitClass()
{
    ReadIni readIni = new ReadIni();
    //读取记录在配置文件中的版本类别信息
    string tempversion = readIni.ReadString("tempversion");
    if (tempversion.Equals(""))
    {
        tempversion = readIni.ReadString("version");
    }
    DataTable dt = dataOperation.GetOneDataTable_sql("select  unitClass
    from TB_GradeUnitClass where version='" + tempversion + "'");

    for (int i = 0; i < dt.Rows.Count; i++)
    {
```

```
        comboBox_select.Items.Add(dt.Rows[i]["unitClass"].ToString());
    }
}
```

（2）“注册新单位”按钮的单击事件处理函数，弹出注册新单位窗体。代码实现如下：

```
private void button_rigist_Click(object sender, EventArgs e)
{
    FrmUnitRegist formUnitRegist = new FrmUnitRegist(comboBox
    _select.Text);
    formUnitRegist.unitForm = this;
    formUnitRegist.ShowDialog();
}
```

（3）注册新单位窗体上“确定”按钮的单击事件处理函数，代码实现如下：

```
private void button_regist_Click(object sender, EventArgs e)
{
    //通过 CheckUnit()方法检测单位名称是否已被注册
    if (unitOperation.CheckUnit(textBox_unitName.Text.Trim()))
    {
        if (this.textBox_unitName.Text.Trim().Equals(""))
        {
                MessageBox.Show("单位名称不能为空！","提示");
        }
        else
        {
            Unit unit = new Unit();
            unit.UnitName = this.textBox_unitName.Text.
            ToString().Trim();
            unit.UnitKind = this.comboBox_unitKind.Text.Trim();
            unit.RegistTime = this.dateTimePicker1.Text.
            ToString().Trim();

            //将新注册单位信息写入 DBHBMSU.db 文件中
            unitOperation.insterNewUnit_Globle(unit.UnitName, unit.
            RegistTime, unit.UnitKind);
            MessageBox.Show("注册成功!","提示");
            if (unitForm != null)
            {
                unitForm.comboBox_select.Text = this.comboBox_unitKind.
                Text.Trim();
                unitForm.showUnitName();//在选择单位窗体中绑定已注册的单位名
            }
            this.Close();
            this.Dispose();
        }
```

```
    }
    else
    {
        MessageBox.Show("该单位已存在！");
    }
}
```

（4）选择单位窗体中“创建数据文件”按钮的单击事件处理函数，代码实现如下：

```
private void button_sure_Click(object sender, EventArgs e)
{
    try
    {
        ReadIni readini = new ReadIni();
        if (!label_showUnit.Text.Equals("") &&!label_showUnit.Text.
        Equals(string.Empty))
        {
            saveFileDialog1.Filter = ".hbs 文件|*.hbs";
            string newPath="C:\\HBGB"; //设置新建文件的默认存储路径
            if(!Directory.Exists(newPath))
            {
                Directory.CreateDirectory(newPath);
            }
            saveFileDialog1.InitialDirectory =newPath;
            saveFileDialog1.FileName = label_showUnit.Text;
            if (saveFileDialog1.ShowDialog() == DialogResult.OK)
            {
                this.ControlBox = false;
                button_sure.Enabled = false;
                button_regist.Enabled = false;
                comboBox_select.Enabled = false;
                listView1.Enabled = false;
                string filepath = saveFileDialog1.FileName.
                ToString();
                Object path = (Object)filepath;//把 filePath 转换为
                object 的对象
                run1(path); //
                readini.WriteString("unitName", label_showUnit.
                Text);
                readini.WriteString("unitClass", comboBox_select.
                Text.ToString());
                string s = readini.ReadString("tempversion");
                if (s != "")
                {
                    //记录当前系统所使用的版本
                    readini.WriteString("version", s);
```

```
                    readini.WriteString("tempversion", "");
                }
                if (!LoginMain)
                {
                    frmlogin.IsSuccessful = true;
                }
                if (System.IO.File.Exists(readini.ReadString("filePath")))
                {
                    if (ci != null)
                    {
                        ci.nowUnit.Text = label_showUnit.Text;
                        ci.listView.Items.Clear();
                        ci.insertPanel.Visible = true;
                    }
                }
                else
                {
                    readini.WriteString("filePath", "");//清空 ini 文件中的路径
                    信息
                    Application.Exit();
                }
                this.Close();
            }
        }
        else
        {
            MessageBox.Show("单位选择不能为空","提示");
        }
    }
    catch (Exception)  {    }
}
```

12.4.3　文件管理模块

文件管理模块包括五个子功能：新建数据文件、打开数据文件、导出数据文件、关闭数据文件和导出空白表功能。

1. 新建数据文件

新建数据文件子功能主要用于创建新的系统数据文件。具体代码实现如下：

```
private void allpeople_Lb_Click(object sender, EventArgs e)
{
switch (this.panelStyle)
{
```

```
    case "file":
    if (nowUnit.Text.Equals("")) //当前系统没有关联其他数据库文件
    {
        FrmUnit frmUnit = new FrmUnit();
        frmUnit.LoginMain = true;
        frmUnit.ci = this;
        frmUnit.ShowDialog(); //显示选择单位窗体，实现新单位的注册
    }
    else
    {
       if (MessageBox.Show("要执行此操作，必须先关闭当前正在操作的文件，是否关闭?
       ", "提示", MessageBoxButtons.YesNo) == DialogResult.Yes)
       {
           nowUnit.Text = "";
           listView.Items.Clear();
           clearPage();
           cid = string.Empty;
           groupBox1.Text = "干部人选名册";
           FrmUnit frmUnit = new FrmUnit();
           frmUnit.LoginMain = true;
           frmUnit.ci = this;
           frmUnit.ShowDialog();
       }
    }
    Break;
}
}
```

2. 打开数据文件

打开数据文件子功能主要用于打开新的数据库文件。具体代码实现如下：

```
public void OpenDataFile()
{
     openFileDialog1.Filter = "数据文件(*.hbmis *.hbs)|*.hbmis;*.hbs";
     openFileDialog1.Title = "请选择您要打开的文件！";
     openFileDialog1.CheckFileExists = true;
     openFileDialog1.Multiselect = false;
     if (openFileDialog1.ShowDialog() == DialogResult.OK)
     {
         try
         {
            DataOperation oper = new DataOperation(openFileDialog1.
            FileName);
            DataTable dt = oper.GetOneDataTable_sql("select * from TB_
            LocalUnit");
```

```
            if (dt == null)
            {
                MessageBox.Show("文件打开失败！", "提示");
                return;
            }
            if (dt.Rows.Count == 1)
            {
                //将新打开的数据文件的路径写入配置文件的 filePath 字段中
                readIni.WriteString("filePath", openFileDialog1.FileName.
                ToString());
                readIni.WriteString("unitName", dt.Rows[0]["unitname"].
                ToString());
                readIni.WriteString("unitClass", dt.Rows[0]["unitclass"].
                ToString());

                nowUnit.Text = dt.Rows[0]["unitname"].ToString();
                string sql = "";
                if (comboxtext_qd.Equals("正职"))
                {
                    sql = "select * from TB_CommonInfo where isDelete=0 and
                    qd=1";
                }
                else if (comboxtext_qd.Equals("副职"))
                {
                    sql = "select * from TB_CommonInfo where isDelete=0 and
                    qd=0 ";
                }
                else
                {
                    sql = "select * from TB_CommonInfo where isDelete=0";
                }
                ShowInfo(sql);
                controlSearch.option.Enabled = true;
                comboBox1.Enabled = true;
                button1.Enabled = true;
            }
            else
            {
                MessageBox.Show("上报端系统不能打开综合端文件！", "提示");
                return;
            }
        }
        catch { MessageBox.Show("文件打开失败！", "提示"); }
    }
}
```

3．导出数据文件

导出数据文件子功能主要实现将系统数据库文件中的数据以加密的文件格式导出到指定的位置。代码实现如下：

```
private void label_dailog_Click(object sender, EventArgs e)
{
     if (this.panelStyle == "file")
     {
          if (nowUnit.Text.Equals(""))
          {
               MessageBox.Show("当前系统未打开任何单位的数据文件，因此无法执行
               数据导出功能！");
          }
          else
          {
             saveFileDialog1.Title = "导出";
             saveFileDialog1.Filter = ".hbz 文件|*.hbz";
             string sourceFileName = readIni.ReadString("filePath"); //
             当前数据文件路径
             saveFileDialog1.AddExtension = true;
             saveFileDialog1.DefaultExt = ".hbz"; //设置默认文件扩展名
             if (saveFileDialog1.ShowDialog() == DialogResult.OK)
             {
                  string s = saveFileDialog1.FileName.ToString();
                  openFileDialog1.Title = "请选择您要存放的位置！";
                  EncryptFile(sourceFileName, s, myPassword); //实现将文
                  件加密并输出
                 MessageBox.Show("导出成功", "提示");
             }
        }
     }
}
```

4．关闭数据文件

关闭数据文件子功能主要实现将当前与系统关联的数据库文件关闭掉，不再与系统关联。代码实现如下：

```
private void label_name_sheet_Click(object sender, EventArgs e)
{
     if (this.panelStyle == "insert")
     {
      if (this.panelStyle == "file")
      {
            nowUnit.Text = "";
```

```
            this.listView.Items.Clear();
            clearPage();
            MessageBox.Show("当前文件已经关闭！", "提示");
        }
    }
}
```

5. 导出空白表

导出空白表子功能主要实现将系统中涉及的报表文件导出。代码实现如下：

```
public void CopyDirectory(string SourcePath, string TargetPath, bool
Overwrite)
{
    if (!Directory.Exists(SourcePath))  //如果源目录不存在，则退出
    {
        return;
    }
    try
    {
        if (!Directory.Exists(TargetPath)) //如果目标路径不存在，则创建此文件夹
        {
            Directory.CreateDirectory(TargetPath);
        }
    }
    catch (Exception ex)
    {
        string ErrInfo = ex.Message;
        return;
    }
    if (Directory.Exists(TargetPath))
    {
        // 遍历源路径的文件夹，获取文件名（带路径的）
        foreach (string FileName in Directory.GetFiles(SourcePath))
        {
            try
            {                  //复制文件
File.Copy(FileName, Path.Combine(TargetPath, Path.GetFileName(FileName)),
Overwrite);
            }
            catch (Exception ex)
            {
                string ErrInfo = ex.Message;
            }
        }
        // 子文件夹的遍历
```

```
        foreach (string SubPath in Directory.GetDirectories(SourcePath))
        { //复制文件
    CopyDirectory(SubPath, Path.Combine(TargetPath, Path.GetFileName
    (SubPath)), Overwrite);
        }
        MessageBox.Show("文件已成功导出至:" + TargetPath + " 目录下! ");
    }
}
```

12.4.4 综合管理模块

1. 基本信息采集

基本信息采集，主要完成包括姓名、身份证号、性别、出生年月、年龄、所在部门、职务、党派等基本信息的采集，其窗体界面如图 12-5 所示。

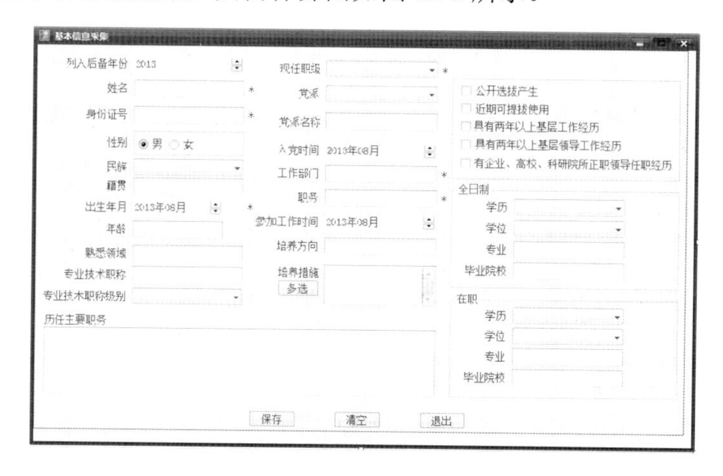

图 12-5 基本信息采集窗体

在用户执行新干部信息录入操作时，系统首先会将窗体上的信息提取出来赋值给类 CommonInfo 中对应的成员变量，然后将类实例以参数的形式传递给方法 InsertNameSheet()，执行具体的将信息写入数据库的操作。方法 InsertNameSheet()代码实现如下：

```
public void InsertNameSheet(CommonInfo commoInfo)
{
    try
    {
        string sql = "Insert into TB_CommonInfo (extend3, extend2,qd,
        cid,name,age,unitname,unitclass,sex,nation,department,position,
        native,birthday,partytime,worktime,fulleducation,fulldegree,
        fullschool,fullspecialty," +"workeducation,workdegree,
        workgraduate, workspecialty,technicalPost, experiencePost,
```

```
    knowfield,traindirection,trainmeasure,jointeam,partyClass,grade,
    SPDegree,isTwoYear,isGuide,systemTime,publicSelect,twoYGE,
    isdelete)values(@extend11, @extend22, @qd1,@cid1,@name1,@age1,
    @unitname1, @unitclass1, @sex1," +"@nation1,@department1,
    @position1, @native1,@birthday1, @partyTime1, @worktime1,
    @fullEducation1,@fullDegree1,@fullSchool1,@fullSpecialty1,@workE
    ducation1," +"@workDegree1,@workGraduate1,@workSpecialty1,
    @technicalPost1, @experiencePost1,@knowField1,@trainDirection1,
    @trainMeasure1,@joinTeam1, @partyClass1,@grade1,@SPDegree1,
    @isTwoYear1, @isGuide1,@systemTime1, @publicSelect1,@twoYGE1,
    @isdelete1)";
conn.Open();
using (SQLiteCommand cmd = new SQLiteCommand(sql, conn))
{
    cmd.Parameters.Add("@extend11", System.Data.DbType.String).
    Value = commoInfo.InitialFullSpelling;
    cmd.Parameters.Add("@extend22", System.Data.DbType.String).
    Value = commoInfo.UnitNamePinYin;
    cmd.Parameters.Add("@qd1", System.Data.DbType.Boolean).Value =
    commoInfo.Qd;
    cmd.Parameters.Add("@name1", System.Data.DbType.String).Value =
    commoInfo.Name;
    cmd.Parameters.Add("@cid1", System.Data.DbType.String).Value =
    commoInfo.Cid;
    cmd.Parameters.Add("@age1", System.Data.DbType.Int32).Value =
    commoInfo.Age;
    cmd.Parameters.Add("@unitname1", System.Data.DbType.String).
    Value = commoInfo.Unitname;
    cmd.Parameters.Add("@unitclass1", System.Data.DbType.String).
    Value = commoInfo.UnitClass;
    cmd.Parameters.Add("@sex1", System.Data.DbType.String).Value =
    commoInfo.Sex;
    cmd.Parameters.Add("@nation1", System.Data.DbType.String).
    Value = commoInfo.Nation;
    cmd.Parameters.Add("@department1", System.Data.DbType.String).
    Value = commoInfo.Department;
    cmd.Parameters.Add("@position1", System.Data.DbType.String).
    Value = commoInfo.Position;
    cmd.Parameters.Add("@native1", System.Data.DbType.String).
    Value = commoInfo.Native;
    cmd.Parameters.Add("@birthday1", System.Data.DbType.String).
    Value = commoInfo.Birthday;
    cmd.Parameters.Add("@partyTime1", System.Data.DbType.String).
    Value = commoInfo.PartyTime;
    cmd.Parameters.Add("@worktime1", System.Data.DbType.String).
    Value = commoInfo.WorkTime;
```

```
cmd.Parameters.Add("@fullEducation1", System.Data.DbType.
String).Value = commoInfo.FullEducation;
cmd.Parameters.Add("@fullDegree1", System.Data.DbType.String).
Value = commoInfo.FullDegree;
cmd.Parameters.Add("@fullSchool1", System.Data.DbType.String).
Value = commoInfo.FullSchool;
cmd.Parameters.Add("@fullSpecialty1", System.Data.DbType.
String).Value = commoInfo.FullSpecialty;
cmd.Parameters.Add("@workEducation1", System.Data.DbType.
String).Value = commoInfo.WorkEducation;
cmd.Parameters.Add("@workDegree1", System.Data.DbType.
String).Value = commoInfo.WorkDegree;
cmd.Parameters.Add("@workGraduate1", System.Data.DbType.
String).Value = commoInfo.WorkGraduate;
cmd.Parameters.Add("@workSpecialty1", System.Data.DbType.
String).Value = commoInfo.WorkSpecialty;
cmd.Parameters.Add("@technicalPost1", System.Data.DbType.
String).Value = commoInfo.TechnicalPost;
cmd.Parameters.Add("@experiencePost1", System.Data.DbType.
String).Value = commoInfo.ExperiencePost;
cmd.Parameters.Add("@knowField1", System.Data.DbType.
String).Value = commoInfo.KnowField;
cmd.Parameters.Add("@trainDirection1", System.Data.DbType.
String).Value = commoInfo.TrainDirection;
cmd.Parameters.Add("@trainMeasure1", System.Data.DbType.
String).Value = commoInfo.TrainMeasure;
cmd.Parameters.Add("@joinTeam1", System.Data.DbType.
Boolean).Value = commoInfo.JoinTeam;
cmd.Parameters.Add("@partyClass1", System.Data.DbType.
String).Value = commoInfo.PartyClass;
cmd.Parameters.Add("@grade1", System.Data.DbType.Int32).Value =
commoInfo.Grade;
cmd.Parameters.Add("@SPDegree1", System.Data.DbType.
String).Value = commoInfo.SPDegree;
cmd.Parameters.Add("@isTwoYear1", System.Data.DbType.
Boolean).Value = commoInfo.IsTwoYear;
cmd.Parameters.Add("@isGuide1", System.Data.DbType.
Boolean).Value = commoInfo.IsGuide;
cmd.Parameters.Add("@systemTime1", System.Data.DbType.
String).Value = commoInfo.SystemTime;
cmd.Parameters.Add("@publicSelect1", System.Data.DbType.
Boolean).Value = commoInfo.Publicselect;
cmd.Parameters.Add("@twoYGE1", System.Data.DbType.
Boolean).Value = commoInfo.TYGE1;
cmd.Parameters.Add("@isdelete1", System.Data.DbType.
Boolean).Value = false;
```

```
            cmd.ExecuteNonQuery();
        }
    }
    catch (SQLiteException ex)
    {
        MessageBox.Show(ex.Message);
    }
    finally
    {
        conn.Close();
    }
}
```

2. 简要情况登记

简要情况登记功能模块主要实现干部简要情况信息、个人简历信息、家庭成员及社会关系信息和个人奖惩情况信息的采集，其窗体界面如图 12-6 所示。

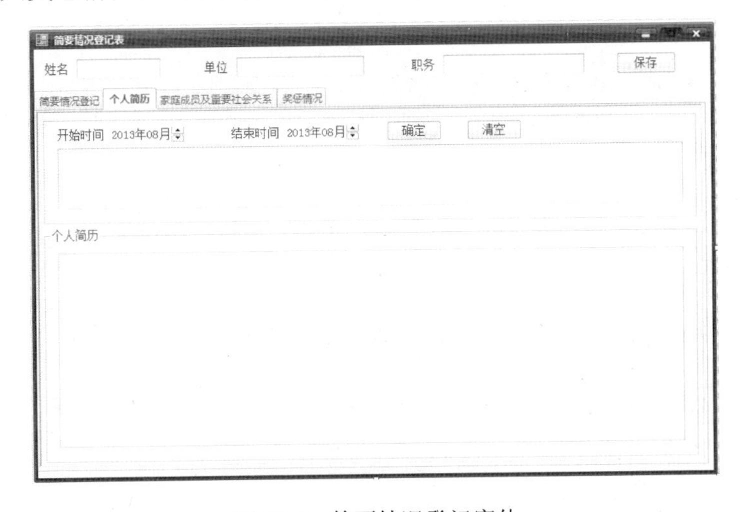

图 12-6　简要情况登记窗体

（1）个人简历子模块主要实现对干部个人简历信息的增、删、改操作，“确定”按钮的单击事件处理函数，代码实现如下：

```
private void button_Sure_Resume_Click(object sender, EventArgs e)
{
    if (textBox_ResumeInput.Text.Equals(""))
    {
        MessageBox.Show("内容不能为空！", "提示");
        return;
    }
    string time1 = dateTimePicker_StartTime.Text;
    string time2 = "";
    if (!dateTimePicker_EndTime.Text.Equals(DateTime.Now.ToString("yyyy'
    年'MM'月'")))
```

```
        {
            time2 = dateTimePicker_EndTime.Text;
        }
        string content = textBox_ResumeInput.Text.Trim();
        if (isEditOfR)  //isEditOfR 标识当前做的是执行新增记录操作还是修改记录操作
        {
            //更新临时信息
            listView_Vital.SelectedItems[0].SubItems[1].Text = time1;
            listView_Vital.SelectedItems[0].SubItems[2].Text = time2;
            listView_Vital.SelectedItems[0].SubItems[3].Text = content;
            //如果已经存在于数据库中的数据
            ResumeProperty resume = new ResumeProperty();
            if (listView_Vital.SelectedItems[0].Tag.ToString() != "")//直接更新
            {
                string sql = "update TB_Resume set betime='" + time1 + "',entime='"
                + time2 + "',content='" + content + "' where id='" + listView_Vital.
                SelectedItems[0].Tag.ToString() + "' and cid='" + listViewCid +
                "'";
                da.OperateData_sql(sql);
                MessageBox.Show(time1 + "至" + time2 + "的个人简历信息更新成功！", "
                提示!");
            }
            isEditOfR = false;
            //remarkchange = true;
        }
        else //如果是新增，则将新记录数据临时存放于 listView_Vital 中
        {
             ListViewItem item = new ListViewItem();
             item.Tag = "";
             item.SubItems.Add(time1);
             item.SubItems.Add(time2);
             item.SubItems.Add(content);
             listView_Vital.Items.Add(item);
        }
        dateTimePicker_StartTime.Value = dateTimePicker_EndTime.Value;
        textBox_ResumeInput.Text = "";
    }
```

（2）在 listView_Vital 中单击鼠标右键，会出现“修改”和“删除”两个快捷选项，单击“删除”按钮将该记录从数据库中删除。代码实现如下：

```
private void TSMI_DeleteResume_Click(object sender, EventArgs e)
{
    DialogResult objDialogResult = MessageBox.Show("您确定要删除这条记录吗？
    ", "确认", MessageBoxButtons.YesNo);
    if (objDialogResult == DialogResult.Yes)
```

```
    {
        if (listView_Vital.SelectedItems[0].Tag.ToString().Equals(""))//说
        明是刚刚新添加的记录，还未写入数据库中
        {
            listView_Vital.SelectedItems[0].Remove();
        }
        else
        {
            int id = Convert.ToInt32(listView_Vital.SelectedItems
            [0].Tag.ToString());
            da.OperateData_sql("Delete from TB_Resume where id = '" + id +
            "'");
            listView_Vital.SelectedItems[0].Remove();
        }
        textBox_ResumeInput.Text = "";
        isEditOfR = false;
        MessageBox.Show("删除成功！", "提示");
    }
    else
    {
        return;
    }
}
```

（3）在窗体事件 FromClosing 中，会在窗体关闭前检测该窗体中是否有未保存的数据信息，如果有会提示用户是否保存当前信息，如果单击“是”按钮，则将信息写入数据库。代码实现如下：

```
public void SaveCurrent(string cid)//保存当前人员的全部信息
{
    try
    {
        CommonInfo CommonInfo = new CommonInfo();
        string photo = "select * from TB_CommonInfo  where CID='" + cid + "'";
        DataTable tablePhoto = da.GetOneDataTable_sql(photo);
        if (tablePhoto.Rows[0]["photo"] == DBNull.Value || selectedPath ==
        true)
        {
            if (this.PhotopictureBox.ImageLocation == null)//选择的照片不为空
            {
                    CommonInfo.Photo = null;
            }
            else
            {
                //把照片以字节流方式传入
```

```
    CommonInfo.Photo = File.ReadAllBytes(this.PhotopictureBox.
    ImageLocation);
    }
}
else
{
    CommonInfo.Photo = (byte[])tablePhoto.Rows[0]["photo"];
}

CommonInfo.Result1 = result1.Text;
CommonInfo.Result2 = result2.Text;
CommonInfo.Result3 = result3.Text;

if (!textBox_age.Text.Equals(""))
{
    CommonInfo.Age = Convert.ToInt32(textBox_age.Text);
}
else
{
    CommonInfo.Age = 0;
}
CommonInfo.Birthplace = textBox_BirthPlace.Text;
CommonInfo.SpecialtySkill = textBox_speciality.Text;
CommonInfo.Health = comboBox_healthy_state.Text;
CommonInfo.StartYear = comboBox_first_year.Text;
CommonInfo.Remark = textBox_remark.Text;
CommonInfo.Cid = cid;
serve.Insert(CommonInfo);

//插入个人简历
for (int i = 0; i < listView_Vital.Items.Count; i++)
{
    if (listView_Vital.Items[i].Tag.ToString().Equals(""))
    {
        ResumeProperty resume = new ResumeProperty();
        resume.Cid = listViewCid;
        resume.Betime = listView_Vital.Items[i].SubItems[1].
        Text.ToString();
        resume.Entime = listView_Vital.Items[i].SubItems[2].
        Text.ToString();
        resume.Content = listView_Vital.Items[i].SubItems[3].
        Text.ToString();
        listView_Vital.Items[i].Tag = da.InsertResume(resume).
        ToString();
    }
```

```
}

//插入家庭成员关系
for (int i = 0; i < listView_Relation.Items.Count; i++)
{
    if (listView_Relation.Items[i].Tag.ToString().Equals(""))
    {
        ClassFamily family = new ClassFamily();
        family.Cid = listViewCid;
        family.Call = listView_Relation.Items[i].SubItems[1].
        Text.ToString();
        family.Name = listView_Relation.Items[i].SubItems[2].
        Text.ToString();
        family.Birthday = listView_Relation.Items[i].SubItems[3].
       Text.ToString();
        if (listView_Relation.Items[i].SubItems[4]. Text.
        ToString() != "")
            family.Age = Convert.ToInt16(listView_Relation.Items[i].
            SubItems[4].Text.ToString());
        else
            family.Age = 0;
     family.Country = listView_Relation.Items[i].SubItems[5].
     Text.ToString();
     family.PartyClass = listView_Relation.Items[i].SubItems[6].
     Text.ToString();
     family.Nation = listView_Relation.Items[i].SubItems[7].
     Text.ToString();
     family.WorkPostion = listView_Relation.Items[i].SubItems[8].
     Text.ToString();
        family.Remark = listView_Relation.Items[i].SubItems[9].
        Text.ToString();
        listView_Relation.Items[i].Tag = da.InsertFamily(family).
        ToString();
    }
}

//插入奖惩情况
for (int i = 0; i < listView_Award.Items.Count; i++)
{
    if (listView_Award.Items[i].Tag.ToString().Equals(""))
    {
        PunishAward punishAward = new PunishAward();
        punishAward.Cid = listViewCid;
punishAward.AwardClass = listView_Award.Items[i].SubItems[1].Text.
ToString();
```

```
                punishAward.Degree = listView_Award.Items[i].SubItems[2].
                Text.ToString();
                punishAward.Time = listView_Award.Items[i].SubItems[3].
                Text.ToString();
                punishAward.Content = listView_Award.Items[i].SubItems[4].
                Text.ToString();
                listView_Award.Items[i].Tag = da.InsertAward(punishAward).
                ToString();
                    }
                }
                MessageBox.Show("保存成功！", "提示");
            }
            catch (Exception)
            { }
        }
```

3．其他信息采集

其他信息采集功能模块主要完成对干部的海外学习工作情况、重大事项信息、熟悉外语语种情况信息、参加培训和事件锻炼情况信息以及培训锻炼措施需求等信息进行采集，具体代码实现见本书下载包。其他信息采集窗体界面如图 12-7 所示。

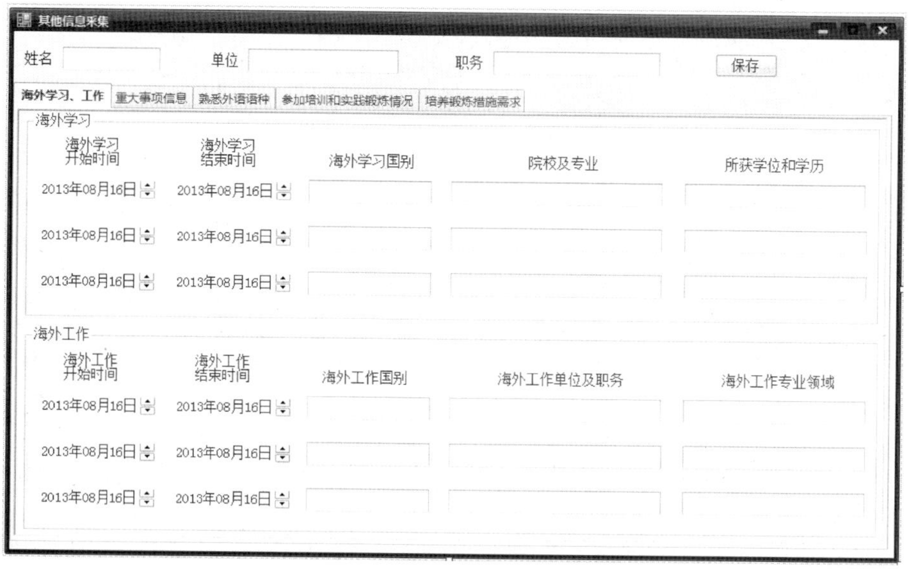

图 12-7　其他信息采集窗体

4．考察材料的录入

考察材料功能模块主要用于完成对干部考察材料信息的采集工作，窗体界面如图 12-8 所示。

图 12-8　考察材料窗体

将用户录入的考察材料信息写入数据库的代码实现如下所示：

```
public void InsertMaterial(string cid, string material)
{
     try
     {
        conn.Open();
        using (SQLiteCommand cmd = new SQLiteCommand("update TB_CommonInfo
        set material=@material1 where cid='" + cid + "'", conn))
        {
        cmd.Parameters.Add("@material1", System.Data.DbType.String).Value
        = material;
        cmd.ExecuteNonQuery();
        }
    }
    catch (Exception ex)
    {
         MessageBox.Show("插入考察材料时出错！" + ex.Message);
    }
    finally
    {
        conn.Close();
    }
}
```

12.4.5 数据分析模块

数据分析模块主要用于实现对干部信息管理系统中的干部信息进行多角度的分析，该模块包括基本分析、高级分析和年龄分析三个子模块，下面针对各模块的设计与实现进行具体分析。

1. 基本分析

基本分析模块所进行的分析统计主要包括对最高学位、最高学历、全日制学历和各年龄段人数等一系列信息的分析统计，其窗体界面如图 12-9 所示。

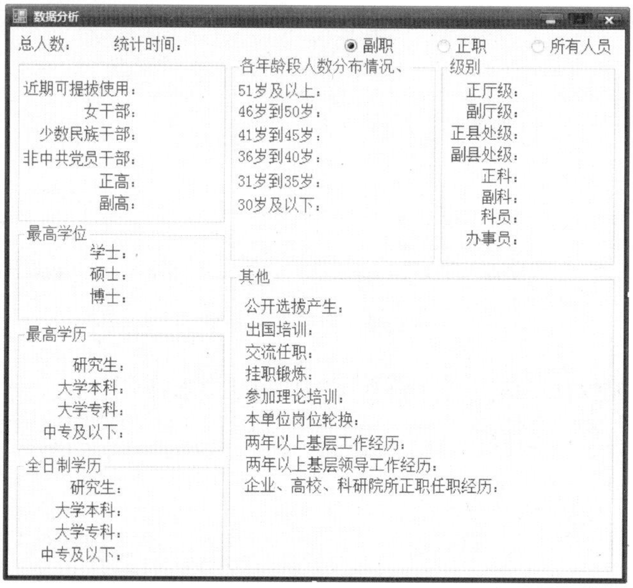

图 12-9　基本分析窗体界面

在基本分析模块中所做的统计分析内容较多，本节仅以最高学位的统计实现为例进行说明，其他模块的代码实现均在本书下载包中，该模块默认所做的是对副职干部的情况进行统计，用户还可以通过选择正职或所有人员（正职和副职）来分别对正职干部和系统中所有干部人员的情况进行统计分析。其中有关最高学位子模块的统计实现代码如下：

```
int all = Convert.ToInt32(count_people);
int num_bachelor = 0, num_master = 0, num_phd = 0;
DataTable dt = data3.GetOneDataTable_sql(sql2);
for (int i = 0; i < all; i++)
{
        fg = -1;
        wg = -1;
        string s1 = dt.Rows[i]["fullDegree"].ToString();
```

```
string s2 = dt.Rows[i]["workDegree"].ToString();
if (s1 != "" || s2 != "")
{
        if (s1 == "学士")
                fg = 0;
        if (s1 == "硕士")
                fg = 1;
        if (s1 == "博士")
                fg = 2;
        if (s2 == "学士")
                wg = 0;
        if (s2 == "硕士")
                wg = 1;
        if (s2 == "博士")
                wg = 2;
        if (wg >= fg)
        {
               if (wg == 0)
               {
                      num_bachelor++;
               }
                      else if (wg == 1)
              {
                      num_master++;
              }
                      else if (wg == 2)
             {
                      num_phd++;
             }
        }
        else
        {
             if (fg == 0)
             {
                    num_bachelor++;
             }
                    else if (fg == 1)
             {
                    num_master++;
             }
                    else if (fg == 2)
            {
                    num_phd++;
           }
     }
```

```
    }
}
lbl_bachelor.Text = num_bachelor.ToString();//学士
per18 = Convert.ToDouble(lbl_bachelor.Text) / Convert.ToDouble
(count_people);
lbl_bachelor.Text += "(" + Math.Round(per18, 3) * 100 + "%" + ")";
lbl_master.Text = num_master.ToString();//硕士
per19 = Convert.ToDouble(lbl_master.Text) / Convert.ToDouble
(count_people);
lbl_master.Text += "(" + Math.Round(per19, 3) * 100 + "%" + ")";
lbl_phd.Text = num_phd.ToString();//博士
per20 = Convert.ToDouble(lbl_phd.Text) / Convert.ToDouble(count_people);
lbl_phd.Text += "(" + Math.Round(per20, 3) * 100 + "%" + ")";
num_bachelor = 0;
num_master = 0;
num_phd = 0;
```

2. 高级分析

高级分析模块主要是实现通过特定的组合查询条件来从干部信息库中筛选出符合条件的干部人员信息，查询条件包括性别、现任职级、干部类型、民族、党派、年龄段、全日制学位、全日制学历、统计时间（干部年龄的计算以该统计时间为准）、在职学位、在职学历等十一项查询条件。高级分析窗体界面如图 12-10 所示。

图 12-10　高级分析窗体界面

执行查询操作后，系统会根据用户已选定的筛选条件将符合条件的信息在查询结果子窗口中显示，将结果显示在查询结果窗口中的代码实现如下所示：

```
if( count2 != 0 ) //满足查询条件的干部人数不为 0
```

```
{
    for( int x = 0;x < count2;x++ )
    {     //arry[x]记录的是符合条件的人员在检索结果集 dt 中的位置
          ListViewItem list = new ListViewItem ();
          list.SubItems.Add (dt.Rows[arry[x]]["name"].ToString ());
          list.SubItems.Add (dt.Rows[arry[x]]["sex"].ToString ());
          list.SubItems.Add (dt.Rows[arry[x]]["unitname"].ToString ());
          list.SubItems.Add (dt.Rows[arry[x]]["position"].ToString ());
          //CID 不在表中显示，但是用户执行导出操作时要用
          list.SubItems.Add (dt.Rows[arry[x]]["CID"].ToString ());
          listView1.Items.Add (list);
    }
}
```

3. 年龄分析

年龄分析主要是根据用户输入的年龄段数据，统计出在该年龄段内每一年岁的干部的人数，例如，用户输入的是 20～22，系统会统计出 20 岁的干部人数、21 岁的干部人数和 22 岁的干部人数。年龄分析窗体界面如图 12-11 所示。

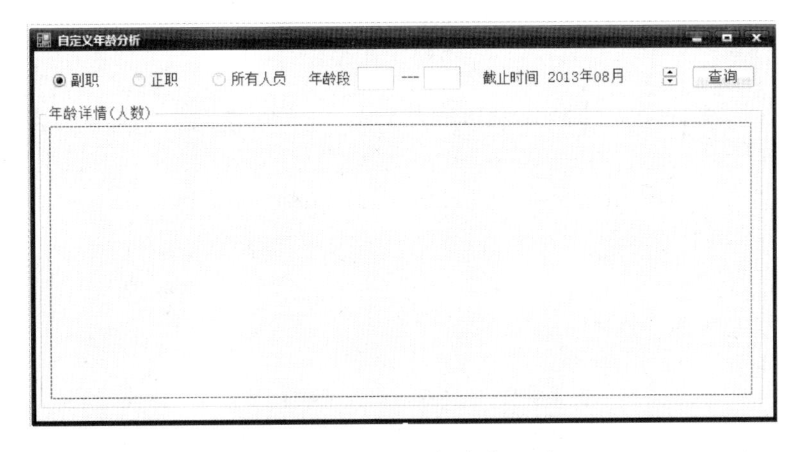

图 12-11　年龄分析窗体界面

单击“查询”按钮后，系统会根据用户输入的年龄段信息、干部类型（副职、正职和所有人员）和截止时间从干部信息库中检索出符合条件的干部，并统计出每一年岁的干部人数。代码实现如下：

```
private void btn_search_Click(object sender, EventArgs e)
{
    int h = 0;
    if (rb0.Checked == true)
         qd = 0;
    if (rb1.Checked == true)
         qd = 1;
    if (rb.Checked == true)
```

```
        qd = -1;
    if (txt_Agebegin.Text != "" && txt_Ageend.Text != "")
    {
            Beginstr = txt_Agebegin.Text;
            Endstr = txt_Ageend.Text;
            if (Convert.ToInt32(Beginstr) > Convert.ToInt32(Endstr))
            {
                 Middlestr = Beginstr;
                 Beginstr = Endstr;
                 Endstr = Middlestr;
            }
            flowLayoutPanel1.Controls.Clear();
            if (qd == -1)
            {
dt = data.GetOneDataTable_sql("select birthday from TB_Commoninfo where
isdelete = 0");
h = data.GetRows("select count(*) from TB_Commoninfo where isdelete = 0");
        }
        else
        {
            dt = data.GetOneDataTable_sql("select birthday from
            TB_Commoninfo where isdelete = 0 and qd='" + qd + "'");
            h = data.GetRows("select count(*) from TB_Commoninfo where
            isdelete = 0 and qd='" + qd + "'");
        }
        if (Beginstr != "" && Endstr != "")
        {
             int age1 = Convert.ToInt32(Beginstr);
             int age2 = Convert.ToInt32(Endstr);
             a = new Label[age2 - age1 + 1];
             for (int i = 0; i <= age2 - age1; i++)
             {
                  a[i] = new Label();
                  a[i].Visible = true;
                  a[i].Tag = age1 + i;
                  a[i].Text = "0";
                  flowLayoutPanel1.Controls.Add(a[i]);
             }
             //系统时间
             int year2 = Convert.ToInt32(time1.Text.Substring(0, 4));
             int mounth2 = Convert.ToInt32(time1.Text.Substring(5, 2));
             for (int j = 0; j < h; j++)
```

```
                {
                    //人员出生日期
                    string brithday1 = dt.Rows[j]["birthday"].ToString();
                    int year1 = Convert.ToInt32(brithday1.Substring(0, 4));
                    int mounth1 = Convert.ToInt32(brithday1.Substring(5, 2));
                    if (mounth2 < mounth1)
                    {
                        year1 = year1 + 1; //出生年月
                    }
                    if ((age1 <= year2 - year1) && (year2 - year1 <= age2))
                    {
                        search(a, year2 - year1);
                    }
                }

                for (int i = 0; i <= age2 - age1; i++)
                {
                    Middlestr = a[i].Text;
                    sum += Convert.ToInt32(Middlestr);
                    a[i].Text = (age1 + i).ToString() + "岁:" + Middlestr;
                }
            }
            groupBox1.Text = "年龄详情" + "(总人数:" + sum.ToString() + ")";
        }
        else
        {
            MessageBox.Show("年龄为空!! ", "提示");
        }
    }
```

12.4.6　打印管理模块

打印管理模块主要完成干部信息库中特定信息的打印和导出功能，用户首先选择要打印或导出的干部类型（正职或副职），然后选择要打印或导出的报表类型（初步人选名册、信息采集表、简要情况登记表、考察材料），进而执行具体的打印或导出操作。

在该系统中，打印管理模块做成了一个单独的用户控件，以方便其他窗体的调用和功能的分离。用户控件是开发人员自己创建的一个具有完整功能的系统子模块，经编译运行之后用户控件会出现在 Visual Studio 的工具箱中，开发人员可以像使用 Label、Button 等控件一样，直接拖曳到窗体上即可。

打印管理模块界面如图 12-12 所示。

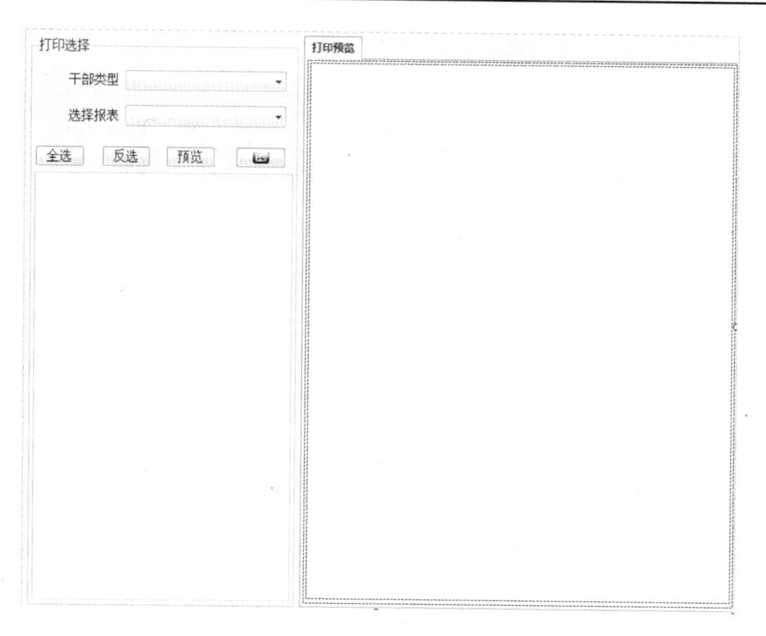

图 12-12　打印管理界面

下载包"预览"按钮的单击事件处理函数如下所示。

```
private void button2_Click(object sender, EventArgs e)
{
    ArraylistClass idList = getSelectID();
    ArrayList list1 = (ArrayList)idList.Idlist1;
    if (this.comboBox1.SelectedIndex == -1)
    {
         MessageBox.Show("请选择要导出的报表! ","提示");
         return;
    }
    if (list1.Count == 0)
    {
        MessageBox.Show("您未选择任何干部! ","提示");
        return;
    }
    if (this.comboBox1.SelectedItem.ToString().Equals("初步人选名册"))
    {
        HBNameList();
    }
    else if (this.comboBox1.SelectedItem.ToString().Equals("信息采集表"))
    {
        HBMessage();
    }
    else if (this.comboBox1.SelectedItem.ToString().Equals("简要情况登记表
"))
    {
```

```
            HBMainMessage();
        }
        else if (this.comboBox1.SelectedItem.ToString().Equals("考察材料"))
        {
            HBData();
        }
    }
```

12.4.7　用户管理模块

用户管理模块主要用来实现系统登录口令的修改功能，用户管理模块的窗体界面如图 12-13 所示。

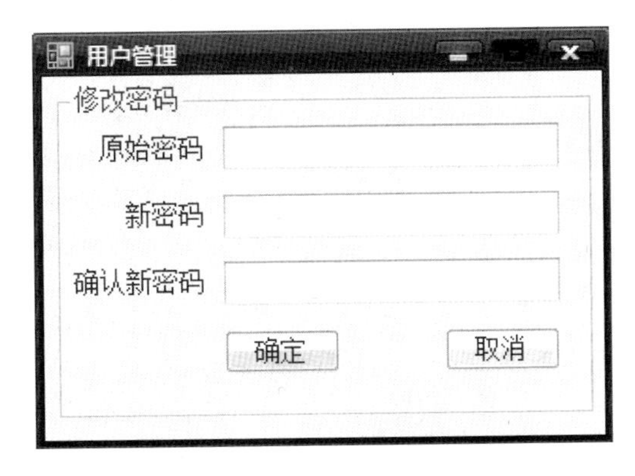

图 12-13　用户管理窗体界面

系统的登录口令是写在系统配置文件中的，在修改密码之前首先要求用户输入正确的原始密码，并且两次输入的新密码要保持一致方可执行修改操作，实现密码修改的代码如下。

```
private void button1_Click(object sender, EventArgs e)
{
    ReadIni readIni = new ReadIni();
    if (readIni.ReadString("password").Equals(oldPassWord.Text))
    {
        if (newPassWord.Text.Equals(confirm.Text))
        {
            readIni.WriteString("password", newPassWord.Text);
            MessageBox.Show("密码修改成功！", "提示");
            this.Close();
        }
        else
        {
            MessageBox.Show("新密码与确认密码不一致！", "提示");
            oldPassWord.Text = "";
            newPassWord.Text = "";
```

```
                confirm.Text = "";
            }
        }
        else
        {
            MessageBox.Show("原始密码不正确！", "提示");
            oldPassWord.Text = "";
            newPassWord.Text = "";
            confirm.Text = "";
        }
    }
```

12.5 本章小结

本章介绍的是如何应用 C#程序设计语言，在 Visual Studio 2010 软件开发平台上开发一个干部信息管理系统。通过本章的学习，读者应该对一个具体项目的开发过程有进一步的了解，并要时刻牢记，在进行任何项目的开发之前，一定要做好充分的前期准备。如完善的需求分析、清晰的业务流程、合理的程序结构、简单的数据关系等，这样在后期的程序开发中才会得心应手。

习 题

一、选择题

（1）C#中与 SQLite 数据库建立连接的类对象是____。

A．SQLiteDataAdapter　　B．SQLiteCommand

C．SQLiteDataReader　　D．SQLiteConnection

（2）干部信息管理系统中 RadIni 类用于读取配置文件信息的方法是____。

A．WriteString()　　B．ReadString()　　C．Get()　　D．Set()

二、简答题

（1）试简述系统需求分析在项目开发中的作用。

（2）系统开发中应用公共类设计的好处是什么？

（3）试简述 C#如何连接 Sqlite 数据库？

（4）试简述 ReadIni 类的作用。

三、操作题

（1）编写程序，实现对 Sqlite 数据库的连接操作，连接成功提示用户连接成功，连接失败反馈用户连接失败信息。

（2）编写程序，实现对 ini 配置文件中字段信息的读写操作。

第 13 章　快餐 POS 系统

在当今，各行各业之间的竞争日益激烈，各快餐店间的竞争也进入到了一个全新的领域，对于一个快餐店来说，竞争已不再是某个单方面的竞争，而是技术的竞争、管理的竞争、人才的竞争。技术的提升和管理的升级是快餐业的竞争核心。如何在激烈的竞争中扩大销售额、降低经营成本、扩大经营规模，成为快餐经营者努力追求的目标。针对这一系列的问题，需要在快餐店运行管理等方面使用信息技术，于是快餐 POS 系统应运而生。

本章在.NET 开发平台上，运用 C#程序设计语言和 Microsoft SQL Server 2000 数据库，根据快餐点餐系统的业务需求特点设计开发了一个简易版的快餐 POS 系统。下面按照软件设计的基本步骤来讲解如何设计并实现了一个快餐 POS 系统。

13.1　系 统 分 析

本章要实现的是一个简易版的快餐 POS 系统。为什么是一个简易版的？因为实际的快餐 POS 系统业务比较多，实现起来比较复杂，学习起来也比较困难；这个简易版的快餐 POS 系统，虽然是简易版的，但是用到的知识不比实际的少，而且方便学习。

13.1.1　需求分析

本系统的主要目的是实现收银员的快速点餐和收银员的收银时间的管理。根据快餐店的特点及 POS 系统将来的运行环境，本系统需完成以下任务。

（1）支持触屏。

快餐 POS 系统是运行在 POS 机上的。POS 机上的系统与一般的电脑系统相同，只是 POS 机不提供鼠标、键盘这些外设，它是通过触屏来操作的。因此，在设计 POS 系统的过程中，需考虑系统的输入问题。

（2）权限管理。

系统根据已登录员工的权限，给出当前员工可以使用的功能。

（3）零用金管理。

成功登录系统的用户需输入钱箱中的金额，此功能是为了防止营业额与实际的金额不符的情况。

（4）点餐。

这是系统的核心功能。

- 让用户可以方便快速地找到顾客选择的商品，系统须实现按商品分类检索商品。
- 快速的修改商品数量。

- 删除已点的商品。
- 取消当前交易。
- 结账。

（5）修改密码。

员工默认的登录密码是 111。成功登录系统的用户，可以修改自己的登录密码。

（6）公告信息。

显示快餐店设置的公告信息。

（7）天气信息。

显示当天的天气情况。

（8）查询。

系统需实现各种查询。

- 交易查询：可以按时间查询本机的销售单。
- 单机查询：查询当前班次的营业额。
- 交班查询：按时间查询当前 POS 机上的班次。

（9）下线。

结束当前班次。

13.1.2 功能模块的划分

根据上面的需求分析，将系统分为 9 个大的功能模块，分别为登录系统、上线系统、主窗体、滚动字幕、当前信息、点单管理、商品管理、功能管理和数字输入，其功能结构如图 13-1 所示。

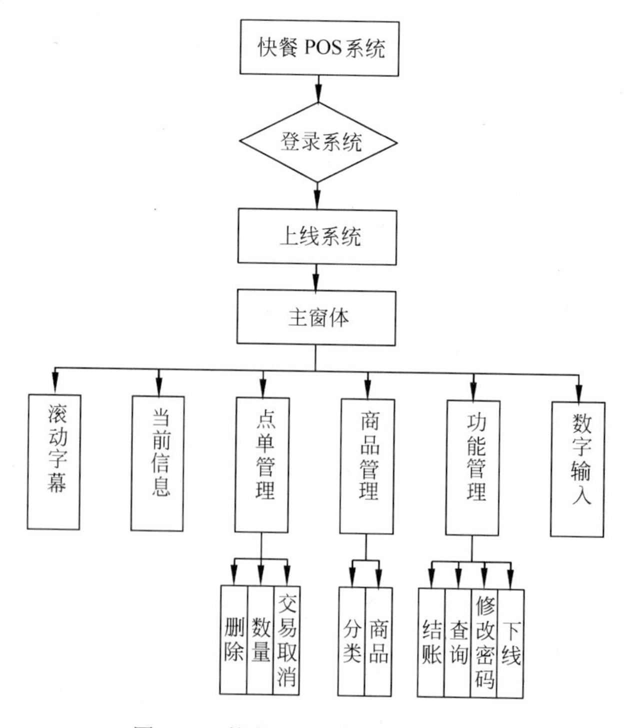

图 13-1 快餐 POS 系统功能结构图

其中各功能模块的作用介绍如下。

登录系统：该模块负责验证用户输入的工号和密码的正确性。

上线系统：该模块负责班次的开始，需要在此输入上线时钱箱中的金额。

主窗体：主窗体负责协调各模块的功能。

滚动字幕：该模块负责显示快餐的公告信息。

当前信息：该模块负责显示系统的当前信息，包括交易号、班次、员工号、员工姓名、天气状况和系统时间。

点单管理：该模块负责管理当前正在交易的单子，包括添加商品、删除商品、修改商品数量和显示所有已点的商品。

商品管理：该模块负责商品的检索，包括分类和商品两部分。

功能管理：该模块显示当前用户可以使用的功能。

数字输入：该模块负责用户的数字输入。

13.2　数据库设计

在开发快餐 POS 系统之前，分析了该系统的数据量。由于快餐店的客流量比较大，并且每笔单子都会包含多种商品，所以数据量是比较大的，因此，选择 Microsoft SQL Server 2000 数据库存储这些信息。

13.2.1　数据库的需求分析

根据快餐 POS 系统的需求，需要在数据库中存储以下信息。

员工信息表：存放快餐店员工的信息，包括工号、姓名、登录密码、职级、性别、身份证号、到职日期、离职日期、电话和住址等信息。

员工级别表：存放可用的员工级别。

商品信息表：存放快餐店出售的商品信息，包括商品编号、商品名字、商品分类、商品单价、员工价、规格、上市日期、下市日期、字体、按钮颜色和选中颜色等信息。

商品分类表：存放可用的商品分类。

付款方式表：存放可用的付款方式。

客户表：存放快餐店的 VIP 客户信息，包括编号、姓名、会员卡号、地址、电话、可享受的折扣、性别、生日、学历、有无子女、是否愿意接受优惠信息等。

公告表：存放 POS 系统上滚动字幕滚动的信息，包括主题、内容、建档人、建档日期、核准人、核准日期和生效日期等信息。

天气表：存放当天的天气情况，包括日期、天气、最低温度、最高温度、工时和预估营业额等信息。

班次表：存放各个员工的上线时间段，包括 POS 机编号、上线时间、零用金金额、下线时间、员工号和班次等信息。

销售主表：存放各个销售单的主要信息，包括销售单编号、POS 机编号、销售日期、销售员、总金额和找零等信息。

销售细表：存放各个销售单包含的商品，包括销售单编号、序号、商品编号、售价、数量和折扣等信息。

付款表：存放各个销售单的付款方式，包括销售单编号、序号、付款方式编号和金额等信息。

13.2.2 数据的逻辑设计

根据上述对快餐 POS 系统的需求分析，下面对数据库进行逻辑设计。数据库的逻辑设计是应用程序开发的一个重要阶段，主要是指在数据库中创建需要的表。如果有需要还可以设计视图和存储过程及触发器。

根据数据库的需求分析，本系统包括 12 张表，员工信息表、员工级别表、商品信息表、商品分类表、付款方式表、客户表、公告表、天气表、班次表、销售主表、销售细表和付款表。

下面列出这几张表的详细结构。

1. 员工信息表

员工信息表（EMPLOYEE）用来管理快餐店所有员工的基本信息，表的字段说明如表 13-1 所示。

表 13-1 员工信息表

字段名称	字段描述	字段类型	主键	允许空	备注
EMP_ID	员工编号	nvarchar(10)	是		
SHOP_ID	所属分店	nvarchar(14)		是	
PASSWORD	密码	nvarchar(50)		是	
EMP_NAME	姓名	nvarchar(20)			
EMP_MEMO	备注	nvarchar(100)		是	
EMP_LEVEL	级别	nvarchar(50)		是	参照 emp_level
EMP_SHIFT	班次	nvarchar(50)		是	
IDCARD_NO	证件号码	nvarchar(20)		是	
TELEPHONE	电话	nvarchar(20)		是	
ADDRESS	地址	nvarchar(50)		是	
EMP_ZIP	邮编	nvarchar(10)		是	
DISCOUNT	折扣	smallint			
EMP_TREAT	招待额度	money		是	
TRANSFER_STATUS	传输状态	nchar(2)			
EMP_SEX	性别	nchar(1)			
ENABLE	是否可用	bit(1)			
CARD_NO	卡号	nvarchar(50)		是	
TREAT	能否招待	bit(1)			
LAST_UPDATE	最近更新日期	datetime			
EMP_EDU	学历	nvarchar(50)		是	
TEL2	电话 2	nvarchar(20)		是	

续表

字段名称	字段描述	字段类型	主键	允许空	备注
BEGIN_DATE	到职日期	datetime		是	
END_DATE	离职日期	datetime		是	
EMP_DUTY	职位	nvarchar(50)		是	
BORN_DATE	出生日期	datetime		是	

2. 员工级别表

员工级别表（emp_level）存放可用的员工级别，表的字段说明如表 13-2 所示。

表 13-2　员工级别表

字段名称	字段描述	字段类型	主键	允许空	备注
EMP_ID	级别编号	nchar(1)	是		
EMP_LEV_NAME	级别名字	nvarchar(100)		是	
DISC_LIMIT	打折上限	int			
LAST_UPDATE	最近更新日期	datetime			

3. 商品信息表

商品信息表（PRODUCT00）存放快餐店出售的商品信息，表的字段说明如表 13-3 所示。

表 13-3　商品信息表

字段名称	字段描述	字段类型	主键	允许空	备注
PROD_ID	商品编号	nvarchar(20)	是		
PROD_NAME	商品名字	nvarchar(40)			
PROD_ENAME	英文名字	nvarchar(40)		是	
PROD_MEMO	备注	nvarchar(100)		是	
PROD_KIND	商品类别	nchar(1)		是	成品 or 原物料
SUP_KIND		nchar(1)		是	参照 emp_level
INV_TYPE	盘点类型	nchar(1)		是	
SAFE_ST	安全线	numeric(9)		是	
WARNING_ST	警告线	numeric(9)		是	
IMAGE_PATH	图片路径	nvarchar(40)		是	
IN_DATE	上市日期	datetime		是	
COST	成本价	numeric(9)			
MIN_PRICE	最低价	numeric(9)			
RETURN_PRICE	差价	numeric(9)			
PRICE1	价格 1	numeric(9)			
PRICE2	价格 2	numeric(9)			
EMP_PRICE	员工价	numeric(9)			
ENABLE	是否可用	bit(1)			
COMBINED	组合餐属性	bit(1)			
DIS_START	折扣开始日期	nvarchar(5)		是	

续表

字段名称	字段描述	字段类型	主键	允许空	备注
DIS_END	结束日期	nvarchar(5)		是	
DIS_PRICE	降价售价	money		是	
DIS_NUMBER	降价数量	int		是	
TRANSFER_STATUS	传输状态	nchar(1)			
SPEC	规格	nvarchar(100)		是	
BARCODE	条码	nvarchar(20)		是	
BOM_TYPE		smallint		是	
BOM_LEVEL		smallint			
OUTINCOME		bit(1)			
COMMISION_PRICE	代理价格	money			
TAX		numeric(9)			
TAX_SIGN		nvarchar(10)		是	
MIN_UNIT	最小单位	nvarchar(10)		是	
MIN_CONV	最小转换率	numeric(9)		是	
UNIT	单位	nvarchar(10)		是	
SCAT_UNIT	零散单位	nvarchar(10)		是	
SACT_CONV	零散转换率	numeric(9)		是	
INSOUR_UNIT	内包单位	nvarchar(10)		是	
INSOUR_CONV	内包转换率	numeric(9)		是	
EPIBO_UNIT	外箱单位	nvarchar(10)		是	
EPIBO_CONV	外箱转换率	numeric(9)		是	
LAST_UPDATE	最近更新日期	datetime		是	
COMBO_TYPE	组合类型	nchar(1)		是	
DOWN_DATE	下市日期	datetime		是	
MEAL_TICKET	餐券类型	int			
POS_DISP	Pos 机显示内容	nvarchar(40)		是	
IS_SALEMONEY	计入销售收入	bit(1)		是	
IS_BUSMONEY	计入营业收入	bit(1)		是	
SINGEL_COM		bit(1)		是	
IS_CALCUCOST	是否计算成本	bit(1)		是	
STOCK_QTY	仓库最低订货量	numeric(9)		是	
DINING_QTY	餐厅最低订货量	numeric(9)		是	
S_NO	序号	int		是	
BTN_COLOR	按钮颜色	nvarchar(20)			
FONT_COLOR	字体颜色	nvarchar(20)			
FONT	字体名字	nvarchar(20)			
FONT_SIZE	字体大小	int			
SELECT_COLOR	选择字体颜色	nvarchar(20)			
DEFAULT_UNIT	默认单位	nvarchar(10)		是	
DEFAULT_CONVERT	默认转换率	numeric(9)		是	
BOM_UNIT	系数单位	nvarchar(10)		是	

续表

字段名称	字段描述	字段类型	主键	允许空	备注
BOM_CONV	系数转换率	numeric(9)		是	
INV_DATE	日盘	bit(1)		是	
INV_WEEK	周盘	bit(1)		是	
INV_MONTH	月盘	bit(1)		是	
DEP_ID	分类	nvarchar(10)		是	参照 department
SALE_ONLY_IN_COMB	只能组合销售	bit(1)			
COST_CONV	成本转换率	nvarchar(10)			
COST_UNIT	成本单位	numeric(9)		是	
ISPROM	是否促销	bit(1)		是	
OWNER_SHOP	所属分店	varchar(12)		是	

4．商品分类表

商品分类表（DEPARTMENT）存放可用的商品分类，表的字段说明如表 13-4 所示。

表 13-4　商品分类表

字段名称	字段描述	字段类型	主键	允许空	备注
DEP_ID	类别编号	nvarchar(10)	是		
DEP_NAME	类别名字	nvarchar(20)			
ENABLE	是否可用	bit(1)			
DEP_MEMO	备注	nvarchar(200)		是	
TRANSFER_STATUS	传输状态	nchar(1)			
REDEEM_ENABLE		bit(1)			
GROUP_ID		nvarchar(20)		是	
UPPER_DEP	父类	nvarchar(10)		是	
IS_LEAF		bit(1)			
LAST_UPDATE	最后更新日期	datetime			
BTN_COLOR	按钮颜色	nvarchar(20)			
FONT_COLOR	字体颜色	nvarchar(20)			
FONT	字体名字	nvarchar(20)			
FONT_SIZE	字体大小	int(4)			
SELECT_COLOR	选中字体颜色	nvarchar(20)			
BTN_SHAPE	按钮形状	nvarchar(20)			
S_NO	位置序号	int		是	

5．付款方式表

付款方式表（PAYMENT）存放可用的付款方式，表的字段说明如表 13-5 所示。

表 13-5　付款方式表

字段名称	字段描述	字段类型	主键	允许空	备注
PAY_ID	编号	nvarchar(10)	是		从 01 开始递增
PAY_NAME	名字	nvarchar(20)		是	
PAY_MEMO	备注	nvarchar(100)		是	

续表

字段名称	字段描述	字段类型	主键	允许空	备注
PAY_TYPE	付款类型	nchar(1)			参照 pay_type
DATA_ACCUR	精度	numeric(9)			小数点后的位数
FACE_VALUE	面值	money			
VISABLE	是否可见	bit(1)			
DISP_NAME	显示名字	nvarchar(20)		是	
COLOR	按钮颜色	nvarchar(20)		是	
FONT_COLOR	字体颜色	nvarchar(20)		是	
FONT_SIZE	字体大小	int		是	
FONT_NAME	字体名字	nvarchar(20)		是	
CHANGE	是否找零	bit(1)		是	
TRANSFER_STATUS	传输状态	nchar(1)			
PAY_KIND	付款类型	nchar(1)		是	参照 pay_kind
LAST_UPDATE	最近更新日期	datetime			

6. 客户表

客户表（VIP00）存放快餐店的 VIP 客户信息，表的字段说明如表 13-6 所示。

表 13-6 客户表

字段名称	字段描述	字段类型	主键	允许空	备注
VIP_ID	编号	nvarchar(20)	是		
VIP_NAME	姓名	nvarchar(20)		是	
VIP_CARD	卡号	nvarchar(20)		是	
CARD_TYPE	会员卡类型	nvarchar(20)		是	
VIP_MEMO	备注	nvarchar(100)		是	
ADDRESS	地址	nvarchar(50)		是	
ZIP	邮编	nvarchar(10)		是	
VIP_TELE	电话	nvarchar(20)		是	
DISCOUNT	折扣	int		是	
CONSUMED	已消费	money		是	
TOTAL_CONS	总消费	money		是	
TIMES	消费次数	int		是	
TRANSFER_STATUS	传输状态	nchar(2)			
VIP_SEX	性别	nchar(1)			
VIP_BIRTH	出生日期	datetime		是	
AGE_SECTION	年龄区间	nvarchar(10)		是	
APPLY_DATE	申请日期	datetime		是	
SALARY	工资	money		是	
EMAIL	电子邮箱	nvarchar(50)		是	
MOBILE	手机	nvarchar(20)		是	
OCCUPATION	职业	nvarchar(20)		是	
COMPANY	公司	nvarchar(100)		是	

续表

字段名称	字段描述	字段类型	主键	允许空	备注
MARRIAGE	婚姻状况	nchar(1)		是	
TOTAL_POINT	总积点	numeric(9)		是	
TOTAL_REDEEM_POINT	总兑换积点	numeric(9)		是	
ID_CARD	IC 卡	nvarchar(50)		是	
END_DATE	结束日期	datetime		是	
COMPANY_ADDR	公司地址	nvarchar(200)		是	
STATUS	状态	nchar(1)			
LAST_UPDATE	最近更新日期	datetime			
SHOP_ID	分店编号	nvarchar(20)		是	
EXTENDS1		nvarchar(10)		是	
EXTENDS2		nvarchar(10)		是	
EXTENDS3		nvarchar(10)		是	
EXTENDS4		nvarchar(10)		是	
EXTENDS5		nvarchar(10)		是	
INFORMATION	是否接收信息	bit(1)		是	1：是 2：否
CHILD	子女姓名	nvarchar(10)		是	
CHILD_BIRTH	子女生日	datetime		是	

7. 公告表

公告表（MESSAGE00）存放 POS 系统上滚动字幕滚动的信息，表的字段说明如表 13-7 所示。

表 13-7　公告表

字段名称	字段描述	字段类型	主键	允许空	备注
SHOP_ID	分店编号	nvarchar(14)	是		
MSG_ID	公告编号	nvarchar(30)	是		
STATUS	状态	char(1)			参照 Status
INPUT_DATE	建档日期	datetime			
USER_ID	操作人员	varchar(10)		是	参照 employee
APP_DATE	核准日期	datetime		是	
MSG_TITLE	主题	varchar(100)		是	
MSG_MEMO	备注	varchar(100)		是	
TRANSFER_STATUS	传输状态	nchar(2)			
MSG_SHOP	建档分店	varchar(14)		是	
MSG_CONTENT	内容	varchar(500)		是	显示在 POS 机上方
EFFECT_DATE	生效日期	datetime		是	
LAST_UPDATE	最近更新日期	datetime		是	

8．天气表

天气表（WEATHER）存放当天的天气情况，表的字段说明如表 13-8 所示。

表 13-8　天气表

字段名称	字段描述	字段类型	主键	允许空	备注
SHOP_ID	分店编号	nvarchar(14)	是		
W_DATE	日期	datetime	是		
WEATHER	天气状况	nvarchar(8)		是	晴、阴、雪、多云、小雨、大雨、台风
LOW_TEMPER	最低气温	smallint		是	
HIGHT_TEMPER	最高气温	smallint		是	
LABOR_HOUR	工时	int			
LAST_UPDATE	最近更新日期	datetime			
TRANSFER_STATUS	传输状态	nchar(1)			
MEMO	备注	nvarchar(100)		是	
FORECAST_SALE	预估营业额	money			

9．班次表

班次表（POS_ROUNDS）存放各个员工的上线时间段，表的字段说明如表 13-9 所示。

表 13-9　班次表

字段名称	字段描述	字段类型	主键	允许空	备注
SHOP_ID	分店编号	nvarchar(14)	是		
POS_ID	POS 机编号	nvarchar(2)	是		
LOGIN_DATE	上线日期	datetime	是		
CASHIER_SUM	零用金	money		是	
EXIT_DATE	下线日期	datetime		是	
USER_ID	操作员	nvarchar(10)		是	
TRANSFER_STATUS	传输状态	nchar(1)			
SHIFT_NUM	班次编号	nvarchar(10)		是	
LAST_UPDATE	最近更新日期	datetime		是	
MONEY_OUT_ID	抽大钞编号	nvarchar(10)		是	

10．销售主表

销售主表（SALE00）存放各个销售单的主要信息，表的字段说明如表 13-10 所示。

表 13-10　销售主表

字段名称	字段描述	字段类型	主键	允许空	备注
SHOP_ID	分店编号	nvarchar(14)	是		
SALE_ID	销售单号	nvarchar(32)	是		分店编号+POS 编号+年+月+日+时+分+秒+交易号 交易号从 0001 开始递增

续表

字段名称	字段描述	字段类型	主键	允许空	备注
STATUS_ID	状态	nchar(1)			
POS_ID	POS 机编号	nvarchar(2)	是		
SALE_DATE	销售日期	datetime	是		
SALE_USER	销售员	nvarchar(10)	是		
VIP_ID		nvarchar(20)	是		
TOT_SALES	总销售额	money	是		
TRANSFER_STATUS	传输状态	nchar(2)	是		
LOCKED	是否锁定	bit(1)			
TOT_QUAN	总销售量	numeric(9)	是		
CHANGE	找零	money			
METHOD_ID	销售方式	datetime			
TOT_TAX	总税金	money			
MEAL_KIND	销售类型	smallint			
LAST_UPDATE	最近更新日期	datetime			
BACK_SALES	退货总额	money	是		
BACK_QUAN	退货总数量	numeric(9)	是		
TYPE	店铺类型	nchar(1)	是		
STORE_ID	仓库编号	nvarchar(20)	是		

11．销售细表

销售细表（SALE01）存放各个销售单包含的商品，表的字段说明如表 13-11 所示。

表 13-11　销售细表

字段名称	字段描述	字段类型	主键	允许空	备注
SHOP_ID	分店编号	nvarchar(14)	是		
SALE_ID	销售单号	nvarchar(32)	是		
SALE_SNO	销售序号	smallint	是		
PROD_ID	商品编号	nvarchar(20)			
SALE_PRICE	销售价格	money			商品表里的价格
QTY	数量	int			
ITEM_DISC		money			
PROM_ID		nvarchar(20)		是	
PROM_SNO		int		是	
PRICE_TYPE	价格类型	nchar(1)			
FREE_EMP		nvarchar(10)		是	
COMB_SALE_SNO	组合餐销售序号	smallint		是	
COMB_SNO	组合餐序号	smallint		是	
COMB_TYPE	组合类型	nchar(1)		是	
ITEM_TAX	该商品税金	money			
OUTINCOME	销售外收入	bit(1)			
MEAL_TICKET	餐券类型	int			
BY_TOKEN	使用兑换券	bit(1)			
RELATE_PROD	主产品编号	nvarchar(20)		是	
SALE_ORGINAL_PRICE	原始价格	numeric(9)			
ITEM_DISC_TOT		numeric(9)			
ACT_PRICE	实际销售价格	numeric(9)			

续表

字段名称	字段描述	字段类型	主键	允许空	备注
ISPROM	是否促销	bit(1)		是	
GROUP_PROD	该组产品的编号的合集	nvarchar(400)		是	
STATUS_ID	状态	nchar(1)		是	参照 Status
TRANSFER_STATUS	传输状态	nchar(2)		是	

12. 付款表

付款表（SALE02）存放各个销售单的付款方式，表的字段说明如表 13-12 所示。

表 13-12 付款表

字段名称	字段描述	字段类型	主键	允许空	备注
SHOP_ID	分店编号	nvarchar(14)	是		
SALE_ID	销售单号	nvarchar(32)	是		
SALE_SNO	销售序号	smallint	是		
PAY_ID	付款编号	nvarchar(10)			参照 Payment
AMOUNT	现金金额	money		是	
TRANSFER_STATUS	传输状态	nchar(1)			
LAST_UPDATE	最近更新日期	datetime			
FACE_VALUE	面值	money		是	

13.3 公共类设计

在开发过程时，经常会遇到在不同的方法中进行相同处理的情况，例如，数据库连接和 SQL 语句的执行等，为了避免重复编码，可将这些处理封装到单独的类中，通常称这些类为公共类或工具类。在开发本系统时，用到数据库连接及操作类、配置文件读写类，下面分别进行介绍。

13.3.1 数据库连接及操作类

DBSql 类主要是完成与数据库的连接操作，其中带参数的构造方法用来获取数据源路径，GetSQLiteConnection()方法用来建立与数据库的连接；或者通过 GetSQLiteConnection()方法直接传递数据源路径并获得与该数据源的连接。

（1）添加对所需的命名空间的引用。代码实现如下：

```
using System;
using System.Collections.Generic;
using System.Linq;
using System.Text;
using System.Configuration;
using System.Data.SqlClient;
```

```
using System.Data;
```

（2）声明类的属性。代码实现如下：

```
public  string connStr = Info.Constr;
private SqlConnection connection = null;

private SqlCommand command = null;
private SqlDataReader datareader = null;

private SqlDataAdapter dataadapter = null;
private DataSet dataset = null;
```

（3）重载构造函数，在该方法中获取连接字符串。代码实现如下：

```
public DBSql(string conStr)
{
    this.connStr = conStr;
}
```

（4）创建专门用于执行 SQL 语句的方法 RunSQL()，执行成功返回结果 true，执行失败则返回 false。代码实现如下：

```
public bool RunSQL(string sql)
{
    try
    {
       this.command = this.CreateCommand(sql);
       if (this.command.ExecuteNonQuery() > 0)
       {
             return true;
       }
    }
    catch (Exception ex)
    {
        return false;
        throw ex;
    }
    finally
    {
        this.CloseConnection();
    }
    return false;
}
```

（5）创建专门用于执行 SQL 语句的方法 RunSQL()，带参数的 SQL 语句，执行成功返回结果 true，执行失败则返回 false。代码实现如下：

```
public bool RunSQL(string sql, SqlParameter[] sp)
{
    try
    {
        this.command = this.CreateCommand(cmdText);
        if (sp != null)
        {
            for (int i = 0; i < sp.Length; i++)
            {
                command.Parameters.Add(sp[i]);//将参数加到 Command 中
            }
        }
        command.ExecuteNonQuery();
        if (this.command.ExecuteNonQuery() > 0)
        {
            return true;
        }
    }
    catch (Exception ex)
    {
        return false;
        throw ex;
    }
    finally
    {
        this.CloseConnection();
    }
    return false;
}
```

（6）创建专门用于读取数据库中数据的方法 CreateDataSet()，并且将读取到的数据记录以 DataSet 类型返回。代码实现如下：

```
public DataSet CreateDataSet(string sql)
{
    try
    {
        this.dataadapter = this.CreateDataAdapter(sql);
        this.dataset = new DataSet();
        this.dataadapter.Fill(this.dataset);
    }
    catch (Exception ex)
    {
        throw ex;
    }
    finally
```

```
    {
        this.CloseDataReader();
        this.CloseConnection();
    }
    return this.dataset;
}
```

（7）创建专门用于读取数据库中数据的方法 CreateDataSet()，带参数的 SQL 语句，并且将读取到的数据记录以 DataSet 类型返回。代码实现如下：

```
public DataSet CreateDataSet(string sql, SqlParameter[] sp)
{
    try
    {
        this.dataadapter = this.CreateDataAdapter(sql );
        if (sp != null)
        {
            for (int i = 0; i < sp.Length; i++)
            {
                this.dataadapter.SelectCommand.Parameters.Add(sp[i]);
                //将参数加到 Command 中
            }
        }
        this.dataset = new DataSet();
        this.dataadapter.Fill(this.dataset);
    }
    catch (Exception ex)
    {
        throw ex;
    }
    finally
    {
        this.CloseDataReader();
        this.CloseConnection();
    }
    return this.dataset;
}
```

13.3.2　配置文件读写类

ReadIni 类主要完成对系统配置文件的读写操作，配置文件中记录了与系统关联的数据库文件的路径信息、单位信息和单位类别信息等。通过调用该类中的 ReadString()方法读取配置文件字段信息，通过调用 WriteString()方法将标识字段的值 val 写入配置文件中对应的标识字段 key。

（1）添加对所需命名空间的引用。代码如下：

```
using System;
using System.Collections.Generic;
using System.Text;
using System.Runtime.InteropServices;
using System.Windows.Forms;
```

（2）声明，把一个 Win32 API 函数转换为 C#函数。代码如下：

```
[DllImport("kernel32")]
private static extern int GetPrivateProfileString(
    string section,                 //ini 文件中的段落
    string key,                     //ini 文件中的关键字
    string def,                     //无法读取时的缺省数值
    StringBuilder retVal,           //读取数值
    int size,                       //数值的大小
    string fPath                    //ini 文件的完整路径和名称
);
[DllImport("kernel32")]
private static extern int WritePrivateProfileString(
    string section,
    string key,
    string val,                     //ini 文件中关键字的值
    string fPath
);
```

（3）创建通过标识字段 key 从配置文件中读取 key 的值的方法 ReadString()。代码如下：

```
public string ReadString(string key)
{
    string fPath = Application.StartupPath + "\\config.ini";
    StringBuilder temp = new StringBuilder(1024);
    GetPrivateProfileString("hbs", key, "", temp, 1024, fPath);
    return temp.ToString();
}
```

（4）创建方法 WriteString()，实现向配置文件中指定字段写入对应的值。代码如下：

```
public void WriteString(string key, string val)
{
    string fPath = Application.StartupPath + "\\config.ini";
    WritePrivateProfileString("hbs", key, val, fPath);
}
```

13.4 系统的实现

从系统的功能模块分析中可以知道，快餐 POS 系统的主要功能就是实现快速点餐，以及由点餐衍生出来的其他一些功能。

系统的整体效果，如图 13-2 所示。

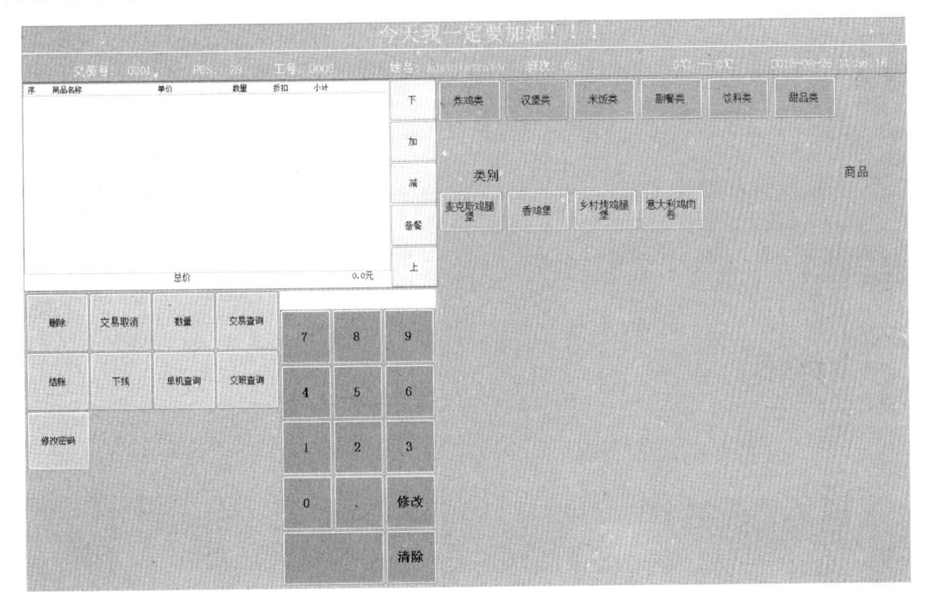

图 13-2　系统整体效果

13.4.1　登录模块

登录窗体的名字是 Login，该窗体是用 Lable 控件、Button 控件和 TextBox 控件做的，其界面如图 13-3 所示。

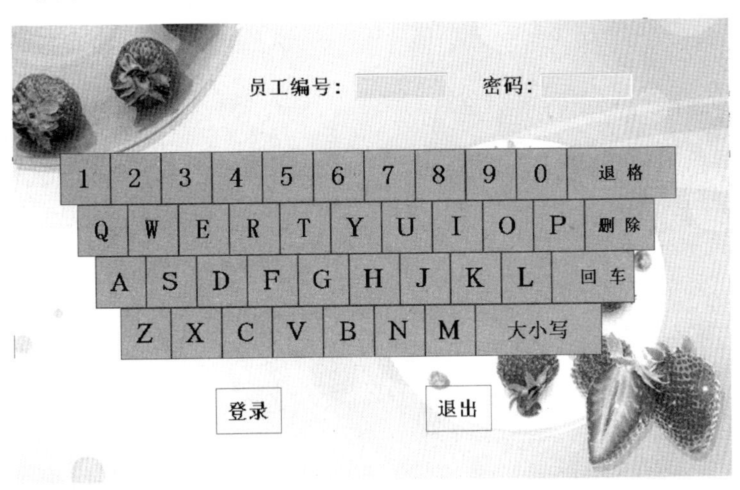

图 13-3　系统登录界面

因为该系统是 POS 系统，是要运行到 POS 机上的。快餐店的 POS 机一般是不配备键盘和鼠标的，因此，登录窗口的设计多了一个键盘区，方便用触屏输入。

登录系统的工号为 0000，密码为 111。输入正确的工号和密码，单击 Enter 键或“登录”按钮。验证员工编号和密码正确性的代码实现如下：

```
private void Enter_Click(object sender, EventArgs e)
{
      Done.Enabled = false;
      exit.Enabled = false;
      IsLoginSucess();//调用 IsLoginSucess()方法
      mainForm.Login.TxtEmp_Id.Focus();
      mainForm.Login.isUp = true;
}
```

13.4.2 上线模块

上线模块的名字是 Online，该窗体的右侧有一个数字按钮区，用来输入当前钱箱中的金额，这样可防止钱箱中金额不对，该窗体使用了 Lable、TextBox 和 Button 控件，如图 13-4 所示。

图 13-4　零用金管理

确定按钮的单击事件处理函数，将钱箱中的金额及班次信息写入数据，代码实现如下：

```
private void btndone_Click(object sender, EventArgs e)
{
      try
      {
          Info.cashier_sum = Convert.ToDecimal(cashier_sum.Text);

      }
      catch
      {
```

```
        Info.cashier_sum = 0;
    }
    Info.remain_sum =Info.cashier_sum;
    readIni = new ReadIni("Info.ini");
    readIni.WriteString("RepastErp", "cashier_sum", Convert.ToString
    (Info.cashier_sum));
    readIni.WriteString("RepastErp", "remain_sum", Convert.ToString
    (Info.remain_sum));
    //上线时往 pos_rounds 表中插入相关数据
    nsertPos_rounds insertPos_rounds = InsertPos_rounds.InitController();
    insertPos_rounds.InsertPosrounds(Info.shop_id, Info.pos_id, Info.
    login_date, Info.cashier_sum, Info.emp_id, "0", Info.shift_num,
    DateTime.Now);
    this.Visible = false;
}
```

13.4.3 系统主窗体

系统的主窗体如图 13-5 所示，包括滚动字幕区、当前信息区、点单区、功能区、数字区、点餐区六部分。

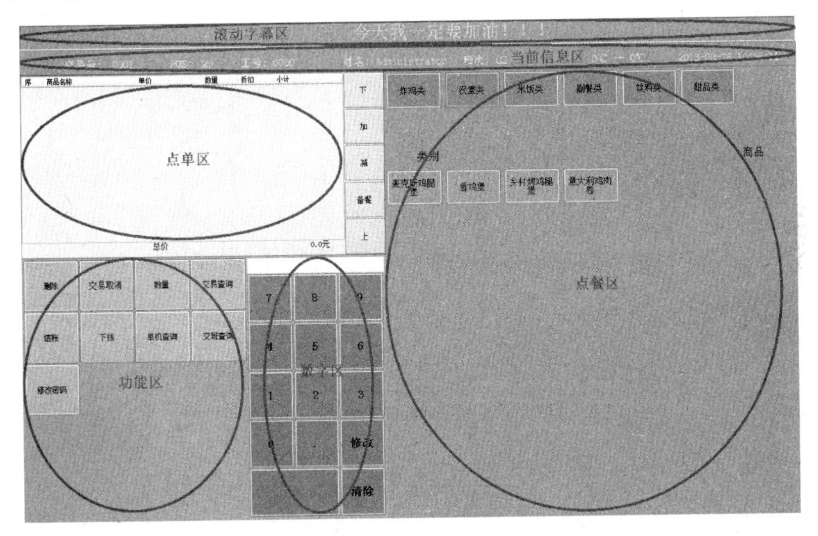

图 13-5　主界面

系统的主窗体包括好几个部分，也就是好几个功能。如果这几个功能面的代码都放在一个窗体下面，则只能由一个人来完成，不利于项目的进度。在这个系统中，我们采用组件式开发，把每一个区都做成控件，并提供相关的接口，这样可以同时开发这些控件，然后在主界面中对这些控件进行组合使用，加快项目的开发进度。

系统主窗体的名字是 MainForm，使用的控件有滚动字幕（Roll）、当前信息（ShowInfo）、点单区（OrderMenu）、功能区（FunctionPanel）、数字区（Number）、点餐区（BtnPanelKind、BtnPanelProd）。

下面将分别介绍各个控件的开发。

13.4.4 滚动字幕模块

滚动字幕的功能是滚动显示设定的字符串，对外提供设定滚动的字符串的函数。

实现思路：用 Lable 显示设定的字幕，然后用 Timer 不停地改变 Lable 的位置来实现滚动字幕，效果如图 13-6 所示。

今天我一定要加油！！！

今天我一定要加油！！！

图 13-6 滚动字幕效果

核心代码：

```
private void timer1_Tick(object sender, EventArgs e)
{
    if (isRoll)
    {
        this.lblRoll.Location = new Point(this.lblRoll.Location.X - 3,
        0);
        if (this.lblRoll.Location.X + this.lblRoll.Width < 0)
        {
            this.lblRoll.Location = new Point(this.Width, 0);
        }
    }
}
```

13.4.5 当前信息模块

当前信息模块比较简单，只是显示当前系统的相关信息，包括系统图标、交易号、POS 编号、工号、姓名、班次、天气、温度和系统时间。

该模块所显示的信息都是外部传过来的，因此，该模块需要提供设定这些信息的函数，以及考虑如何让字体的大小随容器的大小改变而改变，效果如图 13-7 所示。

交易号：0001 POS：29 工号：0000 姓名：Administrator 班次：02 0℃ — 0℃ 2013-08-29 15:26:08

图 13-7 当前信息效果图

核心代码：

```
private void SetSize()
{
    //设置各 Label 的宽和高
    this.picLogo.Size = new Size(this.Height-4, this.Height-4);
    this.lblDealNum0.Size = new Size(77 * this.Width / 1157, this.Height);
```

```
this.lblDealNum.Size = new Size(63 * (this.Width) / 1157, this.Height);
this.lblPosNum0.Size = new Size(49 * (this.Width) / 1157, this.Height);
this.lblPosNum.Size = new Size(43* (this.Width) / 1157, this.Height);
this.lblEmployeeNum0.Size = new Size(63 * (this.Width) / 1157,
this.Height);
this.lblEmployeeNum.Size = new Size(79 * (this.Width) / 1157,
this.Height);
his.lblEmpName0.Size = new Size(63 * (this.Width) / 1157, this.Height);
this.lblEmpName.Size = new Size(120 * (this.Width) / 1157, this.Height);
this.lblWorkNum0.Size = new Size(58 * (this.Width) / 1157, this.Height);
his.lblWorkNum.Size = new Size(50 * (this.Width) / 1157, this.Height);
this.weather.Size = new Size(45 * (this.Width) / 1157, this.Height - 2);
this.temperature.Size = new Size(148 * (this.Width) / 1157, this.Height);
this.lblSystemTime.Size = new Size(176 * (this.Width) / 1157,
this.Height);

/设定各 Label 的坐标
this.picLogo.Location = new System.Drawing.Point(4, 2);
this.lblDealNum0.Location = new System.Drawing.Point(63* (this.Width)
/ 1157, 4);//80
this.lblDealNum.Location = new System.Drawing.Point(135 * (this.Width)
/ 1157, 4);//63

this.lblPosNum0.Location = new System.Drawing.Point(222 * (this.Width)
/ 1157, 4);//49
this.lblPosNum.Location = new System.Drawing.Point(269* (this.Width) /
1157, 4);//59


this.lblEmployeeNum0.Location = new System.Drawing.Point(325 *
(this.Width) / 1157, 4);//63
this.lblEmployeeNum.Location = new System.Drawing.Point(373 *
(this.Width) / 1157, 4);//98

this.lblEmpName0.Location = new System.Drawing.Point(478 * (this.Width)
/ 1157, 4);//62
this.lblEmpName.Location = new System.Drawing.Point(527 * (this.Width)
/ 1157, 4);//103

this.lblWorkNum0.Location = new System.Drawing.Point(655 * (this.Width)
/ 1157, 4);
this.lblWorkNum.Location = new System.Drawing.Point(705 * (this.Width)
/ 1157, 4);
```

```
        this.weather.Location = new System.Drawing.Point(775 * (this.Width) /
        1157, 0);
        this.temperature.Location = new System.Drawing.Point(823 * (this.Width)
        / 1157, 4);
        this.lblSystemTime.Location = new System.Drawing.Point(976 *
        (this.Width) / 1157, 4);
         FontSizeChange();
         this.Size=new Size(this.Size.Width,this.lblDealNum.Size.Height);
    }
```

13.4.6 点单模块

点单模块就是管理当前点餐的内容，可以添加商品、删除商品、修改商品数量和清空商品（交易取消）。

点单模块的名字是 OrderMenu，效果如图 13-8 所示。

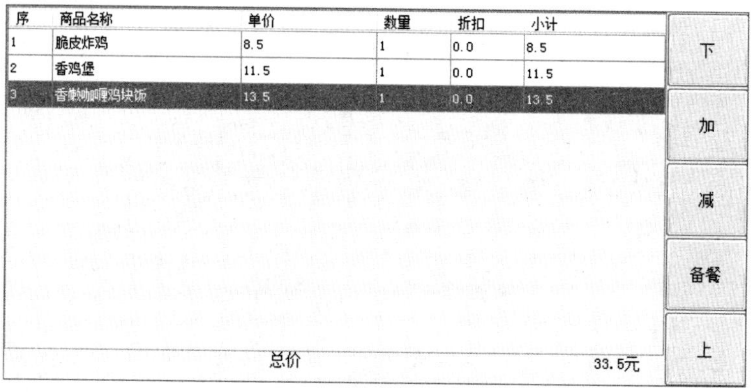

序	商品名称	单价	数量	折扣	小计
1	脆皮炸鸡	8.5	1	0.0	8.5
2	香鸡堡	11.5	1	0.0	11.5
3	香嫩咖喱鸡块饭	13.5	1	0.0	13.5

总价 33.5元

下 加 减 备餐 上

图 13-8 点单效果图

下面列出该模块实现的功能。

（1）显示当前已经点过的商品。

```
public void LoadInfo()
{
        //触发事件的方法
        GetInfo(this);
        //如果上次对商品数量进行修改或者打折或者折让的话
        if (Info.isSelectPre)
        {
              //选中上次修改数量或者打折或者折让的商品
              SelectProdGroup(Info.selectedGroupProd);
              Info.isSelectPre = false;
      }
      else
```

```
    {
            //选中最后一个商品
            SelectLastGroupProd();
}
if (IsVerticalScrollAppear())
{
        //让滚动条一直靠到最下面
        if (this.dgvOrderMenu.RowCount > 0)
        {
            //VerticalScrollToTop(this.dgvOrderMenu.RowCount - 1);
            VerticalScrollToTop(this.dgvOrderMenu.SelectedRows[0].Index);
        }
    }
}
```

（2）删除指定商品。

```
public void DelOneGroup()
{
      //触发事件的方法
      DeleteGroup(selectedGroupProd);
}
```

（3）修改商品数量。

```
public void AltGroupIdNumber(decimal number)
{
     AlterProd(this.selectedGroupProd, 2, number);
}
```

（4）清空商品，也就是交易取消。

```
public void ClearListOrderDinner()
{
     this.dgvOrderMenu.DataSource = null;
     this.sale_type.Text = "";
     this.totalPrice2.Text = "0.0元";
}
```

13.4.7 功能模块

功能模块是管理 POS 系统的所有功能，根据当前已登录用户的级别，显示可操作的功能。

功能模块的名字是 FunctionPanel，该模块把当前用户可以使用的每一个功能都以按钮的形式显示，效果如图 13-9 所示。

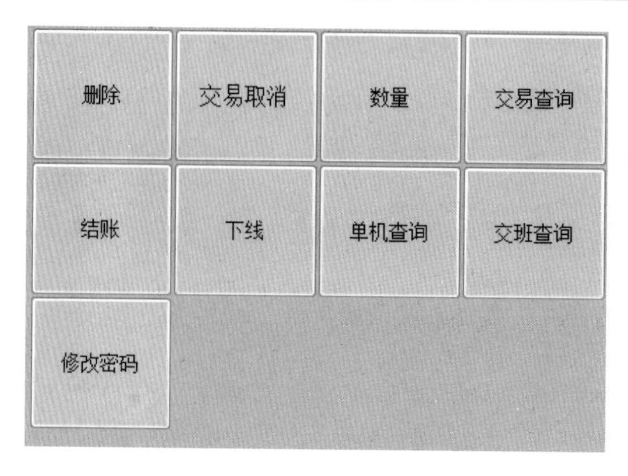

图 13-9　功能模块效果图

下面列出该模块实现的功能。

（1）根据已登录用户的级别，加载可以使用的功能。

```
public void LoadBtnInfo(string emp_id, string emp_level, bool isLoad)
{
    try
    {
        this.emp_id = emp_id;
        this.emp_level = emp_level;
        if (isFunctSet)
        {
            this.pageBtn[1].Visible = false;
        }
        GetInfo(this, emp_id, emp_level, isLoad);
    }
    catch { }
}
```

（2）当用户单击某个功能按钮时，系统会通过一个函数来处理，该函数根据功能的类型，做出相应的处理。因为这个函数体过大，只写出函数名。

```
public void BtnClick(string funtType)
```

13.4.8　数字模块

数字模块提供用户输入数字的环境。

数字模块的名字是 Number。该模块用一个 TextBox 和若干个 Button 组成，按钮是用户输入数字用的，文本框用来显示用户输入的数字，效果如图 13-10 所示。

下面列出该模块实现的功能。

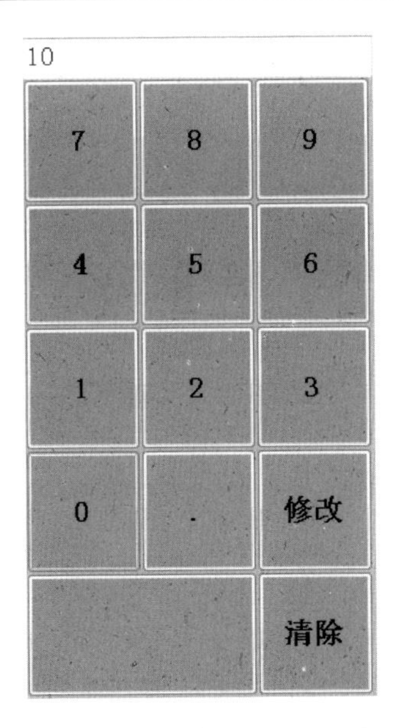

图 13-10　数字模块效果图

（1）用户单击按钮输入数字。

```
private void BtnClick(Object sender, EventArgs e)
{
    Button btn = (Button)sender;
    //根据数字按钮上的数字分别执行相应的操作
    bool b = true;
    switch (btn.Text)
    {
        case "1": this.txtInput.Text += "1"; b = false ; break;
        case "2": this.txtInput.Text += "2"; b = false; break;
        case "3": this.txtInput.Text += "3"; b = false; break;
        case "4": this.txtInput.Text += "4"; b = false; break;
        case "5": this.txtInput.Text += "5"; b = false; break;
        case "6": this.txtInput.Text += "6"; b = false; break;
        case "7": this.txtInput.Text += "7"; b = false; break;
        case "8": this.txtInput.Text += "8"; b = false; break;
        case "9": this.txtInput.Text += "9"; b = false; break;
        case "0": this.txtInput.Text += "0"; b = false; break;
        case ".": this.txtInput.Text += "."; b = false; break;
        case "修改":
        if (this.txtInput.Text != "")
        {
            this.txtInput.Text = this.txtInput.Text.Substring(0,
            this.txtInput.Text.Length - 1); b = false;
       }
       break;
       case "清除": this.txtInput.Text = ""; b = false; break;
```

```
    }
    if (b)
    {
       this.mainForm.FunctionPanel.BtnClick(btn.Text);
    }
}
```

（2）获取用户输入的数字。

```
private void TxtInput_TextChanged(Object sender, EventArgs e)
{
     try
     {
       if (this.txtInput.Text.Trim() == "")
       {
             Info.inputNumber = 0;
       }
       else
       {
           Info.inputNumber = Convert.ToDecimal(this.txtInput.
           Text.Trim());
           if (Info.isCheckOut)
           {
                  if (0 < Info.inputNumber)
                  {
                  }
                  else
                  {
                  MessageBox.Show("输入值不能为负值！", "提示",
                  MessageBoxButtons.OK, MessageBoxIcon.Information);
                  this.txtInput.Text = "";
               }
           }
       }
    }
    catch
{
       this.txtInput.Text = "";
    }
}
```

（3）清空数字。

```
public void ClearNum()
{
      this.txtInput.Text = "";
      Info.inputNumber = 0;
}
```

13.4.9　点餐模块

点餐模块包括两部分：一部分是商品分类（BtnPanelKind）；另一部分是对应的商品（BtnPanelProd）。点餐模块就是让收银员快速准确地点出顾客想要的产品，效果如图 13-11 所示。

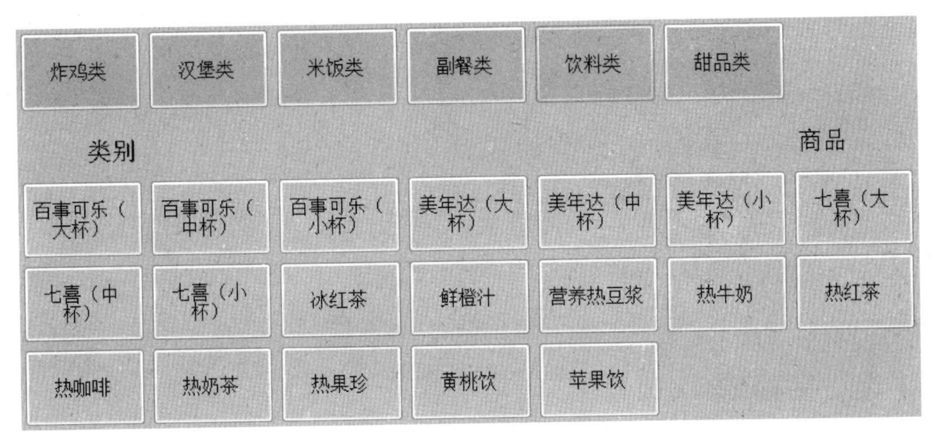

图 13-11　点餐模块效果图

13.4.10　商品分类模块

商品分类模块显示商品的所有分类，并提供翻页功能。

商品分类模块的名字是 BtnPanelKind，该模块把所有的商品分类以按钮的形式显示。下面列出该模块实现的功能。

（1）加载商品分类和翻页功能。

```
public void LoadInfo(int page,bool isLoad)
{
    this.page = page;
    try
    {
        //事件触发方法
        GetInfo(this,isLoad);
        //事件触发方法
        SetInfo(this.pageFirstDept_id);
    }
catch
{
    MessageBox.Show("没有注册商品类别面板加载信息的事件或者根据该商品类别下面没有
   商品");
```

```
    }
    }
```

（2）当用户单击某个商品分类按钮时，系统会产生一个 SetInfoEventHandler 事件。

```
public void SetInfoAfterClicked(string dep_id)
{
     try
     {
         //事件触发方法
         SetInfo(dep_id);
     }
catch {
      MessageBox.Show("没有注册商品类别面板加载信息的事件或者根据该商品类别下面没
     有商品");
     }
}
```

13.4.11 商品模块

商品模块显示出商品分类模块中选定的分类下的所有商品，并提供翻页功能。

商品模块的名字是 BtnPanelProd，该模块把所有的商品以按钮的形式显示。下面列出该模块实现的功能：

（1）加载指定类型的商品。

```
public void LoadBtnInfo(string dep_id, bool isLoad)
{
     this.dep_id = dep_id;
     SetBtnInfo(0, dep_id, isLoad);
}
```

（2）当用户单击某个商品按钮时，该模块会产生一个 SetInfoEventHandler 事件。

```
public void SetInfoAfterClicked(string prod_id, string Combo_type)
{
     //事件触发方法
     SetInfo(this, prod_id, Combo_type);
}
```

（3）向前翻页。

```
public void LeftClick()
{
     if (pageControl != null)
     {
         this.pageControl.picProdLeft.Visible = true;
         //一页容纳的按钮总数
```

```
        int btnNumber = columnRow.Width * columnRow.Height;
        //总共的按钮数
        int totalButon = this.TotalBtn;
        //页码数加一
        page--;
        if (page < (totalButon / btnNumber))
        {
            this.SetVisibleNumber(btnNumber);
            //若翻到第一页让右按钮消失
            if (page == 0)
            {
                this.pageControl.picProdRight.Visible = false;
            }
            SetBtnInfo(page, dep_id, false);
        }
    }
}
```

(4) 向后翻页。

```
public void RightClick()
{
    if (pageControl != null)
    {
        this.pageControl.picProdRight.Visible = true;
        //一页容纳的按钮总数
        int btnNumber = columnRow.Width * columnRow.Height;
        //总共的按钮数
        int totalButon = this.TotalBtn;
        //页码数加一
        page++;
        if (page < (TotalBtn / btnNumber))
        {

            //若翻到最后一页让左按钮消失
            if ((page + 1) * btnNumber == totalButon)
            {
                this.pageControl.picProdLeft.Visible = false;
            }
        }
        if (page == (totalButon / btnNumber))
        {
            this.SetVisibleNumber(totalButon - btnNumber * page);
            this.pageControl.picProdLeft.Visible = false;
        }
        SetBtnInfo(page, dep_id, false);
```

```
        }
    }
```

13.4.12 修改密码模块

修改密码模块是用来修改当前登录用户密码的。

修改密码模块的名字是 ChangePassword，修改密码时需输入原始密码和两次新密码，效果如图 13-12 所示。

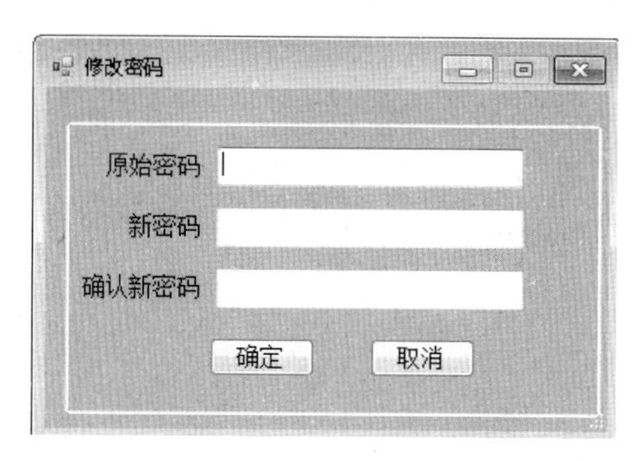

图 13-12 修改密码效果图

修改密码的核心代码：

```
private void button1_Click(object sender, EventArgs e)
{
    string str = "select * from employee where emp_id ="+Info.emp_id;
    DataSet ds = DBSql.SCreateDataSet(str);
    if (ds != null && ds.Tables[0].Rows.Count > 0)
    {
        string md5PassDB = ds.Tables[0].Rows[0]["PASSWORD"].ToString();
        string oldmd5PassInput = InfoToMD5(oldPassWord.Text);
        string newMD5Pass = InfoToMD5(newPassWord.Text);
        if (md5PassDB.Equals(oldmd5PassInput))
        {
            if (newPassWord.Text.Equals(confirm.Text))
            {
                if (newPassWord.Text.Trim() == "")
                {
                    MessageBox.Show("密码不可为空","消息提示",Message
                    BoxButtons .OK ,MessageBoxIcon.Information );
                    return;
            }
           string sql2 = "update employee set PASSWORD='" + newMD5Pass
           + "' where emp_id=" + Info.emp_id;
           bool b = DBSql.SRunSQL(sql);
           if (b)
```

```
                {
                    MessageBox.Show("密码修改成功！");
                }
                else
                {
                    MessageBox.Show("密码修改失败！");
                }
                oldPassWord.Text = "";
                newPassWord.Text = "";
                confirm.Text = "";
                this.Dispose();
            }
            else
            {
                MessageBox.Show("新密码与确认密码不一致！");
                oldPassWord.Text = "";
                newPassWord.Text = "";
                confirm.Text = "";
            }
        }
        else
        {
            MessageBox.Show("原始密码不正确！");
            oldPassWord.Text = "";
            newPassWord.Text = "";
            confirm.Text = "";
        }
    }
    else
    {
        MessageBox.Show("该用户不存在！");
    }
}
```

13.4.13　查询模块

查询模块用于查询在当前 POS 机上的相关信息，这一模块主要是 T-SQL 查询语句，不再详细说明。

（1）交易查询。

按时间查询销售单，效果如图 13-13 所示。

（2）单机查询。

查询本班次的营业额，效果如图 13-14 所示。

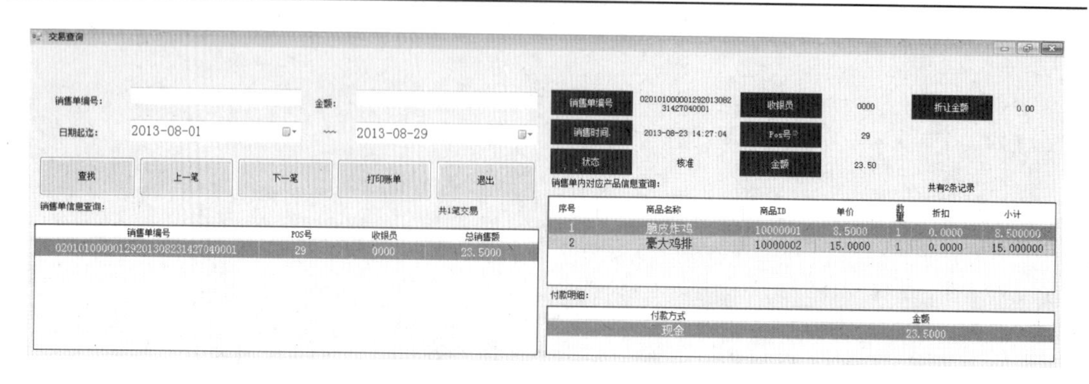

图 13-13　交易查询效果图

图 13-14　单机查询效果图

（3）交班查询。

按时间查询当前 POS 机的班次，效果如图 13-15 所示。

登录起止日期: 2013-08-29 -- 2013-08-29

班次	上线时间	下线时间	员工
01	2013-08-29 3:40	2013-08-29 10:24	Administrator
02	2013-08-29 15:19	2013-08-29 15:42	Administrator
03	2013-08-29 16:36	2013-08-29 16:36	Administrator
04	2013-08-29 16:36	2013-08-29 16:37	Administrator
05	2013-08-29 16:56		Administrator

查询　　退出

图 13-15　交班查询效果图

13.4.14　下线模块

下线模块的名字是 Offline，该模块显示当前登录员工的编号、姓名、上线时间、班次和零用金等信息。确定下线后，系统会打印下线小票，修改班次的下线时间并做一些清理工作。效果如图 13-16 所示。

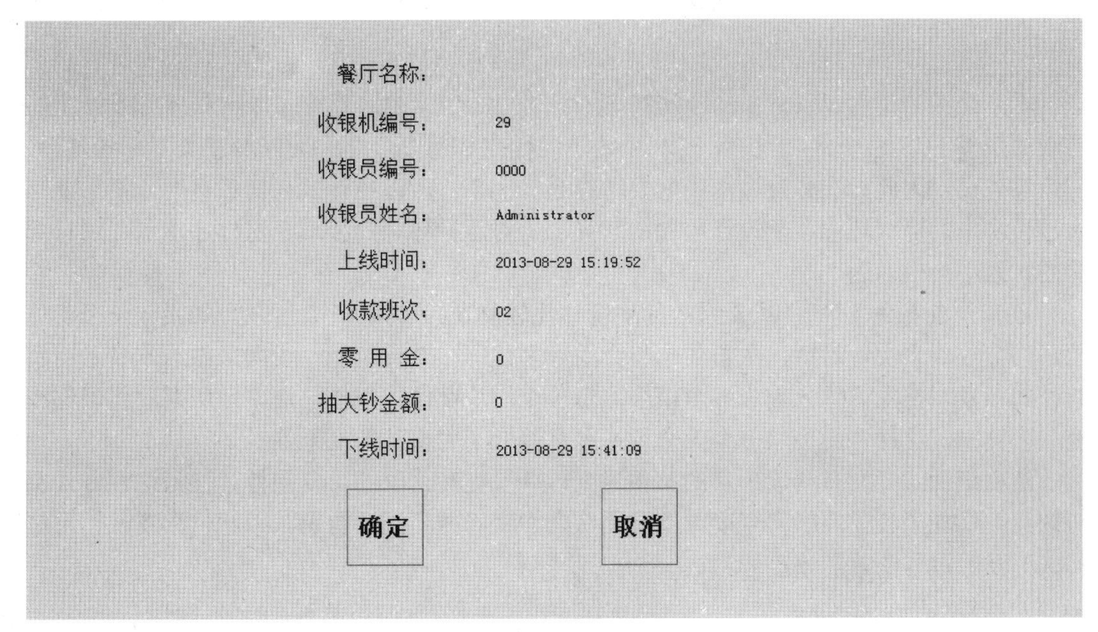

图 13-16　下线效果图

下线确定按钮单击事件处理函数：

```
private void btndone_Click(object sender, EventArgs e)
{
    isExitType = true;
    Info.exit_date = DateTime.Now;
    //下线更新 pos_rounds 表（本地）
    if(InsertPos_rounds.InitController().Update_Posrounds(Info.
    exit_date))
    {
        //创建一个线程用于打印下线小票
        Thread thread = new Thread(new ThreadStart(Run));
        thread.Start();
        //删除提单前的空的销售单
        ChangeInfo changeinfo= new ChangeInfo();
        changeinfo.DelSaletmp00(Info.sale_id);
        ReadIni readIni = new ReadIni();
        readIni.WriteString("RepastErp", "sale_id", "");
        //删除本地临时表中符合要求的数据
        DelLocalDB dellocaldb = new DelLocalDB(this.mainForm);
        dellocaldb.DelSaletmp();
        this.Dispose();
    }
}
```

13.5 本 章 小 结

本章介绍的是在 Visual Studio 2010 软件开发平台上，用 C# WinForm 技术开发一个简易版的快餐 POS 系统。由于快餐 POS 系统是运行在 POS 机上的，而 POS 机又不配备鼠标、键盘等外设，因此，在开发过程中就要考虑这一因素。所以在开发任何项目时，都需要考虑项目将来的运行环境，在设计程序的时候加上对运行环境的处理，这样才能保证项目部署的时候不会出问题。

还有一点就是，快餐 POS 系统的主窗体比较复杂，如图 13-2 所示。如果在一个窗体上用许多控件来实现的话，主窗体中将会用许多代码，并且只能一个人来做。本书采用了组件式开发，把主窗体分割成多个模块，每一个模块都做成控件，而不是所有的代码都放在主窗体中，这样，就可以多个人来做，并且降低了主窗体的复杂性。

这种组件式开发有利于项目的整体进度，并且提高代码的可复用性；但是这种方式也有缺点，增加了各模块的耦合度，需要团队之间良好的交流、协调。因此，读者在使用组件式开发的过程中，需慎重思考。

习 题

一、简答题

（1）C#在连接 SQL Server 2000 时需要引用哪些命名空间？

（2）试简述 C#如何与 SQL Server 2000 建立连接？

（3）快餐 POS 系统在与 SQL Server 2000 建立连接和数据操作过程中都用到了类库中的哪些类，这些类都分别具有什么作用？

（4）组件技术在快餐 POS 系统开发过程中有什么作用？

二、操作题

（1）实现滚动字幕模块，如图 13-6 所示效果，要求开发成用户控件。

（2）实现登录模块，如图 13-3 所示效果，要求事件共用。

第 14 章　部署 Windows 应用程序

对于开发的应用程序，通常需要经过打包部署后才可以交付给用户使用。用户得到应用程序后，需要通过交互式的安装部署程序将应用程序安装到本地环境中，然后才能正常使用其提供的服务。其实可以通过很多方法实现应用程序的安装和部署工作，VS 2010 对于应用程序的安装部署提供了完美的解决方案。本章主要介绍 VS 2010 提供的部署 Windows 应用程序的策略 Windows Installer，以便大家了解开发的应用程序如何通过安装和部署工作最后发布出去。

14.1　应用程序部署概述

使用 Windows Installer 部署，可以创建要分发给用户的安装程序包；用户通过向导来运行安装文件和执行安装步骤，以安装应用程序。下面简要介绍 VS 2010 提供的部署功能。

14.1.1　VS 2010 提供的应用程序部署功能

Windows Installer 是使用较早的一种部署方式，它允许用户创建安装程序分发给其他用户，拥有此安装包的用户，只要按提示进行操作即可完成程序的安装，Windows Installer 在程序的部署中应用十分广泛。通过 Windows Installer 部署，将应用程序打包到 setup.exe 文件中，并将该文件分发给用户，用户可以运行 setup.exe 文件安装应用程序。

14.1.2　部署前的工作准备

在 VS.NET 中开发并调试完应用程序后，就可以部署应用程序了。一个应用程序可以按两种方式进行编译：Debug 与 Release。Debug 模式的优点便于调试，生成的 EXE 文件中包含许多调试信息，因而尺寸较大，运行速度慢；而 Release 模式删除了这些调试信息，运行速度较快。

一般在开发是采用 Debug 模式，而在最终发布时采用 Release 模式。VS.NET 中，可以在工具栏上直接选择 Debug 或 Release 模式。部署 Windows 应用程序之前，通常需要以 Release 模式编译应用程序。

14.2　使用 Windows Installer 部署 Windows 应用程序

使用 Windows Installer 部署技术可创建要分发给用户的安装程序包，这是通过向解决方案中添加安装项目来实现的。在生成该项目时，将会创建一个分发给用户的安装文件。用户通过向导来运行安装文件和执行安装步骤，以安装应用程序。

VS 2010 的 Windows Installer 提供了五种部署项目的模板和一个安装向导："安装项目"模板，用于创建 Windows 应用程序的安装程序(.msi)文件；"Web 安装项目"模板，用于创建 Web 应用程序的安装程序文件；"合并模块项目"模板，用于对将要在多个应用程序之间共享的文件或组件进行打包；"CAB 项目"模板，用于创建压缩（.cab）文件以便将组件下载到 Web 浏览器；"智能设备 CAB 项目"模板，用于创建部署设备应用程序的 Cab 项目；安装向导，指示完成创建部署项目的过程，可以将部署项目添加到解决方案中并配置它以部署应用程序。

使用 Windows Installer 部署 Windows 应用程序，可以使用"安装项目"模板或安装向导。本节以"干部信息管理系统"为例，介绍如何使用 Windows Installer 的"安装项目"模板部署 Windows 应用程序。

14.2.1 创建安装程序

1. 创建安装项目

（1）右击解决方案，在弹出的菜单中选择"添加"|"新建项目"命令，在弹出的窗口中选择"其他项目类型"|"安装和部署"|Visual Studio Installer|"安装项目"命令，以创建一个安装部署程序，如图 14-1 所示。修改安装项目的名称（默认名称为 Setup1），确定安装项目的位置。

图 14-1 添加新项目

（2）单击“确定”按钮出现如图 14-2 所示窗体，窗体中有一个“文件系统”窗口，同时在“解决方案资源管理器”中出现了“干部信息管理系统”的部署项目。

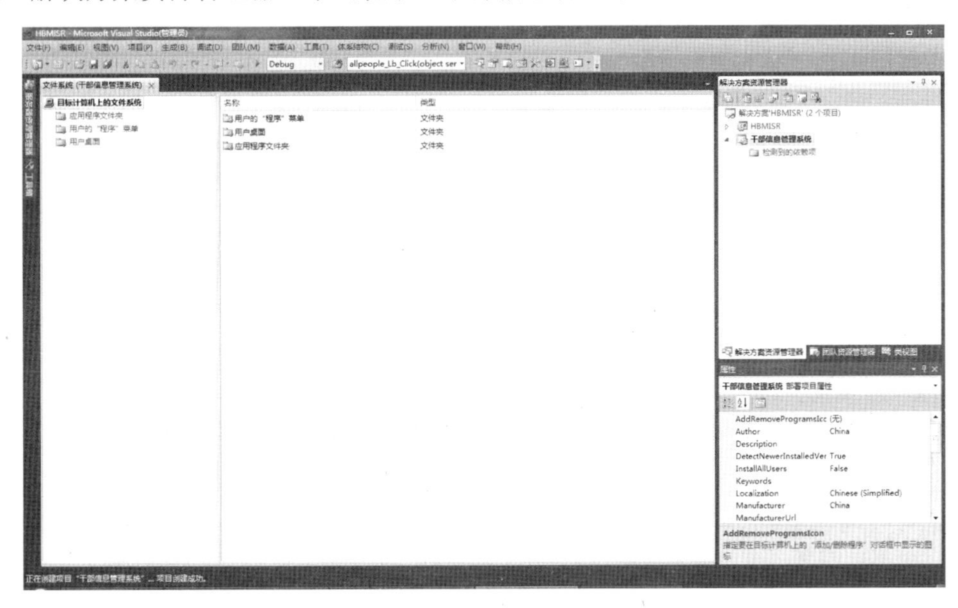

图 14-2　选择打包项目

2. 添加打包所需文件

（1）选中“应用程序文件夹”右键单击，在出现的菜单中选择“添加”命令，在“添加”后的菜单中选择“文件”，如图 14-3 所示。

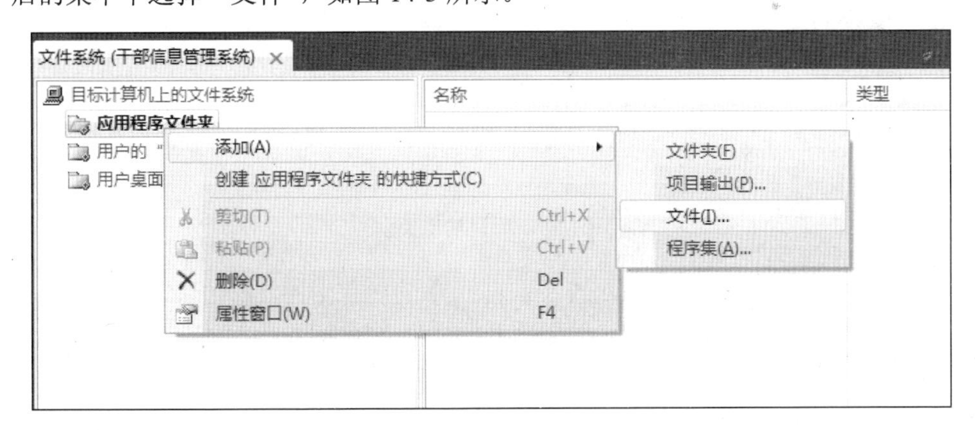

图 14-3　添加打包所需文件

（2）弹出添加文件的窗体，如图 14-4 所示。找到要打包的项目的位置，打开要打包项目的文件夹找到名字为“bin”的文件夹，打开“bin”文件夹，其中包含两个子文件夹，分别是“Debug”和“Release”文件夹，如果要打包项目的输出类型为“Debug”，则打开“Debug”文件夹，如果项目的输出类型为“Release”，则打开“Release”文件夹。示例项目的输出类型是“Debug”，如图 14-5 所示。

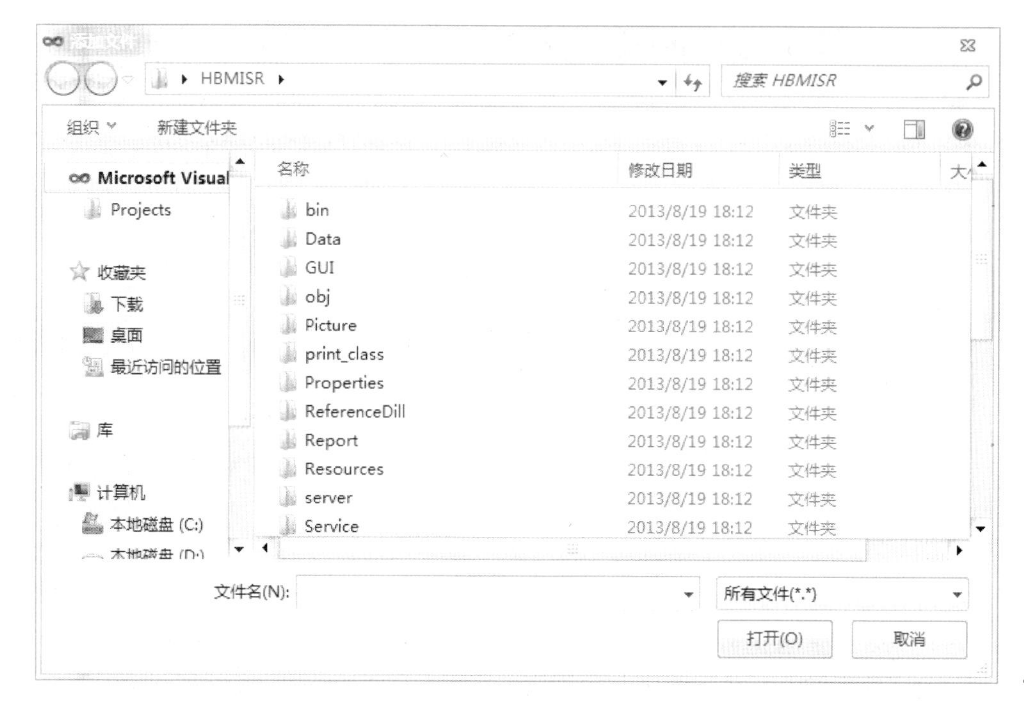

图 14-4　添加文件

图 14-5　项目输出类型

（3）选中所打开文件夹（Debug 或 Release）中的所有文件，单击“添加”即可将所有文件添加到“应用程序文件夹”中。如果打开的文件夹（Debug 或 Release）中包含有子文件夹 SubFolder（SubFolder 为假设的名字），需要先在“应用程序文件夹”中添加文件名为 SubFolder 的文件夹，然后将原 SubFolder 文件夹中的文件添加到新建的 SubFolder 文件夹中。

3．添加快捷方式

（1）选中“用户的‘程序’菜单”文件夹，右键单击选择“添加”|“文件夹”，将所添加的文件夹命名为项目安装之后显示在开始菜单中的文件夹的名字，假设名称是“干部信息管理系统”，则生成的安装程序安装之后会在开始菜单中出现“干部信息管理系统”的

文件夹，操作如图 14-6 所示。

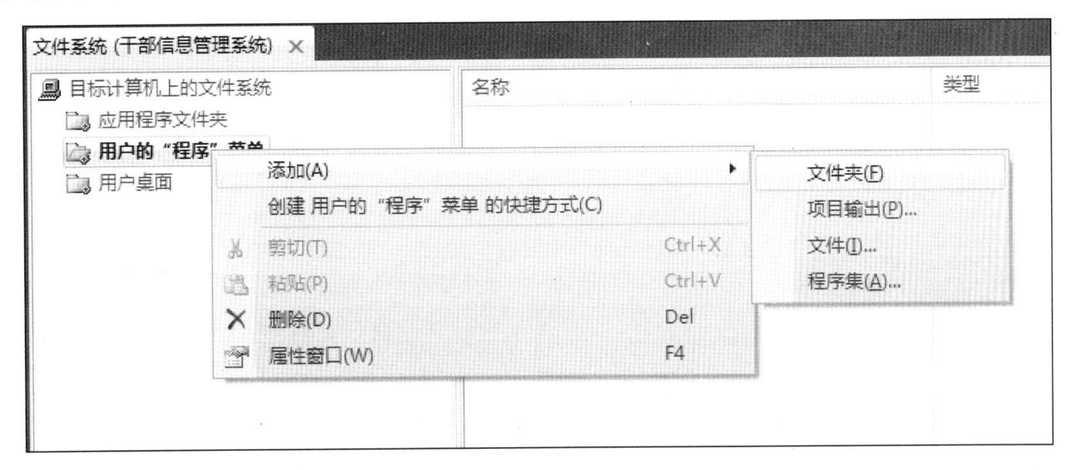

图 14-6　用户的“程序”菜单

（2）选中“应用程序文件夹”，在其包含的文件中选择后缀名为 exe 的文件，鼠标右键单击创建其快捷方式（需要创建两个），快捷方式的名称为程序安装后在桌面快捷方式的名称。然后将两个快捷方式分别移动到 “干部信息管理系统”文件夹和“用户桌面”文件夹中，如图 14-7 所示。

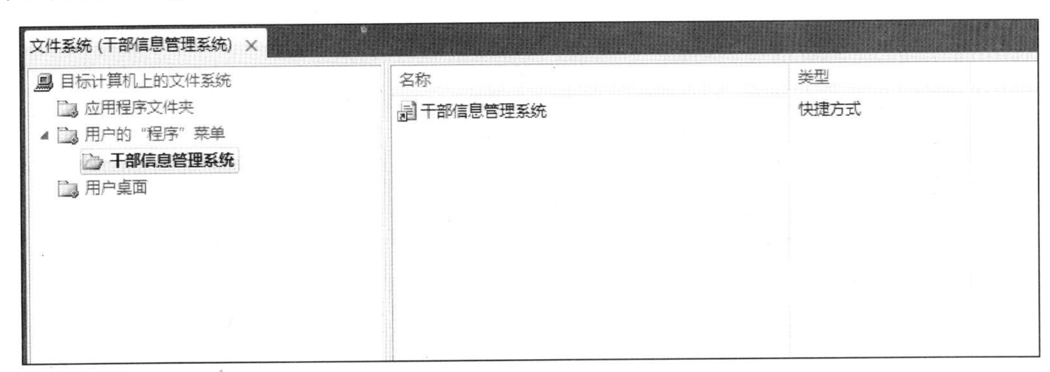

图 14-7　创建快捷方式

4. 添加卸载程序

（1）在系统中找到名为“msiexec.exe”的文件（位置：C:\Windows\System32）或从网上直接下载，文件如图 14-8 所示。然后将该文件添加到应用程序文件夹中，并创建其快捷方式，命名为“卸载程序”（或其他名称），同样也将该快捷方式添加到文件夹“干部信息管理系统”中。

（2）在解决方案中选中打包项目，如本例中选中项目“干部信息管理系统”，在 VS 2010 的导航栏中点击“视图”|“属性窗口”命令，出现如图 14-9 所示界面，找到“ProdutCode”属性，复制其后的字符串。

图 14-8 卸载程序文件

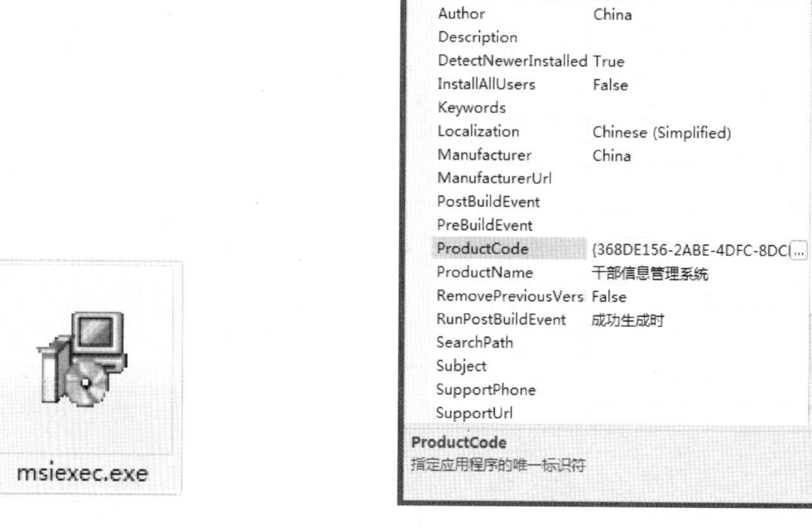

图 14-9 部署项目属性窗口

（3）选中名为“卸载程序”的快捷方式，同样按上述方法找到其属性窗口，找到属性“arguement”，在其后输入“/x ”然后将复制的字符串粘贴到“/x”后面，如图 14-10 所示。

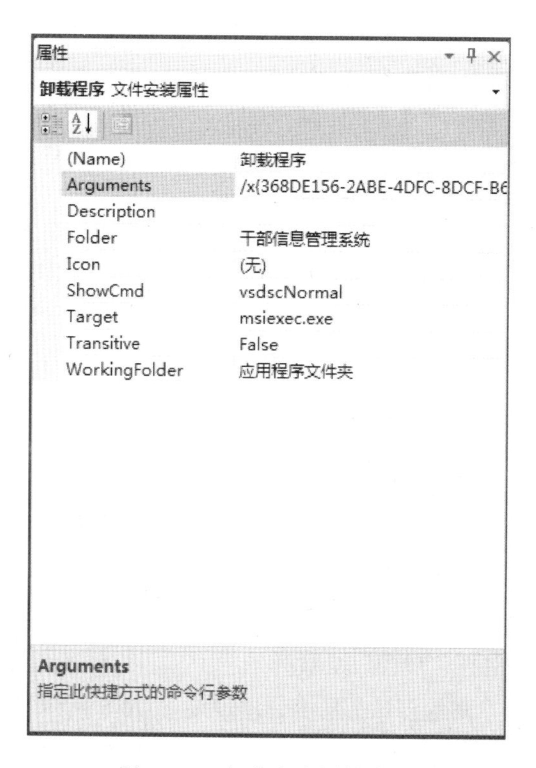

图 14-10 卸载程序属性窗口

5. 为快捷方式添加图标

（1）将所要用到的图标添加到“应用程序文件夹中”。

（2）找到每一个快捷方式，右键单击，在弹出菜单中，选择“属性窗口”选项。如图 14-11 所示。

图 14-11　添加图标

（3）在弹出的属性窗口中，单击“Icon”右侧的下拉箭头，选择“浏览...”选项，如图 14-12 所示。

图 14-12　属性窗口

（4）在弹出的图标窗口中，单击“浏览”按钮，在“应用程序文件夹”中为快捷方式选择图标，如图 14-13 所示。

图 14-13　选择项目中的项

6．默认安装路径设置

（1）右击“应用程序文件夹”，选中“属性窗口”，如图 14-14 所示。

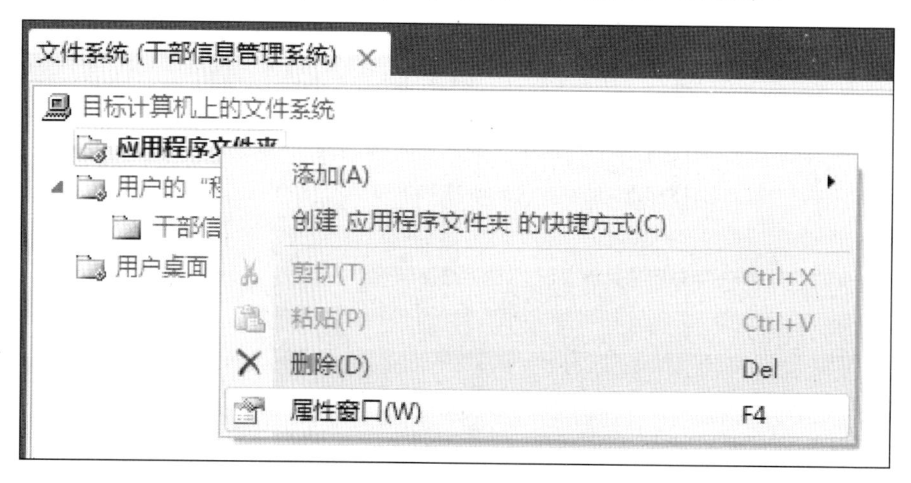

图 14-14　应用程序文件夹属性

（2）单击“属性窗口”，出现如图 14-15 所示窗口，找到“DefaultLoacation”属性，可以自定义安装程序的默认安装路径。

图 14-15　默认路径设置

7. 配置项目输出方式

（1）选中打包项目，右键单击后在弹出的菜单中选择“属性”命令，如图 14-16 所示。

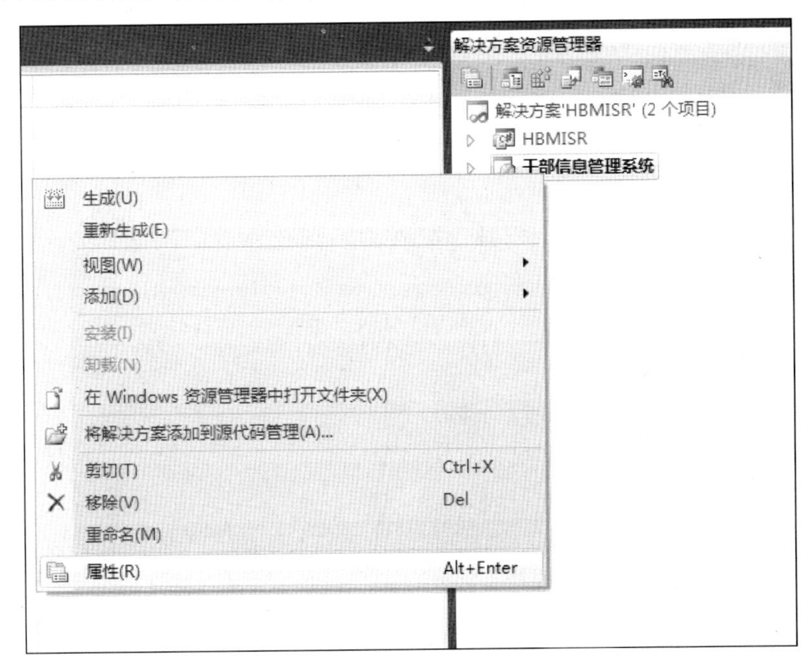

图 14-16　打包项目属性

（2）选择项目的“属性”选项后，出现如图 14-17 所示窗口，在配置后边的下拉列表选项中选择“Release”选项。

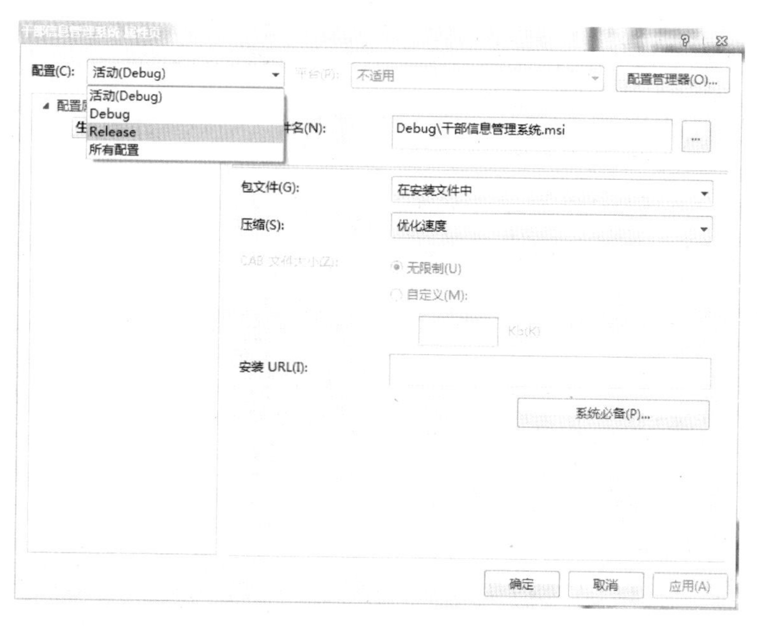

图 14-17　项目属性页

（3）单击“项目属性页”中的“配置管理器”选项，出现如图 14-18 所示窗体，然后在该窗体活动解决方案配置下方的下拉列表中选择“Release”配置即可，单击“关闭”按钮关闭窗体。

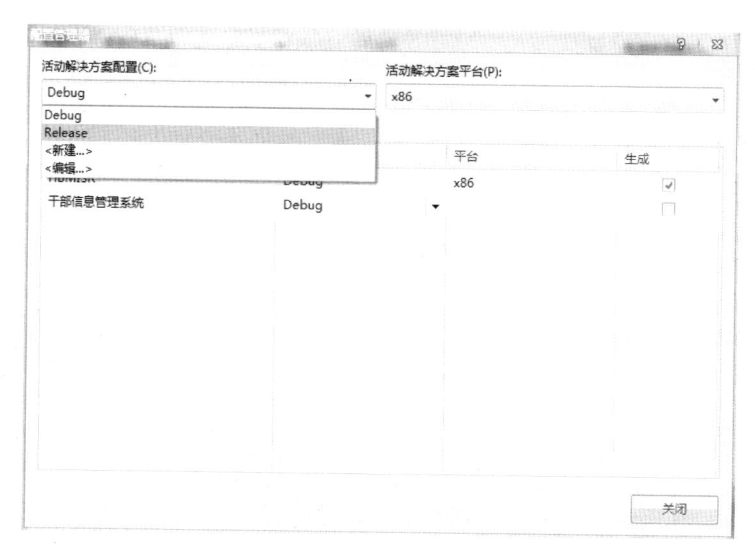

图 14-18　配置管理器

8．配置系统运行所必备的环境

在图 14-17 项目属性页窗体中单击“系统必备”按钮，弹出如图 14-19 所示窗体，在

“指定系统必备组件的安装位置”中选择“从与我的应用程序相同的位置下载系统必备组件”。这样项目在生成安装程序的同时会将.NET Framework 4 一并打包到安装程序所在文件夹中，客户在进行程序安装时，如果系统机上没有.NET Framework 4，安装程序会自动将打包的.NET Framework 4 安装到客户机上，以便打包程序可以正常安装使用。

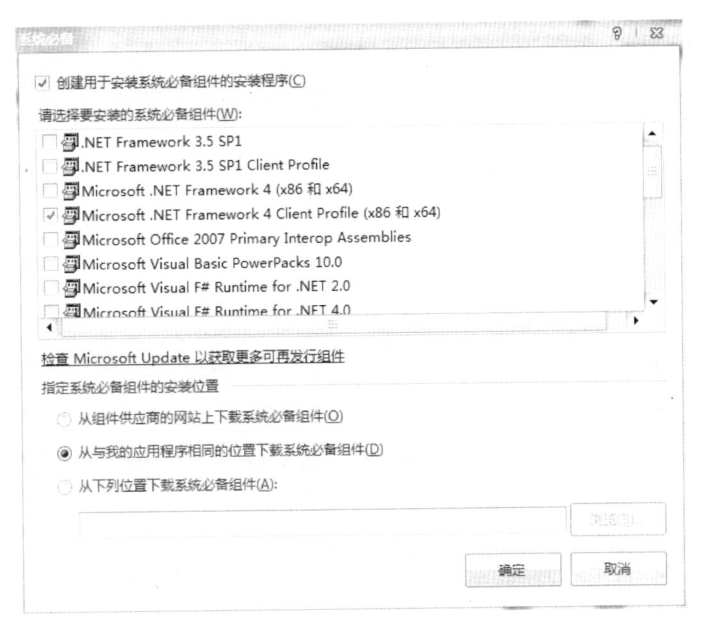

图 14-19　系统必备窗体

9. 生成安装程序

（1）选中要打包的项目右键单击，在弹出的菜单中选择“生成”选项，即可完成安装程序的生成，如图 14-20 所示。

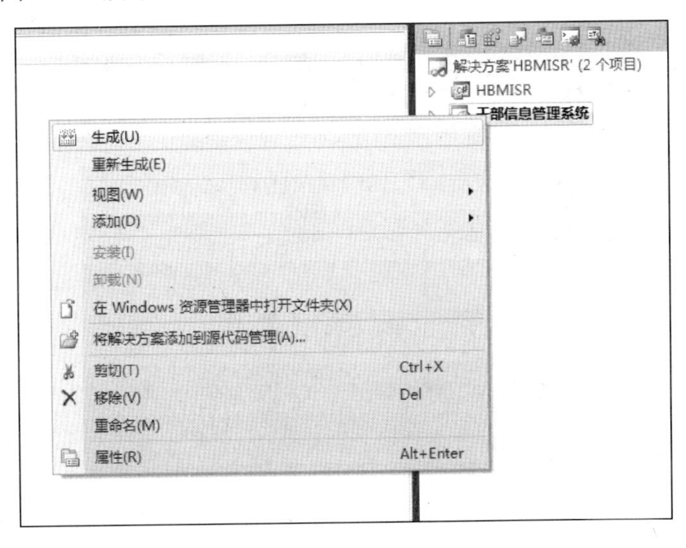

图 14-20　生成安装程序

（2）生成后的安装程序如图 14-21 所示。

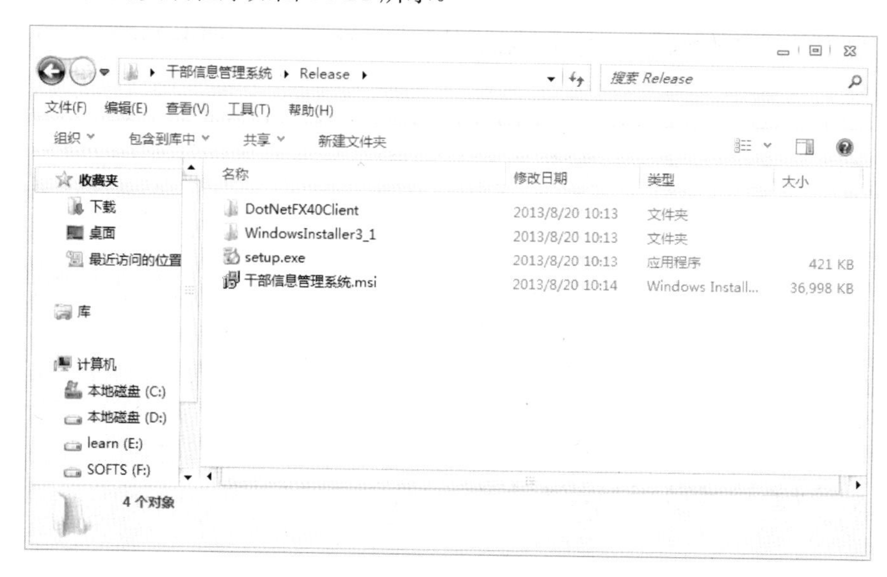

图 14-21　生成后的文件

14.2.2　测试安装程序

测试安装程序包括安装、运行和卸载三个环节。

1．安装程序

在生成安装程序的 Release 文件夹中找到 setup.exe 文件，双击该文件将启动安装程序，打开如图 14-22 所示的程序安装向导。单击“下一步”按钮，按照提示操作即可完成程序的安装工作。

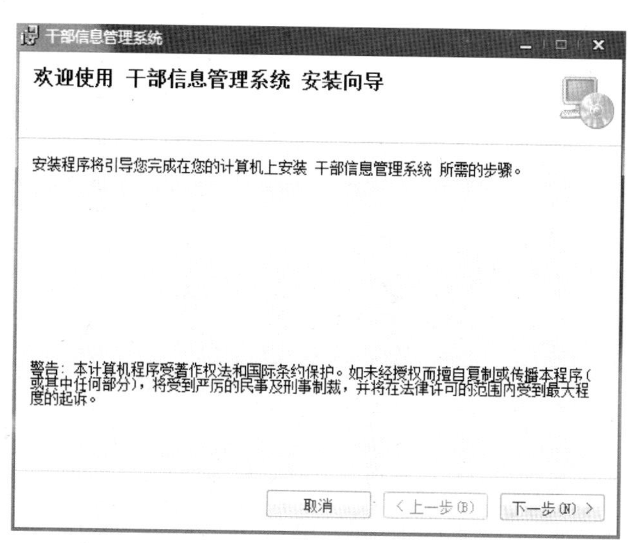

图 14-22　安装向导

2．运行程序

程序的运行有两种方式：一种是直接单击桌面的快捷方式图标打开应用程序；另一种是单击“开始”按钮，在“所有程序”中找到“干部信息管理系统”文件夹，在文件夹中找到运行程序的快捷方式，即可打开应用程序窗口。

3．卸载程序

程序的卸载有两种方式：一种是单击“开始”按钮，在“所有程序”中找到“干部信息管理系统”文件夹，在文件夹中找到“卸载程序”的快捷方式，即可完成程序的卸载工作；另一种是通过 Windows 控制面板中的“添加或删除程序”窗口实现应用程序的卸载。选择“卸载程序”后会弹出如图 14-23 所示对话框，选择“是”即可完成程序的卸载工作。

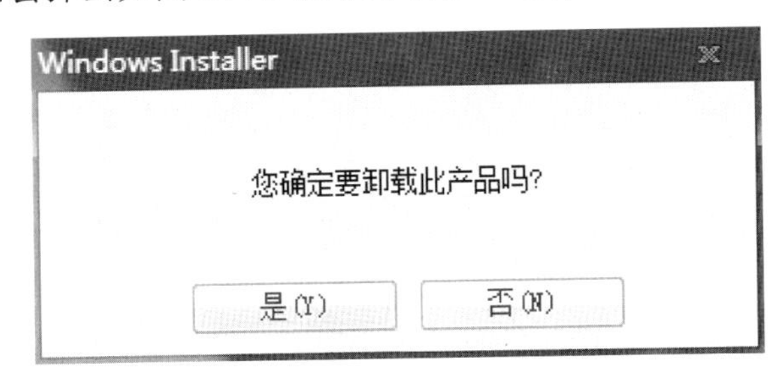

图 14-23　卸载程序对话框

经过安装、运行和卸载这三个环节，测试安装程序完成。

14.3　本章小结

本章主要介绍了 VS 2010 提供的部署 Windows 应用程序的策略 Windows Installer，并对相关的部署流程进行了详细的介绍。

习　　题

一、简答题

（1）为什么要对开发的应用程序进行部署？

（2）Debug 与 Release 两种编译方式的区别？

（3）项目打包时如何将必备系统组件一并打包到安装程序中？

二、操作题

实现对一个简单程序的打包部署，打包后的软件要实现：程序安装后在桌面和开始菜单中都生成快捷方式；快捷方式要求自己设置成个性化的图标显示；程序安装之后可以通过开始菜单完成对程序的卸载操作。